编委会名单

原著者： Scott C. Weaver，Mark Denison，Marilyn Roossinck，Marco Vignuzzi

顾　问： 夏新生

主　译： 顾大勇

副主译：

岳巧云　何建安　刘春晓

赵纯中　史　蕾　万中艳

翻译委员会（按姓氏音序排列）：

陈英周　刁慕言　董瑞玲　高彩虹　顾大勇

何建安　何晶晶　胡晓苑　黄夏宁　黄志勇

李　浪　李　微　刘春晓　刘　靖　刘　君

刘宇夫　齐琳磊　邱德义　史　蕾　宋　荔

万中艳　王　渊　夏　赟　谢聪贤　辛本强

徐铁龙　徐　媛　徐云庆　姚旌羽　叶健忠

岳巧云　曾传萍　赵纯中　周　岚　朱天川

Jeffrey Ho-Ching Hung

Jacky Fong-Chuen Loo

Virus Evolution

Current Research and Future Directions

病毒进化

研究现状和未来方向

著者

Scott C. Weaver　Mark Denison

Marilyn Roossinck　Marco Vignuzzi

主译

顾大勇

暨南大学出版社
JINAN UNIVERSITY PRESS

中国・广州

图书在版编目（CIP）数据

病毒进化：研究现状和未来方向/（美）斯科特 · C. 韦弗（Scott C. Weaver），（美）马克 · 丹尼逊（Mark Denison），（美）玛丽莲 · 罗欣斯科（Marilyn Roossinck），（法）马可 · 维努齐（Marco Vignuzzi）著；顾大勇主译. —广州：暨南大学出版社，2018. 9

书名原文：Virus Evolution：Current Research and Future Directions

ISBN 978 - 7 - 5668 - 2430 - 1

Ⅰ. ①病…　Ⅱ. ①斯…②马…③玛…④马…⑤顾…　Ⅲ. ①病毒—研究　Ⅳ. ①Q939. 4

中国版本图书馆 CIP 数据核字(2018)第 157778 号

病毒进化——研究现状和未来方向

BINGDU JINHUA——YANJIU XIANZHUANG HE WEILAI FANGXIANG

著　者：（美）斯科特 · C. 韦弗　（美）马克 · 丹尼逊
（美）玛丽莲 · 罗欣斯科　（法）马可 · 维努齐
主　译：顾大勇

出 版 人：徐义雄
策划编辑：曾鑫华
责任编辑：颜　彦
责任校对：苏　洁　叶佩欣
责任印制：汤慧君　周一丹

出版发行：暨南大学出版社（510630）
电　　话：总编室（8620）85221601
营销部（8620）85225284　85228291　85228292（邮购）
传　　真：（8620）85221583（办公室）　85223774（营销部）
网　　址：http：//www. jnupress. com
排　　版：广州市天河星辰文化发展部照排中心
印　　刷：广州市穗彩印务有限公司
开　　本：787mm × 1092mm　1/16
印　　张：19. 25
字　　数：465 千
版　　次：2018 年 9 月第 1 版
印　　次：2018 年 9 月第 1 次
定　　价：68. 00 元

中译本序

“病毒进化”是一门年轻的科学，经过了近三十年的发展，目前已成为对人类和动植物传染病进行研究的主要驱动力之一。在过去三十年中，艾滋病、汉坦病毒病、非典型肺炎、中东呼吸综合征和埃博拉病毒病等新发病毒性疾病的出现，以及RNA病毒天然的快速进化特性的发现，都推动了病毒进化研究的发展。时光荏苒，目前研究的焦点已扩展到更多领域：从高度理论、机械的基础进化机制研究，到引起新发病毒性疾病的宿主范围和毒力进化的分子生物学细节研究。

Virus Evolution：Current Research and Future Directions（《病毒进化——研究现状和未来方向》）由美国德克萨斯大学医学院人类感染与免疫研究所Scott C. Weaver所长、美国范德堡大学Mark Denison教授、美国宾夕法尼亚州立大学Marilyn Roossinck教授和法国巴斯德研究所Marco Vignuzzi博士合作编著，全书共十二章，系统地介绍了病毒进化领域的科学问题和研究方法，并重点介绍了目前已知的病毒进化的历史和机制。同时作者还归纳了新发传染病、动植物病毒和噬菌体的研究资料，以便统一研究结果，强调病毒系统间进化方式的多样性，从而进行比较分析。本书是病毒进化和新发病毒性疾病领域工作者的必备资料，也将使病毒致病机制领域的研究者受益匪浅。本书充分体现了学科研究热点和前沿，提供了研究的典型案例，还提出了一些悬而未决的科学问题，有助于读者系统学习和深入思考。

本书译者均长期从事国境口岸卫生检疫相关检测和研究工作。他们在繁忙的日常工作之余，怀着对专业的热忱，翻译了本书。海关总署张际文副署长非常关心本书的翻译工作，并希望以此为契机，推动国境口岸新发传染病的研究和防控工作。本译著忠实地反映了原著内容，图文并茂，可读性强，指导性强，适用于相关领域的检测人员和研究人员使用。此外，对于学习病毒学相关领域的人员，本书有助于他们建立立体多维的病毒学理论，从而更加全面地了解病毒学。

目　录

第一章 病毒突变率

Rafael Sanjuán

卡瓦尼列斯生物多样性和进化生物学研究所，帕特尔纳市46980，瓦伦西亚省，西班牙
通讯作者：rafael. sanjuan@ uv. es

摘要

自发突变是遗传多样性的主要来源，对进化过程极其重要。自发突变由未校正的复制错误、遗传物质编辑或自发的核酸损伤引起。病毒在自发突变率上表现出极大的差异。RNA 病毒显示出极高的突变率，而 DNA 病毒变异速度较慢，但仍比其宿主要快得多。本章讨论了病毒产生自发突变的分子机制，如聚合酶的低保真、缺乏校正、逃避复制后修复或宿主介导的核苷脱氨基作用。同时，还讨论了病毒突变率的演变，着重于突变率与其他基本基因组特性之间的关系，包括病毒如何响应选择而修改复制保真度，以及病毒为最大限度适应环境而优化突变率的能力。最后，对某些病毒变异与发病机制、耐药性的产生和疫苗接种的相关问题进行了讨论。

概述

突变率被定义为基因信息变化遗传给下一代的概率。因此，突变率涉及未能通过复制后修复机制校正的分子过程，包括复制错误、碱基编辑或核酸损伤等。根据惯例，病毒周期的定义是细胞水平完成一个感染周期，因此突变率通常以每个细胞为单位表达。虽然关于突变率的这个定义没有考虑到一些突变出现在复制之外的事实，但每一轮基因组拷贝都可以算出突变率，重要的是，突变率不同于等位基因在病毒种群水平上的固定过程。后者不仅由突变率，也由病毒学、人口学、生态学及种族遗传因素，包括感染持续时间、潜伏期、传播途径、组织取向、选择压力等决定，称之为分子进化速率应该会更好（Duffy 等，2008）。

病毒是突变率差异最大的生物系统。单细胞内单个核苷酸突变率（mutations per nucleotide per cell，m/n/c）在 10^{-8}到 10^{-4}之间（Sanjuán 等，2010；图 1－1）。相比之下，细菌突变率相差约为 50 倍，真核生物（从酵母到人类）突变率相差约为 100 倍（Lynch，2010）。不同类型病毒的进化特性因它们的突变率不同而各不相同。通常，RNA 病毒变异进化速度比 DNA 病毒快，尽管这一规则可能有一些例外（Duffy、Holmes，2008）。在一些

生物体内，RNA 病毒和类病毒的突变率极高，如噬菌体 Qβ 为 1.4×10^{-4} m/n/c（Bradwell 等，2013），菊花绿斑病类病毒每 400 个碱基就有一个突变（Gago 等，2009）。因此，在 RNA 病毒中，单个细胞释放出几十个新的基因变异，从而产生极其易变和快速演化的群体，通常这些群体被称为分子的准种（Domingo 等，1978；Holland 等，1982）。

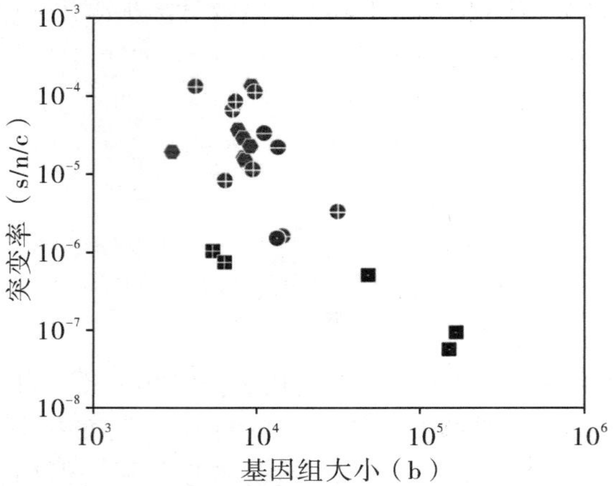

图 1－1　病毒突变率的差异

突变率为单个细胞中单个核苷酸的替换率（substitution per nucleotide per cell，s/n/c），是单个基因组大小（碱基数，b）的一个功能。RNA 病毒以圆表示（正、负链病毒分别为＋和－符号，双链 RNA 病毒为点），逆转录病毒为六边形，DNA 病毒为正方形（十字代表单链，点代表双链）。数据取自 Sanjuán 等（2010）和 Bradwell 等（2013）。

病毒突变率具有重要的生物医学意义。例如，对于 HIV－1 感染者，其体内每天都在发生的单碱基替代都有可能导致耐药性，从而需要多重药物治疗以控制感染（Perelson，2002）。病毒突变率也是评价疫苗接种策略的一个重要参数（Davenport 等，2008），并可通过它判定减毒活疫苗恢复毒力的可能性（Vignuzzi 等，2008）。快速突变也会降低宿主免疫系统清除感染的能力，因此，突变率可被视为一种毒力因子（Pfeiffer、Kirkegaard，2005；Vignuzzi 等，2006）。病毒突变率同时影响在流行病学水平上疾病发生的风险（Holmes，2009；Pepin 等，2010）。最后，RNA 病毒高突变率让其进化分子钟“嘀嗒”得比任何其他自然进化系统更快，使得找出最近的爆发来源成为可能（Bhattacharya，2014）。

病毒突变率的定量

RNA 病毒聚合酶，如 HIV－1 的逆转录酶（Menéndez-Arias，2009）、脊髓灰质炎病毒的 3D 蛋白（Liu 等，2013），或丙型肝炎病毒（HCV）NS5B 蛋白（Powdrill 等，2011）的保真度，已经被用于体外分析碱基错误插入导致不同碱基组合的前稳态动力学。同时，模板携带报告表型作为复制试验被用于随后的突变评分中（Menéndez-Arias，2009）。尽管这些体外研究可以提供无可估量的信息，但其实验所得的突变率与细胞培养或体内检测推断的突变率大为不同。在生化分析中，必需的化合物，如核苷酸或二价阳离子，常常在饱和状态下使用，可能会改变聚合酶的保真度和产生不同的突变类型。更重要的是，病毒突变率也由宿主因素决定，这些因素通常在这些研究中没有被考虑。

在高度控制细胞培养的条件下，已经开发出各种方法来测量病毒的突变率。一种简单的方法如下：细胞接种具有准遗传同质性的病毒（例如一个单独的噬菌体，或一个传染性克隆体），定量检测这些病毒短期内产生的基因多态性（一代或几代转录），通常是通过测序进行检验。突变率可以通过将观察到的突变数除以感染周期数来估计。然而，这种方法不能采集到存在样品中的许多有害突变信息，因为它们的频度因生存选择迅速降低，尽管在已知突变适应度分布的情况下，选择偏倚可以被校正（Sanjuán 等，2010）。对于逆转录病毒，已开发出不经选择繁殖病毒的培养系统，从而避免了这个问题。在这些研究中另一种常见偏倚的来源是在 RT – PCR 检测和测序时人为引进的突变。当采用新一代测序（NGS）时，这个问题尤其严重，因为单个测序片段的错误率比实际检测到的自发突变的频率要高得多。更加先进的技术，如 CircSeq 测序（Acevedo、Andino，2014）和双重测序（Kennedy 等，2014）的方法，以数量级方式增加了 NGS 的准确性，并可以对罕见突变做前所未有的深度分析。最后，测量病毒突变率较经典的方法是 Luria 和 Delbrück 的波动试验（Luria、Delbrück，1943；Zheng，2005）。这需要进行大量的每个初始病毒数量很小的平行培养。在统一标准、介质自由和选择性物质存在的条件下接种病毒后，当病毒能够继续生长时，自发突变体的数量就能够很容易地被计算出来。选择性物质可以是单克隆抗体、抗病毒药物，或不易感的细胞类型。然后可以利用每一种培养方法的突变体数量分布来估计突变率。

对比细胞培养进行病毒突变率检测的各种方案，进行活体内测量是一项更复杂的任务，因为观察到的突变率会受到许多不可控因素的影响，包括对有害突变的淘汰、复制循环数的未知、种群瓶颈等。现已开发出转基因植物组装病毒的基因获得丰富表达的方法，并通过反式互补选择释放这些基因（Malpica 等，2002；Tromas、Elena，2010）。另一个策略是专注于完全抑制病毒感染性的突变（致死突变）。因为，根据定义，这些突变体不会进行病毒传代，它们的种群频率应该保持不变，等于突变率。这种方法已被用来对一个类病毒体（Gago 等，2009）和丙型肝炎病毒（Cuevas 等，2009b；Ribeiro 等，2012）进行体内突变率的估计。然而，致死突变是非常罕见的，观察它们的频率会因 RT – PCR 和测序错误而受到极大的影响。最后，对丙型肝炎病毒等已被研究得较为清楚的病毒在急性感染期间复制的次数进行估计是有可能的，这类似于细胞培养研究，使得从序列数据中计算突变率的方法成为可能（Ribeiro 等，2012）。

病毒突变率的分子决定因素

病毒聚合酶内在保真度

病毒突变率主要由其聚合酶内在的保真度决定。在小核糖核酸病毒、甲病毒和逆转录病毒中已分离出保真度不同程度的变种，虽然保真度不会严重影响病毒适应性及变种趋向，但是会对突变率产生轻微影响（Arias 等，2008；Coffey 等，2011；Graci 等，2012；Menéndez-Arias，2009；Pfeiffer、Kirkegaard，2003）。内在的保真度可以被位于催化结构域之外的残留物测定（Gong、Peersen，2010；Korneeva、Cameron，2007）。例如，引入核苷酸的三磷酸部分被重新定位为脊髓灰质炎病毒 3D 蛋白的关键保真度检查点（Arnold 等，2005）。此外，内在聚合酶保真度也取决于模板的属性。在聚合运行时，通过模板引物错位机制，可引起移码突变或导致碱基替换（Kunkel，1985），而复制暂停位点似乎特别容易发生变异（Ji 等，1994）。另外，RNA 二级结构已被证明能促进模板切换，是重组变异的一个主要来源（Pathak、Temin，1992；Galetto 等，2004；Simon-Loriere 等，2009）。然而，病毒聚合酶的 3’ 核酸外切酶校对活性存在与否，可能是 RNA 病毒突变率的主要决定因素。迄今为止，除了冠状病毒外（Denison 等，2011；Ulferts、Ziebuhr，2011），所有关于 RNA 病毒聚合酶的研究，均证明了此类病毒缺乏 3’ 核酸外切酶校对活性（Roberts 等，1988；Steinhauer 等，1992），从而解释了为什么 RNA 病毒的突变率比 DNA 病毒的高。虽然 DNA 病毒编码聚合酶通常被认为具有较高的保真度，但似乎有一些例外。例如，由非洲猪瘟病毒（ASFV）编码的聚合酶 X 表现出非常高的错误率，这可能使这种病毒产生遗传多样性（de Villiers 等，2010；Lamarche 等，2006）。

复制模式

病毒从根本上不同于细胞，因为它们可以采用不同的复制模式，从中可以区分两种概念上不同的模式（图 1 –2）。首先，在冲压机复制模式中，一个模板用于产生给定细胞内的所有子代链，这意味着每个细胞只有一轮复制。然而，这种理论方案不能实现，因为需要合成一个反向互补中间体。在实践中，如果亲代的基因组只复制一次反向互补基因组，那么该病毒可以说是通过冲压机模式复制，而后被用作合成所有后代基因组的模板。其次，在半保留的类似细胞的复制模式下，子代链立即成为下一轮的复制模板，每个周期链数增加两倍。这意味着每个细胞必须进行多次复制以产生足够数量的病毒后代，所以突变可以在细胞内呈几何量级放大。因此，即使聚合酶的固有保真度保持不变，每个受感染细胞产生的突变数目的平均值和方差也会因复制模式的不同而产生变化。事实上，半保留和冲压机复制模式只是复制模式流水线的两个极端。例如，可以从最初的亲代基因组中合成多个子代链，但这些子代链可随后在同一细胞中进行多次复制循环。

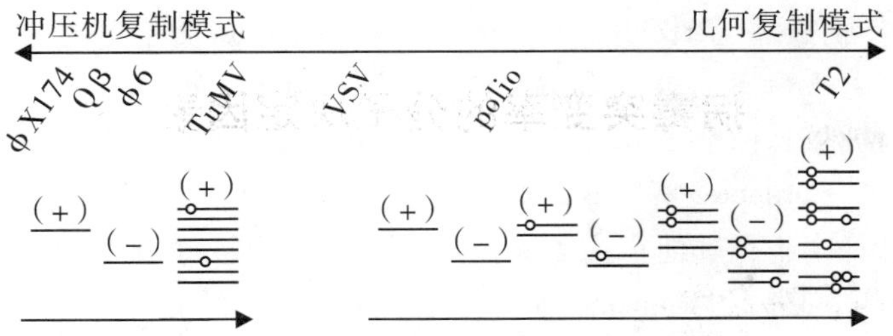

图 1－2　复制模式对单细胞突变率的影响

左：冲压机复制模式，细胞内一个单一的反基因组（－）被用来合成所有后代的基因组（＋）。

右：半保留（二进制），几何复制模式，在每个复制周期后代基因组的数量增加了两倍。

箭头表示细胞内病毒复制的进程。

上：由 Chao 等（2002）、Sanjuán 等（2010）、Martínez 等（2011）、Garcia-Villada 和 Drake（2012）与 Schulte 等（2015）共同断定的冲压机和几何复制模式下的几种病毒的大致位置。

大的双链 DNA 病毒利用半保留复制模式，而 RNA 病毒已被证明一直倾向于采用冲压机复制模式，因为它降低了种群中的有害突变的积累（Sardanyés 等，2009；Sardanyés、Elena，2011；Thébaud 等，2010）。然而，我们还没有对 RNA 病毒复制模式进行系统的经验评估。在某些情况下，复制模式在很大程度上受制于复制的分子细节。例如，微小病毒如噬菌体 φX174 使用滚动循环机制，从而形成冲压机复制模式（Gillam 等，1984；Hutchison、Sinsheimer，1966）。一个可提供复制模式信息的简单量化参数为正向和反向互补链的相对浓度信息（正/负）。在完全半保留性复制模式下，这两种浓度应该相等，而明显的不对称表明复制更接近冲压机复制模式。Luria-Delbrück 波动试验提供了每轮复制的突变率，而其他的方法是以每个单细胞为单位提供突变率。因此，这些不同的单位为估计突变率的比率提供了一种思路，病毒在每个细胞内进行多轮复制（Sanjuán 等，2010）。到目前为止，这些不同的方法倾向于确认冲压机复制模式在一些 RNA 病毒中比较盛行，包括噬菌体 φ6（Chao 等，2002）和 Qβ（Garcia-Villada、Drake，2012），以及芜菁花叶病毒（TuMV，Martínez 等，2011）。然而，一些几何量级的复制发生在 TuMV 和水泡性口炎病毒（VSV，Sanjuán 等，2010）中，最近的一项研究表明，脊髓灰质炎病毒在每个细胞内会经过多轮复制（Schulte 等，2015）。

宿主因素调节 RNA 病毒的突变率

细胞培养和细胞体内研究证实，病毒突变率受宿主的影响。HIV－1 突变的一个主要来源由载脂蛋白 B mRNA 编辑催化多肽形酶构成（APOBEC3 酶蛋白），特别是 APOBEC 3G、3F 和 3H（Harris 等，2003；Lecossier 等，2003；Mangeat 等，2003）。这些胞嘧啶脱氨酶的活性有一个非常明确的序列文本依赖性，使得逆转录病毒 cDNA 编辑一些 CC 和 TC 二核苷酸的第二碱基（Armitage 等，2008）。这导致大量 G 到 A 碱基在 RNA 基因组中转换。患者 APOBEC 3G 表达水平可能决定超突变 HIV－1 基因组积累的速率，并可能影响疾病进展（Land 等，2008）。另一个重要的宿主——编码蛋白可以编辑病毒的基因组是双链的 RNA 依赖的腺苷脱氨酶（ADAR），它可以将腺苷改变成肌苷。这种酶首次在麻疹病毒中被发现，它可产生 A 碱基转换成 G 碱基的超突变（Cattaneo 等，1988），随后的研究表明，它也可以使其他副粘病毒（van den Hoogen 等，2014）、流感病毒（Suspène 等，2011）和弹状病毒（Carpenter 等，2009）发生超突变。

除了这些编辑酶，还有其他宿主因素可能调节病毒的突变率，如细胞内稳态、dNTPs 浓度等（Bebenek 等，1992；Diamond 等，2004；Julias、Pathak，1998）。一些细胞代谢产物可引起核酸损伤，如研究发现乙醇衍生的活性氧（ROS）对丙型肝炎病毒有致突变作用（Seronello 等，2011）。另外，研究者在黄瓜花叶病毒（CMV）中观察到突变的类型取决于植物物种（Schneider、Roossinck，2001；Pita 等，2007）。这些病毒突变率上的差异可能是由宿主的不同导致的，或在其他进化过程中由选择压力或与细胞间运动相关的瓶颈等引起的。前一种可能性的支持证据，特别是病毒复制保真度的作用，在 CMV 体现为遗传多样性的能力差异与不同宿主中两种病毒编码聚合酶活性不同相关（Pita、Roossinck，2013）。

尽管宿主编码因素本身是极其重要的，但最近的一项研究发现，虽然 T 淋巴母细胞、胶质母细胞瘤细胞和人胚肾细胞的基因突变谱存在差异，但它们的 HIV－1 突变率没有差异，这可能与 APOBEC 活性水平相关（Holtz、Mansky，2013）。同样，VSV 的突变率被发现在不同类型的细胞中是恒定的，包括初级和永生的细胞，以及来源于不同组织的细胞（Combe、Sanjuán，2014）。某项研究揭示了哺乳动物细胞和昆虫细胞之间的差异，并在基孔肯雅病毒（CHIKV）上得到相似的结果（Rozen-Gagnon 等，2014）。这是节肢动物传播的病毒，由于宿主哺乳动物和媒介昆虫的选择压力有极大差别，普遍认为这种类型的传输对病毒有进化限制作用（Jenkins 等，2002；Woelk、Holmes，2002）。然而，最近的上述研究结果表明，自发突变率的差异也可能是由节肢动物传播的病毒进化相对缓慢所导致的。

DNA 病毒与复制后修复

传统观点认为 DNA 病毒进化缓慢，而过去十年中发现了一些快速进化的 DNA 病毒使得这一观点受到了挑战。例如，犬细小病毒（Shackelton 等，2005）、人类 B19 红病毒（Shackelton、Holmes，2006）和多瘤病毒（Shackelton 等，2006）的分子进化速率均进入 RNA 病毒的范围（Duffy 等，2008）。事实上，DNA 病毒在单个碱基上的突变率显示出丰富的变化（Duffy 等，2010）。可能 DNA 病毒突变率的主要决定因素是进入复制后的修复，因为该系统可以过滤掉 99% 以上的自发突变（Fijalkowska 等，2012）。一个很好的研究案例是单链 DNA 噬菌体 ϕX174，它利用宿主的 DNA 全酶 III 进行复制。对于噬菌体和细菌 DNA，聚合酶具有相似的内在保真度（Fersht，1979；Fersht、Knill-Jones，1981），但噬菌体的突变率是宿主的三个数量级（Cuevas 等，2009a；Raney 等，2004）。在大肠杆菌试验中，单链特异性双向甲基错配修复（MMR）由 Dam/MutHLS 系统完成（Jiricny，2013），通过位于错配两边的 GATC 序列腺苷的甲基基团区分了亲代和子代的链。然后 MutH 切割非甲基化的子链，这是降解和重新合成（Fukui，2010；Li，2008；Marti 等，2002；Modrich、Lahue，1996；Schofield、Hsieh，2003）。然而，ϕX174 噬菌体的基因组中不包含 GATC 位点，这阻碍了甲基化，从而避免了 MMR（Cuevas 等，2011）。

研究者对真核生物中 DNA 病毒和修复途径两者之间的相互作用仍知之甚少。几种脊椎动物 DNA 病毒可以改变 DNA 损伤反应（DDR），该反应可检测 DNA 损伤并启动细胞周期阻滞和修复。腺病毒、疱疹病毒、多瘤病毒和乳头瘤病毒可以在宿主体内减少 DDR 元件和导致 DNA 损伤，另外，为病毒复制中心补充 DDR 元件也是很常见的过程（Luftig，2014）。然而，该过程如何影响病毒的突变率仍然是未知的。事实上，很少有关于真核生物 DNA 病毒突变率的信息，只有一个公开的对单纯疱疹病毒（HSV－1）的估计研究（Drake、Hwang，2005）。如此缺乏数据，部分是因为经典 Sanger 测序法不能支持足够的高通量数据以推断 DNA 病毒自发突变率，而 NGS 技术也因单个测序序列错误率高而受到了限制。

病毒突变率的进化

病毒突变率的基因组相关

20 多年前人们就已经注意到，在基于 DNA 的微生物，包括病毒、细菌和单细胞真核生物中，突变率和基因组大小是协同进化的（Drake，1991；Drake 等，1998）。所以，单基因组的突变率在这些不同的类群中保持不变，平均每轮复制变异 0.003 个。然而，这种现象的基本进化力和机制仍不清楚。最近的研究讨论了 RNA 病毒是否有类似的规则。这是比较难评估的，因为 RNA 病毒基因组的大小变化只有 10 倍，而不像 DNA 病毒和微生物那样有 1 000 倍的差异（图 1－1）。然而，有几条证据表明，在 RNA 病毒中突变率和基因组的大小也存在协同进化的情况。第一，冠状病毒是 RNA 病毒中基因组最大的（30 kb 的数量级），并且是唯一的一种编码 3' 核酸外切酶校对活性的 RNA 病毒（Denison 等，2011；Ulferts、Ziebuhr，2011）。这一活性的消除使得突变频率显著增加，从而证明了其对复制保真度有重大贡献（Eckerle 等，2010）。第二，基因组大小与 RNA 病毒的分子进化率之间，具有微弱但显著的负相关性（Sanjuán，2012）。第三，在 RNA 病毒中拥有最小的基因组之一的噬菌体 Qβ，已被证明显示出特别高的自发突变率（Bradwell 等，2013）。几个假设可以解释为什么突变率和基因组大小呈负相关。作为最初假设的准种理论说，基因有一个可以容忍的突变数量上限，称为误差阈值（Eigen 等，1988；Eigen，2002；Manrubia 等，2010）。如果 RNA 病毒复制接近这个极限，那么基因组规模的任何增加都会伴随着自发突变率的降低。虽然误差阈值的理论不适用于突变较缓慢的 DNA 病毒，但一个群体的遗传负荷仍直接取决于基因组的突变率。此外，RNA 病毒的突变率维持在最佳值时，可能是为了最大程度适应环境，如同种族遗传学理论预测，这个最佳值与基因组的大小成反比（Orr，2000；Sanjuán，2012）。

单链和双链基因组病毒之间的突变率也有差异（图 1－1）。基因组极性影响 RNA 病毒生物学的许多方面。在正链病毒中，基因组 RNA 直接作为 mRNA；而在双链 RNA 病毒（同样在负链病毒）中，预转录的步骤是必需的。在后者中，基因组 RNA 被核蛋白高度保护以避免双链 RNA 敏感蛋白触发抗病毒天然免疫反应。目前没发现正、负链 RNA 病毒之间显示系统性的突变率差异，而对于双链 RNA 病毒目前只研究了噬菌体 $\phi6$（Chao 等，2002），与单链 RNA 病毒相比，其突变率较低。这一观点间接得到种族研究支持，它表明，双链 RNA 病毒往往演变得比单链 RNA 病毒更慢（Sanjuán，2012）。DNA 病毒中单、双链病毒之间的区别更为明显，前者的突变率是后者的 10 倍以上（Sanjuán 等，2010）。

进化过程形成的病毒突变率

由于自发突变是遗传变异的最终来源，因此它们需要适应生存。然而，突变往往是有害而非有益的，因此这往往会增加种群的遗传负荷。基于自然选择在短期内作用的原理，理论预测突变率应该倾向于尽可能地降低以减少这种负荷（Kimura，1967；Lynch，2010）。然而，大多数病毒，尤其是 RNA 病毒，显然不是这样的。研究者已经提出了几种可能的解释。第一，RNA 复制保真的能力可以被简单地生化约束。然而，冠状病毒 3’核酸外切酶校对活性的存在反驳了这一假说。第二，对于大多数病毒来说，虽然机制上是可能的，但是复制保真度机制或许消耗巨大。支持了上述观点的现象是，在 VSV 和 HIV－1 病毒中，复制的速度和保真度是呈负相关的（Furió 等，2005；Furió 等，2007）。然而，从理论上讲，保真度的代价也应该适用于那些快速复制对它们来说很重要的生物体，因此不能解释为什么 RNA 病毒的突变率比 DNA 病毒的高出几个数量级。第三，遗传负荷直接依赖于有害的自发突变部分。人们可以假设这一比例在病毒中比在细菌或真核生物中低，从而减少了选择压力，使前者的突变率降至最低。然而，选择系数的直接测量显示完全相反的模式，在许多的 RNA 和单链 DNA 病毒单点突变中有 20%～40% 的致死突变（Sanjuán，2010）。第四，如果选择压力对突变率修饰基因的影响小于随机遗传漂变，一个被称为漂移障碍的限制（Lynch，2011；Sung 等，2012），在突变率降低过程中则没有选择压力带来的变化。然而，只有当突变率达到足够低的值且种群规模较小时，才会遇到这种障碍，这种情况似乎不适合于大多数病毒。第五，细菌模型和实验数据证明，突变的等位基因可以在种群受到强正向或多样化选择时达到高频率（Leclerc 等，1996；PAL 等，2007；Sniegowski 等，1997；Taddei 等，1997）。然而，这些突变基因通常是短暂存活的，特别是在重组存在时，因而未能解释许多病毒具有稳定的高突变率。第六，还有其他可能的因素决定突变率，如适应性优化结构的演变（Clune 等，2008）和种群结构（Jiang 等，2010）。目前的进化理论为许多病毒的高突变率提供了多种解释，但没有一个是完全令人满意的。

对进化选择的反应

进化调节突变率的直接证据来自大量的研究，这些研究采用致突变核苷类似物治疗病毒。针对这些治疗措施，RNA 病毒可以使病毒聚合酶关键的残基发生演化改变，控制复制保真性或药物的亲和性，从而抵抗诱导的突变（Agudo 等，2010；Arias 等，2008；Coffey 等，2011；Graci 等，2012；Pfeiffer、Kirkegaard，2003；Sierra 等，2007）。早期的研究表明，在大的 DNA 噬菌体 T4 中，一系列的聚合酶变异可以有效地抑制化学诱变剂发挥作用（Drake 等，1969；Drake、Greening，1970）。这些治疗所产生的选择压力，以及对选择的反应，取决于不同的病毒和药物。例如，噬菌体 Qβ 中 5 - 氮胞苷（AZC）会增加 U→C、A→G 和 C→G 替换的频率（Cabanillas 等，2014）；而对于淋巴细胞脉络丛脑膜炎病毒（LCMV）（Grande-Pérez 等，2002）和 HIV - 1（Dapp 等，2009），AZC 只诱导替换第三个突变类型。此外，核苷类似物是否选择在聚合酶活性位点，或是在蛋白质的其他领域，甚至是其他蛋白质中替换氨基酸，取决于每种病毒的突变率及其相关的适应成本。

与此相关，不编码自身聚合酶的病毒对于研究化学突变剂带来的变化类型是特别有趣的。在碱基类似物 5 - 氟尿嘧啶（FU）存在的条件下，ϕX174 噬菌体连续传代，裂解蛋白 E 的胞周质 N 末端域发生氨基酸置换，从而降低裂解的效率，使病毒感染细胞周期延长，从而增加每个细胞的病毒释放量（Domingo-Calap 等，2012；Pereira-Gómez、Sanjuán，2014）。这种变化导致了对 FU 的抵抗，一个可能的解释是，这与病毒的复制模式有关。如上面所述，在冲压机复制模式下，单个细胞复制的循环数是固定的。反过来，感染一定数量宿主细胞所需的这种循环（复制循环）的数量取决于病毒释放量的大小。例如，如果每个细胞释放 100 个感染性病毒颗粒，从释放一个病毒颗粒到感染 1 万个细胞需要两个感染周期，但如果释放量只有 10 个，则需要四个周期。在后一种情况下，这种病毒需要复制两倍来感染所有的细胞，这意味着自发的突变将有更多的机会积累数量。因此，通过改变其溶解蛋白质的性质，ϕX174 噬菌体可以减少感染给定数量细胞所需的复制次数，从而减轻药物的致突变作用。

病毒突变率的最优化

上述实验已经强有力地证实，突变率的轻微升高会对病毒的适应性和适应度产生负面影响，这表明 RNA 病毒的自发突变率接近于最高耐受水平。另外，在动物模型中，携带增加聚合酶保真度的 RNA 病毒变异往往是降低适应性和毒力的（Gnadig 等，2012；Pfeiffer、Kirkegaard，2005；Vignuzzi 等，2006）。这些观察表明 RNA 病毒突变率接近于进化上的最佳状态。一个额外的使用过时野毒株的系统动力学研究证据也支持这一观点（Sanjuán，2012）。在一个纯粹的中性进化的情况下，分子进化率应随突变率的增长而呈线性增长（Kimura，1983）。DNA 病毒的缓慢变异证实了这个预测。然而，分子进化的速率比线性增长的低，并且随着突变率的增长而停滞（图 1 - 3）。这种模式被解释为一个模型，其中与短暂有害突变相关的遗传负荷阻碍中性或有利等位基因的固定。据此，突变率的进一步增长，会对病毒的进化产生负面影响。

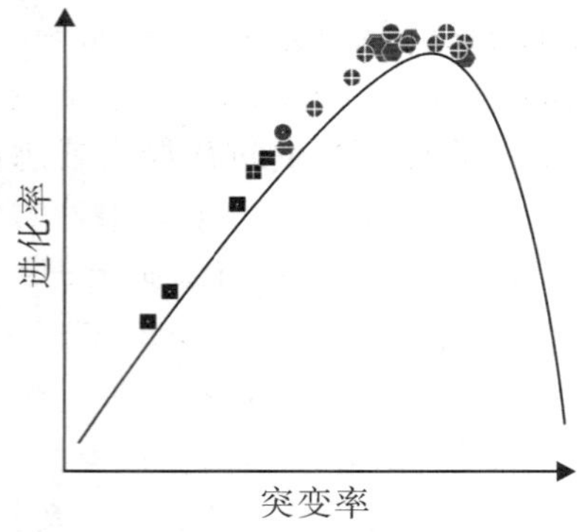

图 1-3 突变率与进化率的关系

分子进化的中性理论假定这两速率之间存在线性关系；然而，Sanjuán（2012）的研究显示，进化率的增加随着突变率的增加趋向停滞，这表明拮抗有害突变的选择背景阻碍中性或有利突变的固定。这就产生了一种进化上的最佳突变率，RNA 病毒似乎已经达到这种突变率。超过这个最佳值，进化率会因遗传负荷过大而急剧降低，一些病毒实验也证实了此种观点（见正文）。不同类型的病毒采用与图 1-1 相同的符号表示。

由于 DNA 病毒的突变率大大低于 RNA 病毒的突变率，但它们的生活方式是相似的，人们可以得出 DNA 病毒突变率在适应性方面是次优的结论。事实上，化学诱变对于 DNA 病毒来说，并没有对 RNA 病毒那样的不利影响。例如，在用 T7 噬菌体进行的一项研究中，NGS 检测到，在诱变条件下，病毒连续传代产生大量的突变，但这种增加并没有对病毒适应性产生负面影响（Springman 等，2009）。另一项研究用进化实验对几个 DNA 和 RNA 噬菌体的适应性和分子进化速率进行了比较（Domingo-Calap、Sanjuán，2011）。在最初的适应阶段，RNA 噬菌体较高的突变率使得它们比 DNA 噬菌体适应快五倍，而且比前者在种群中的固定突变要快三倍。然而，一旦病毒达到适应度高的水平，这种差异即消失。因此，DNA 病毒的进化和适应要比 RNA 病毒的慢得多，但差异并不像它们的平均突变率差异那么大。一种可能的解释是 DNA 病毒不会在基因组中显示恒定的突变率。有实验支持了这一观点，该实验在波氏杆菌噬菌体 BPP-1 的一种用于宿主配体识别的尾纤基因中，通过选择性地运用一种具有位点特异性作用的反转录系统，引导出了大量突变（Liu 等，2002）。痘苗病毒控制所谓的遗传折叠，瞬时增加阻断细胞抗病毒反应位点基因的拷贝数（Elde 等，2012）。

病毒突变率对于疾病的重要性

毒力

单氨基酸替换修改 RNA 病毒聚合酶内在保真度的特征，可用于直接评价病毒突变率对致病力的影响。在核苷类似物利巴韦林的作用下，脊髓灰质炎病毒连续传代，使病毒聚合酶替代选择 G64S。后续测序的遗传多样性分析表明，G64S 替代增加聚合酶保真度约三倍，而复制动力依然保留（Pfeiffer、Kirkegaard，2003）。研究发现，遗传多样性的缺失与 G64S 更换相关，在细胞培养中，病毒耐药性的进化能力或逃避抗体中和反应能力短期内受损。此外，在小鼠感染模型中该 G64S 替代产生从中度（Pfeiffer、Kirkegaard，2005）到高度（Vignuzzi 等，2006）的病毒衰减。这些结果显示：病毒需要维持高的突变率，从而逃避先天免疫反应，或者适应不同的体内微环境。脊髓灰质炎病毒的毒性主要取决于到达并感染神经系统的能力，G64S 突变体失去了这种能力（Vignuzzi 等，2006）。基孔肯雅病毒的变种增加的保真度随后获得类似的结果（Coffey 等，2011）。对于脊髓灰质炎病毒，这种甲病毒属突变体表现出在自然宿主蚊子中遗传多样性减少，感染和传播能力减弱。后来，另一个版本的可以降低复制保真度的脊髓灰质炎病毒聚合酶（H273R）被确定（Korboukh 等，2014）。有趣的是，根据小鼠瘫痪的能力，这种变体也被发现在体内出现了衰减。另外，降低的毒力与 H273R 病毒感染特定器官能力受损有关。总的来说，这些研究建立了病毒突变率和毒力之间的联系。

如上所述，DNA 病毒突变率大大低于 RNA 病毒，但 DNA 病毒也可以达到较高的毒力水平，如天花病毒或非洲猪瘟病毒。DNA 病毒达到高碱基突变率的能力受到遗传负荷的阻碍。然而，DNA 病毒也需要响应免疫压力并适应宿主组织，就像 RNA 病毒一样。毫无疑问，一些 DNA 病毒的大基因组使它们能够编码一系列基因来对抗先天免疫反应（Bahar 等，2011），这与 RNA 病毒不同。然而，系统发育分析表明在宿主病原体竞争中的 DNA 病毒基因进化速率较快（McLysaght 等，2003）。突变率在这些位点所使用的机制，如遗传折叠，可能有助于这种快速的进化（Elde 等，2012）。因此，尽管复制保真度很高，DNA 病毒也能创造出战胜宿主防御所需的遗传多样性。

接种疫苗

许多 RNA 病毒的蛋白质有屏蔽天然免疫的能力（Versteeg、Garcia-Sastre，2010）。如上所述，RNA 病毒的小基因组限制了它们部署复杂的免疫逃避蛋白的能力，而大 DNA 病毒具有类似的能力。然而，病毒已演变出了替代策略。例如，通过致密聚糖链的掩护，HIV－1隐藏着位于包膜蛋白 GP120 的表面抗原表位，可逃避中和抗体（Reitter 等，1998；Wei 等，2003）。另外，诸如丙型肝炎病毒等其他人类病毒似乎并没有采用同样的策略，或者至少不是广泛如此。RNA 病毒保持宿主免疫适应性的最常见机制可能是在关键抗原位点快速产生氨基酸变化，这就产生了一种快速抗原性漂移，正如季节性流感广泛证明的那样（Smith 等，2004）。由于抗原位点进化的速度在迅速消除交叉保护，流感疫苗需要每年更新。已证明 HIV－1（Kawashima 等，2009）和丙型肝炎病毒（Gaudieri 等，2006）通过对 CTL 表位逃逸突变的快速固定来适应宿主细胞免疫。在这两种病毒中，抗原位点有相当大的宿主内变异和一个巨大的全球多样性，从而对疫苗开发造成了严重障碍（Korber 等，2009）。与 RNA 病毒极高突变率有关的另一个问题是减毒活疫苗毒力的恢复。对于脊髓灰质炎病毒，个体接种标准 Sabin 株后偶尔会排泄疫苗产生的病毒，因此这些个体具有潜在风险，可导致其他非接种人群的个体受到致病性感染（Georgescu 等，1997）。聚合酶保真变异的研究表明，RNA 病毒突变率可以被设计用于生产新的更安全的活疫苗。例如，脊髓灰质炎病毒的 G64S 和 H273R 保真突变体已被证明会引起保护性免疫反应（Vignuzzi 等，2008；Korboukh 等，2014）。高保真度突变体似乎比低保真度突变体更适合做疫苗，因为它们不太可能产生新的毒力突变或发生毒力恢复。降低重组率，可以减少因疫苗株与流行的野生型病毒重组而产生的风险。

耐药性与抗病毒策略

抗病毒药物抑制病毒感染周期的关键步骤在短期内是非常有效的。然而，耐药病毒会迅速进化，导致治疗失败。由于 RNA 病毒的高突变率，在每一个被感染病人体内每天都会产生所有可能的单核苷酸替换和许多双突变体。因此，在治疗开始之前，耐药突变通常在病毒种群中作为少数群体存在。目前 NGS 可以进行这些低频多态性的检测，因而成为辅助临床决策的有用工具（Nelson、Hughes，2015）。耐药性的一个著名的例子与 FDA 批准的第一个治疗艾滋病药物 AZT 有关。虽然短期有效，但位于 HIV－1 逆转录酶的耐药突变不可避免地出现在最高耐受剂量下。然而，若 AZT 与其他抗逆转录病毒药物进行组合使用，则有助于有效阻止病毒复制和降低耐药的风险。这些经验也应适用于其他快速变异的 RNA 病毒，如丙型肝炎病毒。病毒突变率的频率和突变谱特征还可以帮助预测耐药性。例如，HCV 聚合酶 NS5B 具有高度偏斜的突变谱，生产替代类型比其他的酶快数千倍（Powdrill 等，2011）。耐药性通常由一个或几个氨基酸替换决定，因此只涉及几个核苷酸变化。如果这些替换是突变谱中最罕见的，那么耐药变异体的出现将被推迟。这连同与耐药突变相关的适应成本，被称为所谓的耐药基因屏障（Svarovskaia 等，2014）。

除了进化的最佳突变率外，病毒的适应性和适应度也会因有害突变的积累而急剧衰减，这直接降低了适应度，干扰了有益突变的固定。病毒种群最终可能越过错误阈值，导致遗传信息不可逆转地丢失。基于此，有学者提出 RNA 病毒可被特定诱变剂打败（Anderson 等，2004；Bull 等，2007；Domingo，2006）。早期的实验表明，突变频率的轻微增长导致脊髓灰质炎病毒和 VSV 的适应度戏剧性下降，从而可能使 RNA 病毒对致死性突变特别敏感（Holland 等，1990）。后来在细胞培养和动物模型条件下，致死突变被证明对多种 RNA 病毒是有效的，包括肠道病毒（Crotty 等，2001；Graci 等，2007）、口蹄疫病毒（Sierra 等，2000）、汉坦病毒（Chung 等，2007）、沙粒病毒（Grande-Pérez 等，2005）和慢病毒（Dapp 等，2009；Loeb 等，1999）。事实上，一些经典的抗病毒药物如利巴韦林或阿米洛利后来被证明是 RNA 病毒的突变剂（Crotty 等，2001；Levi 等，2010）。来自于干扰素/利巴韦林治疗患者的 HCV 序列分析也表明，HCV 在体内发生突变（Cuevas 等，2009b）。一项临床试验对 HIV－1 致死突变的可行性进行检测，但是没有成功（试行 NCT00129194）（Mullins 等，2011）。另一个问题是，与最初的预期相反，致命性突变也会产生耐药性，包括产生高保真突变体。

（主译：王渊、刘春晓　校译：董瑞玲）

参考文献

1. Acevedo, A., and Andino, R. (2014). Viruses. Nat. Protoc. 9, 1760 – 1769.

2. Agudo, R., Ferrer-Orta, C., Arias, A., et al. (2010). PLoS Pathog. 6, e1001072.

3. Anderson, J. P., Daifuku, R., and Loeb, L. A. (2004). Microbiol. 58, 183 – 205.

4. Arias, A., Arnold, J. J., Sierra, M., et al. (2008). J. Virol. 82, 12346 – 12355.

5. Armitage, A. E., Katzourakis, A., de Oliviera, T., et al. (2008). J. Virol. 82, 8743 – 8761.

6. Arnold, J. J., Vignuzzi, M., Stone, J. K., et al. (2005). J. Biol. Chem. 280, 25706 – 25716.

7. Bahar, M. W., Graham, S. C., Chen, R. A., et al. (2011). J. Struct. Biol. 175, 127 – 134.

8. Bebenek, K., Roberts, J. D., and Kunkel, T. A. (1992). J. Biol. Chem. 267, 3589 – 3596.

9. Bhattacharya, S. (2014). Nature 506, 424 – 426.

10. Bradwell, K., Combe, M., Domingo-Calap, P., et al. (2013). Genetics 195, 243 – 251.

11. Bull, J. J., Sanjuán, R., and Wilke, C. O. (2007). J. Virol. 81, 2930 – 2939.

12. Cabanillas, L., Sanjuán, R., and Lázaro, E. (2014). J. Virol. 88, 10480 – 10487.

13. Carpenter, J. A., Keegan, L. P., Wilfert, L., et al. (2009). BMC Genet. 10, 75 – 10.

14. Cattaneo, R., Schmid, A., Eschle, D., et al. (1988). Cell 55, 255 – 265.

15. Chao, L., Rang, C. U., and Wong, L. E. (2002). J. Virol. 76, 3276 – 3281.

16. Chung, D. H., Sun, Y., Parker, W. B., et al. (2007). J. Virol. 81, 11722 – 11729.

17. Clune, J., Misevic, D., Ofria, C., et al. (2008). PLoS Comput. Biol. 4, e1000187.

18. Coffey, L. L., Beeharry, Y., Borderia, A. V., et al. (2011). Proc. Natl. Acad. Sci. USA 108, 16038 – 16043.

19. Combe, M., and Sanjuán, R. (2014). PLoS Pathog. 10, e1003855.

20. Crotty, S., Cameron, C. E., and Andino, R. (2001). Proc. Natl. Acad. Sci. USA 98, 6895 – 6900.

21. Cuevas, J. M., Duffy, S., and Sanjuán, R. (2009a). Genetics 183, 747 – 749.

22. Cuevas, J. M., Gonzalez-Candelas, F., Moya, A., et al. (2009b). J. Virol. 83, 5760 – 5764.

23. Cuevas, J. M., Pereira-Gómez, M., and Sanjuán, R. (2011). Genet. Evol. 11, 1820 – 1822.

24. Dapp, M. J., Clouser, C. L., Patterson, S., et al. (2009). J. Virol. 83, 11950 – 11958.

25. Davenport, M. P., Loh, L., Petravic, J., et al. (2008). Trends in Microbiology 16, 561 – 566.

26. de Villiers, E. P., Gallardo, C., Arias, M., et al. (2010). Virology 400, 128 – 136.

27. Denison, M. R., Graham, R. L., Donaldson, E. F., et al. (2011). RNA Biol. 8, 270 – 279.

28. Diamond, T. L., Roshal, M., Jamburuthugoda, V. K., et al. (2004). J. Biol. Chem. 279, 51545 – 51553.

29. Domingo, E. (2006). Springer.

30. Domingo, E., Sabo, D., Taniguchi, T., et al. (1978). Cell 13, 735 – 744.

31. Domingo-Calap, P., Pereira-Gómez, M., and Sanjuán, R. (2012). J. Virol. 86, 9640 – 9646.

32. Domingo-Calap, P., and Sanjuán, R. (2011). Evolution 65, 2987 – 2994.

33. Drake, J. W. (1991). Pioc. Natl. Acad. Sci. USA 88, 7160 – 7164.

34. Drake, J. W., Allen, E. F., Forsberg, S. A., et al. (1969). Nature 221, 1128 – 1132.

35. Drake, J. W., Charlesworth, B., Charlesworth, D., et al. (1998). Genetics 148, 1667 – 1686.

36. Drake, J. W., and Greening, E. O. (1970). Proc. Natl. Acad. Sci. USA 66, 823 – 829.

37. Drake, J. W., and Hwang, C. B. (2005). Genetics 170, 969 – 970.

38. Duffy, S., and Holmes, E. C. (2008). J. Virol. 82, 957 – 965.

39. Duffy, S., Shackelton, L. A., and Holmes, E. C. (2008). Genetics 9, 267 – 276.

40. Eckerle, L. D., Becker, M. M., Halpin, R. A., et al. (2010). PLoS Pathog. 6, e1000896.

41. Eigen, M. (2002). Proc. Natl. Acad. Sci. USA 99, 13374 – 13376.

42. Eigen, M., McCaskill, J., and Schuster, P. (1988). J. Phys. Chem. 92, 6881 – 6891.

43. Elde, N. C., Child, S. J., Eickbush, M. T., et al. (2012). Cell 150, 831 – 841.

44. Fersht, A. R. (1979). Proc. Natl. Acad. Sci. USA 76, 4946 – 4950.

45. Fersht, A. R., and Knill-Jones, J. W. (1981). Proc. Natl. Acad. Sci. USA 78, 4251 – 4255.

46. Fijalkowska, I. J., Schaaper, R. M., and Jonczyk, P. (2012). FEMS Microbiol. Rev. 36, 1105 – 1121.

47. Fukui, K. (2010). J. Nucleic Acids. 2010. pii, 260512.

48. Furió, V., Moya, A., and Sanjuán, R. (2005). Proc. Natl. Acad. Sci. USA 102, 10233 – 10237.

49. Furió, V., Moya, A., and Sanjuán, R. (2007). Proc. Biol. Sci. 274, 225 – 230.

50. Gago, S., Elena, S. F., Flores, R., et al. (2009). Science 323, 1308.

51. Galetto, R., Moumen, A., Giacomoni, V., et al. (2004). J. Biol. Chem. 279, 36625 – 36632.

52. Garcia-Villada, L., and Drake, J. W. (2012). PLoS Genet. 8, e1002832.

53. Gaudieri, S., Rauch, A., Park, L. P., et al. (2006). J. Virol. 80, 11094 – 11104.

54. Georgescu, M. M., Balanant, J., MacAdam, A., et al. (1997). J. Virol. 71, 7758 - 7768.

55. Gillam, S., Astell, C. R., Jahnke, P., et al. (1984). J. Virol. 52, 892 - 896.

56. Gnadig, N. F., Beaucourt, S., Campagnola, G., et al. (2012). Proc. Natl. Acad. Sci. USA 109, E2294 - E2303.

57. Gong, P., and Peersen, O. B. (2010). Proc. Natl. Acad. Sci. USA 107, 22505 - 22510.

58. Graci, J. D., Gnadig, N. F., Galarraga, J. E., et al. (2012). J. Virol. 86, 2869 - 2873.

59. Graci, J. D., Harki, D. A., Korneeva, V. S., et al. (2007). J. Virol. 81, 11256 - 11266.

60. Grande-Pérez, A., Lázaro, E., Lowenstein, P., et al. (2005). Proc. Natl. Acad. Sci. USA 102, 4448 - 4452.

61. Grande-Pérez, A., Sierra, S., Castro, M. G., et al. (2002). Proc. Natl. Acad. Sci. USA 99, 12938 - 12943.

62. Harris, R. S., Bishop, K. N., Sheehy, A. M., et al. (2003). Cell 113, 803 - 809.

63. Holland, J. J., Domingo, E., de la Torre, J. C., et al. (1990). J. Virol. 64, 3960 - 3962.

64. Holland, J. J., Spindler, K., Horodyski, F., et al. (1982). Science 215, 1577 - 1585.

65. Holmes, E C. (2009). Oxford University Press.

66. Holtz, C. M., and Mansky, L. M. (2013). J. Virol. 87, 5296 - 5299.

67. Hutchison, C. A., Ⅲ, and Sinsheimer, R. L. (1966). J. Mol. Biol. 18, 429 - 447.

68. Jenkins, G. M., Rambaut, A., Pybus, O. G., et al. (2002). J. Mol. Evol. 54, 156 - 165.

69. Ji, J., Hoffmann, J. S., and Loeb, L. (1994). Nucleic Acids Research 22, 47 - 52.

70. Jiang, X., Mu, B., Huang, Z., et al. (2010). BMC Evol. Biol. 10, 298.

71. Jiricny, J. (2013). Biol. 5, a012633.

72. Julias, J. G., and Pathak, V. K. (1998). J. Virol. 72, 7941 - 7949.

73. Kawashima, Y., Pfafferott, K., Frater, J., et al. (2009). Nature 458, 641 - 645.

74. Kennedy, S. R., Schmitt, M. W., Fox, E. J., et al. (2014). Nat. Protoc. 9, 2586 - 2606.

75. Kimura, M. (1967). Res., Camb. 9, 23 - 34.

76. Kimura, M. (1983). Cambridge University Press.

77. Korber, B. T., Letvin, N. L., and Haynes, B. F. (2009). J. Virol. 83, 8300 - 8314.

78. Korboukh, V. K., Lee, C. A., Acevedo, A., et al. (2014). J. Biol. Chem. 289, 29531 - 29544.

79. Korneeva, V. S., and Cameron, C. E. (2007). J. Biol. Chem. 282, 16135 - 16145.

80. Kunkel, T. A. (1985). J. Biol. Chem. 260, 5787 - 5796.

81. Lamarche, B. J., Kumar, S., and Tsai, M. D. (2006). Biochemistry 45, 14826 - 14833.

82. Land, A. M. , Ball, T. B. , Luo, M. , et al. (2008) . J. Virol. 82, 8172 – 8182.
83. LeClerc, J. E. , Li, B. , Payne, W. L. , et al. (1996) . Science 274, 1208 – 1211.
84. Lecossier, D. , Bouchonnet, F. , Clavel, F. , et al. (2003) . Science 300, 1112.
85. Levi, L. I. , Gnadig, N. F. , Beaucourt, S. , et al. (2010) . PLoS Pathog. 6, e1001163.
86. Li, G. M. (2008) . Cell Res. 18, 85 – 98.
87. Liu, M. , Deora, R. , Doulatov, S. R. , et al. (2002) . Science 295, 2091 – 2094.
88. Liu, X. , Yang, X. , Lee, C. A. , et al. (2013) . J. Biol. Chem. 288, 32753 – 32765.
89. Loeb, L. A. , Essigmann, J. M. , Kazazi, F. , et al. (1999) . Proc. Natl. Acad. Sci. USA 96, 1492 – 1497.
90. Luftig, M. A. (2014) . Annu. Rev. Virol. 1, 605 – 625.
91. Luria, S. E. , and Delbrück, M. (1943) . Genetics 28, 491 – 511.
92. Lynch, M. (2010) . Trends Genet. 26, 345 – 352.
93. Lynch, M. (2011) . Genome Biol. Evol. 3, 1107 – 1118.
94. Malpica, J. M. , Fraile, A. , Moreno, I. , et al. (2002) . Genetics 162, 1505 – 1511.
95. Mangeat, B. , Turelli, P. , Caron, G. , et al. (2003) . Nature 424, 99 – 103.
96. Manrubia, S. C. , Domingo, E. , and Lázaro, E. (2010) . Philos. Trans. R. Soc. Lond. , B, Biol. Sci. 365, 1943 – 1952.
97. Marti, T. M. , Kunz, C. , and Fleck, O. (2002) . J. Cell Physiol. 191, 28 – 41.
98. Martínez, F. , Sardanyés, J. , Elena, S. F. , et al. (2011) . Genetics 188, 637 – 646.
99. McLysaght, A. , Baldi, P. F. , and Gaut, B. S. (2003) . Proc. Natl. Acad. Sci. USA 100, 15655 – 15660.
100. Menéndez-Arias, L. (2009) . Viruses 1, 1137 – 1165.
101. Modrich, P. , and Lahue, R. (1996) . Annu. Rev. Biochem. 65, 101 – 133.
102. Mullins, J. I. , Heath, L. , Hughes, J. P. , et al. (2011) . PLoS One 6, e15135.
103. Nelson, C. W. , and Hughes, A. L. (2015) . Infect. Genet. Evol. 30C, 1 – 7.
104. Orr, H. A. (2000) . Genetics 155, 961 – 968.
105. Pal, C. , Macia, M. D. , Oliver, A. , et al. (2007) . Nature 450, 1079 – 1081.
106. Pathak, V. K. , and Temin, H. M. (1992) . J. Virol. 66, 3093 – 3100.
107. Pepin, K. M. , Lass, S. , Pulliam, J. R. , et al. (2010) . Nat. Rev. Microbiol. 8, 802 – 813.
108. Pereira-Gómez, M. , and Sanjuán, R. (2014) . J. Virol. 88, 5042 – 5049.
109. Perelson, A. S. (2002) . Nat. Rev. Immunol. 2, 28 – 36.
110. Pfeiffer, J. K. , and Kirkegaard, K. (2003) . Proc. Natl. Acad. Sci. USA 100, 7289 – 7294.
111. Pfeiffer, J. K. , and Kirkegaard, K. (2005) . PLoS Pathog. 1, e11.
112. Pita, J. S. , de Miranda, J. R. , Schneider, W. L. , et al. (2007) . J. Virol. 81, 9072 – 9077.
113. Pita, J. S. , and Roossinck, M. J. (2013) . J. Virol. 87, 790 – 797.

114. Powdrill, M. H., Tchesnokov, E. P., Kozak, R. A., et al. (2011). Proc. Natl. Acad. Sci. USA 108, 20509 - 20513.

115. Raney, J. L., Delongchamp, R. R., and Valentine, C. R. (2004). Environ. Mol. Mutagen. 44, 119 - 127.

116. Reitter, J. N., Means, R. E., and Desrosiers, R. C. (1998). Nature Medicine 4, 679 - 684.

117. Ribeiro, R. M., Li, H., Wang, S., et al. (2012). PLoS Pathog. 8, e1002881.

118. Roberts, J. D., Bebenek, K., and Kunkel, T. A. (1988). Science 242, 1171 - 1173.

119. Rozen-Gagnon, K., Stapleford, K. A., Mongelli, V., et al. (2014). PLoS Pathog. 10, e1003877.

120. Sanjuán, R. (2010). Philos. Trans. R. Soc. Lond. 365, 1975 - 1982.

121. Sanjuán, R. (2012). PLoS Pathog. 8, e1002685.

122. Sanjuán, R., Nebot, M. R., Chirico, N., et al. (2010). J. Virol. 84, 9733 - 9748.

123. Sardanyés, J., and Elena, S. F. (2011). PLoS One 6, e24884.

124. Sardanyés, J., Solé, R. V., and Elena, S. F. (2009). J. Virol. 83, 12579 - 12589.

125. Schneider, W. L., and Roossinck, M. J. (2001). J. Virol. 75, 6566 - 6571.

126. Schofield, M. J., and Hsieh, P. (2003). Annu. Rev. Microbiol. 57, 579 - 608.

127. Schulte, M. B., Draghi, J. A., Plotkin, J. B., et al. (2015). eLife 4, e03753.

128. Seronello, S., Montanez, J., Presleigh, K., et al. (2011). PLoS One 6, e27436.

129. Shackelton, L. A., and Holmes, E. C. (2006). J. Virol. 80, 3666 - 3669.

130. Shackelton, L. A., Parrish, C. R., Truyen, U., et al. (2005). Proc. Natl. Acad. Sci. USA 102, 379 - 384.

131. Shackelton, L. A., Rambaut, A., Pybus, O. G., et al. (2006). J. Virol. 80, 9928 - 9933.

132. Sierra, M., Airaksinen, A., González-López, C., et al. (2007). J. Virol. 81, 2012 - 2024.

133. Sierra, S., Dávila, M., Lowenstein, P. R., et al. (2000). J. Virol. 74, 8316 - 8323.

134. Simon-Loriere, E., Galetto, R., Hamoudi, M., et al. (2009). PLoS Pathog. 5, e1000418.

135. Smith, D. J., Lapedes, A. S., de Jong, J. C., et al. (2004). Science 305, 371 - 376.

136. Sniegowski, P. D., Gerrish, P. J., and Lenski, R. E. (1997). Nature 387, 703 - 705.

137. Springman, R., Keller, T., Molineux, I., et al. (2009). Genetics 184, 221 - 232.

138. Steinhauer, D. A., Domingo, E., and Holland, J. J. (1992). Gene 122, 281 - 288.

139. Sung, W., Ackerman, M. S., Miller, S. F., et al. (2012). Proc. Natl. Acad. Sci. USA 109, 18488 - 18492.

140. Suspène, R., Petit, V., Puyraimond-Zemmour, D., et al. (2011). J. Virol. 85, 2458 - 2462.

141. Svarovskaia, E. S., Dvory-Sobol, H., Parkin, N., et al. (2014). Clin. Infect.

Dis. 59, 1666 – 1674.

142. Taddei, F., Radman, M., Maynard-Smith, J., et al. (1997). Nature 387, 700 – 702.

143. Thébaud, G., Chadoeuf, J., Morelli, M. J., et al. (2010). Proc. Biol. Sci. 277, 809 – 817.

144. Tromas, N., and Elena, S. F. (2010). Genetics 185, 989.

145. Ulferts, R., and Ziebuhr, J. (2011). RNA Biol. 8, 295 – 304.

146. van den Hoogen, B. G., van, B. S., de, R. J., et al. (2014). J. Gen. Virol. 95, 1625 – 1633.

147. Versteeg, G. A., and Garcia-Sastre, A. (2010). Curr. Opin. Microbiol. 13, 508 – 516.

148. Vignuzzi, M., Stone, J. K., Arnold, J. J., et al. (2006). Nature 439, 344 – 348.

149. Vignuzzi, M., Wendt, E., and Andino, R. (2008). Nature Medicine 14, 154 – 161.

150. Wei, X., Decker, J. M., Wang, S., et al. (2003). Nature 422, 307 – 312.

151. Woelk, C. H., and Holmes, E. C. (2002). J. Mol. Biol. Evol. 19, 2333 – 2336.

152. Zheng, Q. (2005). Math. Biosci. 196, 198 – 214.

第二章　病毒信息学：理解生物多样性基因组进化的重要工具

Siobain Duffy

罗格斯大学（新布朗斯维克校区）生态、进化与自然资源系，新泽西州08901，美国

通讯作者：duffy@ aesop. rutgers. edu

摘要

我们对病毒分子进化的理解正是通过大量测序数据和可以从中提取有用信息的统计算法的组合来推进的。本章对系统发育学、群体遗传学的经典与现代方法以及其他进化分析方法进行综述。本章还讨论了计算科学家和病毒学家在处理同一问题时可能存在的语言和目标的分歧。然而，精确地模拟病毒分子进化谈何容易，只有极少数的研究报告能给予一些分析建议或指南。因此，这很容易产生利用废料又产生废料的所谓研究成果，这种研究结果很可能混淆病毒进化的相关研究。

引言

大多数关于病毒进化的研究都是关于分子进化的。在绝大多数情况下，这些研究都是针对核苷酸序列进化的，其中分析的基因组区域里的可能不是已知功能的基因，其所编码的蛋白结构通常还没有被解析，而且突变也不容易与表型联系起来。事实上，我们越来越多的研究集中于预测开放阅读框的进化过程，过往研究并没有充分的证据证明这些开放阅读框在病毒感染的过程中是被表达出来的（显性的），而所涉及的病毒在实验室环境中还没有被培养出来，也没有明显表现型。虽然所有的生物学都更多地倾向于生物信息学研究（Stevens，2013），但是病毒学可能是受影响最大的生物学科（Seto，2010）。虽然病毒比细胞生物更难观察和定量，但是基于测序、非培养的技术极大地拓展了所研究的病毒数量和种类，甚至超过了细菌和原虫（Greene 等，2014）。因此，病毒进化已经成为病毒基因组学的研究热点，借助多种计算方法有助于理解这一领域。

任何关于病毒信息学的章节都不可能是全面的，因为不仅每年都会找到新的统计方法（包括修正或创新的方法）来研究病毒进化，而且有很多独立托管的网页应用程序和可下载的工具可以应用于病毒数据集（本章将列举部分）。对研究人员来说，这种多样性既是好事也是坏事，因为对旧问题采取新的工具可以改进分析结果，并构建更好的“鼠标陷阱”；但这些改进可能不会增加受众，并取代之前的分析。这些新的程序大多数是由学术

机构开发并免费提供的，这意味着研究人员可以尝试其中的许多新程序，以找到最适合他们的数据集的方法，以及他们喜欢的接口。由于其中一些免费工具也可以在云中的服务器上自由运行，因此，在发达国家和发展中国家，任何拥有互联网连接的研究人员都可以进行病毒分子进化研究。

本综述旨在介绍目前常用的多元化数据库和软件工具，以及病毒进化生物学家在分析核苷酸序列数据时采取的常见方法的基本原理。这里讨论的许多方法起初都是为研究哺乳动物进化开发的，后经过研究学者的改进逐渐应用于病毒数据集分析，例如人类免疫缺陷病毒和流感病毒。蛋白质进化可以忽视，这有利于对基因组进化进行详细的探讨。虽然有一些方法在研究基因组和蛋白质进化过程中是相似的（如比对、系统发育），但用于理解蛋白质结构进化的计算工具是独特的（Carrillo-Tripp 等，2009；Cerny 等，2014）。用于研究病毒蛋白进化的工具已经在 Mohabatkar 等的文章中综述，本章不再赘述（Mohabatkar 等，2012）。

数据来源

大部分病毒学家开展进化信息学项目研究时，要么从头测序（denovo），要么前往生物序列存档的主要数据库寻找与他们自己生成的序列匹配的序列。世界上最大的遗传序列数据库由国际核酸序列数据库合作联盟进行维持和提供镜像网站服务。国际核酸序列数据库合作联盟由日本 DNA 数据库 DDBJ（http：//www. ddbj. nig. ac. jp）、欧洲分子生物学实验室 EMBL（http：//www. ebi. ac. uk/ena）、美国国家生物技术信息中心 NCBI（http：//www. ncbi. nlm. nih. gov/genbank）三部分数据组成，这三个数据库每天交换各自数据库中的新增序列记录以实现数据共享。研究人员通过 BLAST 检索功能从这些数据库中找到相似的序列进行比对分析（Altschul，1990）。蛋白数据库（包括结构）也是由各区域实体，包括欧洲生物信息学研究所（European Bioinformatics Institute）、美国国家生物技术信息中心（The US National Center for Biotechnology Information）所维护，并能够与核苷酸序列文本较好地关联起来。病毒学家特别感兴趣的是 NCBI 病毒基因组资源（见表2 -1），该数据库提供了所有病毒的参考序列的链接，它们来自 GenBank 中经过审核的具有完整基因组的病毒物种的单个基因组。虽然数据库数据一直在不断地更新和扩大，但所有数据均实现了简洁化和标准化，如果对样品或者已测序的病毒有疑问可以查询数据库。根据核酸的种类［包括单链 DNA、双链 DNA、单链 RNA（细分为单股正链 RNA 和单股负链 RNA）、双链 RNA 和反转录病毒］，病毒基因资源库可以直接链接到病毒序列组织。在 TaxBrowser 物种分类系统中可通过点击下列链接进入病毒条目：http：//www. ncbi. nlm. nih. gov/Taxonomy/Browser/wwwtax. cgi？ name = Viruses。

表 2－1　病毒基因组序列数据库

特异性病毒序列数据库网站	
NCBI 病毒基因数据库	http：//www. ncbi. nlm. nih. gov/genomes/GenomesHome. cgi
NCBI 病毒变异数据库	http：//www. ncbi. nlm. nih. gov/genome/viruses/variation
病毒病原体数据库	http：//www. viprbrc. org/brc/. gov/genbank
病毒生物信息资源中心	http：//virology. ca
LANL HIV 基因组数据库	http：//www. hiv. lanl. gov
PBI dsDNA 噬菌体（某些宿主）数据库	http：//phagedb. org
核酸研究更新的病毒基因组数据库列表	http：//www. oxfordjournals. org/our _ journals/nar/database/sub-cat/5/18
病毒宏观基因组门户	
CAMERA	http：//camera. crbs. ucsd. edu/ddc
病毒组（VIROME）	http：//virome. dbi. udel. edu
METAVIR	http：//metavir – meb. univ – bpclermont. fr

这些类别大致反映了按基因组类型划分的巴尔的摩分类（Baltimore，1971），也描述了国际病毒分类委员会（ICTV）核准的狭义的分类等级，即采用了目、科、属、种的分类系统。一些尚未细分到物种的序列也在 TaxBrowser 框架内以单独章节列出。对于想寻找某一物种或相关物种的所有序列的研究人员而言，TaxBrowser 是一个非常宝贵的工具。

对于一些特定病毒，常见的那些数据库不见得是收集这些病毒序列数据的最佳选择，因为还有很多特殊用途的数据库。例如 GenBank 数据库提供部分高度测序的人类病毒的链接入口，包括流感病毒（Bao 等，2008）、登革病毒（Resch 等，2009）、西尼罗河病毒、中东呼吸综合征病毒、埃博拉病毒。这些子数据库包含附加元数据（病毒非冗余核苷酸数据库的一部分），确保序列格式和注释的标准化。许多精选的关于病毒基因组的数据库成为 GenBank 的镜像，并补充了元数据。例如，对于兴趣在于研究哺乳动物病毒的人来说，一个重要的资源是病毒病原体资源，而兴趣在于研究大型 dsDNA 病毒的人则主要关注加拿大副本数据库：病毒生物信息资源中心。

然而，一些非 NCBI 运营的病毒数据库不一定与 GenBank 索引的序列 100% 重叠，典型的例子包括：美国洛斯阿拉莫斯国家实验室 HIV 基因数据库、世界卫生组织病毒分型和流行病学库（如麻疹病毒库，http：//www. who – measles. org）和匹兹堡噬菌体研究所关于节杆菌、芽孢杆菌、分枝杆菌和链霉菌等双链 DNA 噬菌体的数据库（见表 2－1）。*Nucleic Acids Research* 每年都会出版一个较长篇幅的但不完整的病毒基因组序列数据库列表（Fernandez-Suarez 等，2014）。虽然对于研究特定病原体的团体来说，聚焦特定几个数据库是有好处的，但如果没有同时综合分析来自 Genbank 的数据，这对比较病毒学和病毒进化的研究将非常不利。序列存储在综合数据库对于该领域的贡献比仅仅将其公开发表要大。

精选并能鉴别物种的数据库可满足许多研究人员的需求，但不是获得病毒序列的唯一地方。那些传统的序列储存库尽最大的努力尚未足以应对生物学家每年测试生成大量的宏观基因组的序列（Reads）和重叠群（Conting）的挑战。各种测序项目，从真核基因组测序（Yoon 等，2011）到原核生物基因组测序（Edwards 等，2005）都会产生大量病毒序列，所以要找出所有潜在的病毒序列并不容易。因为环境中一些应力原核生物体型要比用于去除细胞生物体的滤膜（0.22μm）要小（Fancello 等，2012；Kuhn 等，2014），这容易发生细胞基因的污染，所以想对环境中分离的病毒的序列进行分析存在较大的挑战。2014年，环境病毒学界由于受到资金问题的影响，被迫关闭了一个非常好用的检索工具（CAMERA），该检索工具方便查询已公布的宏观基因组序列信息。幸运的是它收集的大量宏观基因组数据将在其数据分布中心（见表 2－1）保持在线。感兴趣的用户可以通过其他端口例如 VIROME（Wommack 等，2012）或者 METAVIR（Roux 等，2014）自行查询或者下载。更多关于研究病毒性宏观基因的工具资料可以参考 Fancello 等的文章（Fancello 等，2012）。

序列比对

虽然并非所有进化分析都要求将序列与数据库中的已知序列进行比对分析，但大多数研究会执行这一有意义的步骤，以确定两个或多个序列之间的相似性以至于同源性。基因组序列比对是生物信息学分析的最大假设，是生物信息学中最基本、最重要的操作，这比模型选择或进化树构建方法更为重要（Phillips，2006）。因此，研究工作者一直致力于开发序列比对算法，并且开发了许多用于实现这些算法的软件包。随着时间的推移和算法的改进优化，多重多序列比对（Multiple Sequence Alignment，MSA）已成为大多数分析所默认的方法。理论上，MSA 可以对多条序列进行动态比对，从而找到序列之间的遗传距离最小化的序列比对结果（用户给定参数）。然而，即使是处理相当小的数据集，MSA 对运算过程也是相当复杂的（NP-hard，Just，2001）。相反，一些概念上不同却近似真实的 MSA 方法已经成功实施，包括基于渐进对齐的多重序列比对方法［如 ClustalW（Larkin 等，2007）及其改进方法 MUSCLE（Edgar，2004）、MAFFT（Katoh、Standley，2013）、T-Coffee（Di Tommaso 等，2011）］和基于隐马尔可夫模型的多重序列比对方法（如 ClustalΩ、Sievers 等，2011）。然而，要想在短时间内完成大数据的序列比对，MSA 算法还有很大待改进的空间。新的工具主要是以现在最广泛使用的多序列比对方法（例如 Clustal 算法，http：//www.clustal.org）为基准。但对如何测试及在什么样的条件下最好，没有达成共识（Iantorno 等，2013）。此外，大多数 MSA 程序要求用户设置适当的参数或采用默认值，这会存在一定的风险，因为默认值通常针对细胞数据优化的参数，但对于病毒基因可能不是最优值。

可重复性是科学研究的核心要素，但在序列比对方面，可重复性的含义是狭义的（Anisimova 等，2010）。通常而言，读者更希望能够从公共数据库中相同的未对齐的序列中生成相同的结果，而不仅仅是使用作者在论文中的对齐方式和特定的分析参数生成相同的结果。这样，只能使用论文作者发布的参数，运行 MSA 算法进行序列比对。虽然对于大型数据集和所有基因组（除了最小基因组之外）通常采用这种方式，但是为了确保比对参数适用于每种数据集，采用手动验证序列比对的步骤必不可少。

幸运的是，许多病毒学家把重点放在单个基因分析或者基因组较小的病毒上，因此，在进行后续分析之前，通常仍然可以手动检查整个序列比对。实际上，许多序列对齐算法的作者明确支持后续的手动检查，以纠正序列比对中的错误（Bradley 等，2009）。近期的一项调查发现，超过 75% 的论文涉及系统发育树构建时都采用了修正的序列比对方法（Morrison，2009）。由于一些病毒经常发生隐形突变，所以病毒数据集的不断完善，正是受益于对插入和缺失位置的仔细检查（Domingo 等，2012）。不过，手动修改在序列分析过程中是不可逆的一个步骤，人工检测序列比对往往会影响流水线分析的可重复性（Blouin 等，2009）。为了弥补这一点，仅在出版物中列出登录号或在方法部分中简单描述手动对齐的最佳标准是远远不够的，那些手动修改的序列比对方法必须具有可操作性，以便使感兴趣的读者按照那些方法重复或者修改论文所发表的结果。TreeBASE（Piel 等，2002）和 Dryad 数字化资源库（2010 版）是两个能接收比对序列和集成序列的生物数据库。但是 TreeBASE 要求上传的是采用这种比对方法生成而且已发表的系统发育进化树。其他可用于存放比对数据的地方包括发表刊物的补充材料、个人网页和机构知识库等，这些比对数据在公共数据库可以检索和引用，从而可在公共数据库中发挥最大效用。

表 2－2　序列比对的独立程序以及相关的网址

序列比对浏览软件	
Aliview	http：//www. ormbunkar. se/aliview
BioEdit	http：//www. mbio. ncsu. edu/bioedit/bioedit. html
Se-Al	http：//tree. bio. ed. ac. uk/software/seal
公共数据库	
Dryad	http：//datadryad. org
TreeBASE	http：//treebase. org/treebase－web

在大多数 DNA 测序软件包中，序列比对可以查看对齐情况（这是手动检查所需要的），这些软件包由 Sequencher 等主要商业产品所主导（http：//www. genecodes. com）。当然也有免费、开放的比对工具，例如 seqtrace（Stucky，2012）。集成软件包也提供此功能（参见集成部分内容），并有许多独立的比对查看软件（表 2－2）。与许多分子进化的免费软件一样，其中一些不再更新或提供支持（如 Se-Al 和 BioEdit），另一些软件的升级版本取代了它们的位置（例如 Aliview）。

无论是人工分析还是自动比对，研究人员通常不希望在下游分析中包含所有比对方式。因为在默认情况下，参与比对的所有序列都具有同等的重要性，但无论是计算机算法还是研究人员都不敢保证参与比对的所有序列的质量。许多间隙的区域可能并不反映真正的同源性，从而可能会误导下游的分析。这些片段区域可以通过人工识别，也可以通过 Gblock 等软件进行识别（Talavera 等，2007）。

核苷酸替代模型

有时在序列比对过程中，同时对大多数系统发育进化进行推论时，研究人员需要选取合适的核苷酸替代模型。1969 年，Jukes 和 Cantor 假设四个核苷酸都有同等的概率可转化为其他任何一个核苷酸，基于这一假设，他们建立了第一个核苷酸替代模型（简称 JC 模型，见图 2－1），然而该模型在生物学意义上并不切合实际。在实际数据中，转换替代概率高于调换替代概率（Garcia-Villada 等，2012），特别是 RNA 病毒，其鸟嘌呤可以与嘧啶碱基、胞嘧啶或尿嘧啶结合，这就意味着在序列间分歧度低时应该选择 Kimura 两参数模型（K2P，Kimura，1980）建模。许多软件程序，不仅仅是那些明确用于重建系统发育树的程序，允许用户选择 K2P 模型而不是默认的 JC 模型，例如涉及重组检测的程序。其他复杂的模型如被广泛接受的广义时间可逆模型（GTR 模型），该模型假设每个替代对（例如，a→g 和 g→a）以其自身的速率产生。这些核苷酸替换矩阵的第一个补充是针对四个核苷酸出现的频率不等进行修正，即在一个包含 4 个核苷酸的数据集中，每个核苷酸出现的概率并不都是大约 25%（Felsenstein，1981）。最后，只要存在基因突变的可能都需要建模分析，这通常要考虑两种方式：一是估计没有突变的位点的比例（不变位点的比例，I），二是通过拟合伽马分布（缩写 Γ）来模拟一个位点变异的频率。一些位点可能比其他位点经历了更多的替换。

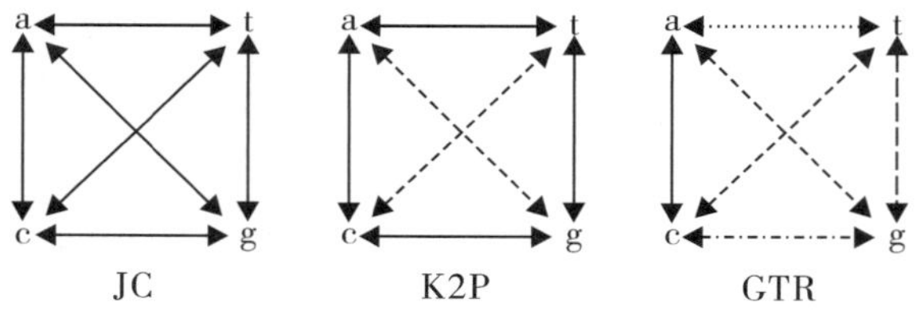

图 2－1　三种典型的核苷酸替代模型的示意图

JC 模型假设 4 种核苷酸相互替代的概率相同，用同一种线条标识；K2P 模型假设有两种替代概率，一种是转换替代概率（对角线），另一种是调换替代概率；GTR 模型假设所有的替代具有不同的概率。所有连线都是双向箭头，表示箭头上的替代方向都具有相同的速率。

这些模型的修正不仅提高对数据集中的核苷酸替代分布建模的准确性，而且能模拟生物实际情形：一些变异在数据集中并没有被发现，因为这些相同的位置已经多次发生变异。当两个序列在时间上不同时，它们的遗传距离也会不同，因为核苷酸仅限于四个字符状态（a，c，g，t/u），有时突变会使序列更加一致而不是差异更大。最终，经过相当长时间后，序列分歧程度会趋向于一个平衡点，我们称之为饱和。这说明存在一个最佳分歧的区域，该区域的核苷酸序列更适合于评估进化模式和系统发育关系（当序列饱和时结束），并且相应的蛋白质序列将更有用（Goldman，1998）。

蛋白质编码核苷酸序列的另一种分析方法是采用密码子位置模型，该模型明确允许更频繁地发生同义的第三位置更改。密码子位置模型事实上蕴藏着另一种生物学的偏见，即认为同义突变比非同义突变更耐受（Chare 等，2004）。它们比核苷酸替代矩阵复杂得多，与 GTR 模型的六个速率相比，时间可逆密码子位置模型可以具有超过 1 800 个独立参数（Anisimova，2012；Zaheri 等，2014）。这些模型对于选择压力的测试已变得至关重要，这些选择压力取决于非同义和同义突变的相对比例。密码子位置模型也受饱和度的影响，但对同样的数据集而言，仍然会优于基于蛋白质的分析（Seo 等，2008）。然而，这些模型不适合某些病毒数据集，因为部分病毒序列存在重叠的阅读框架（Chirico 等，2010）。目前还没有对这些模型进行修改以适当地模拟同时在两个密码子位置发挥作用的核苷酸（Anisimova 等，2012）。此外，病毒基因组中的核苷酸通常不仅仅有编码蛋白质功能，其二级结构往往对 RNA 病毒蛋白质的表达（如 IRES，Kieft，2008）和衣壳化至关重要（Schneemann，2006）。

至于选择怎么样的模型，主要根据软件程序对各种模型检验的结果决定。一些分析网站都有自己的工具来实现自动检验的功能，如 www. datamonkey. org、Los Alamos National Labs 等网站。目前，市面上已经有好几个独立的运行程序，但最全面的模型测试程序可能就是 jModeltest2（Darriba 等，2012）。jModeltest2 最多可以对 1 624 个候选模型进行评估测试。这些模型通常由 GTR 模型衍生出来，它们通过序列对齐来创建分子进化树（通常是邻接树），并比较它们的拟合优度。所有这些模型拟合程序都会因为额外的参数而变得更加复杂，但产生的最好的拟合结果不一定是最复杂的。这些程序都没有将基于密码子位置的模型与假定正常的核苷酸替代矩阵模型进行比较，反之亦然。基于密码子位置的模型分别取拟合程序多调用的数据。然而，在简单的核苷酸替代矩阵和全密码子位置模型之间有一个中间的基础。这种折中方法分别考虑了蛋白质编码基因数据集的三个密码子位置中的每一个，并且对每一个具有潜在不同的核苷酸替代矩阵进行模拟，例如 Partition Finder（Lanfear 等，2012）和 BEAST（Bouckaert 等，2014）。密码子位置模型已被证明非常适合 RNA 病毒数据集（Shapiro 等，2006a），另一种方法是将每个位点分别进行比对，而不只是比对密码子位置和组核苷酸位点，再根据每个位点最精确地建模（Wu 等，2013）。没有人提倡以参与比对的每个位点的替代模型来构建系统进化发育树，但是已经有技术可以创建复杂核苷酸替代模型，以实现对每个比对形成唯一匹配。

有趣的是，所有这些复杂的核苷酸替代模型的改进仍然是基于假定替代对的时间可逆性。虽然 GTR 模型相对比较灵活，适用于许多数据集，但它没有考虑到突变偏差，而该突变偏差在病毒的进化中至关重要。例如在单链 DNA 病毒中 c→t 转换的概率要远远高于反向替代（Chithambaram 等，2014；Duffy 等，2008；Rokyta 等，2005）。值得强调的一点是，大多数可用理解序列进化的计算工具最初并不是为病毒数据集设计的。明确地说，比 GTR 模型更复杂的很多模型都被抛弃了，因为哺乳动物的数据组似乎不需要那么高的精度（Yang，1994），而且它们很少在现代程序中得到实现。例如，MrBayes 在首次发布时具有复杂模型的选项（Huelsenbeck 等，2001），但随后发现该功能不常用而将其关掉。在许多情况下，这不是个问题，或者说不算一个很大的问题。许多 dsDNA 病毒的突变速率与哺乳动物细胞相近（Sanjuán 等，2010），因此这些病毒可能具有相似的多态性与类似的速度饱和，并且它们的分散度可以模拟这些用于测试程序的数据集。另外，病毒特有的蛋白质进化模型已被证明可以提高逆转录元件（Dimmic 等，2002）和流感病毒（Dang 等，

2010）的系统发育准确性。进行系统发育推理时通常需要有许多假设条件，病毒进化研究群体努力提高其准确性，研发基于并适用于病毒数据集的模型，有利于病毒系统模型的重建。

最近，从诱变性实验和选择性实验中发展出了一种新的流感核蛋白进化模型，该模型完全基于经验确定的突变率和选择系数（Bloom，2014）。这是重建20世纪和21世纪的A型流感病毒的核蛋白序列系统发育的最佳模式，但其对一种蛋白质的优化可能限制其应用于其他数据集。随着更多的此类数据的获得，这可能为针对额外病毒基因创建准确的矩阵提供了一个有希望的方法，也可能为那些支持创建这些矩阵所需的“湿实验室”研究获取资金。

系统发育分析

系统发育分析是对一个假设的分类群之间的进化关系的分析，是对于这些孤立的类群如何紧密地彼此关联的最好的猜测。许多进化问题可以用精确的系统发育树来回答。病毒分子流行病学通常使用系统发育来确定病原体的来源和时间（Duffy 等，2007）。系统发育学方法（包括计算上不重要的邻居连接树）经常被用来识别物种和已知的亚型（Lam 等，2010），或者被用来寻找将来可被视为亚型的分组（Pierce、Stepien，2012）。病毒进化的许多研究最终归结于系统发育研究，并且论文的大部分结论都基于对树的分组的统计。

树的构建方法有很多，而较旧的软件包如 MEGA（Tamura 等，2013）、PAUP*（Swofford，2003）、PHYLIP（Felsenstein，1989）提供了多种方法。十五或二十年前，关于不同算法的相对优点有很多争议，并试图说服读者需要使用许多方法来建立树，寻找它们之间的一致性（Bowen 等，2000）。在过去的十年中，最大简约和最小进化树的构建方法已经不那么流行了，取而代之的是最大似然（ML）方法，包括贝叶斯推理。前面提到的经典程序可以使用 ML 估计来构造树，严格基于这些方法的其他程序已经大量出现[Garli（Zwickl，2006）、PhyML（Guindon 等，2010）、RaxML（Stamatakis，2014），见表2－3]，也可在R语言类的统计程序中实现系统发育（R Development Core Team，2012）。程序的多样性是由各自处理似然分析基本问题的方法不同造成的。在计算上不可能创建所有可能的树形拓扑，然后分配可能性，并选择最好的树形拓扑。因此，每个算法使用不同的启发式和路径来找到最可能的树。对于具有多个分类单元（大于500序列）的树，Garli 和 RaxML 表现非常好（Stamatakis，2006），而其他算法尚未针对这些情况进行优化。所有这些程序都可以在外部服务器上下载和使用，例如集成的网上系统遗传学计算平台、法国南部生物信息学平台和瑞士生物信息学研究所（见表2－3）。

表 2-3　一些构建和使用系统发育树的程序及访问链接

最大似然法系统发育推论法	
Garli	http：//www. bio. utexas. edu/faculty/antisense/garli/garli. html
PAUP*	http：//paup. csit. fsu. edu/
PhyML	http：//www. atgc - montpellier. fr/phyml/
RaxML	http：//sco. hits. org/exelixis/web/software/raxml/index. html
贝叶斯系统发育推论法	
BEAST	http：//beast2. org/
MrBayes	http：//mrbayes. sourceforge. net/
RevBayes	http：//revbayes. github. io/
网络门户	
集成的网上系统遗传学计算平台（CIPRES）	http：//www. phylo. org/
法国南部生物信息学平台	http：//www. atgc - montpellier. fr/
瑞士生物信息学研究所	http：//www. expasy. org/
进一步利用系统发育分析	
BaTS	http：//evolve. zoo. ox. ac. uk/Evolve/BaTS. html
HyPhy	http：//hyphy. org/w/index. php/Main_Page
Mesquite	http：//mesquiteproject. wikispaces. com/
PAML	http：//abacus. gene. ucl. ac. uk/software/paml. html
TreeMap	http：//sydney. edu. au/engineering/it/ ~mcharles/software/treemap/treemap3. html
集成软件包	
CLC 工作台	http：//www. clcbio. com/
DAMBE	http：//dambe. bio. uottawa. ca/dambe. asp
Geneious	http：//www. geneious. com/
MEGA	http：//www. megasoftware. net/
SNAP 工作台	http：//carbonelab. org/workbench

考虑到分析中指定的核苷酸替代模型和参数，最大似然法和贝叶斯系统发育推论法都评估了比对数据和树之间的匹配性，但是它们是以互补的方式进行的。最大似然法评估给定比对数据是候选树拓扑的可能性：给定指定的模型，评估哪个树使数据成为最可能的结果（Page 等，1998）。贝叶斯推理采用反向策略，优化给定数据和模型作为先验分布的后验概率（Huelsenbeck 等，2001）。这两种方法是以不同的方式寻找最优树。最大似然法程序会找到一个非常好的树，然后通过分离和重新连接分支来修改它，看看是否能找到一个更好的树。有些扰动算法本身就是启发式的，如最近邻交换和树二分重连，但分支和界是穷举的（Page 等，1998）。贝叶斯系统发育程序采用马尔可夫链蒙特卡罗方法搜索树空

间。程序从随机树开始，根据先验分布，在每次迭代中随机修改它。MCMC 算法通常很快就会发现更有可能的树，并且会将绝大部分的分析都花在这些高度可能的树上，这就是为什么第一个 10% 的搜索都被当作“烧掉”而丢弃，这样就不会让最初的糟糕树影响整体结果。因此，采用贝叶斯系统发育推论法时，应该推理足够大的链，直到结果稳定收敛。Tracer（Rambaut 等，2014）是一个极好的程序，可用于查看 BEAST 和 MrBayes 的输出结果，并且有多种方法来检查分析是否已经采集了广泛的可能的树并且已经收敛。贝叶斯系统发育推论法的输出通常是最大后验概率（MPP）树。

系统发育学家对于用可能性和贝叶斯系统发育推论法获得的最佳树的信心也不尽相同。最大似然法树必须经过额外的检验，通常是引导分析，以确定对树拓扑中的每一个分组的支持程度有多大（Page 等，1998）。引导涉及将比对序列的位点替代，然后重新取样，以生成另一组比对（假重复），然后用于构建树。这往往需要进行 100 次以上（通常是 1 000 次）试验，被重构的伪复制树的百分比是该分支的引导值。这些都是直观的数据，读者会知道 95% 的重采样重建的分支得到了很好的支持，只有 60% 的时间支持的分支可能不值得支撑结论。贝叶斯树仅通过确定分析中支持 MPP 树的比例（不包括老化）来支持 MPP 树中的分支。这些支持分支的后验概率通常为 0.9 或更高，不能认为它等同于引导百分比。虽然具有 0.97 或 0.99 的非常高的后验概率的分支很可能得到很好的支持，但后验概率为 0.85 的进化枝不应该具有与引导分数为 85% 的进化枝相同的可信度（Cummings 等，2003）。

系统发育深度分析

在进化分析中，系统发育比从其拓扑结构和分支支持中可以得到的更有用。即使在计算系统发育学程序的早期，也有主要用于构建树的程序和用于使用树检验假设的程序之间的划分。例如，PAML（Yang，2007）尽管从未被推荐用于构建进化树，但它仍然是分子进化研究中广泛使用的工具。在使用来自单个物种或群体的许多序列时，使用系统发育信息作为下游比较分析的一部分通常是必要的。由于统计检验通常假定数据是相互独立的，因此必须对相关序列的系统发育依赖进行说明和控制。例如，系统发育比较法显著降低了病毒基因中的假阳性率（Poon 等，2007；Shapiro 等，2006b）。也许最常见的系统知情分析包括测试自然选择的强度和位置，但这将作为一个单独的部分陈述（见下面的自然选择部分）。本节重点介绍三种其他类型的分析，这些分析只能通过良好支持的系统发育树或树组合进行。

速率和日期

BEAST 与其他系统发育学和统计遗传软件包有所区别，其早期的重点是时间根的树和它包含的一个宽松的分子钟模型（Drummond、Rambaut，2007）。它很快就成为评价病毒核苷酸替代率和计算分歧年月的重要程序。通常，这些分析使用改进的序列进行，具有确定的分离和测序时间的序列，以从几天到几年的增量来指定。序列之间的遗传距离与时间分离相结合，允许程序校准进化速率，可以在系统发育的每个分支上变化。在 BEAST 中已经使用这些方法计算了数百个病毒替代率（Duffy 等，2008；Hicks、Duffy，2014）。它可以分析没有日期但由研究人员指定速率的序列，或者研究人员可以指定一些发散时间，并允许这些指定的节点校准时钟。BEAST 已经被用来帮助了解病毒出现的轨迹和时机，包括 2009 年的 H1N1 大流行（Smith 等，2009）和 2014 年的埃博拉疫情暴发（Dudas、Rambaut，2014）。在进化树上标注特定的分支事件的时间，或者知道一组序列的最后一个共同祖先（TMCRA，最近共同祖先）何时存在是非常有用的，通常用于确定病毒何时迁移到新的宿主或迁移事件发生的时间（De Bruyn 等，2012）。在利比亚孤儿感染艾滋病病毒的事件中，BEAST 分析曾帮助保加利亚医生免除相关指控。分析结果显示，在医生来利比亚之前，艾滋病病毒已经在孤儿院爆发（de Oliveira 等，2006）。

用于分析的数据集的时间尺度往往会对结果影响很大，因为与群体中已经或将要固定的替换相比，在短时间内采样的数据将具有更高的可传递有害突变率（Ho 等，2007），这可能意味着在序列比对过程中没有明显的时间信号，随机的日期控制可以证明这一点（Firth 等，2010）。研究者提出的关于时间尺度的问题也是重要的——过去 25 年的采样无法提示时间序列抽样，不能准确地校准和告知发生在 2 500 年前的进化事件。事实上，这些分析的时间尺度相互依赖的程度正变得越来越明显，研究者在比较非常不同的时间尺度的分析时应该格外谨慎（Duchene 等，2014）。

虽然 BEAST 在 tip-dated 病毒进化研究中占主导地位，但还有许多其他的程序实现了严格而宽松的分子钟方法，包括 PAML。严格的分子钟假说在对于第一近似时非常有用，例如，在使用 Path-o-gen 进行 BEAST 分析之前检验比对的暂存时间信号（http://tree.bio.ed.ac.uk/software/pathogen）。

爆发动力学

病毒的进化史是由基因组特性、生态压力和流行病学现实所决定的，通过爆发动力学的概念将其多样性和种群关系结合起来（Grenfell 等，2004）。BEAST 软件中贝叶斯聚结推理可以利用序列间的系统发育关系来探讨这个种群过去的遗传规律（Pybus、Rambaut，2009）。这种方法的一个普遍特点是研究重建一个种群的有效种群规模到底有多大，以及它是否随着时间的推移而发生了变化。对于病毒而言，计算的参数不是精确有效的种群大小，而是有效的感染数量，这更能反映过去几个宿主之间传播的病毒数量（Frost、Volz，2010）。有时在文献中仍然会提到有效的种群大小，或 N_e（Rasmussen 等，2014a）。在高度可能的系统发育中，可以评估不同分支的融合时间，并分析时间模式，以估计有效感染数（Minin 等，2008）。这可以揭示种群瓶颈（Cattoli 等，2011）或病毒多样性增加（Bertolotti 等，2007）的原因，它可能与人类干预措施密切相关，如使用抗病毒药物、采取感染控制措施（Castro-Nallar 等，2012）和疾病暴发（Siebenga 等，2010）。

关联的表型特征

之所以使用系统发育方法，是为了能将生态和表型性状与进化枝和分歧事件关联起来。对病毒学家来说，他们希望研究病毒与其宿主的共生（Ramsden 等，2009），寻找宿主转移事件（Kuzmin 等，2012），或者寻找支持宿主转移事件的资料（Lemey 等，2009）。然而，特征关联模型是比较普遍的，可以用于任何表型特征或生态条件。大部分的软件包都会包含该类的程序，尤其是 Mesquite（Maddison、Maddison，2014），可以在 R 语言中运行（caper，http：//cran. r-project. org/web/packages/caper/index. html）。然而，在病毒进化生物学家眼中，BEAST 的受众目前处于增加趋势，其当前版本不再需要像 BaTS 这样的附加软件（Parker 等，2008）。

宿主—病毒的共生问题仍然是一个复杂的问题，特别是当宿主和病毒的系统发育不确定的时候更是如此。TreeMap（Charleston、Robertson，2002）是一个被病毒学家用来测试共生的零假设的程序，目前该程序仍然在维护和更新。

群体遗传学

突变、重组、漂移、选择和迁移是改变群体遗传学的五种主要作用（Hartl、Clark，1997）。所有这些作用构成了研究人员分析的病毒数据集，尽管这些作用难以辨别。目前许多经典方法仍然在使用，这些方法可以在如 DnaSP 等老的软件包，或者是如 Arlequin（Excoffier、Lischer，2010 年）等更新的套件中找到。在许多现代软件包中包含多种系统发育学上的信息方法［BEAST 2（Bouckaert 等，2014），HyPhy（Kosakovsky Pond 等，2005）］。

突变

突变本身是一种进化的力量，还是其他力量作用的媒介，这是语义学和辩论的问题（Nei，2013）。但不可否认，它是研究病毒数据集时必须考虑的因素之一。通常，突变被认为是序列多样性的唯一驱动力（Domingo 等，2012），但在实践中通常认为它是引起序列变异的因素，但不能归类为重组（Lima 等，2013）。因此，其对遗传多样性的贡献可能被高估。一个群体内的分子变异可以用许多种统计方法来衡量，从单倍体频率（这方面的信息很少，因为病毒群中几乎所有的序列都至少有一个突变不同）到针对病毒种群高度多样性而设计的方法，例如准种的划分分析（Baccam 等，2001；Ojosnegros 等，2008）。大多数这些措施考虑所有成对遗传距离，以便计算它们的值，通常是根据多次比对的数据进行计算（例如：引入间隙优化比对效果）。核苷酸多样性（π，Nei 等，1979）是平均核苷酸同源性百分数的补充——种群中两个序列之间的不同位点的平均比例，它可能是最受欢迎的指标之一（Gorbachev，2012），包括深度测序数据（Cornman 等，2014）。然而，所有这些多样性措施都没有得到充分利用，因为许多涉及病毒多样性的文章没有任何量化。尽管许多病毒种群的多样性已得到广泛认可，但除了少数可感染人的病毒，如流感病毒和登革病毒外，我们仍然缺乏比较所有病毒的种群多样性的基准（Parameswaran 等，2012；Wilker 等，2013）。

重组

许多病毒具有很高的重组率（Batorsky 等，2011；Froissart 等，2005；Lefeuvre 等，2009），可以创建更复杂的进化关系网络，而不是系统发育树。由于重组违反了系统发育学重建程序的一个假设［以及大多数聚结模型（McVean、Cardin，2005）］，许多病毒学家对检测数据集中的重组感兴趣，目的是去除重组分类群，获得最适合的数据集，以完成系统进化重建。其他人研究重组模式例如病毒基因组的断点位置和互联网络，这两个的目的都是提供重组检测算法服务，它们有的是独立的程序［如 SimPlot（Lole 等，1999）、RDP（Martin 等，2010）、VisRD（Strimmer 等，2003），见表 2－4］，有的是分析包的一部分，例如 HyPhy（Kosakovsky Pond 等，2006）。

RDP 在病毒学领域特别受欢迎，主要有两方面的原因：它将许多重组检测算法（至少 10 个，但用户不需要运行所有算法）的结果整合到图形用户界面，并且由病毒进化生物学家创建和维护。这意味着病毒数据集研究工作具有重要的特性，例如，检测人造线性化对齐的整个源性基因组中的重组检测，可以通过在程序中单击而激活。由于重组在病毒数据集中是一个重要的驱动力，一些病毒学家在关于评估重组的算法和程序的早期论文中做了研究［Claude Fauquet（Padidam 等，1999），Adrian Gibbs（Gibbs 等，2000），Peter Simmonds（Simmonds、Smith，1999）］。尽管许多病毒数据库的完善由病毒学家以外的生物信息学家完成，但重组检测进展的驱动力来源于病毒数据集（如 jpHMM，Schultz 等，2009）。

表 2－4　重组分析的程序

重组检测	
jpHMM	http：//jphmm. gobics. de/
LAMARC	http：//evolution. genetics. washington. edu/lamarc/index. html
LDHat	http：//ldhat. sourceforge. net/
RDP	http：//web. cbio. uct. ac. za/ ~ darren/rdp. html
SimPlot	http：//sray. med. som. jhmi. edu/SCRoftware/simplot/
VisRD	http：//www2. cmp. uea. ac. uk/ ~ vlm/visrd/
网络图	
Network	http：//www. fluxus – engineering. com/sharenet. htm
SplitsTree	http：//www. splitstree. org/
TCS	http：//w3. ualg. pt/ ~ rcastil/SOFTWARE_WINDOWS/TCS1. 21/docs/TCS1. 21. html

（续上表）

祖先重组图	
ARGUS	http：//gobics. de/software
ARGweaver	http：//mdrasmus. github. io/argweaver/
BEAGLE	http：//www. eecs. berkeley. edu/ ~ yss/software. html
GraphML	http：//revbayes. github. io/

重组检测的方法可分为几个类别，其中最流行的有以下几种：①针对比对序列的不同区域寻找不同的系统发育关系的方法，如齐名的 RDP（Martin、Rybicki，2000）和 VisRD 中的四重扫描；②寻找配对比对序列的强度变化的方法，如 GENECONV（Padidam 等，1999）和 SimPlot；③使用种群遗传数据来估计重组率的方法，如 LAMARC（Kuhner，2006）、LDHat（Auton、McVean，2007）。而研究人员对方法的选择通常有倾向性，但大多数病毒进化论文采用多种方法，如果只是考虑操作简单，RDP 很容易实现。如果基因组片段连接，这些方法也可用于评估分段病毒中的重配（假重组）（Stainton 等，2012）。

对于那些希望在更精确的网络上而不是在树型上计算序列之间的关系的病毒学家来说，重组检测是不够的。这些可以在创建统计简约单倍型网络的任何程序中创建，例如 Network、TCS（Clement 等，2000），见表 2－4。相对流行的是创建邻居网络（类似于邻居加入树）或使用 SplitsTree（Huson、Bryant，2006）的分离网络，该网络已经是系统发育网络统计分析的主要程序。随着更多的生物学家意识到不能忽视系统发育中的重组重建（Arenas 等，2010），研究人员正在寻找更多的进化的网络分析方法。另一种可视化系统发育关系构建的方法是通过祖先重组图构建。与完整的网络表示法不同的是，该方法除了反映杂交/水平基因转移事件所必需的额外连接外，通常都是树状的。这些图被以尽可能少的重组事件优化。另外，一些程序被用来计算这些是为了解决病毒进化中的问题，但替代方案已研发出来，并可应用于病毒数据集，例如 BEAGLE（Lyngs φ 等，2005）和 ARGweaver（Rasmussen 等，2014b）等，见表 2－4。

值得一提的是，生物信息学家和病毒学家对于重组的理解有所差别。当同一树中的两个序列重组，并且所产生杂交后代基因组在分析中采用时，常常造成系统发育重建困难。因为这意味着所有节点不再只有一个父系（Nakleh，2011）。这形成了网状图，这个网络结构不同于严格分支结构图。当基因组与不在树中的分类群重组时，它可能创建一个长分支，以便将繁殖多样性建模作为一系列突变事件，但不会使多个节点成为一个子节点的父节点（另一个父母序列不包括在分析中）。虽然长分支可以影响系统发育的重建（Bergsten，2005），并且违反了聚结理论的一些假设，但这些问题要比网状结构更容易解决，因为网状结构与大多数系统发育程序的概念框架相反。另外，病毒学家通常关心的是一个系统发育分析中易于发现的种间重组事件，即使它们不包括双亲序列。虽然这些杂合体来自于重组机制，并且在病毒学期刊中被有效地认为是“重组”，但从群体遗传学角度来看，它们可以被认为是从一个物种到另一个物种的基因流，是一种迁移。

迁移

病毒在种群间的移动通常在两个层面上进行研究：①评估遗传变异是否由地理构成，或迁移是否是由均质力造成的；②通过系统发育关系推断生物地理学运动。就前者而言，可以使用经典方法来描述病毒种群的连通性，例如，赖特针对单倍体的固定指数可以描述病毒种群的同源性，并帮助估计它们之间的迁移率（Holsinger、Weir，2009；Lapidot 等，2014）。在系统发育树中通过地理上分离的分类群可以检测到迁移事件（Duffy、Holmes，2007）。时间结构序列可以用来观察系统发育树（该系统发育树采用上述讨论的表型性状关联模型构建）在何时发生迁移事件（Bahl 等，2011；Lefeuvre 等，2010）。

基因漂移

漂移作为一种进化力量，是许多分子进化分析的基础，但通常它是检测自然选择的零假设。总的来说，我们发现病毒数据集并不是中立的。例如，在使用 Tajima D 值检验时，他们压倒性地拒绝中立学说（Tajima，1989）。然而，漂移的探索通常以这种拒绝结束。从基因组数据中难以确定病毒中的核苷酸改变是真正的中性而不是瞬时的有害突变（Sanjuán，2012）或者复发性突变。密码子中的同义位点经常被选择（参见密码子使用偏误部分），甚至病毒中的非编码区也被证明包括适应性突变（Remold 等，2008）。在病毒进化过程中，中性位点和非中性位点都可以与适应结合起来，这使得单从基因组数据研究中性过程变得更加复杂（Zanini、Neher，2013a）。

自然选择

大多数分子进化的研究集中在适应性过程和检测自然选择对核苷酸序列的影响这两个方面。这是进化生物学总体适应史的一部分，但也反映了人们研究病毒进化的重要动机。研究人员经常试图了解新出现的病毒，或了解病毒如何适应新的环境或克服药物的挑战（Seoighe 等，2007 年）。对病毒适应过程的更好理解也能改进对病毒进化的预测，这对疫苗设计和公共健康规划是有用的（Luksza、Lassig，2014 年）。

有统计数据可以查看整个序列（或序列的滑动窗口）的多态性，并确定是否存在与中性进化的偏差。Tajima D 值检验（上文已经提到）和 McDonald-Kreitman 检验已经证明其在检测病毒数据集上的选择方面具有很强的可靠性（Bhatt 等，2010 年）。其他中立检验的方法可以参见 Fu 等的文章（Fu，2001）。然而，蛋白质编码核苷酸序列检测选择主要是基于 dN 和 dS（非同义和同义替换的比率，通常表示为 dN/dS）（Nei、Gojobori，1986）。基因组会出现突变，但选择应该清除蛋白质的大多数非同义变化，并且可以忍受大多数同义变化，导致大多数基因以及基因中大多数密码子的 dN/dS 值低，这一点的逻辑很清楚。当出现非同义变化并维持在种群中时，多样化的积极选择可以通过大的 dN/dS 比率来识别，在病毒表位的数据集中经常能观察到这种选择，而该病毒表位主要作用于哺乳动物适应性免疫系统。最重要的是其与免疫系统已经识别的突变不同，这种选择导致许多非同义突变受到关注（Suzuki，2006）。当一个非同义变化出现并随时间被选择时，也会产生更高的 *dN/dS* 比率，使用这些方法更难检测定向正选择。例如，犬细小病毒在犬中出现时，与其相关的系统发育树的单个分支的 *dN/dS* = 0.803（Shackelton 等，2005），真正中立进化片段 *dN/dS* 的值应为 1。

自 20 世纪 90 年代末以来，这些检验都是用密码子模型实现，最早是 PAML 中的 codeml，后续又出现许多其他程序，但最著名的是 HyPhy 及其 Web 实例化（http：//www.datamonkey.org/）。虽然它们最初是为了研究同源和旁系同源哺乳动物基因，但它们已经成为理解病毒适应性进化的主要工具（Nielsen、Yang，1998）。通常，这些工具应用于单个种群的单个病毒物种的序列，这与该方法的一些假设相违背（Kryazhimskiy、Plotkin，2008）。此外，病毒序列本身对分析的一些基本假设提出了挑战：同义位点可能比细胞数据集受到更多的限制（见下面的密码子使用偏性的部分内容），一些病毒基因组结构包括重叠的阅读框架和/或具有影响适应性功能的二级结构，所以病毒性 *dS* 可能是一个不完美的基线。然而，尽管一些基本假设存在缺陷，但这些方法已被用于鉴定病毒中阳性和纯化选择的关键位点（Kosakovsky Pond 等，2012）。研究人员甚至尝试以阳性选择强度为指导绘制病毒蛋白的表位（REEvolution，http：//bioinfo.ib.usp.br/revolver/）。没有证据表明对基因纯化选择的 *dN/dS* 值对于识别病毒序列中虚假预测的开放阅读框也是有用的（Wang 等，2011）。*dN/dS* 值，虽然不能用于证明基因纯化选择性，但其已被证明可用于鉴定病毒序列中假阴性预测的开放阅读框（Wang 等，2011）。

在 HyPhy 中，研究人员可以使用几种方法来检测其比对中的任何密码子是否遇到比其他密码子更多的选择，从最保守的单似然祖先计数（SLAC）到固定效应似然性的复杂模型（Kosakovsky Pond 等，2012）。SLAC 比 HyPhy 中的其他模型（固定效应似然、相对效应似然、情景方向选择模型）更有效、更适用于更大的数据集。

在这里讨论的所有检测选择的方法仅适用于蛋白质编码基因和没有重叠阅读框的基因。重叠阅读框的选择方法是一个研究热点（Mir、Schober，2014；Wei、Zhang，2015），可以广泛应用于病毒领域（Sabath 等，2008）。此外，这些年在检测非编码区域的自然选择（Kern、Haussler，2010）方面的研究取得了长足进展，但这些进展仅限于病毒（Wong、Nielsen，2004），部分原因是病毒基因组基本上是编码蛋白质的（Koonin，2009）。

密码子使用偏性

人们投入了大量的时间和精力来研究病毒与它们所复制的宿主的密码子偏好之间的匹配程度（Bahir 等，2009）。有许多方法可以量化密码子使用偏性程度（CUB，Roth 等，2012），但通常使用主观解释的密码子有效数（Wright，1990）。另一个流行的度量标准是同义密码子相对使用度（RSCU，Sharp 等，1986），它将每个氨基酸的简并密码子的使用归一化为 1，即所有密码子的同等使用概率。这既可以将病毒密码子使用偏好与宿主密码子使用偏好进行比较，得到密码子适用指数值（Sharp、Li，1987），也可以通过 rRSCU 对单个密码子的使用进行回归分析（Cardinale 等，2013；Chithambaram 等，2014）。尽管其中一些方法可在独立的程序中使用（如 CAIcal，http：//genomes. urv. cat/CAIcal/），但最好的实现方法是在 DAMBE 软件包（Xia，2013）中进行，因为它包含用于评估密码子偏性的统计信息的最精确形式。

虽然密码子使用偏性在确定哪些基因有可能水平转移到原核生物基因组方面发挥了重要作用（Karlin，2001；Moszer 等，1999），但病毒密码子使用偏性还没有建立。许多病毒与其宿主的密码子偏好不一致（Jenkins、Holmes，2003），一些病毒具有非常广泛的宿主范围（具有不同的密码子使用偏好）（Sau 等，2007），大的 dsDNA 病毒通常带有自己的 tRNA 基因来改变宿主细胞的供应（Michely 等，2013）。因此，密码子偏好通常认为是由病毒变异过程驱动，而非宿主机器快速翻译的选择，并且密码子偏好被视为病毒遗传漂移影响的窗口（Holmes，2008）。然而，病毒基因组中的同义密码子可能在阳性（Kryazhimskiy 等，2008）和阴性选择（Zanini、Neher，2013b）（包括密码子使用偏好不匹配宿主）下，以控制翻译速度以获得准确的蛋白质折叠（Ding 等，2014）。最后，诸如基因二级结构（Gu 等，2010）等限制因素的作用尚未被充分考虑作为病毒密码子使用的决定因素（Cardinale 等，2013）。

病毒系统学

生物学家面临的最根本的问题之一是如何将多样性的生命进行分类（Dunn，2008）。在过去的二十年里，这是病毒学家特别关注的一个问题。测序技术的发展，使病毒基因组的发现速度比研究的表现型要快得多，ICTV 关于如何命名病毒及其种类的定义首次从基于 ELISA 的定义转移到基因组序列相似性上来（King 等，2012），物种名称，甚至更高的分类水平，现在可以根据纯粹的基因组数据提出而无须通过“湿实验室”工作进行证实（Gorbalenya，2014）。此外，计算方法被用来重新审视现有的分类名称，并通过分析蛋白质差异的方法将 RNA 病毒进行分组（Lauber、Gorbalenya，2012）。因此，我们现在很大程度上是通过信息学来研究病毒系统学和宏观进化的模式。

随着核苷酸同源性百分比被广泛用于新毒株和新物种的鉴定，一些相应的自动化分析工具也出现了。物种划分工具（http：//web. cbio. uct. ac. za/~brejnev/）由 Geminivirologists 开发，目的是应对日益增多的病毒家族（Muhire 等，2013）。核苷酸同源性百分比方法依赖于成对比对，但是这些工具也可以应用于已经比对的数据集。也许是由于病毒物种之间存在频繁的基因流动，很少有人认为命名的病毒群是单系的，而且系统发育学在病毒分类学中没有起到显著作用。

在一组特征不太明显的序列中，操作分类单元（OTU）可以将序列按用户指定的核苷酸同源性百分比的阈值进行分配。QIIME9（http：//QIIME. org/）是原核基因组学分析的常用方法之一，它既能确定操作分类单元的数量，又能比较每个操作分类单元在不同的宏基因组样本中的存在情况。该方法适用于来自混合样品的扩增数据，例如，使用特异引物扩增感兴趣的病毒组衣壳基因，例如 T4 噬菌体的 gp23 基因（Comeau、Krisch，2000），或者 ssDNA 噬菌体的衣壳基因（Hopkins 等，2014）；或者提供参考数据库，例如噬菌体蛋白质组树（Caporaso 等，2011 年）。这是确定物种丰度或病毒宏观基因组多样性的第一步（Emerson 等，2013）。

整合

理想情况下，我们希望通过一个工具或者单一的门户实现数据库搜索功能，以及进行系统发育和群体遗传检验，并能够做出描述这些结果的图形。一些免费和商业化的软件包都试图提供这种功能。一些病毒资源（如 NCBI、VIPR）已经集成了这些分析工具，为狭义聚焦分析提供了一站式采购式分析。MEGA 是一个广泛使用的套件，其中包含了许多分析工具。由于它是免费的，并且运行在三个主要的操作系统上，所以对于学习者来说，它是一个有吸引力的选择。然而，还有很多其他工具，它们在分析工具方面各有优缺点［例如 DAMBE、Mesquite、SNAP 工作台（Price、Carbone，2005）］，见表 2－3。

此外，还有更多可定制的分析环境，这些环境依赖于用户对命令行界面的喜好，例如 R。令人兴奋的是，有多种方法尝试弥合当前命令行与图形接口之间的分歧，例如正在开发的 RevBayes 和已开发的 Galaxy（http：//galaxyproject. org，Giardine 等，2005）。Galaxy 与序列数据库的集成程度更高，而且有明确的教程可以帮助新用户。然而，目前用于病毒进化研究的“金标准”集成数据和工具可能是“Geneious”，正如它的网址“. com” URL 所暗示的那样，它并不是免费的（见表 2－3）；还有其他商业软件包，例如 CLC 工作台等。虽然没有一个单一的门户提供研究病毒分子进化所有方面所需的工具，但我们比十年前更接近这种情况，而且对于许多研究人员来说，一个完整的软件包可能是最好、最简单的选择。

无用输入，无用输出

计算分析的风险在于，几乎每个用户都得到一个答案。尚未对准的序列进入系统发育学程序也会生成一个树，而且所构建的系统进化树也许还具有一个强大的统计支持。但这系统发育树并不能反映基因组是如何进化的，因为支撑分析的序列没有精确地代表同源位点。类似地，即使数据集没有经过长时间的采样，BEAST 分析也将推断出核苷酸替换的速率，因此没有足够的时间信号来校准任何分子时钟（Duffy、Holmes，2009）。在文献中会出现这样一种错误：作者并不了解论文所发表的生物信息分析程序的局限性、参数影响结果的方式以及结果输出的生物学意义是什么，而且这种情况并不少见。其中一些错误对于读者或熟悉这些方法的读者来说是显而易见的。但是这些比对错误往往会被掩盖，除非作者公开序列比对方法或者直到其他人试图重复分析而未成功，并发布其他的结论。

病毒生物信息学研究中可能会出现更微妙的问题，而这些问题很难被发现。由于所使用的大多数工具都是最近才开发出来的，所以并不是所有方法的局限性都是已知的，或者不确定哪些类型的控制分析是最适合运行的。例如，在生物信息学分析中常见的一种假设是，数据越多越好，因为它可以平均处理单个序列错误，比如 PCR 扩增中引入的那些错误（Smith、Peay，2014）。就像序列比对一样，可以通过删除可疑的同源性部分以提高比对的准确性。使用较小但经过良好评估的数据集也可以提高 BEAST 系统发育分析的准确性。最近的研究表明，在一个有 65 个分类单元的数据集中，只要有一个错误的序列就足以使正确和错误的结果之间存在不重叠的 95% 可信区间（Hicks、Duffy，2012）。当使用信息工具时，标准实践变化较快。因此，订阅用户组或在可能的情况下参与论坛讨论，对掌握使用不同程序的最精确方法有很大的帮助。

最后感想

本章具有时效性，即实用性随着时间推移下降。这是 2014 年病毒分子进化方法的一个快照，也是一张不够详尽的快照（Sharma 等，2015）。虽然所有这些仍将是未来十年或更长远时间内可行的分析工具，但这项工作正在不断改进，目前的许多方案将被取代。例如，无须比对的方法可能在病毒学中变得更加流行（Gao、Luo，2012；Lauber 等，2013），程序将变得小型化，网址将更新，程序将独立，资金不足的网络服务器将被关闭，教程将成为过去时等。集成许多方法的网站（如 CIPRES）可能有最好的生存机会，因为它们被各类生物研究人员广泛使用，而且它们不是由实验室私下维护的单一程序网站，所以不存在类似实验室开发站点因项目结题或者负责学生毕业而资源不再更新或者维护的情况。病毒学界有充分的理由支持数据存档和门户网站的工作，以便在国家内部和国家之间进行计算密集型分析。大多数发表的病毒系统发育分析都可以在高性能的计算机上运行，这些门户可以为许多实验室的需求提供计算资源。

最后，本章所讨论的所有研究病毒进化的方法都受到生物信息学研究的限制。虽然序列基序可以通过强大的统计数据支持来鉴定，但如果没有经验性的、“湿实验室”的检验，就不一定可以推断出这些基序对病毒的功能意义，这是现代版的圣马科斯现象（Gould、Lewontin，1979）。然而我们知道，当高度保守序列经过多次实验突变时，结果有时会违背预期，即许多高度离散的序列可能是功能性的（Dorit、Riley，2002）。那些序列数据和计算分析还不够充分的问题总会存在，包括表型掩蔽的研究，或可能影响病毒适应度和进化的母体效应研究（Duffy 等，2006；Holland 等，1989）。序列数据的生成数据比大多数其他类型的病毒学数据要便宜得多，而数据分析材料的成本要比“湿实验室”实验低几个数量级。但是，当我们通过单独序列发现大多数病毒的基因组时，有许多生态周期和分子特征可以帮助我们了解这些病毒功能，以及它们在生态链上扮演的角色。如果没有分子和生态元数据，我们对病毒进化的理解就会受到限制，因此，对基因组序列进行揭示的模型有更多的意义。

致谢

这项工作得到了美国国家科学基金会的资助（DEB 1026095，1240049），及比尔和梅林达·盖茨基金会/英国国际开发部资助。感谢 Mya Breitbart、Karyna Rosario 以及 Duffy Lab 的成员 Raffia Ahmed、Allison Hicks、Li Li、Daniel Stern Cardinale 和 Yee Mey Seah 参与讨论。

（主译：何建安　校译：刘春晓）

参考文献

1. Altschul, S. F., Gish, W., Miller, W., et al. (1990). J. Mol. Biol. 215, 403 – 410.

2. Anisimova, M. (2012). Parametric Models of Codon Evolution. In Cannarozzi, G. M., and Schneider, A., eds. Oxford Univeristy Press, 12 – 33.

3. Anisimova, M., Cannarozzi, G. M., and Liberles, D. A. (2010). Trends in Evolutionary Biology 2, e7.

4. Anisimova, M., and Liberles, D. A. (2012). Detecting and Understanding Natural Selection. In Cannarozzi, G. M., and Schneider, A., eds. Oxford Univeristy Press, 73 – 96.

5. Arenas, M., Patricio, M., Posada, D., et al. (2010). BMC Bioinformatics 11, 268.

6. Auton, A., and McVean, G. (2007). Genome Research 17, 1219 – 1227.

7. Baccam, P., Thompson, R. J., Fedrigo, O., et al. (2001). BMC Bioinformatics 17, 16 – 22.

8. Bahir, I., Fromer, M., Prat, Y., et al. (2009). Molecularsystems Biology 5, 311.

9. Bahl, J., Nelson, M. I., Chan, K. H., et al. (2011). Proc. Natl. Acad. Sci. USA 108, 19359 – 19364.

10. Baltimore, D. (1971). Bacteriological Reviews 35, 235 – 241.

11. Bao, Y., Bolotov, P., Dernovoy, D., et al. (2008). J. Virol. 82, 596 – 601.

12. Batorsky, R., Kearney, M. F., Palmer, S. E., et al. (2011). Proc. Natl. Acad. Sci. USA 108, 5661 – 5666.

13. Bergsten, J. (2005). Cladistics 21, 163 – 193.

14. Bertolotti, L., Kitron, U., and Goldberg, T. L. (2007). Virology 360, 143 – 149.

15. Bhatt, S., Katzourakis, A., and Pybus, O. G. (2010). Infect. Genet. Evol. 10, 421 – 430.

16. Bloom, J. D. (2014). Mol. Biol. Evol. 31, 1956 – 1978.

17. Blouin, C., Perry, S., Lavell, A., et al. (2009). BMC Bioinformatics 25, 3093 – 3098.

18. Bouckaert, R., Heled, J., Kuhnert, D., et al. (2014). PLoS Comput. Biol. 10, e1003537.

19. Bowen, M. D., Rollin, P. E., Ksiazek, T. G., et al. (2000). J. Virol. 74, 6992 – 7004.

20. Bradley, R. K., Roberts, A., Smoot, M., et al. (2009). PLoS Comput. Biol. 5, e1000392.

21. Bulla, I., Schultz, A. K., Schreiber, F., et al. (2010). BMC Bioinformatics 6, 1409 – 1415.

22. Caporaso, J. G., Knight, R., and Kelley, S. T. (2011). PLoS One 6, e16900.

23. Cardinale, D. J., DeRosa, K., and Duffy, S. (2013). Viruses 5, 162 – 181.

24. Carrillo-Tripp, M., Shepherd, C. M., Borelli, I. A., et al. (2009). Nucleic Acids Research 37, D436 – 442.

25. Castro-Nallar, E., Pérez-Losada, M., Burton, G. F., et al. (2012). Molecular Phylogenetics and Evolution 62, 777 – 792.

26. Cattoli, G., Fusaro, A., Monne, I., et al. (2011). Vaccine 29, 9368 – 9375.

27. Cerny, J., Cerna Bolfikova, B., Valdes, J. J., et al. (2014). PLoS One 9, e96070.

28. Chare, E. R., and Holmes, E. C. (2004). J. Gen. Virol. 85, 3149 – 3157.

29. Charleston, M. A., and Robertson, D. L. (2002). Systematic Biology 51, 528 – 535.

30. Chirico, N., Vianelli, A., and Belshaw, R. (2010). Proceedings 277, 3809 – 3817.

31. Chithambaram, S., Prabhakaran, R., and Xia, X. (2014). Mol. Biol. Evol. 31, 1606 – 1617.

32. Clement, M., Posada, D., and Crandall, K. A. (2000). Mol. Ecol. 9, 1657 – 1659.

33. Comeau, A. M., and Krisch, H. M. (2008). Mol. Biol. Evol. 25, 1321 – 1332.

34. Cornman, R. S., Boncristiani, H., Dainat, B., et al. (2014). BMC Genomics 14, 154.

35. Cummings, M. P., Handley, S. A., Myers, D. S., et al. (2003). Systematic Biology 52, 477 – 487.

36. Dang, C. C., Le, Q. S., Gascuel, O., et al. (2010). BMC Evol. Biol. 10, 99.

37. Darriba, D., Taboada, G. L., Doallo, R., et al. (2012). Nature Methods 9, 772.

38. De Bruyn, A., Villemot, J., Lefeuvre, P., et al. (2012). BMC Evol. Biol. 12, 228.

39. de Oliveira, T., Pybus, O. G., Rambaut, A., et al. (2006). Nature 444, 836 – 837.

40. Di Tommaso, P., Moretti, S., Xenarios, I., et al. (2011). Nucleic Acids Research 39, W13 – 17.

41. Dimmic, M. W., Rest, J. S., Mindell, D. P., et al. (2002). J. Mol. Evol. 55, 65 – 73.

42. Ding, Y. Z., You, Y. N., Sun, D. J., et al. (2014). BioMed Research International 2014, 765320.

43. Domingo, E., Sheldon, J., and Perales, C. (2012). Microbiol. Mol. Biol. Rev. 76, 159-216.

44. Dorit, R. L., and Riley, M. A. (2002). J. Mol. Evol. 55, 347-355.

45. Drummond, A. J., and Rambaut, A. (2007). BMC Evol. Biol. 7, 214.

46. Duchene, S., Holmes, E. C., and Ho, S. Y. (2014). Proc. R. Soc. B 281, 20140732.

47. Dudas, G., and Rambaut, A. (2014). PLoS Currents Outbreaks May 2. Edition 1.

48. Duffy, S., and Holmes, E. C. (2007). Appl. Environ. Microbiol. 73, 7114-7117.

49. Duffy, S., and Holmes, E. C. (2008). J. Virol. 82, 957-965.

50. Duffy, S., and Holmes, E. C. (2009). J Gen. Virol. 90, 1539-1547.

51. Duffy, S., Shackelton, L. A., and Holmes, E. C. (2008). Nat. Rev. Genet. 9, 267-276.

52. Duffy, S., Turner, P. E., and Burch, C. L. (2006). Genetics 172, 751-757.

53. Dunn, R. R. (2008). Smithsonian.

54. Edgar, R. C. (2004). BMC Bioinformatics 5, 1-19.

55. Edwards, R. A., and Rohwer, F. (2005). Nat. Rev. Microbiol. 3, 504-510.

56. Emerson, J. B., Thomas, B. C., Andrade, K., et al. (2013). Appl. Environ. Microbiol. 79, 6755-6764.

57. Excoffier, L., and Lischer, H. E. (2010). Molecular Ecology Resources 10, 564-567.

58. Fancello, L., Raoult, D., and Desnues, C. (2012). Virology 434, 162-174.

59. Felsenstein, J. (1981). Mol. Evol. 17, 368-376.

60. Felsenstein, J. (1989). Cladistics 5, 164-166.

61. Fernandez-Suarez, X. M., Rigden, D. J., and Galperin, M. Y. (2014). Nucleic Acids Research 42, D1-6.

62. Firth, C., Kitchen, A., Shapiro, B., et al. (2010). Mol. Biol. Evol. 27, 2038-2051.

63. Froissart, R., Roze, D., Uzest, M., et al. (2005). PLoS Biol. 3, e89.

64. Frost, S. D. W., and Volz, E. M. (2010). Philos. Trans. R. Soc. Lond., B, Biol. Sci. 365, 1879-1890.

65. Fu, Y. X. (2001). Neutrality and Selection in Molecular Evolution: Statistical Tests. In Encyclopedia of Life Sciences. John Wiley and Sons.

66. Gao, Y., and Luo, L. (2012). Gene 492, 309-314.

67. Garcia-Villada, L., and Drake, J. W. (2012). PLoS Genet. 8, e1002832.

68. Giardine, B., Riemer, C., Hardison, R. C., et al. (2005). Genome Research 15, 1451-1455.

69. Gibbs, M. J., Armstrong, J. S., and Gibbs, A. J. (2000). BMC Bioinformatics 16, 573-582.

70. Goldman, N. (1998). Proceedings 265, 1779-1786.

71. Gorbachev, V. V. (2012). Genetika 48, 880 – 884.

72. Gorbalenya, A. E. (2014). ICTV Newsletter 11.

73. Gould, S. J., and Lewontin, R. C. (1979). Proc. R. Soc. B 205, 581 – 598.

74. Greene, S. E., and Reid, A. (2014). American Academy of Microbiology.

75. Grenfell, B. T., Pybus, O. G., Gog, J. R., et al. (2004). Science 303, 327 – 332.

76. Gu, W., Zhou, T., and Wilke, C. O. (2010). PLoS Comput. Biol. 6, e1000664.

77. Guindon, S., Dufayard, J. F., Lefort, V., et al. (2010). Systematic Biology 59, 307 – 321.

78. Hartl, D. L., and Clark, A. G. (1997). Sinauer Associates, Inc.

79. Hicks, A. L., and Duffy, S. (2012). BMC Evol. Biol. 12, 74.

80. Hicks, A. L., and Duffy, S. (2014). PLoS Pathog. 10, e1003838.

81. Ho, S. Y., Shapiro, B., Phillips, M. J., et al. (2007). Systematic Biology 56, 515 – 522.

82. Holland, J. J., de la Torre, J. C., Steinhauer, D. A., et al. (1989). J. Virol. 63, 5030 – 5036.

83. Holmes, E. C. (2008). Comparative Studies of RNA Virus Evolution. In Domingo, E., Parrish, C. R., and Holland, J. J., eds. Academic Press, 119 – 134.

84. Holsinger, K. E., and Weir, B. S. (2009). Nat. Rev. Genet. 10, 639 – 650.

85. Hopkins, M., Kailasan, S., Cohen, A., et al. (2014). The ISME Journal 8, 2093 – 2103.

86. Huelsenbeck, J. P., and Ronquist, F. (2001). BMC Bioinformatics 17, 754 – 755.

87. Huelsenbeck, J. P., Ronquist, F., Nielsen, R., et al. (2001). Science 294, 2310 – 2314.

88. Huson, D. H., and Bryant, D. (2006). Mol. Biol. Evol. 23, 254 – 267.

89. Iantorno, S., Gori, K., Goldman, N., et al. (2013). Who Watches the Watchmen? An Appraisal of Benchmarks for Multiple Sequence Alignment. In Russell, D. J., ed. Humana Press, 59 – 73.

90. Jenkins, G. M., and Holmes, E. C. (2003). Virus Res. 92, 1 – 7.

91. Jukes, T. H., and Cantor, C. R. (1969). Evolution of Protein Molecules. In Munro, H. N., ed. Academic Press.

92. Just, W. (2001). J. Comput. Biol. 8, 615 – 623.

93. Karlin, S. (2001). J. Trends in Microbiology 9, 335 – 343.

94. Katoh, K., and Standley, D. M. (2013). Mol. Biol. Evol. 30, 772 – 780.

95. Kern, A. D., and Haussler, D. (2010). Mol. Biol. Evol. 27, 1673 – 1685.

96. Kieft, J. S. (2008). Trends Biochem. Sci. 33, 274 – 283.

97. Kimura, M. (1980). J. Mol. Evol. 16, 111 – 120.

98. King, A. M. Q., Adams, M. J., Carstens, E. B., et al. (2012). Elsevier.

99. Koonin, E. V. (2009). The International Journal of Biochemistry and Cell Biology 41, 298 – 306.

100. Kosakovsky Pond, S. L., Frost, S. D., and Muse, S. V. (2005). BMC Bioinfor-

matics 21, 676 - 679.

101. Kosakovsky Pond, S. L., Murrell, B., and Poon, A. F. Y. (2012). In Anisimova, M., ed. Humana Press, 239 - 272.

102. Kosakovsky Pond, S. L., Posada, D., Gravenor, M. B., et al. (2006). BMC Bioinformatics 22, 3096 - 3098.

103. Kryazhimskiy, S., Bazykin, G. A., and Dushoff, J. (2008). J. Virol. 82, 4938 - 4945.

104. Kryazhimskiy, S., and Plotkin, J. B. (2008). PLoS Genet. 4, e1000304.

105. Kuhn, E., Ichimura, A. S., Peng, V., et al. (2014). Appl. Environ. Microbiol. 80, 3687 - 3698.

106. Kuhner, M. K. (2006). BMC Bioinformatics 22, 768 - 770.

107. Kuzmin, I. V., Shi, M., Orciari, L. A., et al. (2012). PLoS Pathog. 8, e1002786.

108. Lam, T. T., Hon, C. C., and Tang, J. W. (2010). Critical Reviews in Clinical Laboratory Sciences 47, 5 - 49.

109. Lanfear, R., Calcott, B., Ho, S. Y., et al. (2012). Mol. Biol. Evol. 29, 1695 - 1701.

110. Lapidot, M., Gelbart, D., Gal-On, A., et al. (2014). J. Viol. 11, 181.

111. Larkin, M. A., Blackshields, G., Brown, N. P., et al. (2007). BMC Bioinformatics 23, 2947 - 2948.

112. Lauber, C., Goeman, J. J., Parquet Mdel, C., et al. (2013). PLoS Pathog. 9, e1003500.

113. Lauber, C., and Gorbalenya, A. E. (2012). J. Virol. 86, 3905 - 3915.

114. Lefeuvre, P., Lett, J. M., Varsani, A., et al. (2009). J. Virol. 83, 2697 - 2707.

115. Lefeuvre, P., Martin, D. P., Harkins, G., et al. (2010). PLoS Pathog. 6, e1001164.

116. Lemey, P., Rambaut, A., Drummond, A. J., et al. (2009). PLoS Comput. Biol. 5, e1000520.

117. Lima, A. T., Sobrinho, R. R., Gonzalez-Aguilera, J., et al. (2013). J. Virol. 94, 418 - 431.

118. Lole, K. S., Bollinger, R. C., Paranjape, R. S., et al. (1999). J. Virol. 73, 152 - 160.

119. Luksza, M., and Lassig, M. (2014). Nature 507, 57 - 61.

120. Lyngsφ, R., Song, Y. S., and Hein, J. (2005). Proceedings of WABI 2005, Lecture Notes in Computer Science 3692, 239 - 250.

121. Maddison, W. P., and Maddison, D. R. (2014). Mesquite: a Modular System for Evolutionary Analysis.

122. Martin, D., and Rybicki, E. (2000). BMC Bioinformatics 16, 562 - 563.

123. Martin, D. P., Lemey, P., Lott, M., et al. (2010). BMC Bioinformatics 26, 2462 - 2463.

124. McVean, G. A., and Cardin, N. J. (2005). Philos. Trans. R. Soc. Lond. 360, 1387 – 1393.

125. Michely, S., Toulza, E., Subirana, L., et al. (2013). Genome Biol. Evol. 5, 848 – 859.

126. Minin, V. N., Bloomquist, E. W., and Suchard, M. A. (2008). Mol. Biol. Evol. 25, 1459 – 1471.

127. Mir, K., and Schober, S. (2014). PLoS One 9, e108768.

128. Mohabatkar, H., Keyhanfar, M., and Behbahani, M. (2012). Current Protein and Peptide Science 13, 547 – 559.

129. Morrison, D. A. (2009). Systematic Biology 58, 150 – 158.

130. Moszer, I., Rocha, E. P., and Danchin, A. (1999). Curr. Opin. Microbiol. 2, 524 – 528.

131. Muhire, B., Martin, D. P., Brown, J. K., et al. (2013). Arch. Virol. 158, 1411 – 1424.

132. Nakleh, L. (2011). Evolutionary Phylogenetic Networks: Models and Issues. In Heath, L. S., and Ramakrishnan, N., eds. Springer, 125 – 158.

133. Nei, M. (2013). Oxford University Press.

134. Nei, M., and Gojobori, T. (1986). Mol. Biol. Evol. 3, 418 – 426.

135. Nei, M., and Li, W. H. (1979). Proc. Natl. Acad. Sci. USA 76, 5269 – 5273.

136. Nielsen, R., and Yang, Z. (1998). Genetics 148, 929 – 936.

137. Ojosnegros, S., Agudo, R., Sierra, M., et al. (2008). BMC Evol. Biol. 8, 207.

138. Padidam, M., Sawyer, S., and Fauquet, C. M. (1999). Virology 265, 218 – 225.

139. Page, R. D. M., and Holmes, E. C. (1998). Blackwell.

140. Parameswaran, P., Charlebois, P., Tellez, Y., et al. (2012). J. Virol. 86, 8546 – 8558.

141. Parker, J., Rambaut, A., and Pybus, O. G. (2008). Infect. Genet. Evol. 8, 239 – 246.

142. Phillips, A. J. (2006). Journal of Biomedical Informatics 39, 18 – 33.

143. Piel, W. H., Donoghue, M. J., and Sanderson, M. J. (2002). TreeBASE: A Database of Phylogentic Knowledge. In Shimura, J., Wilson, K. L., and Gordon, D., eds. National Institute for Environmental Studies, 41 – 47.

144. Pierce, L. R., and Stepien, C. A. (2012). Molecular Phylogenetics and Evolution 63, 327 – 341.

145. Poon, A. F., Lewis, F. I., Pond, S. L., et al. (2007). PLoS Comput. Biol. 3, e231.

146. Price, E. W., and Carbone, I. (2005). BMC Bioinformatics 21, 402 – 404.

147. Pybus, O. G., and Rambaut, A. (2009). Nat. Rev. Genet. 10, 540 – 550.

148. R Development Core Team (2012). R Foundation for Statistical Computing.

149. Rambaut, A., Suchard, M. A., Xie, D., et al. (2014). Tracer. http://

tree. bio. ed. ac. uk/software/tracer/.

150. Ramsden, C., Holmes, E. C., and Charleston, M. A. (2009). Mol. Biol. Evol. 26, 143 – 153.

151. Rasmussen, D. A., Boni, M. F., and Koelle, K. (2014a). Mol. Biol. Evol. 31, 258 – 271.

152. Rasmussen, M. D., Hubisz, M. J., Gronau, I., et al. (2014b). PLoS Genet. 10, e1004342.

153. Remold, S. K., Rambaut, A., and Turner, P. E. (2008). Mol. Biol. Evol. 25, 1138 – 1147.

154. Resch, W., Zaslavsky, L., Kiryutin, B., et al. (2009). BMC Microbiology 9, 65.

155. Rokyta, D. R., Joyce, P., Caudle, S. B., et al. (2005). Nature Genetics 37, 441 – 444.

156. Roth, A., Anisimova, M., and Cannarozzi, G. M. (2012). Measuring Codon Usage Bias. In Cannarozzi, G. M., and Schneider, A., eds. Oxford University Press.

157. Roux, S., Tournayre, J., Mahul, A., et al. (2014). BMC Bioinformatics 15, 76.

158. Rozas, J., Sanchez-DelBarrio, J. C., Messeguer, X., et al. (2003). PLoS One 3, e3996.

159. Sanjuán, R. (2012). PLoS Pathog. 8, e1002685.

160. Sanjuán, R., Nebot, M. R., Chirico, N., et al. (2010). J. Virol. 84, 9733 – 9748.

161. Sau, K., Gupta, S. K., Sau, S., et al. (2007). Journal of Microbiology (Seoul, Korea) 45, 58 – 63.

162. Schneemann, A. (2006). Annu. Rev. Microbiol. 60, 51 – 67.

163. Schultz, A. K., Zhang, M., Bulla, I., et al. (2009). Nucleic Acids Res. 37, W647 – 651.

164. Seo, T. K., and Kishino, H. (2008). Systematic Biology 57, 367 – 377.

165. Seoighe, C., Ketwaroo, F., Pillay, V., et al. (2007). Mol. Biol. Evol. 24, 1025 – 1031.

166. Seto, D. (2010). Viruses 2, 2587 – 2593.

167. Shackelton, L. A., Parrish, C. R., Truyen, U., et al. (2005). Proc. Natl. Acad. Sci. USA 102, 379 – 384.

168. Shao, W., Kearney, M. F., Boltz, V. F., et al. (2014). Journal of Virological Methods 203, 73 – 80.

169. Shapiro, B., Rambaut, A., and Drummond, A. J. (2006a). Mol. Biol. Evol. 23, 7 – 9.

170. Shapiro, B., Rambaut, A., Pybus, O. G., et al. (2006b). Mol. Biol. Evol. 23, 1724 – 1730.

171. Sharma, D., Priyadarshini, P., and Vrati, S. (2015). J. Virol. 89, 1489 – 1501.

172. Sharp, P. M., and Li, W. H. (1987). Nucleic Acids Research 15, 1281 – 1295.

173. Sharp, P. M., Tuohy, T. M., and Mosurski, K. R. (1986). Nucleic Acids Research 14, 5125 - 5143.

174. Siebenga, J. J., Lemey, P., Kosakovsky Pond, S. L., et al. (2010). PLoS Pathog. 6, e1000884.

175. Sievers, F., Wilm, A., Dineen, D., et al. (2011). Molecularsystems Biology 7, 539.

176. Simmonds, P., and Smith, D. B. (1999). J. Virol. 73, 5787 - 5794.

177. Slatkin, M., and Maddison, W. P. (1989). Genetics 123, 603 - 613.

178. Smith, D. P., and Peay, K. G. (2014). PLoS One 9, e90234.

179. Smith, G. J., Vijaykrishna, D., Bahl, J., et al. (2009). Nature 459, 1122 - 1125.

180. Stainton, D., Kraberger, S., Walters, M., et al. (2012). J. Gen. Virol. 93, 1103 - 1119.

181. Stamatakis, A. (2006). BMC Bioinformatics 22, 2688 - 2690.

182. Stamatakis, A. (2014). BMC Bioinformatics 30, 1312 - 1313.

183. Stevens, H. (2013). University of Chicago Press.

184. Strimmer, K., Forslund, K., Holland, B., et al. (2003). Genome Biology 4, R33.

185. Stucky, B. J. (2012). SJ Biomol. Tech. 23, 90 - 93.

186. Suzuki, Y. (2006). Mol. Biol. Evol. 23, 1902 - 1911.

187. Swofford, D. L. (2003). Sinauer Associates.

188. Tajima, F. (1989). Genetics 123, 585 - 595.

189. Talavera, G., and Castresana, J. (2007). Systematic Biology 56, 564 - 577.

190. Tamura, K., Stecher, G., Peterson, D., et al. (2013). Mol. Biol. Evol. 30, 2725 - 2729.

191. Vision, T. J. (2010). Bio. Science 60, 330 - 331.

192. Wang, J., Sharma, A. M., Duffy, S., et al. (2011). Phytopathology 101, 445 - 450.

193. Wei, X., and Zhang, J. (2015). Genome Biol. Evol. 7, 381 - 390.

194. Wilker, P. R., Dinis, J. M., Starrett, G., et al. (2013). Nature Communications 4, 2636.

195. Wommack, K. E., Bhavsar, J., Polson, S. W., et al. (2012). Standards in Genomic Sciences 6, 427 - 439.

196. Wong, W. S., and Nielsen, R. (2004). Genetics 167, 949 - 958.

197. Wright, F. (1990). Gene 87, 23 - 29.

198. Wu, C. H., Suchard, M. A., and Drummond, A. J. (2013). Mol. Biol. Evol. 30, 669 - 688.

199. Xia, X. (2013). Mol. Biol. Evol. 30, 1720 - 1728.

200. Yang, Z. (1994). Mol. Biol. Evol. 39, 105 - 111.

201. Yang, Z. (2007). Mol. Biol. Evol. 24, 1586 - 1591.

202. Yoon, H. S., Price, D. C., Stepanauskas, R., et al. (2011). Science 332, 714 -717.

203. Zaheri, M., Dib, L., and Salamin, N. (2014). Mol. Biol. Evol. 31, 2528 -2541.

204. Zanini, F., and Neher, R. A. (2013a). Deleterious Synonymous Mutations Hitchhike to High Frequency in HIV -1 env Evolution (arXiv: 1303. 0805 [q -bio. PE]).

205. Zanini, F., and Neher, R. A. (2013b). J. Virol. 87, 11843 -11850.

206. Zwickl, D. J. (2006). Genetic Algorithm Approaches for the Phylogenetic Analysis of Large Biological Sequence Datasets under the Maximum Likelihood Criterion (The University of Texas at Austin).

以上所有网址已于 2014 年 9 月 1 日进行测试。

第三章　虫媒病毒的进化和传播

Naomi L. Forrester[①]　Serafín Gutiérrez[②]　Lark L. Coffey[③] *

①德克萨斯大学医学部病理学系，加尔维斯敦，德克萨斯州 77555，美国

②法国农业发展研究中心新发和外来动物疾病控制研究部，蒙彼利埃市 34398，5 号信箱，法国

③加利福尼亚大学戴维斯分校病理学院微生物与免疫学系，加利福尼亚州 95616，美国

* 通讯作者：lcoffey@ucdavis. edu

摘要

节肢动物媒介病毒（虫媒病毒）是指通过节肢动物媒介（如蚊、蜱、蚜虫）在脊椎动物或植物宿主间传播的病毒。在这里，我们将讨论这一特殊生命周期对病毒进化的影响，并探讨这些病毒适应这一生命周期的不同机制。虫媒病毒具有不同的传播策略，有些需要在媒介体内复制而另一些则不需要，每一种策略都可能让病毒面临不同的选择压力，并要求它适应各种具体情况。我们将根据最新的文献从不同的层次讨论虫媒病毒的进化（如在宿主内和在宿主间的进化）及其生命周期中应对各种障碍的策略，这些障碍包括植物细胞壁这类的解剖学障碍或者是免疫系统激活这类的宿主反应。最后，我们会展示病毒可能会如何影响宿主及其行为的最新文献。了解这些病毒特别是在其宿主内进化的重要性是不可低估的，因为宿主迁移或适应边缘宿主都可导致病毒的迅速扩散。

介绍

什么是媒介病毒

媒介病毒会在寄生的节肢动物、脊椎动物或植物宿主间循环。为方便起见，我们用媒介和宿主两个术语分别指节肢动物和被节肢动物感染的脊椎动物与植物。媒介病毒给公共卫生造成了很大的负担，其中有超过 100 种可以导致人类患上疾病。其传播通常是在媒介—宿主—媒介交替循环中完成，而在垂直传播中病毒可以从成年节肢动物转移至后代，虫媒交配时还会出现性传播（图 3－1）。感染脊椎动物的虫媒病毒许多属于 RNA 病毒家族，包括布尼亚病毒科、黄病毒科、呼肠孤病毒科、弹状病毒科和披膜病毒科，还有正黏病毒科的索戈托病毒和非洲猪瘟病毒科的非洲猪瘟病毒（DNA 病毒）。这些病毒几乎分布在全球，拥有许多不同的节肢动物宿主，包括蚊、蠓、白蛉、臭虫、蜱和蓟马等。

表 3-1 节肢动物传播的主要虫媒病毒，蚊传播的病毒为斜体，蜱传播的为粗体，其他的为正常格式

	病毒	参考文献
非洲猪瘟病毒科	**非洲猪瘟病毒**	Tulman 等，2009
布尼亚病毒科	**本加病毒**	Matsuno 等，2013
	内罗毕羊病毒	Marczinke、Nichol，2002
	索尔达多病毒	Hubalek、Rudolf，2012
	卡奇谷病毒	Edwards，1994
	拉克罗斯病毒	Borucki 等，2002
	裂谷热病毒	Flick、Bouloy，2005
	雪鞋野兔病毒	Hewlett 等，1992
	艾罗病毒	Ali 等，2012
	赤羽病病毒	Kirkland，2002
	梅恩君病毒	Emmons 等，1983
	施马伦贝格病毒	Doceul 等，2013
	舒尼病毒	van Eeden 等，2014
黄病毒科	*以色列火鸡脑膜脑炎病毒*	Gould 等，2003
	日本脑炎病毒	Unni 等，2011
	墨累山谷脑炎病毒	Selvey 等，2014
	坦布苏病毒	Hubalek 等，2014
	乌苏土病毒	Ashraf 等，2015
	韦瑟尔斯布朗病毒	Ali 等，2012
	西尼罗河病毒	Pesko、Ebel，2012
	黄热病病毒	Beasley 等，2014
	科萨努尔森林病病毒	Holbrook，2012
	羊跳跃病病毒	Jeffries 等，2014
	鄂木斯克出血热病毒	Růžek 等，2010
	蜱传脑炎病毒	LaSala、Holbrook，2010
	为勒尼病毒	Hubalek、Rudolf，2012
正黏病毒科	**索戈托病毒**	Hubalek、Rudolf，2012
呼肠孤病毒科	非洲马瘟病毒	MacLachlan、Guthrie，2010
	凯斯巴病毒	Ohashi 等，2004
	蓝舌病病毒	Coetzee 等，2012
	鹿兽疫出血病病毒	Savini 等，2011
	马脑病病毒	Oura 等，2012
	衣巴拉克衣病毒	Ohashi 等，2002

(续上表)

	病毒		参考文献
呼肠孤病毒科	秘鲁马病病毒		Attoul 等，2009
	云南病毒		Attoul 等，2009
弹状病毒科	*牛流行热病毒*		Nandi、Negi，1999
	水疱性口炎病毒	*阿拉戈斯株*	Novella，2003
		印第安纳株	
		新泽西株	
披膜病毒科	*东方马脑炎病毒*		Zacks、Paessler，2010
	西方马脑炎病毒		Allison 等，2015
	委内瑞拉马脑炎病毒		Weaver 等，2004
	辛德比斯病毒		Laine 等，2004
	米德尔堡病毒		Hubalek 等，2014
	盖塔病毒		Fukunaga 等，2000
	塞姆利基森林病毒		Hubalek 等，2014

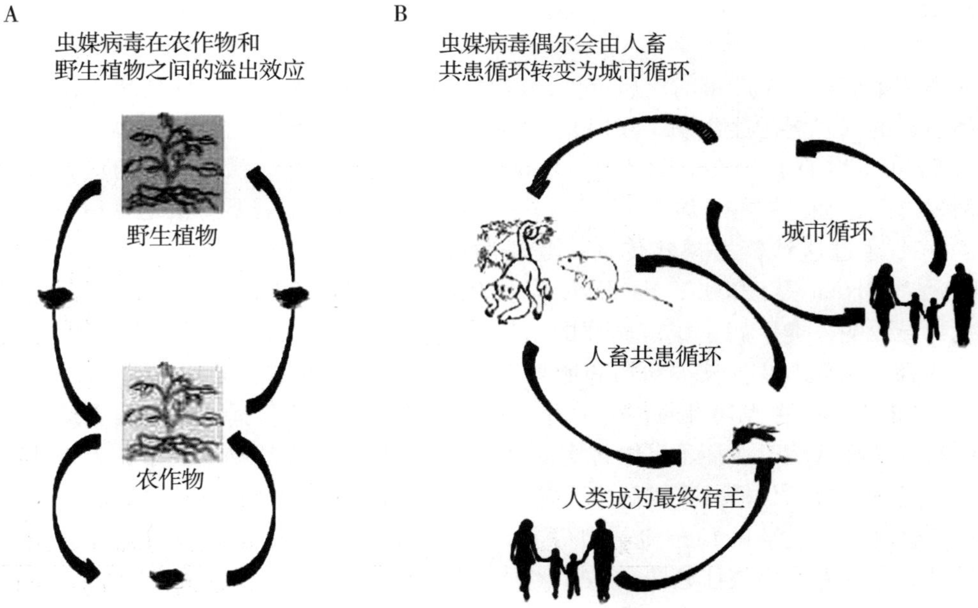

图 3-1　虫媒病毒在植物或脊椎动物中的传播循环

A. 植物病毒可以通过媒介在野生植物和家养植物或农作物之间传播。B. 人畜共患循环是指病毒在脊椎动物和蚊/蜱之间的循环，人类因为偶然进入人畜共患循环而感染病毒（如西尼罗河病毒）。偶尔，病毒会出现进化变异并可以建立新的人和蚊之间的城市循环模式。这通常是因为病毒适应了埃及伊蚊或白纹伊蚊这类主要嗜人血的蚊类（如基孔肯雅热病毒和登革病毒）。

虫媒病毒及其可能导致的疾病

动物

大部分感染人类的虫媒病毒都有脊椎动物宿主。除了对全球公共卫生造成重大负担之外，至少有50种病毒是脊椎动物宿主的病原体［文献（Hubalek等，2014）中有评述］。这些病毒属于7个家族，其中有部分在表3－1中着重介绍了。不同病毒引起的脊椎动物宿主疾病包括非特异性发热疾病（有时伴有胃肠道受累）、出血性或神经性疾病。动物及其胎儿感染病毒后经常会因此死亡并造成严重的经济损失，特别是那些会感染重要农业动物的病毒，包括非洲马瘟病毒、赤羽病病毒、蓝舌病病毒、东方马脑炎病毒、西方马脑炎病毒、委内瑞拉马脑炎病毒、内罗毕羊病毒、裂谷热病毒、施马伦贝格病毒、水疱性口炎病毒和西尼罗河病毒，表现得尤其明显。其他虫媒病毒也可能导致动物疾病，但由于没有特异症状、分布范围有限或受限，尚未被认定为病原体。

人类

人类传染病是一个严重的疾病负担，在发展中国家尤其如此。17%的传染病是由虫媒病原体引起的（世界卫生组织，2014）。其中登革病毒（DENV）感染数量增长最为迅速，在过去50年里增加了50倍，每年导致5 000万至1亿个病例。感染人类的虫媒病毒主要来自两种感染途径。一种是城市里人—蚊—人的持续传播，不需要脊椎动物宿主。有三种严重的病毒通过这种传播模式传播：登革病毒、黄热病病毒（YFV）和基孔肯雅病毒（CHIKV）（Bryant等，2003；Vasilakis等，2010；Volk等，2010）。虽然基孔肯雅病毒和登革病毒导致的人类疾病是城市循环的结果，但森林循环也被认为是引发城市循环的原因。这些森林循环涉及灵长类动物和栖息于森林的蚊子，偶尔会波及人类（Vasilakis等，2011）。其他大部分虫媒病毒通过另一种人畜共患的传播模式传播，人类被受感染的节肢动物叮咬后产生的病毒血症不足以将病毒再次传回给媒介，在这种情况下，人类作为最终宿主无法延续病毒的传播。人类感染人畜共患虫媒病毒往往是聚集性感染。这些聚集点通常有季节性并需要足够的媒介和动物宿主。由于它们是人类接触人畜共患传播循环的结果，因此每年的发病率往往趋于一致。当环境因素导致受感染媒介和/或动物宿主增加，或人类在流行地区活动频率增加时，发病率会上升。以裂谷热病毒（RVFV）为例，由于温度上升或雨水增多，蚊媒密度升高，病毒会通过人畜共患持续向外播散（Balenghien等，2013）。因此，蜱传脑炎病毒（TBEV）、裂谷热病毒或克里米亚—刚果出血热病毒（CCHFV）等病毒对疾病流行国家的经济来说是一个持续的负担。

植物

自然界中的植物病毒丰富多样。它们通过各种传播模式（如种子传播、花粉传播、嫁接、根茎传播或植物间的接触）传播。不过，最普遍的传播模式是通过生物媒介传播。事实上，国际病毒分类委员会（ICTV）官方认定的约700种植物病毒中有75%以上是由昆虫媒介传播的（Hogenhout 等，2008）。与动物病毒相比，植物病毒更依赖虫媒传播，这有两个主要的原因。一个是因为植物不能自由移动，限制了受感染和健康宿主的接触；另一个是因为细胞壁和强大的胶质及植物纤维屏障包裹并保护着植物细胞。因此，病毒从一株植物向另一株侵入、转移和离开通常都需要通过飞行植食性昆虫的觅食和传播来完成，这些昆虫主要有蚜虫（蚜科）、粉虱（粉虱科）、叶蝉（大叶蝉科）、飞虱（飞虱科）、蓟马（缨翅目）。不过，线虫、真菌和螨虫也会传播一些植物病毒。总而言之，虫媒植物病毒的宿主和媒介范围有限。不过，有些病毒可以感染来自不同家族的植物物种，而且是通过许多通常来自同一家族的媒介物种来传播。例如，黄瓜花叶病毒（CMV，不要与同样称为CMV的动物巨细胞病毒混淆），一种由蚜虫传播的单链（SS）RNA病毒，具有典型的普适性，简直就像“达尔文魔鬼”。这种病毒的不同毒株都有一个共同的宿主范围，包括来自超过100个家族的1 200种以上的植物，如单子叶植物（植物胚芽是单一的子叶）和双子叶植物（植物胚芽有一对子叶）。此外，黄瓜花叶病毒可通过来自33个属超过80种的蚜虫传播（Scholthof 等，2011）。

几乎所有的植物都会受到病毒的感染，农作物也不例外。病毒是导致世界各地栽培植物新发疾病的主要原因（Anderson 等，2004）。既然植物病毒数量众多，那么就不难理解农作物的病毒病大部分是由虫媒植物病毒导致的。病毒感染可降低植物的生长速度、产量和产品质量，有时还会造成明显的影响，最终导致经济损失。以家庭耕作为主的发展中国家的主食（如水稻、小麦、玉米、木薯或香蕉）受到病毒性疾病感染时，可导致饥荒（Rybicki、Pietersen，1999）。一个典型例子就是由粉虱传播的双生病毒复合体（包括非洲木薯花叶病毒）导致的非洲木薯花叶病。除了每年20亿美元的经济损失以外，这种疾病的暴发还导致了东非和中非地区的饥荒事件，并对该地区的粮食安全构成了威胁（Scholthof 等，2011）。导致全世界重要经济损失的虫媒病毒的例子有：谷物中由蚜虫传播的大麦黄矮病毒，由蓟马传播并感染许多蔬菜的番茄斑萎病毒（TSWV），番茄中由粉虱传播的番茄黄曲叶病毒（TYLCV）以及相关的双生病毒。这几个例子都是由不同媒介传播的DNA和RNA病毒，由此可见农作物病害中虫媒植物病毒的多样性。

虫媒植物病毒丰富多样，正如大家所想，它们演变出了不同的媒介传播模式，包括在动物病毒中未被观察到的传播模式。许多重要媒介（如蚜虫和粉虱）不停地在植物间移动并进行短暂的试尝，直到找到合适的宿主。然后，它们持续地从植物脉管中摄取汁液，最终移动到一个新的植物或在植物上定居并饲养后代。一些病毒针对昆虫开始觅食的阶段已经发展出其传播策略，而其他病毒只有在摄取汁液的阶段才能传播。根据病毒—媒介相互作用的方式，可界定三种主要的传播模式：非循环、循环和增殖模式（Blanc，2007）。第一种传播模式——非循环模式是最简单的，因为病毒不需要通过感染媒介细胞来传播。这种模式和动物病毒的机制类似。在媒介采食受感染植物的时候，病毒会附着在口器角质层的假定受体上（Uzest 等，2007）。媒介在获得病毒后的几分钟内就可以通过唾液或排泄物向健康植物传播病毒。但是，病毒的滞留时间不会超过数分钟或数小时。因此，那些会寻找合适宿主，并在快速移动到新的植物之前会进行短暂试尝的媒介是传播病毒效率最高的。事实上，如果媒介在移动到健康植物之前进行了持续的吸食，病毒的传播通常会大大减少甚至消除。第二种传播模式——循环模式尚未在动物病毒中发现。病毒同汁液和植物体一起被摄取，它穿过肠道的上皮进入血腔，然后到达唾液腺中聚集。在那里，它将在媒介觅食时同唾液一起注入新的植物宿主。因此，尽管病毒在媒介体内循环并聚集，但病毒并没有复制。第三种传播模式——增殖模式与脊椎动物虫媒病毒的生物传播相似（或者相同）。病毒被摄入后会在媒介的肠道和唾液腺中复制，并在媒介觅食时和唾液一起接种到新的植物宿主中。在循环传播和增殖传播中，媒介通常需要一到几天的潜伏期后才可以传播。另外，一旦这种潜伏期结束，媒介通常可以长时间（数天至数月）传播病毒，直至死亡。因此，与非循环传播模式相反，后两种模式需要媒介稳定在植物上持续吸食来促使传播速率最大化。

有的病毒家族只使用一种传播模式进行传播，如循环模式的双生病毒科；其他家族的病毒有同时使用不同传播模式进行传播的例子，如马铃薯 Y 病毒科。后一种情况下，传输模式在病毒属的水平上似乎是保守的（Nault，1997）。这三种传播模式在极不相关的病毒家族中都可以发现，表明不同家族病毒的趋同进化。例如，粉虱传播的单链 DNA 双生病毒和蚜虫传播的单链 RNA 黄矮病毒都是通过循环模式传播的。根据趋同进化的假设，不同媒介/病毒组合可以使用共同的传播模式。例如，真菌、螨虫和蚜虫可以分别以非循环模式成为番茄丛矮病毒、小麦花叶病毒和花椰菜花叶病毒的媒介。

虫媒病毒的类型

许多不同病毒属的传播策略已经进化为通过媒介来完成。如表 3 - 1 所示，各种家族的动物和人类病毒已经进化到使用节肢动物作为媒介。这些病毒大多数是 RNA 病毒，非洲马瘟病毒属于明显的例外，这表明 RNA 病毒固有的特性有利于病毒在虫媒传播中完成其生命周期。在植物病毒中，虫媒传播可能已经进化到允许病毒在静止的宿主间传播。这种需要虫媒来完成的传播，也许可以解释为什么虫媒植物病毒家族都是按照受染植物基因组的分类来分布的。尽管有由单链 RNA（呼肠孤病毒科）、负单链 RNA（布尼亚病毒科和弹状病毒科）和单链 DNA（双生病毒科和矮缩病毒科）等基因组构成的病毒家族例子，但其他一半以上的病毒家族都有正单链 RNA 的基因组。还有一个单独的副逆转录病毒家族（使用病毒逆转录酶和 RNA 基因组中间体进行复制的双链 DNA 病毒）——花椰菜花叶病毒科可感染植物，其家族的大多数成员也是通过昆虫传播的。引人注目的是，没有一个真正通过虫媒传播的双链 DNA 病毒的例子。由于虫媒传播的植物病毒和 RNA 病毒在已知的植物病毒中是占主导地位的，病毒的这种特殊分布是与媒介传播相关或者只是遵循植物病毒的整体分布还远远不清楚。必须指出的是，我们对植物病毒多样性认识的偏见可能是由极度缺乏非农作物宿主的数据引起的。最近推出的宏基因组方法可以进一步研究这种多样性（Roossinck，2012），并可帮助我们更好地了解植物病毒中媒介传播的进化及其与特定病毒类型的潜在联系。

脊椎动物的虫媒传播更可能是从植物病毒或只感染节肢动物的病毒中发展而来的。早在20世纪70年代，就有文献认为虫媒病毒可能是由植物病毒进化而来的（Johnson等，1969）。最近，在数种只能感染蚊类的病毒（均在表3－1列举的病毒属中）以及与植物病毒相关的几种蚊传病毒中的发现表明，理论上这种进化策略可以在脊椎动物中实现。当然，由于目前尚缺乏病毒多样性的数据，不能排除其他关于虫媒传播策略的起源。此外，节肢动物媒介无处不在的特性意味着利用媒介传播的策略有可能导致宿主范围扩大，如西尼罗河病毒（WNV）利用各式各样的本土脊椎动物、蚊类传入北美（McMullen等，2013）。虽然通过媒介传播似乎有一些好处，但是虫媒病毒不能像单一宿主病毒一样快速进化，这说明病毒感染多种宿主的代价就是必须接受制约其进化的因素（Forrester等，2012a）。因此，相对于其他在节肢动物、脊椎动物或植物之间循环的病毒，与双循环虫媒病毒相关但只能感染节肢动物的病毒可能会显得进化程度更高。

虫媒病毒的进化

几类病毒的进化过程

只能感染节肢动物的病毒

新一代测序已经发现了没有脊椎动物宿主且仅能感染蚊或蜱的病毒。这些病毒通过卵巢从一个昆虫传播到另一个，使得病毒不需要其他宿主而能代代相传。这些病毒已经在许多不同的属中被发现，包括甲病毒科、黄病毒科、巢病毒科（Junglen等，2009；Nasar等，2012；Vasilakis等，2014），还有许多植物类属如芜菁黄花叶病毒科（数据尚未发表），以及新发现的Negevirus病毒（Vasilakis等，2013）。虽然这些病毒并不是真正的虫媒病毒，它们不会在节肢动物和脊椎动物宿主之间循环，但正如前面讨论过的弹状病毒，它们可能是虫媒病毒潜在的祖先（Johnson等，1969）。最近，在黄病毒科和甲病毒科中已经发现一些似乎丧失了二次感染脊椎动物能力的虫媒病毒（Evangelista等，2013；Huhtamo等，2014；Junglen等，2009；Kolodziejek等，2013；Lee等，2013；Nasar等，2012；Vazquez等，2012）。这些发现表明这类只能感染昆虫的病毒可能获得了感染脊椎动物的能力，然后丧失了二次感染的能力，因此产生了比如黄病毒科的Lammi病毒和甲病毒科的Eilat病毒。

蚊媒病毒

除南极洲外，蚊类在各大陆广泛存在，是世界上最致命的动物之一，比其他任何动物造成的死亡人数都多。其原因是雌蚊需要吸血产卵，而人类则是其血液的来源。因此，蚊子传播的病毒或寄生虫经常会感染人类。需要吸血产卵意味着蚊子能够在短时间内（3～5

天，这取决于蚊子的寿命）被感染并传播病毒。此外，蚊子终其一生都可以保持感染状态，这增加了传播病毒的可能。

许多蚊媒病毒已经适应了特定的蚊类宿主，因此感染其他蚊类并不一定能产生有效的传播。病毒感染蚊子需要通过几个解剖学屏障。一旦蚊子摄入感染病毒的血液，病毒必须首先感染中肠细胞。因而蚊类摄取的病毒颗粒必须达到一定数量，才能使病毒突破中肠屏障（Hardy，1988；Weaver，1997）。中肠细胞感染的效率取决于蚊和病毒两个因素。有实验使用只能进行一轮复制的复制子颗粒去感染带喙伊蚊（传播流行性委内瑞拉马脑炎病毒的媒介），结果表明仅有少数中肠细胞易感染（Smith 等，2008）。然而，使用特有的 *taeniopus* 库蚊及其相关的流行性病毒进行类似的研究却显示大多数中肠细胞被感染（Kenney 等，2012），这表明感染中肠细胞需要的病毒量同时取决于蚊和病毒的种类。病毒随吸食的血液先是进入中肠的后段，蚊类在此时会释放蛋白水解酶并改变 pH 值和温度，营造不利于病毒生存的环境。蚊类的前肠和后肠因为有角质层，所以被认为不会被病毒感染。因此，由覆盖微绒毛的单层上皮细胞组成的中肠容易遭受病毒感染（Houk 等，1990）。有证据表明缺乏微绒毛的细胞（称为“裸细胞”）单独或成群地存在于埃及伊蚊中肠后段的整个区域（Zieler 等，2000）。尽管不确定这对病毒感染的作用有多大，但我们也知道血液凝固有助于中肠感染，因为血清倾向于聚集在靠近中肠后段的上皮（Weaver 等，1993；Weaver 等，1991）。在感染中肠后，病毒通过基底膜或蚊的气管系统播散到整个血腔（Romoser 等，2004）。然后，病毒感染唾液腺，并被分泌到唾液中向新宿主传播。病毒通过中肠在血淋巴中增殖并不一定能保证感染唾液腺（Hardy，1988）。蚊子传播的病毒数量是高度变异的，从几个病毒颗粒到仅几微升的体积就可以达到 10^5 个（Hardy，1988；Smith 等，2005；Vanlandingham 等，2008）。所有阻碍蚊子有效感染的因素都会影响虫媒病毒的传播。

蜱传病毒

蜱虫的生活方式严重影响其携带虫媒病毒的传播。蜱虫通常要经过 1 ~ 3 年发育，作为病毒媒介，它们可以在整个生命中持续感染病毒。南部温暖气候的蜱虫，如血红扇头蜱一年可以完成两个生命周期；而生活在北方的蜱虫，如篦子硬蜱可能需要 3 年才能完成生命周期（Labuda、Nuttall，2004）。蜱虫是吸血昆虫，需要反复吸血才能完成其生命周期。幼虫一孵化就需要吸血，以帮助它进入下一个阶段：若虫期。进入成虫期需要第二次吸血，产卵时还需要第三次吸血。必须吸血意味着蜱虫必须使自己处于接近脊椎动物宿主的位置。许多蜱虫吸血的策略是停留在树枝和叶子的顶端，等待宿主经过。一旦找到宿主，蜱虫要么立即黏附宿主，要么寻找宿主的吸血位置。附着后，蜱虫将刺刺入宿主身体并分泌黏合剂固定，以确保在吸血期间的安全附着。不同于蚊子几分钟的吸血，蜱虫需要在这些宿主上吸血数小时到数周的时间。这么长的时间意味着蜱虫必须避免吸血部位的血液凝固，以及宿主免疫应答产生的抗炎和适应性反应。因此，蜱虫已经进化出唾液蛋白，通过释放在附着部位防止凝血并抵抗宿主的免疫应答（Wikel，1999）。此外，这些蛋白还可以增强蜱传病原体的感染性（Brossard、Wikel，2004）。蜱虫—病毒之间的时间动力学关系因病毒而异，如森林脑炎病毒（TBEV）和黄病毒科的波瓦生病毒（POWV）在吸血开始之前就存在于唾液腺中，并且只有在吸血1小时后才能释放（Ebel、Kramer，2004）；而其他病原体如Thogoto病毒和道格比病毒在吸血之前都不在唾液中聚积，因此可能比森林脑炎病毒和波瓦生病毒的释放要晚一些（Labuda、Nuttall，2004）。

感染时间的差异如此大，意味着蜱唾液蛋白的差异是和病原体感染的差异相关的，这两者之间的效应是研究的主要焦点（Hermance、Thangamani，2014；Nuttall，1999）。由于蜱虫感染病毒是终身的，幼虫阶段感染虫媒病毒后，蜱虫在若虫和成虫阶段吸血时就可以传播病毒。蜱虫的这种持续感染，使它们既是病毒的传播媒介又是病毒的储存宿主（Labuda、Nuttall，2004）。病毒的传播会受到蜱虫吸食的偏好和蜱虫选择吸食的宿主的限制。总体来说，小部分的宿主携带了大部分的蜱虫——约20%的宿主携带了80%的蜱虫（Randolph等，1999），这增加了病毒传播的能力，同时也减少了感染病毒的宿主范围。蜱传病毒存在垂直传播的可能，特别是从成虫到子代，但这在自然条件下比较少见（Labuda、Nuttall，2004）。非病毒血症传播首次在Thogoto病毒感染中被描述——未染毒的蜱虫和染毒的蜱虫同时在一个未染毒的宿主上吸血可以感染病毒（Jones等，1987），这样病毒在蜱虫之间的传播就不再需要受感染的宿主，这增加了病毒向其他蜱虫传播的机会。非病毒血症传播首次被报道后，已经发现许多蜱虫和病毒之间存在这种联系，并得到了可信的检验（Havlíková等，2013）。

和蚊子一样，蜱虫感染病毒也有多个障碍。蜱虫的中肠有一个解剖学屏障，但是可以通过在中肠外部注射的方式人为地绕开并造成感染（Steele、Nuttall，1989）。这种屏障与蚊子的中肠屏障明显不同，因为当蜱虫蜕变到下一个阶段时，它们会重新吸纳其中肠。

库蠓传播的病毒

另一大类虫媒病毒的媒介是库蠓，一种会叮咬的蠓类。蠓类会传播蓝舌病病毒（BTV）和赤羽病病毒（AKAV）。这种媒介主要是传播导致家畜和其他动物疾病的病毒。近年来欧洲蓝舌病病毒的扩散以及最近发现的施马伦贝格病毒，使这些病毒在过去几年中的表现越来越突出，相关的研究也越来越多。但由于维持蠓类群落进行实验存在困难，对这些病毒的进化和传播的研究还比较局限。因此，相关病毒进化的研究很少。一个特例是蓝舌病病毒。有一个实验使病毒感染*sonorensis*库蠓，再让它们传染羊，再传染*sonorensis*库蠓，再传染小牛，然后又传染给*sonorensis*库蠓，从而建立了实验室的传播循环。蓝舌病病毒的进化在整个交替传播的循环中才得以研究。它可能会受制于瓶颈效应和创建者效应，改变其在整个传播循环中的效价。此外，该病毒基因组中的10个片段，每一个都分别进化，表明不同的片段在感染库蠓和动物宿主时都面对着不同的进化压力（Bonneau等，2001）。自然感染动物中发现许多蓝舌病病毒的重配株，可能就是病毒10个片段的差异进化导致的。这项研究提示要加强对病毒特异性进化过程的了解。

植物病毒

病媒传播是否起源于藻类的水生环境？藻类可能是比陆地植物还要早出现的植物类群。藻类不一定是固定的，且不具有陆地植物那种坚固的细胞壁，而这两个因素通常被用来解释植物病毒的媒介传播。因此，病媒传播起源于陆地似乎更加合理。

在“水生起源”假说下，人们应该能发现媒介病毒感染藻类，或至少发现现有的藻类病毒和植物病毒之间存在的系统发育关系。然而，并没有出现过有关感染藻类的媒介病毒的报道。此外，已知的藻类病毒大多是在陆地植物中不存在的双链 DNA 病毒。在几种已知感染藻类的 RNA 和单链 DNA 病毒中，只有两个家族和媒介病毒相关：呼肠孤病毒（Brussaard 等，2004）和被认定为类似于矮缩病毒的病毒（Yoon 等，2011）。尽管目前的数据大部分不支持植物中的媒介病毒来源于水生环境的观点，但由于极其缺少藻类病毒方面的资料，所以任何结论都只能是推测性的（Steward 等，2013）。而在任何情况下，媒介传播的布尼病病毒科、弹状病毒科，甚至是呼肠弧病毒科（也就是植物中的所有负单链 RNA 和双链 RNA 病毒）似乎都可以合理地解释为来源于陆地。所有这些病毒家族都有感染脊椎动物、昆虫和植物的例子。这些家族的动物病毒多样性更广并且媒介也是动物，根据这个事实，植物病毒的来源最有可能的假说就是：病毒是从昆虫向植物横向传播过去的（Dolja、Koonin，2011）。最后，单链 DNA 双生病毒可能是从昆虫传播的植物病原体或者植物寄生细菌的质粒中进化而来的（Krupovic 等，2009），虽然也有人提出病毒来源于真菌（Liu 等，2011）。

宿主与媒介病毒的关系及其古老起源

脊椎动物和无脊椎动物基因组测序以及计算能力的增强已经提高了搜索基因组并找到相匹配序列的能力。这类检索已经识别出了内源性病毒元件（EVE），一种与已知 RNA 或 DNA 病毒相似且整合在宿主生殖细胞 DNA 中的基因区域。内源性病毒元件被整合在逆转录病毒中很常见，5% ~8% 的人类基因组整合了它（Katzourakis、Tristem，2005），最近已经在宿主基因组中鉴定出了整合的正链和负链 RNA 病毒。我们知道多数 RNA 病毒的复制是在细胞质中进行的，令人惊讶的是其 RNA 复制没有 DNA 中间体（Holmes，2011）。已经有证据表明黄病毒中存在基因整合，如细胞融合因子病毒（CFAV）（Crochu 等，2004）和其他昆虫黄病毒（Roiz 等，2009）。此外，布尼亚病毒（Ballinger 等，2014；Katzourakis、Gifford，2010）、呼肠孤病毒和弹状病毒（Katzourakis、Gifford，2010）已经明确有基因整合。

类似研究也在植物基因组中识别出了病毒来源的序列，说明一些媒介病毒及其宿主之间存在着古老的联系，例如烟草属中的双生病毒样序列（Bejarano 等，1996；Lefeuvre 等，2011）。然而，系统发育比较研究表明，病毒家族水平的系统发育与宿主植物系统发育之间往往并没有很强的相关性（Gibbs 等，2008；Pagán 等，2010），至少对于一些植物病毒来说是这样。这表明两者只有短暂的共同进化，病毒也容易出现宿主跳跃。例如，全球芸薹属作物的一个主要问题——由蚜虫传播的芜菁花叶病毒（TuMV），可能来源于一千年前单子叶植物兰花和双子叶植物芸薹属之间的宿主跳跃（Nguyen 等，2013）。对出现宿主跳跃频率的一种解释是可能由于许多昆虫媒介的归巢飞行相对较弱，使得病毒更容易遇到新的宿主。如果这种行为发生在具有高度植物多样性的生态系统中，则异源宿主之间传播的概率可能很高，这种情况有助于病毒（和任何其他寄生虫）进化出更广泛的适应能力（Wilke 等，2006）。

由于大多数植物病毒不是在其传播媒介中复制的，按理说植物病毒及其媒介之间的特异相关性应该比植物病毒及其宿主之间的要低，但事实似乎并非如此。有一项研究分析了大约500种媒介传播的植物病毒，发现传播病毒的媒介范围很窄（大多数病毒只有唯一已知的媒介种），而病毒对宿主的特异性却不高（Power、Flecker，2003）。无论病毒是否使用非循环、循环或增殖传播模式，似乎都是这种趋势。这表明媒介传播的过程相较于植物感染的过程会受到更多的限制因素影响，这种因素在节肢动物传播中很常见。

植物和脊椎动物宿主的基因组中都存在内源性病毒元件，说明这些病毒同它们宿主之间存在着长期的联系。内源性病毒元件的整合是如何发生的仍然成谜，但目前有两种理论：①内源性病毒元件是一小段宿主RNA最后进化成了病毒；②内源性病毒元件像逆转录病毒组件一样被整合，但最后丧失了逆转录病毒的特性。

进化

甲病毒

甲病毒出现在除南极洲以外的每个大陆上，它们感染一系列脊椎动物宿主，包括鸟、鱼、哺乳动物，还有可能包括两栖动物。节肢动物媒介包括蚊子、螨虫，还有可能包括海虱，尽管传播实验研究尚未证实海虱为水生甲病毒的媒介。医学上重要甲病毒的媒介是蚊子。

甲病毒根据表型和系统发育可以分为通常导致关节炎疾病的旧大陆病毒群和导致脑炎的新大陆病毒群。辛德比斯病毒（SINV）是一个例外，因为它出现在旧大陆，但在基因上更类似于新大陆病毒。马亚罗病毒（MAYV）和乌纳病毒（UNAV）基因上属旧大陆病毒，但出现在南美洲。甲病毒全基因组的分析把南象海豹病毒（SESV）和鲑鱼胰腺病毒（SPDV）放在进化树的基部，说明甲病毒具有来源于海洋的特点（Forrester等，2012b）。南美洲和非洲/海洋病毒起源的定位也是在各自进化枝的基部，这表明甲病毒是在某个时间被分别引入这两个地区的。全球对甲病毒监测的有限尝试以及最近发现的对蚊类特异的Eilat病毒（EILV）（Nasar等，2012）表明，还有更多的甲病毒仍未被发现，因此现有的进化树可能不是完整的。与下面描述的黄病毒不同，甲病毒似乎与特定类型的媒介之间的进化没有关联，其媒介种类往往更混杂。相比黄病毒，这种情况如何影响它们的进化还有待确定。

甲病毒的进化模式取决于脊椎动物宿主和媒介。系统发育分析说明脊椎动物宿主与病毒相关。例如，在北美洲流行的东方马脑炎病毒（EEEV）地理集聚性非常小，这是因为病毒是通过鸟类传播的（Arrigo等，2010）。与此相反，委内瑞拉马脑炎病毒（VEEV）和南美洲的东方马脑炎病毒都表现出地理集聚性，这是因为其宿主为小型啮齿动物，运动范围较小（Adams等，2012；Arrigo等，2010）。在不知道人畜共患甲病毒的脊椎动物宿主时，可以使用系统发育学的方法帮助缩小潜在脊椎动物宿主的范围。

最近基孔肯雅病毒在印度洋的蔓延，让我们对其进化有了进一步的了解。已经明确基孔肯雅病毒传播的加剧部分是因为病毒E1基因的A226V突变导致的宿主跳跃使病毒从森林循环转为白纹伊蚊和人之间的城市循环（Schuffenecker等，2006；Tsetsarkin等，2007）。

这种突变是在多个不同的时机下出现的（Tsetsarkin 等，2014）。此外，由于这第一次的突变，随后的第二次突变增加了白纹伊蚊感染并传播基孔肯雅病毒的能力（Tsetsarkin 等，2014）。如果没有 A226V 突变，第二次突变并不能增加白纹伊蚊的感染，因此第二次突变仅能在含有 A226V 突变的病毒谱系中观察到。最近进入加勒比和美洲其他地区流行的基孔肯雅病毒曾被认为是由 A226V 突变的毒株引起的，而结果却是主要由埃及伊蚊传播的古老亚洲谱系的一支引起的。最近的研究也证明，与发生 E1 基因的 A226V 突变的谱系不同，亚洲谱系存在上位突变，这会阻止病毒累积 A226V 突变（Tsetsarkin 等，2011），致使病毒不太可能去适应白纹伊蚊这类媒介。

黄病毒

黄病毒科由一类复杂的病毒所组成，主要通过媒介传播，是造成人类虫媒传染病大范围流行的罪魁祸首，包括登革病毒、黄热病病毒、西尼罗河病毒和蜱传脑炎病毒。黄病毒科包括大量病毒，根据其传播和生命周期可以细分为几个不同的类：蚊传病毒、蜱传病毒、非已知媒介传播的病毒和仅寄生蚊类的病毒。黄病毒的进化在数个文献中得到了广泛的讨论（Gould 等，2003；Kuno 等，1998）。病毒进化的主要动力可能是为了适应不同的媒介，主要通过包膜蛋白和非编码区来完成（Yamanaka 等，2013）。绘制黄病毒的系统发育进化树时，可以发现进化树的基部是只能感染蚊类的病毒，例如细胞融合因子病毒（Cook 等，2009）以及在库蚊和伊蚊中鉴定出的许多病毒（Huhtamo 等，2014；Junglen 等，2009）。进化树的其余部分可以细分为三类：非已知媒介病毒类，包括阿波依病毒（Apoi virus）和摩多克病毒（Modoc virus）等病毒（Gould 等，2003；Varelas-Wesley、Calisher，1982），以及蜱传病毒类和蚊传病毒类。这些病毒在系统发育上有着明显的不同，并具有不同进化途径表现出的进化速率，这很有可能是由其媒介的生命周期导致的（McMullen 等，2013；Uzcategui 等，2012）。蚊传病毒可以再分为两类：与伊蚊相关的，如登革病毒和黄热病病毒；与库蚊相关的，如西尼罗河病毒。

只能感染蚊类的病毒

只能感染蚊类的病毒只在蚊类之间传播，不需要脊椎动物宿主。它们主要是通过生殖系经卵传播。其中一些病毒已经从蚊类细胞系中分离出来，由于细胞系通常来自蚊幼虫，这可以支持病毒经卵传播的理论。此类病毒已经分离出了很多病毒。第一个是在 1975 年分离的细胞融合因子病毒（Stollar、Thomas，1975），17 年后基因组测序才将其鉴定为黄病毒（Cammisa-Parks 等，1992）。之后，不同地方采集的细胞系和蚊子中都检测到了大量的细胞融合因子病毒（Cammisa-Parks 等，1992；Cook 等，2006；Hoshino 等，2009）。另外，不同种的许多蚊子，包括库蚊和伊蚊中也分离出了此类病毒，这在其他地方也有详细描述（Calzolari 等，2012）。这些病毒的起源仍然存在争议。它们有可能是传统的节肢动物传播的病毒，随后丧失了感染脊椎动物的能力；或者最初可能仅能感染蚊类，之后才获得了感染脊椎动物的能力。无论哪个解释是正确的，这些病毒在蚊类中是普遍存在的（Cook 等，2012），这表明蚊类和病毒之间存在漫长的进化关系，蚊传病毒是黄病毒的起源。最初在蚊类中发现的黄病毒大多数处于其他黄病毒科进化枝的基部。最近的研究发现将几种只能感染蚊类的病毒放在蚊传黄病毒的进化枝内，其中一些与人类病原体密切相关（Huhtamo 等，2014；Kolodziejek 等，2013）。这种新的拓扑结构表明黄病毒可能丧失了感染人类或脊椎动物的能力，“回归”为仅能感染昆虫的病毒，以一种返祖的方式回到了较早的进化状态。目前尚不清楚是什么原因将这些病毒限制在蚊类组织中，使得它们无法感染脊椎动物宿主。最近的研究表明，只能感染蚊类病毒的非结构蛋白质 2 中存在保守性移码，这可能与病毒的宿主限制有关（Blitvich 等，1999；Firth、Atkins，2009；Firth 等，2010；Huhtamo 等，2014）。

非已知媒介病毒

黄病毒中被归为非已知媒介病毒的是那些可从脊椎动物（一般为啮齿动物或蝙蝠）中分离出来（Gould 等，2003）的，而尚未发现其媒介宿主（如蚊或蜱等）的病毒。该类病毒与目前已知的人类病原体无关，且很少被分离出来。然而，它们在病毒进化方面却让人们很感兴趣。近期一项研究发现莫多克人病毒（MODV）虽然可以感染蚊子细胞，但无法在里面复制（Charlier 等，2010）。该类病毒可能丧失了感染节肢动物的能力，因为黄病毒的祖先最初可能仅可感染蚊子，进化后才获得感染脊椎动物的能力，并在进化的过程中反过来丧失了感染节肢动物的能力。

蜱传病毒

除一些在全球偏远岛屿上由海鸟传播的蜱传病毒外，蜱传病毒主要在北半球传播流行（Gould 等，2003）。在众多蜱传病毒种群中，最主要的人类病原体是蜱传脑炎病毒，其传播流行范围从西欧至俄罗斯的远东地区（Estrada-Pena、de la Fuente，2014）。其他值得注意的病毒有鄂木斯克出血热病毒，它们与蜱传脑炎病毒和科萨努尔森林病病毒密切相关。在南美洲，仅发现波瓦生病毒及其近亲鹿蜱病毒（DTV）两种蜱传病毒。

人们已采用系统进化树对这些病毒的进化进行了系列研究。第一个综述基于 E 基因序列确定了空间分布和变化率之间的地理关联，提出了病毒从东到西逐渐进化的渐变群的地理分布（Zanotto 等，1995）。鉴于毒性最强的毒株往往被发现于欧亚大陆的东部，这项研究还推论病毒的毒性在向西方传播的过程中逐渐下降（Zanotto 等，1995）。一项最新研究通过采用进化更新软件 BEAST 分析识别蜱传脑炎病毒的起源，该研究分析了 58 个独立毒株的完整基因序列，以此验证上述病毒渐变群假说。时空分析显示，蜱传脑炎病毒毒株起源于中亚，后向东西两方向传播。此外，该研究认为波瓦生病毒是在 11 000 ~ 15 000 年前的最后一个冰河时代期间，从东亚通过白令海峡大陆桥传播至北美，后来进化而与其余蜱传脑炎病毒分化开来。尽管波瓦生病毒起源于俄罗斯，但它之所以首先在那儿传播流行，可能归因于 19 世纪晚期至 20 世纪初期俄罗斯、阿拉斯加以及加拿大之间的皮毛贸易，这让波瓦生病毒反过来传入俄罗斯，这就可以解释为什么美洲长期隔离波瓦生毒株，是因为该病毒与俄罗斯毒株具有同源性。虽然这项研究阐述简洁明了，但近期采用合并方法的研究表明，上述研究最大的缺陷在于它无法准确追溯久远的时期（Wertheim 等，2013；Wertheim、Kosakovsky Pond，2011）。

蚊媒病毒

历史上，人们将虫媒病毒中的蚊媒病毒进一步分为库蚊相关病毒和伊蚊相关病毒。伊蚊相关病毒包含那些后续与媒介失去关联的病毒，如横须贺病毒（YOKV）和恩德培蝙蝠病毒（ENTV）。虽然病毒分为两个组，但二者并不是相互独立的，如与伊蚊相关病毒相比，登革病毒与库蚊相关病毒更加近源，然而其却是由伊蚊传播的（Cook、Holmes，2006）。看来适应库蚊的病毒似乎是首先适应伊蚊，后经进化才适应库蚊并成为库蚊相关病毒。

第一个虫媒病毒研究表明，与蜱传病毒相比，蚊媒病毒发展进化树（de A. Zanotto等，1996）显示许多蚊媒病毒适应蚊子的时间要晚一些。最近的研究表明，登革病毒和黄热病病毒首先在没有人类活动的森林里传播流行（Diallo 等，2014；Vasilakis 等，2007），然后才适应人类而将人类作为首要脊椎动物宿主。一般来说，这种宿主变化与大型城市的出现有关。大型城市能够容纳足够多的人类居住活动。这种人类适应理论能够解释进化树中的径向扩张以及登革病毒和黄热病病毒随着城市化在世界各地发生暴发流行。详尽的登革病毒和黄热病病毒进化描述请参见其他研究（Carrington、Auguste，2013；Chen、Vasilakis，2011）。

除了登革病毒和黄热病病毒外，其他蚊媒病毒主要包括西尼罗河病毒、墨累山谷脑炎病毒（MVEV）和乙型脑炎病毒（JEV）。这些病毒属于人畜共患病毒且主要在脊椎动物和蚊子间传播流行，人类（被感染蚊虫叮咬而感染）往往被视为终末宿主，因为他们通常不会导致蚊虫感染而将病毒传播给其他类型宿主。因此，这些病毒的进化依赖非人类的脊椎动物宿主和蚊子的分布活动。虽然这些病毒可以传入新的环境，但需存在易感宿主才能在新的环境中传播流行，正如 1999 年美国的西尼罗河病毒（Davis 等，2003）在整个美洲建立新的传播循环周期一样。因此，这些病毒的传播能力受限于易感宿主和蚊媒的分布活动。

植物相关虫媒病毒

各类已检测的 RNA 和 DNA 植物病毒种群的长期进化率与动物病毒相近，约为 10^4 核苷酸替换/位点/年（Gibbs 等，2010）。因此，在适当的条件下，这些病毒可快速进化，而农业提供了这样的条件。在 8 000 ~ 13 000 年前，农业即已至少在世界 9 个不同区域发展出现，这可导致依赖于这些区域农业植物病毒物种的驯化。从那时起，同一农业植物在同一区域周期性地茂密生长。这种情况可周期地支持媒介与病毒适应生长。相应地，在过去几千年里，各虫媒病毒引起的农作物疾病在全球范围内传播，例如黄症病毒 4 000 年前即已出现（Pagán、Holmes，2010），马铃薯病毒 6 500 年前即已出现（Gibbs 等，2008）。农作物被驯化后，传播至世界其他地区。在新的生态系统中，输入性植物面临着新的病毒，这些病毒在某些情况下进而适应这些植物。最近在全球范围内愈加频繁的农业交流也是导致病毒与媒介传播的一个原因。番茄黄化曲叶病（TYLC，全球番茄种植的一个主要问题）是一个例子。这种疾病是由粉虱媒介双生病毒引起的。在 1930—1950 年期间，这些病毒首先出现在中东，以番茄植物（来源于新大陆）病原体身份出现，后在短短几十年里传播至遍布全球（Lefeuvre 等，2010）。这种快速扩张主要归因于许多偶然的植物引进以及随后的特定生物型烟粉虱媒介的入侵。

在宿主体内的繁殖进化

脊椎动物病毒研究

RNA 病毒异质性：来源和属性

RNA 病毒异质性主要来自于病毒复制期间高频率的核苷酸错误配置，这是因为病毒 RNA 依赖 RNA 聚合酶，没有自我纠错的能力；再加上快速复制和指数级的增长繁殖，虫媒病毒以异质群体的身份（被称为突变群）存在。假设一个约 10^4kb 的虫媒病毒基因组以约 10^{-4}的突变率突变，则每个 RNA 基因组拥有一个突变。这种突变率是双链 DNA 病毒的数个 log10 倍（Holmes，2009）。大多数突变可能是有害的，因此优胜劣汰将其从种群中淘汰。这种动态突变/选择平衡决定了一个突变株的种群大小和遗传多样性。因种群众多且动态变化难以研究与阐述，故研究突变群面临着很大的困难。尽管如此，越来越多主要涉及非媒介 RNA 病毒，包括艾滋病病毒、小核糖核酸病毒和棒状病毒（Domingo 等，2012）的研究显示，病毒遗传多样性对病毒进化至关重要。具体来说，突变株的组成和大小从根本上影响了 RNA 病毒的适应能力。

宿主体内的传播瓶颈及其对进化的影响

虫媒病毒为了生存，必须先克服阻断传播的瓶颈。这些瓶颈可降低虫媒病毒种群规模，改变突变种群构成，并通过限制表型可塑性（降低种群遗传多样性），进而可能影响病毒的适应能力。缪勒棘轮的进化理论认为小规模、突变率高的无性繁殖种群会不可逆转地积累致病突变，除非又发生补偿性突变而将无突变基因组恢复至该种群正常水平（Muller，1964）。有模型研究（Lynch、Gabriel，1990）支持这个观点，且关于甲病毒家族中的东方马脑炎病毒（Weaver 等，1999）、沙蝇传播的横纹病毒疱疹病毒（VSV）（Novella等，2004）的实验研究数据也证实了这一观点。病毒克服一系列传播瓶颈后，其后代适应性降低；适应性降低后可以通过后续大量种群传代而获得恢复，但需要克服缪勒棘轮效应（Duarte 等，1993）。

对于为数不多的虫媒病毒家族成员而言，通过蚊媒高效传播的传播瓶颈相对而言比较容易鉴定识别。如图 3－2 所示，首先，血餐中的虫媒病毒被蚊虫吸收后，必须克服第一个传播瓶颈，即感染中肠上皮细胞。然而，有些虫媒病毒还需克服第二个传播瓶颈，它们无法逃离中肠上皮细胞，感染唾液腺，进而逃离唾液腺细胞传播至脊椎动物。媒介可以通过重建病毒多样性和后续传代繁殖增大种群规模而克服传播瓶颈。

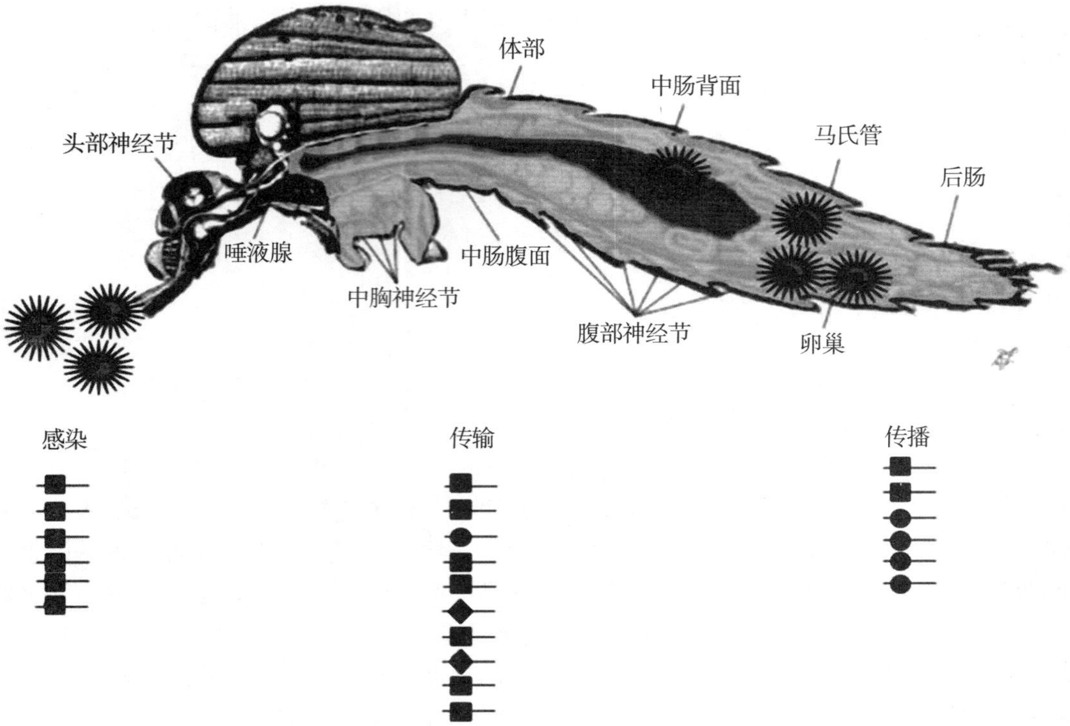

图 3－2　RNA 病毒经血餐感染蚊媒后，其突变株在蚊媒体内优胜劣汰示意图

该图展示了 RNA 病毒突变株在病毒感染中肠后传输至血腔，然后在蚊媒再次叮咬时经唾液传播至新宿主等一系列过程中被选择进化的过程。感染至传输之间的解剖瓶颈、传输至传播之间的遗传瓶颈均可降低种群基因多态性。劣势突变株（◆）被消极选择（淘汰）而不在蚊媒体内继续存活、复制、增殖。优势突变株（●）被积极选择、传播进化，其基因频率相应增加。通过媒介传播，被积极选择的突变株可以从少数种群变为优势种群。通常只有优势突变株传播流行。

委内瑞拉马脑炎病毒

委内瑞拉马脑炎病毒属于甲病毒家族的一员。目前，人们对该病毒的进化已进行了大量综述研究（Coffey 等，2013；Weaver、Barrett，2004；Weaver 等，2012）。现将近期一篇关于该病毒在宿主体内的进化综述介绍如下。

委内瑞拉马脑炎病毒在宿主体内的多样性

与其他 RNA 病毒一样，由于复制容易出错而导致众多突变株，委内瑞拉马脑炎病毒在宿主体内具有多样性。关于人畜共患委内瑞拉马脑炎病毒毒株的研究表明，其基因组中存在大量的变异，且某些基因区域含有较多的变异点（热点）（Forrester 等，2011）。这在西尼罗河病毒研究中也得到了证实，同时研究进一步表明这是蚊虫核糖核酸干扰（RNAi）反应的结果（Brackney 等，2009）。目前，在感染人畜共患委内瑞拉马脑炎病毒的蚊虫体内尚未发现 RNAi 反应，但这很可能是因为蚊媒体内存在的该反应也与委内瑞拉马脑炎病毒相互作用，导致基因组多样性错分差异。

存在于感染委内瑞拉马脑炎病毒蚊虫中肠里的一个传播瓶颈证据

人们已对委内瑞拉马脑炎病毒进出中肠的解剖瓶颈进行了广泛研究。为了确定这些解剖瓶颈（导致传播瓶颈）在蚊虫中肠感染中的作用，人们让蚊虫吸食感染性血餐，该血餐中含有已标记了的复制子颗粒，而复制子颗粒能够感染中肠细胞，但不能逃离细胞。因此，感染细胞能够表达复制子颗粒的荧光蛋白，从而确定感染细胞的数量。人们采用地方性病毒与蚊媒开展这些实验研究，结果发现几乎所有的中肠细胞均可被感染（Kenney 等，2012）。然而，当流行蚊媒感染流行的委内瑞拉马脑炎病毒毒株时，只有少数细胞可被感染。鉴于表达红色和绿色荧光蛋白的复制子颗粒同时存在于相同的细胞（血餐中含有这两种复制子颗粒），这些细胞可能是病毒感染中肠进出的“门户”。故在委内瑞拉马脑炎病毒感染中肠细胞时会经过这个瓶颈（门户）（Gutiérrez 等，2015；Smith 等，2008）。有趣的是，尽管其他虫媒病毒的传播瓶颈通过筛选或阻滞，将体内感染病毒减少至一个或两个病毒基因组（Gutiérrez 等，2012a），但流行性和地方性人畜共患委内瑞拉马脑炎病毒经传播瓶颈作用后的感染数量为 100～1 000 个基因组。此外，双重感染细胞或单个存在，或成簇存在，这表明中肠不是普遍易感的。因此，易感的中肠细胞在数量少的情况下，可能会在虫媒病毒媒介中作为一种有效的传播瓶颈发挥作用。西尼罗河病毒感染致倦库蚊研究表明被感染的中肠细胞小于 15 个（Scholle 等，2004）。在辛德毕斯病毒感染埃及伊蚊、其他蚊虫或鳞翅类生物的研究中也发现类似数据结果（Foy 等，2004；Olson 等，2000）。

有研究应用标记的病毒和流行毒株对委内瑞拉马脑炎病毒传播瓶颈进行了更加深入的探究（Forrester 等，2012a）。研究人员采用 *taeniopus* 蚊虫进行感染实验，将其分别感染高浓度与低浓度代表地方性委内瑞拉马脑炎病毒基因序列的标记克隆，同时在每一个潜在的传播瓶颈部位定量检测标记克隆。吸食高滴度血餐的蚊虫在病毒进入中肠细胞时，未表现出传播瓶颈现象，然而，吸食低滴度血餐的蚊虫则表现出传播瓶颈现象，其中肠细胞表达的标记克隆数量显著减少。此外，在整个感染过程中，两个滴度的蚊虫均表现出传播瓶颈现象，且高滴度的传播瓶颈现象更加严重，这有可能是因为其中肠感染细胞较多。此外，在病毒进入唾液腺时还存在一个传播瓶颈。这个传播瓶颈大大低于病毒进出中肠细胞的频率。委内瑞拉马脑炎病毒存在多样性，这些传播瓶颈对多样性水平以及传播的影响仍待研究。

基孔肯雅病毒

关于基孔肯雅病毒的体内研究表明虫媒病毒可以规避蚊媒体内的传播瓶颈。尽管中肠和唾液腺中的病毒多样性会有所减少，但其在每个传播瓶颈下游又恢复了，且在每个基因组核苷酸位置（共有序列）的核酸水平保持不变（Stapleford 等，2014）。尽管尚未达到相关共识，但感染白纹伊蚊唾液腺中的基孔肯雅病毒 E1 基因测序结果显示存在常见的少数变异，具体来说，E1 基因 226 位点丙氨酸到缬氨酸的突变增强了白纹伊蚊感染传播能力（Tsetsarkin 等，2007）。这可能加剧了 2005—2006 年期间在印度洋岛国暴发的基孔肯雅病毒疫情，这个突变可以在人工感染的蚊虫唾液腺中的少数病毒核酸中检测到（Stapleford 等，2014）。这表明在可通过标准测序检测突变之前，实验感染研究结合深度测序可以鉴别虫媒病毒突变株与疫情的流行病学关联，并提示少数积极的选择性变异在成为优势种群及大规模流行前，可作为进化中间体。少数突变株通过交流传播而保持流行病学关联的机制目前尚未有研究阐明。在蚊虫—鼠—蚊虫传播的实验研究中，其他基孔肯雅病毒种群中的少数突变株的基因频率不断上下波动，且有时成为优势种群，这或许与蚊子唾液的稳定性上下波动有关（Stapleford 等，2014）。

西尼罗河病毒

自 1999 年传入美洲以来，人们已对西尼罗河病毒进行了广泛研究（May 等，2011）。1937 年，西尼罗河病毒首次在乌干达被分离出来，这之后至 1999 年期间，西尼罗河病毒疫情不断发生周期性暴发，但并不被认为是人类重要的病原体（May 等，2011）。然而，自西尼罗河病毒在美洲传播流行后，人们提高了对它的关注，对其开展了广泛研究，目前人们对其流行病和病理学已有了较深的认识（Mann 等，2013；McMullen 等，2013）。西尼罗河病毒起源于非洲，在非洲不断进化，并传播蔓延至全球。西尼罗河病毒具有多个血清型，其中一个在全球蔓延。目前西尼罗河病毒已成为美洲的地方病病毒，周期性地传播至人类，2012 年在德克萨斯州引发大量人类病例即是一个例子（Mann 等，2013）。在欧洲，西尼罗河病毒主要在雀形目鸟和库蚊之间传播，而美国虽然没有雀形目鸟，但其存在的其他相关物种使得西尼罗河病毒更加容易传播与维持。在美国，存在很多种类的西尼罗河病毒媒介库蚊，包括尖音库蚊和致倦库蚊。研究表明，媒介/病毒的关系取决于几个因素，包括环境因素如温度、病毒滴度以及病毒对蚊虫生活周期的影响，已有别的文献对所有这些因素进行了综述（Ciota、Kramer，2013）。这些研究表明，西尼罗河病毒的进化部分依赖于西尼罗河病毒的传播感染。和委内瑞拉马脑炎病毒一样，感染西尼罗河病毒的蚊子对病毒种群具有传播瓶颈。在中肠感染阶段，采用病毒样颗粒（VLP）（Scholle 等，2004）或多种病毒种群感染尖音库蚊（Ciota 等，2012），或在致倦库蚊中采用克隆测序（Brackney 等，2011）的研究均显示只有少数细胞感染。另一个传播瓶颈存在于唾液腺和尖音库蚊传播阶段（但在致倦库蚊中不存在）（Brackney 等，2011；Ciota 等，2012）。有趣的是，与委内瑞拉马脑炎病毒不同，在感染后期，特别是在血腔和唾液腺阶段，病毒多样性与感染初期相比出现短暂性降低。造成这种现象的原因尚不清楚，可能是因为 RNAi 反应作为蚊虫体内一种抗病毒机制发挥作用从而减轻病毒负担，进而降低病毒基因多样性。然而，当致倦库蚊感染西尼罗河病毒时，伴随着 RNAi 的反应激活，出现病毒基因多样性增加。对 RNAi 的反应研究是新颖的、有趣的，且该方面的研究必将有助于理解媒介体内虫媒病毒是如何进化的。

植物病毒

与在动物体内发现的 RNA 病毒研究模式一样，人们已采用非循环和循环模式两种传播方式对媒介传播的植物病毒在宿主体内的进化进行了研究。

突变

与动物病毒一样，植物病毒的 RNA 和 ssDNA 突变率为 $10^{-3} \sim 10^{-6}$/位点/复制

(Sanjuán 等，2010)。关于不同的媒介传播植物病毒，有实验证据表明（尽管有时不充分）：①存在拮抗基因多效性，即同一突变有益或有害取决于宿主基因型；②第一代突变种群中，有害突变有优势效应；③有消极叠加效应，即两个有害突变同时表达对适应性降低的影响低于两个突变单独效应之和。

基因交换

植物病毒也可通过基因重组和重配而进行基因交换。DNA 植物病毒的种间重组比较常见，在感染宿主过程中重组率较高，如大于等于50%（Urbino 等，2013）。对于一个 dsDNA 负转录病毒花椰菜花叶病毒（CaMV）而言，其体内重组率高，约 10^{-5}/位点/代 (Froissart 等，2005)。尽管在自然条件下，RNA 植物病毒已表现出重组现象，但在单宿主感染过程中，其重组率并没有达到相应 DNA 病毒的水平，这可能是因为不同基因型病毒合并感染细胞时常常受到抑制（后文将进一步讨论）（Tromas 等，2014a）。最近一项体内研究显示，将合并感染细胞纳入统计时，蚜传病毒 ssRNA 马铃薯 γ 病毒的重组率与花椰菜花叶病毒的相近（Tromas 等，2014b）。除了基因重组外，许多 DNA 和 RNA 植物病毒核酸片段或基因组允许发生重配，这一现象对自然界中的病毒进化有益（White 等，1995）。

宿主体内种群遗传学

对于植物病毒，大多数研究工作都专注于植物内部病毒的基因，而关于传播病毒的媒介感染研究数据却是极少的（Pu 等，2011）。许多虫媒植物病毒在植物体内产生大量而多样的病毒种群。通常这些群体并不随机交配。相反，它们在不同的宿主（如树叶）体内倾向于形成不同的亚群。尽管存在例外（Gutiérrez 等，2010；Monsion 等，2008），但被感染植物的不同叶子间（Jridi 等，2006）、同一片叶子不同细胞间（Dietrich、Maiss，2003；Diveki 等，2002；Takahashi 等，2007；Takeshita 等，2004）的病毒基因类型常常存在空间差异。这种植物宿主内部种群分布不均的现象造成节肢动物宿主摄食时感染的病毒的差异。一般来说，非循环模式的病毒常常从叶肉和叶子的表皮细胞中获得，而循环或传播流行的病毒常常从叶脉中的植物汁液获得。此外，宿主内部种群基因也可以随着时间的推移而改变（Gutiérrez 等，2010；Urbino 等，2013）。媒介在植物的不同部位或在不同的时间摄食所获得的病毒种群不同（图 3 -3）。然而，有关这个假设的研究数据却很少（见下文）。

在脉管系统器官感染过程中，主要有两个因素限制了种群的多样性，这两个因素导致病毒在宿主内部的空间分布存在差异（Gutiérrez 等，2012a）。第一个因素是植物防御病毒感染的屏障［如抗病毒防御系统（Voinnet，2001）］或病毒本身［如病毒感染机制限制多重感染细胞（Folimonova，2012）］。第二个因素是在感染过程中脉管器官系统中的病毒载量。即使植物没有特定的障碍，病毒载量过低也会造成病毒种群规模过小，限制其多样性。虽然人们在很大程度上忽视了这一因素的影响，但这个因素在不同的植物病毒传播模式中均对宿主内部瓶颈起决定性影响（Gutiérrez 等，2012b；Zwart 等，2011）。例如，对蚜传病毒 ssRNA 马铃薯 γ 病毒感染萝卜的研究表明，植物脉管系统在不同的时间点中的病毒载量决定了叶子上病毒规模的大小。感染时，叶子病毒“血症”水平高低与感染病毒种群规模大小（成千上万基因组）及合并感染率（可达 100%）密切相关（Gutiérrez 等，

2012b；Gutiérrez 等，2010）。因此，蚜虫个体在病毒载量不同的阶段吸食叶子，获得的花椰菜花叶病毒种群多样性不同。

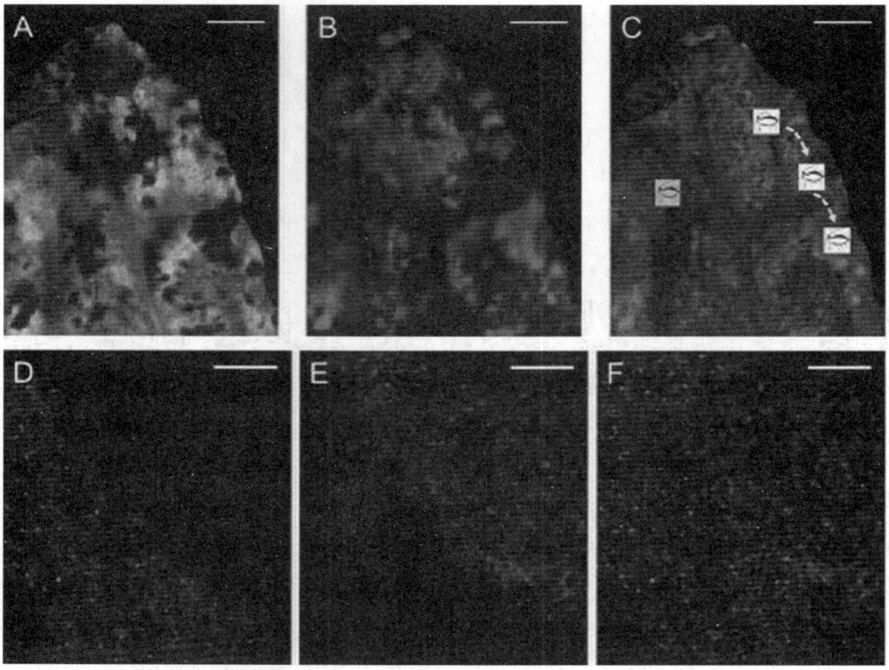

图 3－3 芜菁花叶病毒的空间分布及其与不同媒介摄食行为的关系

用两种芜菁花叶病毒突变株共同感染萝卜，表达不同的荧光蛋白（绿色表示 GFP，见左边，红色表示 RFP，见中间）。通过在叶级（A 至 C）或细胞水平（D 至 F）处的两种颜色的单一分布，可以很容易地将病毒空间分布可视化，分别观察到感染叶子细胞的每个克隆以及其产生具有单一荧光的感染区域。C 中的蚜虫代表两种不同的进食行为。左边的蚜虫在摄食两种突变株中的一个时发出单个探针信号，而右边的蚜虫在叶片的不同位置发出多个探针信号，代表摄食两种突变株。比例尺：A 至 C 为 0.5 厘米，D 至 E 为 200 微米。

遗传漂移

对于植物而言，在病毒感染宿主器官系统过程中，低病毒滴度与植物固有屏障是宿主内部的瓶颈。这些现象将缩小病毒种群规模，但会增强遗传漂变。尽管目前证据仍然较少，但与虫媒脊椎动物病毒相比，虫媒植物病毒种群传播瓶颈较多。人们已在非循环（French、Stenger，2003）和循环（Urbino 等，2013）两种模式病毒中发现数种严重传播瓶颈，这些瓶颈能够缩小植物在整个感染过程中（接触至全身感染期间）的病毒种群规模。此外，尽管没有直接估算种群瓶颈的数量，但实验研究发现巨细胞病毒（CMV）（非循环模式）感染不同宿主生物时，病毒遗传多样性有所降低（Ali、Roossinck，2010）。然而，其他定量研究发现在接触（Zwart 等，2012）或全身感染（Gutiérrez 等，2012b）时，因病毒载量过低形成的传播瓶颈会造成病毒种群规模降低 10 倍。后来人们采用非循环型病毒进行研究，其研究结果改变了目前这个观点，即在感染宿主时病毒载量对感染种群规模的影响并没有那么大。除宿主感染外，有研究人员还针对在细胞个体水平的种群传播瓶颈开展了研究。病毒在细胞内繁殖、侵入以及在细胞内复制的基因组的拷贝数是宿主体内影响进化的一个重要参数。该参数也被称为感染复数（MOI，即感染一个细胞的病毒颗粒的数量），其影响一些病毒感染传播的重要过程步骤。首先，感染复数本身表明了宿主体内低病毒滴度水平即是一个传播瓶颈，因为感染整个媒介昆虫的病毒仅来源于有限的被感染植物细胞。其次，感染复数决定了在感染细胞时，病毒基因漂移、竞争以及互补的强度，这些均是病毒进化过程中的主要机制。再次，感染复数明确了细胞感染初期病毒基因拷贝数的重要性（尽管最初人们极不重视该参数），它能极大地影响感染病毒基因型（Elde 等，2012；Weitz 等，2008）。最后，因为在非循环传播过程中，病媒获得的病毒种群仅来源于摄入的少数细胞，其获得的病毒只是部分样本，此时感染复数能够对传播病毒种群多样性造成极大影响。对于媒介植物病毒而言，目前有三个正式报道的感染复数估计值。第一个是循环病毒如真菌媒介病毒的感染复数为 5 ~6 个基因组/细胞（Miyashita、Kishino，2010）；第二个是非循环烟草蚀纹病毒（TEV）在叶子感染的不同时间点的感染复数为 1 个基因组/细胞（Tromas 等，2014a）；最后一个是花椰菜花叶病毒对不同叶子的感染复数为2 ~13个基因组/细胞（Gutiérrez 等，2010），这种差异可能和病毒载量有关（Gutiérrez 等，2010）。上述三个估计值都相对较小，且暗示了在细胞感染时存在种群遗传学随机效应。然而，通过互补作用，高感染复数也能促进缺陷基因型的传播感染（Turner、Chao，1998），而低感染复数则曾被建议作为一个措施以规避缺陷基因型传播感染（Miyashita、Kishino，2010）。虽然各感染复数估计值之间的区别似乎并不重要，但它们会导致不同的划分阈值。采用两种病毒克隆合并感染一种植物，其细胞合并感染率小于或等于烟草蚀纹病毒模式的 10%，而以花椰菜花叶病毒的感染复数最高值感染叶子，其细胞合并感染率可达 100%。

如上所述，因媒介生物仅从植物宿主一个或少量细胞获取病毒，故在媒介获取非循环传播病毒时，不同的感染复数将导致不同的病毒基因差异，这是第一个因素。对于严格意义上的非循环病毒（如上述的烟草蚀纹病毒的案例），无论摄入和传播多少病毒基因组，传播的基因型数量均应该接近 1。按照这种预测，蚜虫传播非循环病毒巨细胞病毒［一种在各叶子间表现出较大空间分布差异的病毒（Takeshita 等，2004）］时，因种群传播瓶颈效应，最终传播下来的只是一个基因型（Ali 等，2006；Betancourt 等，2008）。目前对于非严格意义上的非循环病毒，如花椰菜花叶病毒，并没有获得其感染植物过程中类似的数据。第二个因素是传播瓶颈。有两项研究提供了植物病毒媒介传播过程中遗传瓶颈的定量估计值，其中一项采用蚜虫传播的非循环植物病毒（Moury 等，2007），另一项采用烟粉虱传播的循环双生病毒（Perefarres 等，2014）。在这两项研究中，有效的种群规模很小，仅有1 ~2个基因组被有效传播。在野外条件下，植物可能被携带有大量病毒的媒介昆虫寄生，从而降低了传播瓶颈的严重程度（Escriu 等，2003）。

在大多数阐述超强传播瓶颈的研究中，不管病毒的生命周期如何，其种群均在反复感染后死亡。此外，理论和实验研究都发现病毒种群适应性在克服周期性传播瓶颈中降低（Elena、Sanjuán，2007），正如缪勒原则（Muller，1964）所预测的那样。然而，在相对恒定的环境（如农业生态系统）下，媒介传播的植物病毒种群在遗传基因上是稳定的，并可以在新的选择压力下快速适应（García-Arenal 等，2003），这两种现象似乎不符合遗传漂移相关共识。实验研究和现场研究之间的明显矛盾可能源于我们因可用数据不足而引起的偏见。对于现场和实验数据之间明显矛盾的其他解释有：①病毒在各传播瓶颈之间不断循环复制，期间通过突变或遗传交换（例如，Novella 等，2004）将有害突变清除以提高其适应性；②自然界传播瓶颈的非随机性质，即超强的净化选择可能会导致种群严重减少。

许多媒介传播的植物病毒的一个突出的特征是它们有多重基因组，这是一个主要存在于植物病毒中的特定基因组结构，并且不存在于脊椎动物的虫媒病毒中。多重基因组分为几个分子或片段，但与分段病毒相反，每个基因组片段都单独包裹在病毒颗粒中。也就是说，基因组片段似乎在植物或媒介内迁移期间彼此在物理空间上是独立的。根据病毒种类，基因组片段的数量范围从 2 到 10 不等。这种基因组结构使病毒学家和进化论者都困惑不解，因为这种结构意味着增加了病毒丢失片段及其编码遗传信息的可能性，从而限制了病毒进化。关于蚜虫传播纳米病毒的最新数据揭示了另一个可能进一步引起限制病毒进化的情况：在宿主体内病毒种群中，一些片段可能比其他片段更丰富（区别可高达 10 倍），这种情况会增加丢失罕见片段的概率（Sicard 等，2013）。然而，多重病毒是丰富多样的，这在 RNA 和 DNA 病毒中都有示例，它们对这个特定基因组结构的重复趋同进化。那么问题就是，这些病毒是否真的在循环过程中遇到严重的传播瓶颈。关于多重病毒的传播瓶颈，只有两项正式报道的研究：①在蚜虫传播巨细胞病毒的过程中［3 个片段（Betancourt 等，2008）］；②在真菌传播呋喃病毒的细胞间移动过程中［2 个片段（Miyashita、Kishino，2010）］。这两项研究的传播瓶颈比较严重，只有 2 到 6 个全基因组可被传播。如果这种严重的瓶颈普遍存在于多重病毒，那么人们不禁会想，多重结构给病毒到底带来了什么好处（Iranzo、Manrubia，2012；Sicard 等，2013），以及这些病毒是否已经具有适应机制来限制潜在的因遗传信息丢失带来的损失。

通过病毒感染调节宿主/媒介

到目前为止，所有由病毒引起传播行为改变的例子都来自于植物病毒。植物病毒可以调节病毒及其媒介。下面讨论一些方法。

调控病毒生物学的机制

最近研究发现了媒介传播的植物病毒的一个非常吸引人的特征：花椰菜花叶病毒可以“察觉”植物上的媒介和相关的启动机制，以促进其传播（Martiniere 等，2013）。与许多动物病毒相反，植物病毒通常在细胞死亡之前通过裂解停止复制。它们还经常在细胞内的特定结构中积累成病毒粒子（例如包涵体）。花椰菜花叶病毒感染细胞中的这种结构在蚜虫媒介活动于细胞或其周围环境中时，便于释放病毒粒子并促进病毒传播。这种特别的机制是可逆的：一旦媒介触发刺激消失，病毒的这种特有的结构会再次形成。这种机制是否适用于其他病毒目前尚不清楚，但似乎这是一种稳妥的方法，以安全地将主要病毒载量存储在细胞中，而不需要连续复制和达到感染水平。此外，在其他寄生虫系统中已知的媒介反应能力（Matthews，2011）在病毒传播机制中开辟了新的视角。

传播群体的遗传学是病毒的另一个参数。如上所述，不同的非循环植物病毒在叶内具有不同的群体结构。这种不同的群体结构表明病毒在细胞繁殖期间具有不同的机制：通过独立基因或基因组（Gutiérrez 等，2012a）。这种机制可通过改变感染复数来控制，感染复数又可以由其他因素像病毒载量控制，如上述花椰菜花叶病毒病例，或通过改变超感染排除机制的速度。超感染排除在病毒领域外是普遍存在的。超感染排除是指病毒在感染细胞后，通过启动相关基因阻断细胞重复感染。其背后的机制是多种多样的，并且取决于病毒的种系（Christen 等，1990；Huang 等，2008；Karpf 等，1997；Lu、Henning，1994；Nethe 等，2005；Simon 等，1990；Tscherne 等，2007；Zou 等，2009）。虽然植物病毒的这种机制尚未阐明，但有很多研究发现它们存在这种机制（Dietrich、Maiss，2003；Diveki 等，2002；Folimonova，2012；Takahashi 等，2007；Takeshita 等，2004；Ziebell 等，2007）。这些机制可以通过调节初次感染后的机制启动时间来实现不同的感染复数值：允许超感染的时间窗口越大，感染复数越高。不同的感染复数将反过来导致不同的共感染率，并且不同传播种群在非循环模式中具有不同的遗传多样性。

在媒介摄食过程中调整病毒多样性的另一个机制是应用辅助成分策略，在非循环病毒中也是这样（Pirone、Blanc，1996）。一些非循环病毒的衣壳可以直接吸附媒介上的特定受体。然而，另有一些其他病毒使用病毒蛋白作为病毒颗粒和受体之间的“桥”，这种病毒蛋白被称为辅助成分，该蛋白不是病毒衣壳的一部分。媒介先获得该辅助成分，辅助成分作为“桥”，连接受体与病毒粒子，从而使媒介感染病毒。因此，在细胞中获得的辅助成分可以作为在其他细胞中获得病毒的受体附着（桥）。该特征可以实现例如辅助成分缺陷的基因型病毒的互补。在循环纳米病毒中也发现了辅助成分的存在（Franz 等，1999）。除传播过程的反互补之外，也发现了其他机制以解释非循环 RNA 和 DNA 病毒中辅助成分机制的进化（例如辅助成分的受体饱和，用相同的受体和其他病毒物种竞争）。

调控媒介生物学的机制

植物病毒可以通过对植物的影响直接或间接地改变其媒介的生理和行为，这种改变通常有利于传播。直接效应的一个明显的例子是番茄斑萎病毒感染改变媒介蓟马的摄食行为（Stafford 等，2012）。雄性蓟马感染番茄斑萎病毒促进唾液分泌相关的非细胞破坏性进食行为，从而增加传播感染速率。然而，非循环和循环病毒所引起的媒介生物学变化是由于病毒诱导植物生理学变化，这种情况可能反映了这些病毒在媒介体内不存在复制繁殖。虽然摄食过程中同时摄入病毒粒子和不同分子物质等病毒产物，但是这些病毒产物对媒介生物学的影响尚未在这些传播模式中进行研究。

病毒可以改变涉及植物/媒介相互作用的许多因素，包括植物防御（Ziebell 等，2011）、树液中的氨基酸（Ajayi、Dewar，1982）、挥发性化合物的排放（de Vos、Jander，2010）和植物颜色（Ajayi、Dewar，1982）。植物感染可促进植物媒介偏好增加（Mauck 等，2010a、2010b）、生长（Belliure 等，2008）、生存（Hodge、Powell，2008a）或媒介繁殖力增加（Hodge、Powell，2008b）。除此之外，有研究还对病毒对媒介适应性的不利影响进行了描述（Fereres、Moreno，2009）。目前，仍然存在的主要问题是所有这些变化是否提高病毒、植物以及媒介的适应性，以促进传播。

越来越多关于这种适应性改变的研究发现，对于既定的传播模式，病毒遵循可预测的方法诱导媒介行为改变（Mauck 等，2012）。对于非循环病毒，最佳方式是先吸引，然后快速排斥媒介，这造成媒介摄食速度快，保留时间短。这种方法将最大化传输速率，同时减少植物资源的媒介病毒竞争。对于非循环巨细胞病毒，研究人员已在蚜虫和南瓜植物的相互作用之间描述了这种复杂的行为控制方法（Mauck 等，2010a）。通常情况下，在循环的传播模式中，植物感染应该有利于吸引媒介（Fereres、Moreno，2009）。此外，鉴于植物病毒可以在有益的时候杀死它们的宿主（Matthews，2011），当植物媒介密度较高时，病毒可能会触发更高的毒力水平，杀死植物并强制媒介扩散（Gutiérrez 等，2012a）。

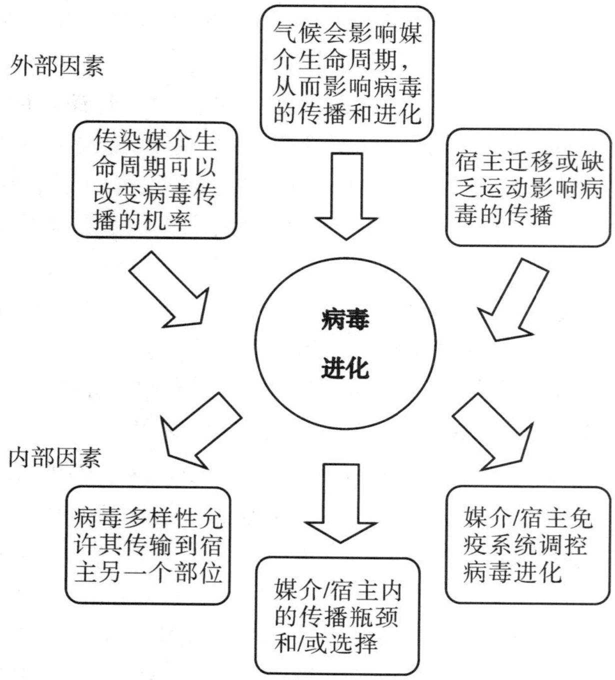

图 3－4　影响病毒进化、外部宿主作用如媒介生命周期以及内部宿主作用的因素

除植物病毒的三维相互作用外，植物病毒可能通过与其他生物体的相互作用，在较高的生态水平上演化出传播方式。病毒传播速率的变化可能与媒介内部微生物群［如蚜虫内共生菌（Van den Heuvel 等，1994）、以粉虱为媒介的沃尔巴克氏体以及 Hamiltonella（Gottliebet 等，2010）］的相互作用有关或与其他病毒物种多重感染植物有关，这在自然界中是一种常见的情况（Srinivasan、Alvarez，2007）。

结论

虫媒病毒的进化传播在很大程度上受到媒介生物的影响。脊椎动物或植物中虫媒病毒的多样性表明，这是一种有效的传播方式，有益于病毒繁殖。正如我们对植物病毒如何调控其植物宿主和媒介的认知一样，植物虫媒病毒的研究较脊椎动物虫媒病毒的研究更为前沿。然而，我们仍在了解脊椎动物虫媒病毒与宿主相互作用的方式。正如我们在植物媒介病毒传播流行、西尼罗河病毒在美国的迅速传播以及美洲地区基孔肯雅病毒的流行中认识到的一样，虫媒病毒传播动力学的改变可能会导致重大病毒疫情暴发。因此，我们需要了解虫媒病毒与其媒介之间的关系，以及虫媒病毒在宿主体内繁殖的过程，并针对媒介和脊椎动物或植物宿主，为避免造成重大经济损失、引起动物和人类严重伤亡的重大传染病设计新的控制策略。

（主译：黄志勇　校译：Jeffrey Ho-Ching Hung）

参考文献

1. Adams, A. P. , Navarro-Lopez, R. , Ramirez-Aguilar, F. J. , et al. (2012). PLoS Neglected Tropical Diseases 6, e1875.

2. Ajayi, O. , and Dewar, A. M. (1982). Annuals of Applied Biology 100, 203 - 212.

3. Ali, A. , Li, H. , Schneider, W. L. , et al. (2006). J. Virol. 80, 8345 - 8350.

4. Ali, A. , and Roossinck, M. J. (2010). Virology 404, 279 - 283.

5. Ali, H. , Ali, A. A. , Atta, M. S. , et al. (2012). Transbound Emerg. Dis. 59, 11 - 25.

6. Allison, A. B. , Stallknecht, D. E. , and Holmes, E. C. (2015). Virology 474, 154 - 162.

7. Anderson, P. K. , Cunningham, A. A. , Patel, N. G. , et al. (2004). Trends in Ecology and Evolution 19, 535 - 544.

8. Arrigo, N. C. , Adams, A. P. , and Weaver, S. C. (2010). J. Virol. 84, 1014 - 1025.

9. Ashraf, U. , Ye, J. , Ruan, X. , et al. (2015). Viruses 7, 219 - 238.

10. Attoul, H. , Mendez-Lopez, M. R. , Rao, S. , et al. (2009). Virology 394, 298 - 310.

11. Balenghien, T. , Cardinale, E. , Chevalier, V. , et al. (2013). Veterinary Research 44, 78.

12. Ballinger, M. J. , Bruenn, J. A. , Hay, J. , et al. (2014). J. Virol. 16, 8783 - 8794.

13. Beasley, D. W. , McAuley, A. J. , and Bente, D. A. (2014). Antiviral Research 115C, 48 - 70.

14. Bejarano, E. R. , Khashoggi, A. , Witty, M. , et al. (1996). Proc. Natl. Acad. Sci. USA 93, 759 - 764.

15. Belliure, B., Janssen, A., and Sabelis, M. W. (2008). Oecologia 156, 797 – 806.

16. Betancourt, M., Fereres, A., Fraile, A., et al. (2008). J. Virol. 82, 12416 – 12421.

17. Blanc, S. (2007). Springer-Verlag.

18. Blitvich, B. J., Scanlon, D., Shiell, B. J., et al. (1999). Virus Research 60, 67 – 79.

19. Bonneau, K. R., Mullens, B. A., and MacLachlan, N. J. (2001). J. Virol. 80, 3173 – 3179.

20. Borucki, M. K., Kempf, B. J., Blitvich, B. J., et al. (2002). Microbes and Infection 4, 341 – 350.

21. Brackney, D. E., Beane, J. E., and Ebel, G. D. (2009). PLoS Pathog. 5, e1000502.

22. Brackney, D. E., Pesko, K. N., Brown, I. K., et al. (2011). PLoS One 6, e24466.

23. Brossard, M., and Wikel, S. K. (2004). Parasitology 129, S161 – 176.

24. Brussaard, C. P., Short, S. M., Frederickson, C. M., et al. (2004). Appl. Environ. Microbiol. 70, 3700 – 3705.

25. Bryant, J., Wang, H., Cabezas, C., et al. (2003). Emerging Infectious Diseases 9, 926 – 933.

26. Calzolari, M., Ze-Ze, L., Ruzek, D., et al. (2012). J. Virol. 93, 1215 – 1225.

27. Cammisa-Parks, H., Cisar, L. A., Kane, A., et al. (1992). Virology 189, 511 – 524.

28. Carrington, C. V., and Auguste, A. J. (2013). Infect. Genet. Evol. 13, 198 – 210.

29. Charlier, N., Davidson, A., Dallmeier, K., et al. (2010). J. Virol. 91, 1693 – 1697.

30. Chen, R., and Vasilakis, N. (2011). Viruses 3, 1562 – 1608.

31. Christen, L., Seto, J., and Niles, E. G. (1990). Virology 174, 35 – 42.

32. Ciota, A. T., Ehrbar, D. J., van Slyke, G. A., et al. (2012). Infect. Genet. Evol. 12, 557 – 564.

33. Ciota, A. T., and Kramer, L. D. (2013). Viruses 5, 3021 – 3027.

34. Coetzee, P., Van Vuuren, M., Stokstad, M., et al. (2012). Veterinary Microbiology 161, 1 – 12.

35. Coffey, L. L., Forrester, N., Tsetsarkin, K., et al. (2013). Future Microbiology 8, 155 – 176.

36. Cook, S., Bennett, C. J., Holmes, E. C., et al. (2006). J. Virol. 87, 735 – 748.

37. Cook, S., and Holmes, E. C. (2006). Arch. Virol. 151, 309 – 325.

38. Cook, S., Moreau, G., Harbach, R. E., et al. (2009). J. Virol. 90, 2669 – 2678.

39. Cook, S., Moureau, G., Kitchen, A., et al. (2012). J. Virol. 93, 223 – 224.

40. Crochu, S., Cook, S., Attoui, H., et al. (2004). J. Virol. 85, 1971 – 1980.

41. Davis, C. T., Beasley, D. W., Guzman, H., et al. (2003). Emerging Infectious Diseases 9, 1423 – 1429.

42. de A. Zanotto, P. M., Gould, E. A., Gao, G. F., et al. (1996). Proc. Natl. Acad.

Sci. USA 93, 548 - 553.

43. de Vos, M., and Jander, G. (2010). Current Opinion in Plant Biology 13, 366 - 371.

44. Diallo, D., Sall, A. A., Diagne, C. T., et al. (2014). American Journal of Tropical Medicine and Hygiene 90, 1003 - 1013.

45. Dietrich, C., and Maiss, E. (2003). J. Virol. 84, 2871 - 2876.

46. Diveki, Z., Salanki, K., and Balazs, E. (2002). Biochimie. 84, 997 - 1002.

47. Doceul, V., Lara, E., Sailleau, C., et al. (2013). Veterinary Research 44, 31.

48. Dolja, V. V., and Koonin, E. V. (2011). Current Opinion in Virology 1, 322 - 331.

49. Domingo, E., Sheldon, J., and Perales, C. (2012). Microbiology and Molecular Biology Reviews 40, 353 - 372.

50. Duarte, E. A., Clarke, D. K., Moya, A., et al. (1993). J. Virol. 67, 3620 - 3623.

51. Ebel, G., and Kramer, L. (2004). American Journal of Tropical Medicine and Hygiene 71, 268 - 271.

52. Edwards, J. F. (1994). Vet. Clin. North Am. Food Anim. Pract. 10, 515 - 524.

53. Elde, N. C., Child, S. J., Eickbush, M. T., et al. (2012). Cell 150, 831 - 841.

54. Elena, S. F., Fraile, A., and García-Arenal, F. (2014). Adv. Virus Res. 88, 161 - 191.

55. Elena, S. F., and Sanjuán, R. (2007). In Annual Review of Ecology Evolution and Systematics (Palo Alto: Annual Reviews), 27 - 52.

56. Emmons, R. W., Woodie, J. D., Laub, R. L., et al. (1983). Journal of the American Veterinary Medical Association 183, 555 - 558.

57. Escriu, F., Fraile, A., and García-Arenal, F., et al. (2003). Evolution; International Journal of Organic Evolution 57, 755 - 765.

58. Estrada-Pena, A., and de la Fuente, J. (2014) Antiviral Res. 108, 104 - 28.

59. Evangelista, J., Cruz, C., Guevara, C., et al. (2013). J. Virol. 94, 1266 - 1272.

60. Fereres, A., and Moreno, A. (2009). Virus Res. 141, 158 - 168.

61. Firth, A. E., and Atkins, J. F. (2009). J. Virol. 6, 14.

62. Firth, A. E., Blitvich, B. J., Wills, N. M., et al. (2010). Virology 399, 153 - 166.

63. Flick, R., and Bouloy, M. (2005). Current Molecular Medicine 5, 827 - 834.

64. Folimonova, S. Y. (2012). J. Virol. 86, 5554 - 5561.

65. Forrester, N. L., Guerbois, M., Adams, A. P., et al. (2011). J. Virol. 85, 8709 - 8717.

66. Forrester, N. L., Guerbois, M., Seymour, R., et al. (2012a). PLoS Pathog. 8, e1002897.

67. Forrester, N. L., Palacios, G., Tesh, R. B., et al. (2012b). Journal of Virology 85, 8709 - 8717.

68. Foy, B. D., Myles, K. M., Pierro, D. J., et al. (2004). Insect Molecular Biology 13, 89 - 100.

69. Franz, A. W., van der Wilk, F., Verbeek, M., et al. (1999). Virology 262, 210 – 219.

70. French, R., and Stenger, D. C. (2003). Annual Review of Phytopathology 41, 199 – 214.

71. Froissart, R., Roze, D., Uzest, M., et al. (2005). PLoS Biol. 3, e89.

72. Fukunaga, Y., Kumanomido, T., and Kamada, M. (2000). Vet. Clin. North Am. Equine. Pract. 16, 605 – 617.

73. García-Arenal, F., Fraile, A., and Malpica, J. M. (2003). Int. Microbiol. In press.

74. Gibbs, A. J., Fargette, D., García-Arenal, F., et al. (2010). J. Virol. 91, 13 – 22.

75. Gibbs, A. J., Ohshima, K., Phillips, M. J., et al. (2008). PLoS One 3, e2523.

76. Gottlieb, Y., Zchori-Fein, E., Mozes-Daube, N., et al. (2010). J. Virol. 84, 9310 – 9317.

77. Gould, E. A., Lamballerie, X., Zanotto, P. M., et al. (2003). Advances in Virus Research 59, 277 – 314.

78. Gutiérrez, S., Michalakis, Y., and Blanc, S. (2012a). Current Opinion in Virology 2, 546 – 555.

79. Gutiérrez, S., Thébaud, G., Smith, D. R., et al. (2015). J. Virol.

80. Gutiérrez, S., Yvon, M., Pirolles, E., et al. (2012b). PLoS Pathog. 8, e1003009.

81. Gutiérrez, S., Yvon, M., Thébaud, G., et al. (2010). PLoS Pathog. 6, e1001113.

82. Haigh, J. (1978). Theor. Pop. Biol. 14.

83. Hardy, J. L. (1988). Susceptibility and Resistance of Vector Mosquitoes. In Monath, T. P., ed. CRC Press, 87 – 126.

84. Havlíková, S., Ličková, M., and Klempa, B. (2013). Acta. Virologica. 57, 123 – 129.

85. Hecker, H. (1977). Cell Tissue Research 184, 321 – 341.

86. Hermance, M. E., and Thangamani, S. (2014). Journal of Investigational Dermatology 134, 2280 – 2283.

87. Hewlett, M. J., Clerx, J. P., Clerx-van Haaster, C. M., et al. (1992). American Journal of Tropical Medicine and Hygiene 46, 542 – 532.

88. Hodge, S., and Powell, G. (2008a). Oecologia 157, 387 – 397.

89. Hodge, S., and Powell, G. (2008b). Environmental Entomology 37, 1573 – 1581.

90. Hogenhout, S. A., Ammarel, D., Whitfield, A. E., et al. (2008). Annual Review of Phytopathology 46, 327 – 359.

91. Holbrook, M. (2012). Antiviral Research 96, 353 – 362.

92. Holmes, E. C. (2009). Annual Review of Ecology, Evolution and Systematics 40, 353 – 372.

93. Holmes, E. C. (2011). Cell Host and Microbe 10, 368 – 377.

94. Hoshino, K., Isawa, H., Tsuda, Y., et al. (2009). Virology 391, 119 – 129.

95. Houk, E. J., Arcus, Y. M., Hardy, J. L., et al. (1990). Virus Research 17, 105 – 117.

96. Huang, I. C., Li, W., Sui, J., et al. (2008). J. Virol. 82, 4834 – 4843.

97. Hubalek, Z., and Rudolf, I. (2012). Parasitology Research 111, 9 – 36.

98. Hubalek, Z., Rudolf, I., and Nowotny, N. (2014). Advances in Virus Research 89, 201 – 275.

99. Huhtamo, E., Cook, S., Moureau, G., et al. (2014). Virology 464 – 465, 320 – 329.

100. Iranzo, J., and Manrubia, S. C. (2012). Proceedings Biological Sciences/The Royal Society 279, 3812 – 3819.

101. Jeffries, C. L., Mansfield, K. L., Phipps, L. P., et al. (2014). J. Virol. 95, 1005 – 1014.

102. Johnson, K. M., Tesh, R. B., and Peralta, P. H., et al. (1969). Journal of the American Veterinary Medical Association 115, 2133 – 2140.

103. Jones, L. D., Davies, C. R., Steele, G. M., et al. (1987). Science 237, 775 – 777.

104. Jridi, C., Martin, J. F., Marie-Jeanne, V., et al. (2006). J. Virol. 80, 2349 – 2357.

105. Junglen, S., Kopp, A., Kurth, A., et al. (2009). J. Virol. 83, 4462 – 4468.

106. Karpf, A. R., Lenches, E., Strauss, E. G., et al. (1997). J. Virol. 71, 7119 – 7123.

107. Katzourakis, A., and Gifford, R. J. (2010). PLoS Genet 6, e1001191.

108. Katzourakis, A., and Tristem, M. (2005). Phylogeny of Human Endogenous and Exogenous Retroviruses. In Sverdlov, E. D., ed. Landes Biosciences.

109. Kenney, J. L., Adams, A. P., Gorchakov, R., et al. (2012). PLoS Neglected Tropical Diseases 6, e1606.

110. Kirkland, P. D. (2002). Vet. Clin. North Am. Equine. Pract. 18, 501 – 514.

111. Kolodziejek, J., Pachler, K., Bin, H., et al. (2013). J. Virol. 94, 2449 – 2457.

112. Krupovic, M., Ravantti, J. J., and Bamford, D. H. (2009). BMC Evolutionary Biology 9, 112.

113. Kuno, G., Chang, G.-J. J., Tsuchiya, K. R., et al. (1998). J. Virol. 72, 73 – 83.

114. Labuda, M., and Nuttall, P. A. (2004). Parasitology 129, S221 – 245.

115. Laine, M., Luukkainen, R., and Toivanen, A. (2004). Journal of Internal Medicine 256, 457 – 471.

116. LaSala, P. R., and Holbrook, M. (2010). Clinical Laboratory Medicine 30, 221 – 235.

117. Lee, J. S., Grubaugh, N. D., Kondig, J. P., et al. (2013). Virology 435, 220 – 224.

118. Lefeuvre, P., Harkins, G. W., Lett, J. M., et al. (2011). PLoS One 6, e19193.

119. Lefeuvre, P., Martin, D. P., Harkins, G., et al. (2010). PLoS Pathog. 6, e1001164.

120. Levetin, E., and McMahon, K. (2011). Plants and Society, 6th edn (McGraw-Hill Science/Engineering/Math).

121. Liu, H., Fu, Y., Li, B., et al. (2011). BMC Evolutionary Biology 11, 276.

122. Lu, M. J. , and Henning, U. (1994) . Trends in Microbiology 2, 137 - 139.

123. Lynch, M. , and Gabriel, W. (1990) . Evolution; International Journal of Organic Evolution 44, 1725 - 1737.

124. MacLachlan, N. J. , and Guthrie, A. J. (2010) . Veterinary Research 41, 35.

125. Mann, B. R. , McMullen, A. R. , Swetnam, D. M. , et al. (2013) . Emerging Infectious Diseases 19, 1418 - 1427.

126. Marczinke, B. I. , and Nichol, S. T. (2002) . Virology 303, 146 - 151.

127. Martiniere, A. , Bak, A. , Macia, J. L. , et al. (2013) . eLife 2, e00183.

128. Matsuno, K. , Weisend, C. , Travassos da Rosa, A. P. A. , et al. (2013) . J. Virol. 87, 3719 - 3728.

129. Matthews, K. R. (2011) . Science 331, 1149 - 1153.

130. Mauck, K. E. , Bosque-Pérez, S. D. , Eigenbrode, C. M. , et al. (2012) . Functional Ecology, doi: 10. 1111/j. 1365 - 2435. 2012. 02026.

131. Mauck, K. E. , De Moraes, C. M. , and Mescher, M. C. (2010a) . Proc. Natl. Acad. Sci. USA 107, 3600 - 3605.

132. Mauck, K. E. , De Moraes, C. M. , and Mescher, M. C. (2010b) . Communicative and Integrative Biology 3, 579 - 582.

133. May, F. J. , Davis, C. T. , Tesh, R. B. , et al. (2011) . J. Virol. 85, 2964 - 2974.

134. McMullen, A. R. , Albayrak, H. , May, F. J. , et al. (2013) . J. Virol. 94, 318 - 325.

135. Miyashita, S. , and Kishino, H. (2010) . J. Virol. 84, 1828 - 1837.

136. Monsion, B. , Froissart, R. , Michalakis, Y. , (2008) . PLoS Pathog. 4, e1000174.

137. Moury, B. , Fabre, F. , and Senoussi, R. (2007) . Proc. Natl. Acad. Sci. USA 104, 17891 - 17896.

138. Muller, H. J. (1964) . Mutation Research 1, 2 - 9.

139. Nandi, S. , and Negi, B. S. (1999) . Comparative Immunology and Microbiology and Infectious Disease 22, 81 - 91.

140. Nasar, F. , Palacios, G. , Gorchakov, R. V. , et al. (2012) . Proc. Natl. Acad. Sci. USA 109, 14622 - 15627.

141. Nault, L. R. (1997) . Ann. Entomol. Soc. Am. 90, 521 - 541.

142. Nethe, M. , Berkhout, B. , and van der Kuyl, A. C. (2005) . Retrovirology 2, 52.

143. Nguyen, H. D. , Tomitaka, Y. , Ho, S. Y. , et al. (2013) . PLoS One 8, e55336.

144. Novella, I. S. (2003) . Curr. Opin. Microbiol. 6, 399 - 405.

145. Novella, I. S. , Reissig, D. D. , and Wilke, C. O. (2004) . J. Virol. 78, 5799 - 5804.

146. Nuttall, P. A. (1999) . Zentralbl Bakteriol 289, 492 - 505.

147. Ohashi, S. , Matsumori, Y. , Yanase, T. , et al. (2004) . Journal of Clinical Microbiology 42, 4610 - 4614.

148. Ohashi, S. , Yoshida, K. , Yanase, T. , et al. (2002) . Journal of Clinical Micro-

biology 40, 3684 – 3688.

149. Olson, K. F. , Myles, K. M. , Seabaugh, R. C. , et al. (2000) . Insect Molecular Biology 9, 57 – 65.

150. Oura, C. A. , Batten, C. A. , Ivens, P. A. , et al. (2012) . Epidemiology and Infection 140, 1982 – 1986.

151. Pagán, I. , Firth, C. , and Holmes, E. C. (2010) . J. Virol. 84, 6177 – 6187.

152. Perefarres, F. , Thébaud, G. , Lefeuvre, P. , et al. (2014) . Proceedings Biological Sciences/The Royal Society 281, 20133374.

153. Perefarres, F. , Thierry, M. , Becker, N. , et al. (2012) . Viruses 4, 3665 – 3688.

154. Pesko, K. N. , and Ebel, G. D. (2012) . Infection Genetics and Evolution 12, 181 – 190.

155. Pirone, T. , and Blanc, S. (1996) . Annu. Rev. Phytopathol 34, 227 – 247.

156. Power, A. G. , and Flecker, A. S. (2003) . Virus Specificity in Disease Systems: Are Species Redundant? In Kareiva, P. , and Levin, S. A. , eds. Princeton University Press, 330 – 347.

157. Pu, Y. , Kikuchi, A. , Moriyasu, Y. , et al. (2011) . J. Virol. 85, 2975 – 2979.

158. Randolph, S. E. , Miklisová, D. , Lysy, J. , et al. (1999) . Parasitology 118, 177 – 186.

159. Roiz, D. , Vazquez, A. , Seco, M. P. , et al. (2009) . J. Virol. 6, 93.

160. Romoser, W. S. , Wasieloski, J. L. P. , Pushkon, P. , et al. (2004) . Journal of Medical Entomology 41, 467 – 475.

161. Roossinck, M. J. (2012) . Annual Review of Genetics 46, 359 – 369.

162. Růžek, D. , Yakimenko, V. V. , Karan, L. S. , et al. (2010) . Lancet 376, 2104 – 2113.

163. Rybicki, E. P. , and Pietersen, G. (1999) . Adv. Virus Res. 53, 127 – 175.

164. Sanjuán, R. , Nebot, M. R. , Chirico, N. , et al. (2010) . J. Virol. 84, 9733 – 9748.

165. Savini, G. , Afonso, C. , Mellor, P. , et al. (2011) . Research in Veterinary Science 91, 1 – 17.

166. Scholle, F. , Girard, Y. A. , Zhao, Q. , et al. (2004) . J. Virol. 78, 11605 – 11614.

167. Scholthof, K. B. , Adkins, S. , Czosnek, H. , et al. (2011) . Molecular Plant Pathology 12, 938 – 954.

168. Schuffenecker, I. , Iteman, I. , Michault, A. , et al. (2006) . PLoS Med. 3, e263 – e270.

169. Selvey, L. A. , Dailey, L. , Lindsay, M. , et al. (2014) . PLoS Neglected Tropical Diseases 8, e2656.

170. Sicard, A. , Yvon, M. , Timchenko, T. , et al. (2013) . Nature Communications 4, 2248.

171. Simon, K. O. , Cardamone, J. J. , Jr. , Whitaker-Dowling, P. A. , et al. (1990) . Virology 177, 375 – 379.

172. Smith, D., Adams, A. P., Kenney, J. L., et al. (2008). Virology 372, 176 – 186.

173. Smith, D. R., Carrara, A. S., Aguilar, P. V., et al. (2005). American Journal of Tropical Medicine and Hygiene 73, 33 – 39.

174. Srinivasan, R., and Alvarez, J. M. (2007). Journal of Economic Entomology 100, 646 – 655.

175. Stafford, C. A., Walker, G. P., and Ullman, D. E. (2012). Communicative and Integrative Biology 5, 43 – 49.

176. Stapleford, K. A., Coffey, L. L., Lay, S., et al. (2014). Cell Host and Microbe 15, 706 – 716.

177. Steele, G. M., and Nuttall, P. A. (1989). Virus Research 14, 73 – 84.

178. Steward, G. F., Culley, A. I., Mueller, J. A., et al. (2013). The ISME Journal 7, 672 – 679.

179. Stollar, V., and Thomas, V. L. (1975). Virology 64, 367 – 377.

180. Takahashi, T., Sugawara, T., Yamatsuta, T., et al. (2007). Phytopathology 97 1200 – 1206.

181. Takeshita, M., Shigemune, N., Kikuhara, K., et al. (2004). Virology 328, 45 – 51.

182. Tromas, N., Zwart, M. P., Lafforgue, G., et al. (2014a). PLoS Genet. 10, e1004186.

183. Tromas, N., Zwart, M. P., Poulain, M., et al. (2014b). J. Virol. Virology 95, 724 – 732.

184. Tscherne, D. M., Evans, M. J., von Hahn, T., et al. (2007). J. Virol. 81, 3693 – 3703.

185. Tsetsarkin, K. A., Chen, R., Leal, G., et al. (2011). Proc. Natl. Acad. Sci. USA 108, 7872 – 7877.

186. Tsetsarkin, K. A., Chen, R., Yun, R., et al. (2014). Nature Communications 5, 4084.

187. Tsetsarkin, K. A., Vanlandingham, D. L., McGee, C. E., et al. (2007). PLoS Pathog. 3, e201.

188. Tulman, E. R., Delhon, G. A., Ku, B. K., et al. (2009). Current Topics in Microbiology and Immunology 328, 43 – 87.

189. Turner, P. E., and Chao, L. (1998). Genetics 150, 523 – 532.

190. Unni, S. K., Ruzek, D., Chhatbar, C., et al. (2011). Microbes and Infection 13, 312 – 321.

191. Urbino, C., Gutiérrez, S., Antolik, A., et al. (2013). PLoS One 8, e58375.

192. Uzcategui, N. Y., Sironen, T., Golovjiova, I., et al. (2012). J. Virol. 93, 786 – 796.

193. Uzest, M., Gargani, D., Drucker, M., et al. (2007). Proc. Natl. Acad. Sci. USA 104, 17959 – 17964.

194. Van den Heuvel, J., Verbeek, M., and van der Wilk, F. (1994). J. Virol. 75, 2559 – 2565.

195. van Eeden, C., Harders, F., Kortekaas, J., et al. (2014). Arch. Virol. 159,

2883 – 2892.

196. Vanlandingham, D. L., McGee, C. E., Klingler, K. A., et al. (2008). American Journal of Tropical Medicine and Hygiene 79, 951 – 954.

197. Varelas-Wesley, I., and Calisher, C. H. (1982). American Journal of Tropical Medicine and Hygiene 31, 1273 – 1284.

198. Vasilakis, N., Cardosa, J., Hanley, K. A., et al. (2011). Nature Reviews Microbiology 9, 532 – 541.

199. Vasilakis, N., Forrester, N. L., Palacios, G., et al. (2013). J. Virol. 87, 2475 – 2488.

200. Vasilakis, N., Guzman, H., Firth, C., et al. (2014). J. Virol. 11, 97.

201. Vasilakis, N., Hanley, K. A., and Weaver, S. C. (2010). Dengue Virus Emergence from its Sylvatic Cycle. In Hanley, K. A., and Weaver, S. C., eds. Caister Academic Press, 183 – 220.

202. Vasilakis, N., Shell, E., Fokam, E., et al. (2007). Virology 358, 402 – 412.

203. Vazquez, A., Sanchez-Seco, M. P., Palacios, G., et al. (2012). Vector Borne and Zoonotic Diseases 12, 223 – 229.

204. Voinnet, O. (2001). Trends Genet. 17, 449 – 459.

205. Volk, S. M., Chen, R., Tsetsarkin, K. A., et al. (2010). J. Virol. 84, 6497 – 6504.

206. Weaver, S., and Barrett, A. (2004). Nat. Rev. 2, 789 – 801.

207. Weaver, S. C. (1997). Vector Biology in Viral Pathogenesis. In Nathanson, N., ed. Lippincott-Raven, 329 – 352.

208. Weaver, S. C., Anischenko, M., Bowen, R. A., et al. (2004). Arch. Virol. 18, 43 – 64.

209. Weaver, S. C., Brault, A. C., Kang, W., et al. (1999). J. Virol. 73, 4316 – 4326.

210. Weaver, S. C., Lorenz, L. H., and Scott, T. W. (1993). Journal of Medical Entomology 30, 391 – 397.

211. Weaver, S. C., Scott, T. W., Lorenz, L. H., et al. (1991). American Journal of Tropical Medicine and Hygiene 44, 250 – 259.

212. Weaver, S. C., Winegar, R., Manger, I. D., et al. (2012). Antiviral Research 94, 242 – 257.

213. Weitz, J. S., Mileyko, Y., Joh, R. I., et al. (2008). Biophysical Journal 95, 2673 – 2680.

214. Wertheim, J. O., Chu, D. K., Peiris, J. S., et al. (2013). J. Virol. 87, 7039 – 7045.

215. Wertheim, J. O., and Kosakovsky Pond, S. L. (2011). Mol. Biol. Evol. 28, 3355 – 3365.

216. White, P. S., Morales, F., and Roossinck, M. J. (1995). Virology 207, 334 – 337.

217. WHO (2014). About Vector-borne Diseases.

218. Wikel, S. K. (1999). International Journal of Parasitology 29, 851 – 859.

219. Wilke, C. O., Forster, R., and Novella, I. S. (2006). Current Topics in Microbiology and Immunology 299, 33 – 50.

220. Yamanaka, A., Thongrungkiat, S., Ramasoota, P., et al. (2013). Infect. Genet. Evol. 19, 188 – 194.

221. Yoon, H. S., Price, D. C., Stepanauskas, R., et al. (2011). Science 332, 714 – 717.

222. Zacks, M. A., and Paessler, S. (2010). Veterinary Microbiology 140, 281 – 286.

223. Zanotto, P. M., Gao, G. F., Gritsun, T. S., et al. (1995). Virology 210, 152 – 159.

224. Ziebell, H., Murphy, A. M., Groen, S. C., et al. (2011). Scientific Reports 1, 187.

225. Ziebell, H., Payne, T., Berry, J. O., et al. (2007). J. Virol. 88, 2862 – 2871.

226. Zieler, H., Garon, C. F., Fischer, E. R., et al. (2000). Journal of Experimental Biology 203, 1599 – 1611.

227. Zou, G., Zhang, B., Lim, P. Y., et al. (2009). J. Virol. 83, 11765 – 11776.

228. Zwart, M. P., Daròs, J. A., and Elena, S. F. (2011). PLoS Pathog. 7, e1002122.

229. Zwart, M. P., Daròs, J. A., and Elena, S. F. (2012). J. Virol. 86, 9737 – 9747.

第四章　选择你的武器：宿主固有防御和病毒对抗策略的起源和进化

Welkin E. Johnson

波士顿学院生物系，栗山，马萨诸塞州 02467，美国

通讯作者：welkin. johnson@ bc. edu

摘要

病毒构成了生物圈中最丰富和遗传上最多样的实体，可以在被细胞生物占据的每个环境和每个生态位中找到它们。病毒通过寄生在真核生物、细菌和古细菌宿主的细胞中，从而在这三个生命领域中普遍存在。而且一系列的证据表明，病毒在现存生物体的整个进化历史中一直存在。由于数百万年来病毒和宿主共同演化，来自三个生命领域的宿主生物体通过获取各种专门用于抗病毒效应机理的编码基因获得适应，而病毒也进化成编码同样令人印象深刻的一系列附属功能以抵制宿主的防御。将比较研究法运用于来自所有三个生命领域的病毒—宿主相互作用上，将有助于揭示这些宿主和病毒基因产生和发展的一般宏观进化过程，并且有希望基本了解病毒如何影响宿主进化（反之亦然）。

概述

病毒学作为一个科学学科，在创建后前 100 年的大部分时间里，对宿主固有的防御功能和病毒的反防御一直是难以捉摸或未知的。比如说，尽管很久以前就有人意识到干扰素治疗细胞可诱导抗病毒状态（Isaacs、Lindenmann，1957），但 50 多年过去了，大多数干扰素刺激基因（ISG）的效应子功能仍然有待发现（Pestka，2007）—— 事实上，ISG 的综合性列表最近才被整理出来，而且主要是针对人类细胞和模式生物的（Schoggins 等，2011）。同样，尽管病毒学家使用细菌模型系统已有一个世纪了，但是细菌和古细菌的 CRISPR/CAS系统最近才被认识到是动态的、快速进化的抗病毒防御系统（Horvath、Barrangou，2010）。随着病毒—宿主相互作用促使双方的基因列表的增长，以及机制细节的出现，不难得出以下结论：病毒对现代物种的进化有重大的影响（而且有非常多的方面未被认识到）。由于篇幅的限制，本章不能对涵盖真核生物、细菌和古细菌病毒的病毒—宿主相互作用做一个全面回顾，但本章希望通过对三个生命领域中病毒的实例进行阐述以说明共同的主题，并提供一个用于发现指导宏观演化时间标尺上病毒—宿主相互作用的基本原则的起点。

动机与机遇：病毒对有机体演化影响的推理

由以下四个观察结果不难了解，病毒必定在现存生物体的整个进化史中具有重大和持续的影响：①在存在细胞生物的所有环境和生态位中，病毒都是丰富的；②病毒的遗传多样性，超过了来自三个生命领域的一切生物的多样性；③系统比较发生学和内源性病毒元素显示，病毒在整个深度进化时间尺度上一直存在（并保持非常稳定）；④结合功能测定与阳性选择的定量测量对病毒宿主分子相互作用的研究发现，有许多与病毒宿主进化冲突（所谓进化性“武器竞赛”）长期循环相一致的序列进化实例，并持续了几亿至数十亿年（Emerman、Malik，2010；Patel 等，2011）。

病毒丰度

非模式生物的环境取样、宏基因组调查和基因组学方法等研究不断显示，病毒在整个自然界中是丰富的，寄生于来自三个生命领域的所有细胞生物中（Angly 等，2006；Avrani 等，2012；Edwards、Rohwer，2005；Youle 等，2012）。目前由国际病毒分类学委员会（ICTV）分类的病毒中，已知植物病毒的名单已超过了所有已知脊椎动物病毒的名单（King 等，2012；Miller、Whitham，2013）。一些估测认为生物圈中的噬菌体颗粒数量达到了天文水平（约大于 10^{30}）（Brüssow、Hendrix，2002；Youle 等，2012）。来自人类和其他生物体的肠道或粪便，以及各种环境样品的宏基因组测定，通常会产生数百或数千种独特的病毒基因组（Bench 等，2007；Breitbart 等，2004a、2008、2004b；Cann 等，2005；Culley 等，2003、2006；Desnues 等，2008）。鉴于大多数生物体似乎都聚藏着独特的病毒，并且大部分地球物种仍然是未知的或未被研究的，有理由认为可能仍有数十万至数百万种新病毒物种有待发现（Anthony 等，2013）。

病毒多样性

虽然共同的祖先特征将所有活细胞生物体连接成单一的生命树，但是根据系统发育标准将所有病毒结合在一起的尝试可能是毫无意义的。不同于共同使用双链 DNA 作为基因组材料（以及其他共同的祖先特征）的细胞生物体，病毒表现出至少七种不同的遗传策略，其中只有三种在某些形式上涉及双链 DNA（包括 RNA 逆转录病毒在复制期间产生的双链 DNA 中间体、DNA 逆转录病毒通过 RNA 中间体产生的子代基因组，以及复制机制与细胞生物 DNA 复制机制最为相似的双链 DNA 病毒）。其他所有病毒都有基于 RNA 基因组（正义、负义或双义）或单链 DNA 基因组的复制周期。由于很难设想一个将所有病毒相互关联的传统分叉系统发育树，因此重建不同种类 RNA 病毒之间的祖先关联的尝试顶多只是投机取巧（Holmes，2009）。事实上，一个普遍的假设是，许多病毒的复制策略已经回到了数十亿年前的细胞世界（Forterre，2005；Holmes，2009；Jalasvuori、Bamford，2008；

Koonin，2009）。

因此，虽然所有细胞生物都具有相同的基本遗传策略，但病毒至少拥有七种遗传系统（King 等，2012）。这种复制策略的多样性对于病毒—宿主关系的性质有影响，因为每个病毒复制策略都意味着存在与细胞大分子过程交互和利用的独特方式，以此实现后代病毒的产生。而且来自细胞大分子的病毒复制中间体有不同的特征，为异物的先天检测提供了一种手段。

病毒的深层过去：内源性化石记录

在动物病毒中，逆转录病毒长久以来以有留下大量内源性元素的能力而闻名——逆转录病毒的前病毒 DNA，可插入其宿主的生殖系 DNA 中（Gifford、Tristem，2003；Weiss，2006；Weiss 等，1999）。因此，脊椎动物基因组在其染色体中分散有数十万种这些内源性逆转录病毒序列（ERV），ERV 序列本身可用作分子化石以概述逆转录病毒科的自然史（Coffin，2004；Gifford，2012；Hayward 等，2014；Jern、Coffin，2008）。ERV 的形成，是逆转录病毒正常复制周期的一部分——前病毒的逆转录和整合的直接结果，当在生殖系细胞中发生感染时，便形成了遗传性插入。虽然其他种类的病毒不经历这种相同的过程，但是它们有时会通过其他机制沉积在宿主生殖系细胞的序列中，在各种不同的生物体中都可以发现这种例子（Feschotte、Gilbert，2012；Holmes，2011；Johnson，2010）。

这些内源性病毒元素（EVE）可以帮助我们了解过去，并使我们有机会将古代病毒序列与现代病毒序列进行比较。通过这种比较我们得到一个引人注目的结果，明确古病毒序列在多大程度上被认为是现代病毒的近亲。就逆转录病毒而言，基于逆转录酶蛋白（RT）的系统发育树显示，ERV 序列在现代逆转录病毒中是交错的。这个现象表明数百万年前灭绝的逆转录病毒与现存的逆转录病毒科中的某些属有明确的关系。例如，古代慢病毒 ERV 的存在表明，现代 HIV/AIDS 在人类中的流行不过是延续几百万年谱系的最近表现（Gifford，2012）。慢病毒相关 ERV 的分布与其现代后代不同——到目前为止，已经在家兔、野兔、鼬鼠、雪貂、猫猴和狐猴的基因组中发现了内源性慢病毒序列（Cui、Holmes，2012；Gifford 等，2008；Gilbert 等，2009；Han、Worobey，2012；Hron 等，2014；Katzourakis 等，2007；van der Loo 等，2009），而现代慢病毒则存在于各种灵长类动物、小型有蹄类动物（如绵羊和山羊）、牛、马和猫中（Evans 等，2013）。重要的是，这些慢病毒 ERV 代表了过去几百万年的慢病毒，并没有在慢病毒树中形成一个单独的基础进化枝，而是与现代的慢病毒谱系交错（Gifford，2012）。因此，尽管生物谱系有诞生和消亡，以及史前史充满跨物种传播事件，慢病毒基因组及其核心蛋白质在系统发育树中仍被认为是聚集成为现代慢病毒的绝种亲属，而不是前辈。有趣的是，两种古老的慢病毒（来自兔基因组和狐猴基因组）的衣壳蛋白被复活、表达和表征后，被发现与现代慢病毒的衣壳蛋白有着惊人相似的结构和生物相互作用（Goldstone 等，2010）。

值得注意的是，在脊椎动物基因组中发现的包含数十万个基因位点的 ERV/EVE 记录可能是一个存在偏倚的取样，它可能大大低估了史前病毒实际的多样性和丰富度，以及低估了它们在有机体进化方面的时间分布。由于化石记录的丰富度以及记录中许多病毒的代表性不足，很显然，病毒在现代生物的整个演化过程中是持续存在的，因此病毒是一个主要且经常被忽视的生物选择性压力的来源。

病毒—宿主相互作用的分子进化结果

病毒—宿主相互作用对彼此进化的影响已经被描述为“对抗性的”，通常参考红色皇后假说或者作为捕食者—猎物动力学的特例（Nowak、May，2000；Thrall 等，2012）。同样，将病毒和宿主蛋白相互作用的情况描述为参与进化的“军备竞赛”也越来越普遍（Meyerson、Sawyer，2011；Stern、Sorek，2011；Takeuchi 等，2012）。军备竞赛的情形可以看作是红色皇后假说的一种特例，其中病毒对宿主和宿主对病毒的选择互为依归，这导致双方多样化的持续循环。然而，在自然情况下，“军备竞赛”的设想可能太简单（已经出现了其他模型）（Avrani 等，2012；Tack 等，2012）。尽管对模型的争论还在持续，但是用于鉴定和测量阳性选择的定量方法，已被证明可用于检查直接参与病毒—宿主相互作用的蛋白质编码序列的长期演化。尤其是密码子特异性方法，这是一种可用于识别在跨越多个形态事件的时间尺度上（数百万年）经历了间歇性选择的蛋白质中的位点的有效方法（Yang，2005、2006）。该方法使用比对和进化模型（基因树），识别其中固定非同义替换（改变指定氨基酸的那些替换）超过中性所预期水平的位点（后者是从同义变化水平推断出的同一个位点）。结果通常以 dN/dS（或 Ka/Ks、ω）的比例报告，其中 $dN/dS > 1$ 表示阳性选择（选择变化），$dN/dS = 1$ 反映中性进化（随机固定），$dN/dS < 1$ 表示纯化选择（消除变化，Hurst，2002）。该方法还可用于识别可能遇到的作用于感兴趣基因的阳性选择的谱系（系统发育中的分支）（Yang，2006）。这种方法最适合于研究在长期进化时期频繁选择的情况。最近，物种特异性选择——基于检查感兴趣的基因周围的基因组景观的进化的方法变得越来越普遍，这得益于高通量测序方法以及物种内部的深度重排序（Andersen 等，2012；Sabeti 等，2002）。

作为专一的细胞内寄生生物，所有病毒都与宿主大分子和大分子复合物进行多重相互作用。对于病毒，宿主因子可以分为两类，即具有正作用效应的宿主因子（用于病毒复制的辅因子）和具有负作用效应的宿主因子（抑制性因子）。辅因子是宿主编码的具有细胞功能的大分子，这些辅因子在强力纯化选择下保持这些功能。相比之下，抑制性因子是对抗病毒活性进行自然选择的宿主因素，并且经常显示出阳性选择的强信号（Emerman、Malik，2010；Johnson，2013；Patel 等，2011）。研究人员最近对结构相互作用的网络的详细检查提供了病毒蛋白质与宿主蛋白质、宿主蛋白质与宿主蛋白质相互作用的原子水平的比较。比较显示，病毒蛋白质经常聚集在宿主蛋白质与宿主蛋白质相互作用相关的相同结合域上，并且与病毒蛋白（包括两种相互作用相关的位点）相互作用的宿主蛋白质中的位点，展现出了与拮抗性共同进化相一致的变异水平（Franzosa、Xia，2011）。有趣的是，这些参与病毒—宿主相互作用的病毒蛋白质与其模拟的宿主因子极少或没有同源性，并且倾向于比其相应的细胞结合配偶体拥有更小的“足迹”（Garamszegi 等，2013）。

辅因子和抑制性因子类别不是相互排斥的，在某些情况下这种区分是模糊的。例如，作用于编码序列选择的病毒辅因子，可以导致辅因子基因中的固定抗性突变，从而产生病毒复制的隐性遗传屏障（变异辅因子成为一个有隐性作用的抑制性因子）。也许这种现象最好的证明例子是对作为病毒进入受体的细胞蛋白的选择作用，以及在病毒糖蛋白中出现的补充性反适应（Coffin，2013；Kozak，2010）。最近，Demogines 及其同事报道了哺乳动物转铁蛋白受体（TfR）基因阳性选择的密码子与因 TfR 功能而成为几种不相关病毒主要细胞附着受体的 TfR 残基之间的直接相关性（Demogines 等，2013）。这种现象并不是病毒感受器独有的，理论上任何病毒病原体的宿主因子都可能受到阳性的选择。例如，在植物中，许多抗性突变已经被映射为宿主翻译起始因子（如 eIF4E），这些翻译起始因子被病毒 Vpg 蛋白劫掠，用于不依赖帽子结构的翻译机制（Miller、Whitham，2013；Truniger、Aranda，2009）。

同样地，抑制性因子有可能被病毒用作辅因子。例如，已经有报道指出干扰素诱导性 Tetherin（抗病毒因子）蛋白可作巨细胞病毒（CMV）的进入因子（Viswanathan 等，2011），以及已知具有抗病毒活性的 ADAR 酶（作用于 RNA 的腺苷脱氨酶），在某些情况下也可作病毒感染的辅因子（Jayan，2004；Samuel，2011；Tomaselli 等，2014）。这些是否为罕见的例外，或被病毒用作阳性辅因子的限制性因素的例子是否常见，还有待观察。

宿主防御：一些统一的主题

在原型病毒复制周期（吸附、入胞、复制、表达、组装和排出）的每个阶段，存在许多相应的通过自然选择进化以抑制特定阶段的宿主因子实例。是否所有阶段本质上都是被平等开发或利用仍然是一个悬而未决的问题，但是科学文献已经特别涵盖了三个方面的研究：①抗病毒进入（由于抗性突变的选择或显性作用进入抑制性因子的表达）；②识别病毒核酸（以及随后通过直接或间接机制抑制复制）；③感染细胞自我破坏以防止病毒进一步传播。对于病毒对宿主防御系统演变的影响，值得注意的是类似的机制在三个生命领域——细菌、古细菌和真核生物的生物体中是独立进化的。

入胞

所有病毒都必须保持从一个被感染的宿主细胞到下一个宿主细胞不间断的传播链，而在传播链中寄生于每个细胞的第一步就是将病毒基因组转运到细胞膜上。作为防御策略，对病毒进入的抑制在许多无关的病毒宿主系统中是有据可查的：一些可归类于“隐性”机制，例如通过选择抵抗病毒附着或噬菌体受体的相变使受体变体固定（Kozak，2010；Labrie 等，2010）；一些可归类于“显性”机制，例如细菌细胞外聚合物的表达（Labrie 等，2010）或哺乳动物细胞的专门入胞抑制性因子［如干扰素诱导型 IFITM 蛋白（Zhang 等，2012）］。宿主生物体内选择病毒基因的一些最佳实例，主要包括成为宿主表达的内源性病毒糖蛋白以及影响病毒入胞的显性作用抑制性因子（将在后文描述）。

核酸

采用病毒核酸（基因组或复制中间体，DNA 或 RNA）识别的宿主防御系统是科学文献中最好的证据之一，实例可以在三个生命领域（细菌、古细菌和真核生物）中找到。其中包括（但绝不限于）细菌中非常有特征的限制性修饰系统（RM）以及在许多细菌和古细菌中发现的 CRISPR - CAS（规律、间隔聚集的短回文重复序列）系统（Horvath、Barrangou，2010；Labrie 等，2010），植物、无脊椎动物和脊椎动物的干扰 RNA（RNAi）系统（Li 等，2013），在所有的生物领域中都有发现的生殖沉默系统，哺乳动物的 APOBEC3 DNA 编辑酶和 ADAR RNA 编辑酶（Cullen，2006；Samuel，2012），以及脊椎动物的各种核酸敏感的受体［包括但不限于 Toll 样受体（TLR）、RIG - I/MDA5、IFI16、cGAS 等］（Hornung，2014a、2014b）。核酸识别是一个主旋律，可能是由于其他病毒大分子如蛋白质、糖蛋白和脂质膜是宿主细胞的产物，以及在生物化学上与“自身”相同的事实，而许多病毒由于其核酸产物的独特性质，可以被它们寄生的宿主细胞发现——这对于具有不寻常的基因组类型的 RNA 病毒来说非常明显（例如未包被的 RNA 或双链 RNA 中间体），但当 DNA 复制发生在细胞核之外的亚细胞区域内时并不易于发现其核酸产物的独特性质，双链 DNA 病毒也是如此，如在细胞质中经历 DNA 复制的大细胞质 DNA 病毒。

细胞凋亡和流产感染

虽然潜在的机制是不同的，但存在于真核生物和细菌中的系统都是通过感染细胞的自我破坏来防止病毒传播的。在包括脊椎动物和无脊椎动物在内的真核生物宿主中，主要以因病毒感染而触发、与程序性细胞死亡或细胞凋亡有关的机制为代表（Benedict 等，2002）。在细菌中，一组与凋亡类似的相关现象，被命名为流产感染（Abi）（Labrie 等，2010；Samson 等，2013），在植物中，程序性细胞死亡也常常是病毒感染过敏反应（HR）的一部分（Mandadi、Scholthof，2013）。一个重要区别是多细胞生物体的细胞凋亡导致感染细胞的破坏而拯救了宿主，而细菌中的 Abi 必然导致单细胞宿主的死亡，因此可能是为了防止扩散到邻近细胞（表面上，Abi 出现了利他性，并唤起群体/亲属选择进化的可能性）。毫不奇怪的是，已经有来自三个领域的病毒的例子通过间接或直接机制获得了延迟或阻止程序性细胞死亡的对抗策略。事实上，第一种凋亡抑制性因子（IAP）是在杆状病毒中发现的，这些基因的同源物，在至少七个感染节肢动物宿主/载体的其他病毒家族中也有发现（Clem，2015）。

宿主抑制性因子的进化起源

宿主生物通过自然选择进化，在进化时间尺度上，已获得了在个体细胞水平上可阻碍病毒复制的大量基因库。这些代表内在或固有的防御功能［有时也称为抑制性因子，若在植物中，则为 R（抗性）基因］与高等脊椎动物的适应性免疫力是不同的；并且不同于适应性免疫，内在防御机制在三个生命领域和各种级别的复合物（单细胞生物体，有组织的微生物群落和各种形状、大小的多细胞生物体）中都广泛存在且类型丰富。这些机制的粗略比较，揭示了一些共同主题，并指出了进一步探索的方向。

抑制因素：通才和专家

绝对寄生（病毒）至少需要符合以下条件：①进入宿主细胞；②病毒核酸复制；③将病毒后代扩散到另外的宿主细胞。因此，前文描述的三种宿主防御策略（抑制病毒进入、发现和攻击病毒核酸，以及自身破坏被感染细胞）可能在抗病毒防御方面占主导地位并不奇怪，因为这些可归纳的策略在理论上可以通过自然选择进化，以响应许多不同种类的病毒—宿主相互作用。然而，病毒基因组和复制机制有许多不同的形式，包括双链以及单链 DNA 和 RNA 基因组（RNA 基因组进一步细分为有义、反义和双义基因组）、循环和多分子基因组以及逆转录基因组，并且病毒在复制的许多其他方面也不同，例如入胞途径（穿透与膜融合，借助质膜进入与内吞作用，借助网格蛋白依赖性内吞作用与不依赖网格蛋白的机制等）、复制区（如细胞质与细胞核）、将病毒蛋白转运到装配位点及释放的手段（如宿主细胞病毒的裂解，与病毒从质膜出芽或通过分泌机制释放这两种结果的对抗）。在理论上，病毒之间的任何这些生物学差异，都可导致适应特定目、科、属或种病毒复制策略的特定宿主的防御策略进化。在这方面，可以将宿主编码的限制因子这样分组：①具有广泛抗病毒机制的因子；②对特定病毒种类（相关病毒，或在某些复制策略上一样的病毒）有特定机制的因子。

有非常广泛或普遍效应的抑制性机制的例子太多，不能一一叙述，要注意的是这些例子也包括通过感染细胞的凋亡导致流产感染的机制、诱导细胞蛋白翻译停止的检测/信号通路、细菌的限制性修饰系统（这对无论是来自噬菌体还是其他形式的寄生性核酸都有效）和 RNAi。在某些情况下，效应蛋白对许多（但不是全部）病毒共有的特定物质有靶向作用——一个主要的例子是干扰素刺激的 Tetherin 蛋白（也称为 BST－2）。Tetherin 蛋白是一种膜蛋白，当包膜病毒从质膜上出芽时，它能从质膜上捕获它们（Neil 等，2008；Van Damme 等，2008）。因为 Tetherin 蛋白的作用机制使得它不需要识别病毒蛋白（Pérez-Caballero 等，2009），它有可能抑制任何包膜病毒的释放（因此，许多不相关的病毒已经各自进化出克服 Tetherin 蛋白的机制）（Evans 等，2010）。

其他似乎能影响广谱病毒的哺乳动物限制因子包括 Mx 蛋白，它可以对许多不相关病毒入胞后的复制阶段产生靶向作用（尚不清楚 Mx 蛋白对不同病毒的抑制机制是否相同）；另外，IFITM 蛋白可共同抑制几种不同种类病毒的入胞，但其机制尚不明确（Verhelst 等，2013；Zhang 等，2012）。虽然 APOBEC3 DNA 编辑酶主要被认为是逆转录病毒复制的抑制性因子，并且可以限制来自不同属的逆转录病毒，但也曾有报告称它们可抑制其他逆转录病毒（如肝炎病毒和逆转录因子——逆转录中间体的常见“靶标”）（Chiu、Greene，2008；Cullen，2006；Harris、Liddament，2004）。

与此相反，有许多抑制性因子似乎已经进化成对特定科或组病毒产生特异作用的限制性因子。这类实例太多，无法一一列出，要注意的是例子中包括哺乳动物的细胞溶质TRIM5蛋白，据报道它可在病毒入胞后不久识别逆转录病毒衣壳核，抑制逆转录病毒科内多个属的逆转录病毒（Johnson、Sawyer，2009）。与之类似，小鼠的Flv基因可编码抑制多种虫媒病毒复制的OAS变体（Perelygin等，2002）；另外，通过对果蝇细胞的RNAi的筛选，可鉴定出至少两种抑制泛黄病毒活性的蛋白质（Yasunaga等，2014）。

随着已知抑制性因子的增加，产生了一个与抑制性因子基因的进化起源有关的开放性问题——它们以什么样的机制出现，以及来源是什么？根据目前的进化理论，许多抑制性因子基因可能通过其他基因的复制和拓展适应而产生——这些基因本身可以是编码具有其他非免疫功能细胞因子的基因、预先存在编码抗病毒因子的基因的修饰形式，或在某些情况下被宿主捕获并赋予抗病毒功能的病毒基因。

基因复制

在20世纪70年代，S. Ohno提出新基因源于基因复制和功能歧化的过程（Ohno，2014）。这种机制要求额外的复制必须快速获得新的功能，以便使新基因的优选超过损失（由于漂移）（Bergthorsson等，2007）。基因复制已在病毒—宿主斗争中发挥了重要作用，导致了新的宿主防御基因的出现，也让病毒出现了新的辅助功能。由于编码抗病毒防御的基因是进化最快的基因之一，因此并不总是能够确定其来源。尽管如此，它们中的许多基因可以归类为蛋白质家族或超级家族，在某些情况下还可以发现跨越三个生命领域的结构—功能的相似性。例如，HEPN结构域超家族包括了细菌、古细菌和真核生物的抗病毒防御蛋白，与涉及识别和破坏病毒核酸的机制、毒素—抗毒素系统和ABI等（Anantharaman等，2013）有重要关联。

一百种或更多的脊椎动物TRIM（三分体基序）蛋白的大多数功能仍然是未知的，但已经有几种显示出作为先天/固有免疫的组分，包括TRIM5、TRIM19、TRIM25和TRIM28，同时许多TRIM基因座已显示出与宿主防御角色相一致的阳性选择迹象（Boudinot等，2014；Malfavon-Borja等，2013a；Nisole等，2005；Sawyer等，2005；Towers，2005；van der Aa等，2012）。从N末端开始的典型TRIM基序包括RING结构域、B－Box和卷曲螺旋，具有这种排列的成员存在于各种物种中（Boudinot等，2014；Nisole等，2005；van der Aa等，2012；Zhang等，2014）。TRIM蛋白的C末端结构域是可变的，包括B30.2/SPRY、PHD、纤连蛋白Ⅲ和CypA等结构域（Nisole等，2005）。这种模块化表明TRIM蛋白可能具有由三重基序赋予的共同机械性质，而不是C末端结构域的每个TRIM图都有独特功能性相互作用。有趣的是，通常编码C末端PRYSPRY结构域的抗逆转录病毒TRIM5基因座，有三次独立获得编码C末端亲环素－A（CypA）结构域的新外显子。在几个案例中，CypA外显子均通过LINE介导的CypA编码序列的逆转录基因座产生，一次在旧大陆猴子（亚洲猕猴）中，一次在新大陆猴子（猫头鹰猴）中，一次在树鼩中（Brennan等，2008；Liao等，2007；Mu等，2014；Newman等，2008；Nisole等，2004；Sayah等，2004；Virgen等，2008；Wilson等，2008）。至少有一项研究表明，TRIM－CypA融合可能在旧大陆灵长类动物进化过程中发生过多次（Malfavon-Borja等，2013b）。因此，基因扩增随后进行新功能化（通过序列差异，以及外显子洗牌和外显子捕获）的组合可能是形成新型 TRIM 基因的常见途径（Han 等，2011；Sawyer 等，2007；Tareen 等，2009）。

详尽的列表远远超出了本章的范围，但只需几个不同的例子（除了上述内容之外）就可说明 Ohno 的假设广泛存在于具有抗病毒活性的基因家族的起源和进化中。例如，已知灵长类动物中的 KIR（杀伤抑制受体）基因座经历快速进化，包括复制数的扩张和收缩（Bashirova 等，2006）。比较基因组学显示果蝇中许多先天免疫效应物质（Sackton 等，2007）也是如此，一系列古老的复制事件在脊椎动物和无脊椎动物中产生了目前的肽聚糖识别蛋白（PGRP）基因阵列（Montaño 等，2011），类似的过程产生了干扰素诱导型 Mx 和 IFITM 酶蛋白（Verhelst 等，2013；Zhang 等，2012）。参与核酸识别/破坏的许多关键酶也出现在相关基因簇中，包括编码 ADARS 的基因（Samuel，2011）、涉及节肢动物和脊椎动物的 RNAi 相关抑制机制的 Dicer 蛋白（Mukherjee 等，2012）和哺乳动物 APOBEC3 酶蛋白（Harris、Liddament，2004；Münk 等，2012）。因此，基因复制是整个生命之树中新的固有/内在免疫效应因子和抑制性因子的主要来源，为阐明与新基因的起源和进化相关的基本原理提供了丰富的实例来源。

病毒蛋白的扩展适应

1982 年，Vrba 和 Gould 提出了扩展适应这个术语，它指的是一些特性原本是为某种功能演化而来，却进化成别的功能，甚至生物体基因组中的“垃圾”基因可能就是许多功能的来源（Gould、Vrba，1982）。如前文所述，逆转录病毒特别容易引起宿主细胞基因组的序列改变，几乎所有脊椎动物物种的种系都包含数十至数十万的内源性逆转录病毒（ERV）基因座。鉴于这种丰度，病毒学家发现许多 ERV 序列（前病毒基因）已经因扩展适应而服务于宿主生物体的实例也就不令人感到奇怪了。虽然最有据可查的例子是合胞体蛋白，它们是参与胎盘发育的 ERV 衍生的融合蛋白（Lavialle 等，2013），但这种现象的大多数实例都涉及细胞对外源性逆转录病毒感染的防御（Jern、Coffin，2008）。在这种情况下，ERV 编码因子的功能通常与它以前作为病毒蛋白的功能相关。例如，在一些小鼠种类中发现的 Fv4 基因座，可编码一种来源于内源性逆转录病毒的糖蛋白，并且这种内源性糖蛋白的表达干扰了使用相同细胞表面受体的外源性病毒的感染（Gardner 等，1991）。类似的机制也见于其他小鼠 ERV 基因座（Jung 等，2002；Wu 等，2005），以及鸡和猫基因组中的内源性病毒包膜蛋白（Ito 等，2013；Robinson 等，1981）。还有分别由作为逆转录病毒复制周期早期和晚期阶段抑制性因子的小鼠（Fv1 基因座）和绵羊（enJSRV 基因座）ERV 编码的病毒结构蛋白实例（Arnaud 等，2007；Best 等，1996）。小鼠乳腺肿瘤病毒（MMTV）的下垂基因编码超抗原，该抗原通常通过在感染宿主中扩增非特异性 T 细胞来增强病毒复制；编码下垂基因的内生型 MMTV 基因座的表达，具有删除宿主中特异性 T 细胞亚群的作用（从而干扰具有相同遗传特异性菌株的外源感染）（Coffin，1992）。

除了内源性逆转录病毒序列之外，这种现象可能延伸到衍生自其他种类病毒的内源性病毒分子中，但这些还没有得到很好的研究。最近的一个例子是内源性博尔那病毒样分子（EBL）（Horie 等，2010、2013）。具有完整的开放阅读框和与外源性博尔那病毒（EBLN）

核蛋白序列高度相同的 EBL，在十三条纹的地松鼠基因组中被发现，在细胞培养物中这些分子的表达会抑制博尔那病毒（BDV）复制（Fujino 等，2014；Horie 等，2010）。

CRISPR - Cas 系统通常被比喻为脊椎动物适应性免疫的细菌对应物（Horvath、Barrangou，2010）。在这个意义上，CRIPSR - Cas 系统“记录”过去的遭遇，然后可建立更有效的防御，这一类比是成立的。然而，CRISPR - Cas 系统与遗传性的适应性免疫不同（提供特异性的归档间隔区被复制为细胞基因组的一部分并由后代遗传，这对于参与适应性免疫的 B 细胞和 T 细胞受体是不正确的）。此外，脊椎动物中的适应性免疫是基于机会互补性的，它对具有病毒抗原亲和力的稀有 B 细胞和 T 细胞受体的细胞进行选择和扩增。相比之下，CRISPR - Cas 系统通过归档病毒序列（以及来自其他形式的寄生核酸序列）起作用，并且在将来可使用这些序列进行同源性引导的识别，然后破坏相同或相似的病毒。在这方面，CRISPR - Cas 系统可以被视为一种专门的拓展适应系统，会主动捕获病毒序列，并将其转变为宿主抗病毒防御的组成部分。

病毒辅助蛋白的起源和功能

针对由宿主细胞施加的主导性限制，病毒的反适应可以通过选择靶向分子中的抗性突变来抵抗适应，或者通过对辅助蛋白的表达专门对抗或规避宿主的限制来抵抗适应。尽管前者可以视为主要在个体感染宿主或宿主群体水平上发生的微革命过程，而后者则反映了新的生物学特性引起新病毒谱系的宏观演化过程，但这两者并不是相互排斥的。特异性拮抗结构的使用，可能是通过一般方式而不是对特定病毒蛋白的宿主抑制性因子的靶向作用而实现的。例如，由干扰素诱导的 Tetherin 蛋白不是通过结合任何已知的病毒蛋白，而是通过在细胞表面“捕获”包膜病毒粒子来发挥作用的。许多包膜病毒已经演化出直接结合 Tetherin 蛋白的特异性拮抗结构，这种结构可通过在细胞表面下调 Tetherin 蛋白或诱导其降解来起作用（Evans 等，2010）。

正如我们现在所理解的那样，各种各样的宿主都有专门针对遏制病毒劫持细胞的基因，我们也明白许多病毒将它们有限基因组中的很大一部分用于编码附属功能。随着病毒科和属中样本多样性的增加，相关的病毒（如同一科或属的病毒）共享基本复制方式中的一组典型基因的模式出现了，如病毒编码的聚合酶和基本结构的蛋白，但在嵌入多蛋白中或由独立基因编码的非标准蛋白质中分布和功能差异是很大的。虽然这些有时被称为非结构蛋白（通常缩写为 Ns），但病毒结构蛋白也将编码具有附属功能的其他子结构域，因此笔者将使用更广泛的术语“附属基因”来涵盖所有可能性。在许多情况下，附属基因是病毒基因组中最易变的编码序列之一，在相关病毒谱系序列中以及同源物的总体分布中显示出差异。重要的是，病毒基因组通常比其宿主的数量级小一些，这可能对附属功能的从头获取和随后的演化施加独特约束。

假若详细检查附属序列的功能，通常可以发现这些基因对于病毒的固有复制功能是不必要的，但若在细胞培养或模型系统中进行测量，对于体内病毒的最佳复制和扩散仍被认为是必需的（Gibbs 等，1995；Koff 等，2006）。在许多情况下，除了一些研究得比较多的病毒（如人类或农业病原体，或模型生物体的病毒）之外，有越来越多的附属基因修饰或拮抗其宿主细胞的先天防御系统、附属基因的功能仍有待发现。由于人们对人类免疫缺陷病毒（HIV）的起源和传播的理解的强烈关注，灵长类动物慢病毒（即 HIV－1、HIV－2、相关的猿猴免疫缺陷病毒或 SIV）的附属基因被了解得较多，这些病毒有助于说明附属蛋白质的多样性。例如，虽然所有灵长类动物慢病毒共享所有逆转录病毒（gag、pro、pol、env）共同的核心基因但它们同时也编码了其他种类的逆转录病毒（例如 vif，其产物可拮抗病毒 APOBEC3 酶，这是慢病毒的独特之处），甚至编码慢病毒属的其他逆转录病毒（如 vpu、vpr、vpx 和 nef 是灵长类动物慢病毒分支所独有的，在非灵长类动物慢病毒中不存在）（Evans 等，2013）。即使在灵长类动物慢病毒进化枝内，附属基因也不是均匀分布的。例如，一些亚类病毒（包括 HIV－1）具有 vpu 基因，但缺乏 vpx 基因，而其他病毒（如 HIV－2）具有 vpx 基因但缺乏 vpu 基因；另有灵长类动物慢病毒甚至同时缺乏 vpu 基因和 vpx 基因（Evans 等，2013）。

因为病毒与宿主细胞的大分子机制有广泛的相互作用，所以存储宿主和溢出宿主之间的遗传距离可能会影响暴露的可能性，从而导致种间传播和病毒出现（Holmes、Drummond，2007）。虽然病毒学家传统上专注于作为宿主范围关键决定因素的保守核心功能（如受体结合和进入）的作用的研究，但是克服固有/先天效应系统（直接或通过获取适应性变化）的能力，也有可能是新宿主范围的病毒溢出传播和出现的关键性决定因素。事实上，因为固有/先天的抗病毒系统拥有一些最具差异的宿主基因（由于长期的阳性选择）（Johnson，2013；Meyerson、Sawyer，2011），病毒在外溢传播和出现过程中，克服宿主防御的适应性，或者在其他种类的病毒—宿主相互作用（例如，与入胞受体的结合）下驻入宿主的这种适应性，可能两种适应作用同样重要。对不同灵长类动物慢病毒之间的同源蛋白质序列的比较，也显示出辅助蛋白序列比核心复制蛋白序列具有更大的多样性，表明它们可能在跨物种传播和适应新宿主这一过程中扮演着重要角色（McCarthy、Johnson，2014）。与这一想法一致的是，最近出现的针对灵长类动物慢病毒的研究，显示了 Vif 蛋白拮抗新宿主中 APOBEC3 酶功能的适应作用（D'arc 等，2015；Krupp 等，2013）；人类免疫缺陷病毒感染人类时，很可能需要做出改变，以克服人类直系同源物对 IFN 诱导性限制因子Tetherin/BST－2 的限制（Sauter 等，2009）。

无论宿主生物（真核生物、细菌或古细菌、单细胞或多细胞）是什么类型，无论是 DNA 还是 RNA 病毒，它们具有的附属功能是许多病毒都常见的特征。正如宿主防御可以针对普遍的（RNAi，限制性修饰，细胞凋亡）或特定的病毒以及病毒过程，病毒附属蛋白质可以通过广泛地抑制固有感知和信号传导途径，也可特异地通过拮抗一种特定的效应蛋白或模式识别分子。前者的实例包括在许多植物病毒中发现的 RNAi（VSR）病毒抑制性因子。VSR 是一个集体术语，包括许多利用各种机制对 RNAi 进行干扰的不同病毒蛋白。例如，一些 VSR 通过结合或切割进入沉默机制的小 RNA 中间体而起作用，而其他的已经进化成结合和拮抗介导 RNAi 途径不同步骤中或 RNAi 信号系统传播的宿主蛋白（Li、Ding，2006；Li 等，2013；Miller、Whitham，2013）。类似地，首先在昆虫病毒中发现的凋亡抑制结构（vIAP），包括破坏凋亡信号转导的病毒蛋白质，以及干扰引发和影响凋亡反应的下游细胞半胱天冬酶的蛋白质（Clem，2015；Friesen，2013）。与 VSR 一样，IAP 包括因不同机制导致在病毒和功能上不同的各种蛋白质。宿主防御广泛性拮抗的其他实例还包括副粘病毒的V蛋白，它可以通过对IFN和STAT信号通路上游阶段的靶向作用共同干扰对感染的固有反应（Horvath，2004）。尽管彼此密切相关，但两种被深入研究的棒状病毒——狂犬病毒（RV）和水泡性口炎病毒（VSV）使用不同蛋白质和不同机制来干扰感染细胞的干扰素信号传导（Rieder、Conzelmann，2009）。

除了破坏信号通路或一般抗病毒过程的附属蛋白质，还有通过直接对特异性效应蛋白靶向作用而起作用的辅助蛋白质。例如，至少两种逆转录病毒（慢病毒和泡沫病毒）编码APOBEC3酶的拮抗结构（分别使用Vif和Bet蛋白）（Löchelt等，2005；Malim，2009；Russell等，2005），另外有一组慢病毒编码SAMHD-1（Vpx辅助蛋白）的专用拮抗结构（Laguette、Benkirane，2012）。植物病毒（马铃薯叶卷病毒）的P0蛋白使用类似于Vif采用的机制来降解APOBEC3酶，以促进AGO（Argonaut——植物中RNAi的效应成分）的降解，昆虫病毒中的AGO的拮抗结构也已被报道（Miller、Whitham，2013；van Mierlo等，2012）。灵长类Tetherin蛋白被至少两种由慢病毒（Vpu和Nef）编码的辅助蛋白和由KSHVγ-疱疹病毒编码的K5蛋白直接拮抗（Evans等，2010；Neil、Bieniasz，2009）。随着越来越多的宿主效应子功能被鉴定，更多的效应子特异性病毒拮抗结构实例有望被发现。

所有这些例子都是为了说明病毒中附属功能的可塑性。即使是相同科或属的病毒，其附属功能的补充也会有所不同（例如，并非所有植物病毒都编码相同的VSR或使用相同的机制克服RNAi，也不是所有的IAP在昆虫病毒中都平均共享或通过相同的机制工作），并且当附属基因的同源序列被多种病毒物种共享时，它们在序列上通常是最为发散的。这些观察有力地证明了病毒的附属功能是病毒表型多样性的主要来源——换句话说，当病毒家族的典型基因由其大部分或全部成员物种共享时，附属功能给了每个病毒种类或谱系独特的生物学特性。

利用基因的捕获和扩展追寻病毒附属功能的起源

正如病毒序列有时可以被捕获和被拓展而适应成为宿主细胞的功能，许多病毒显然也从它们的宿主处获得了新的附属基因。也许在复制病毒中，捕获宿主基因的第一个实例是鸟类逆转录病毒劳斯氏肉瘤病毒（RSV）的病毒Src基因（v-Src）（Stehelin等，1976）。然而，基因捕获现象在大型DNA病毒（例如痘病毒和疱疹病毒）中是最明显的，其通常编码数十个与细胞基因具有可检测性的同源性基因，特别是编码细胞因子、趋化因子和相关受体的基因（Alcami，2003；Elde等，2008）。同样地，噬菌体也携带有宿主衍生基因，包括影响宿主群体感知途径的基因（Hargreaves等，2014a、2014b），这些基因是否有任何用于抵制宿主防御的策略仍有待确定。基因捕获实例最丰富和最多样的来源可能要数最近发现的阿米巴巨大病毒，其大基因组（通常大于等于1 000kb）包括许多与细菌、古细菌和真核生物基因相似的开放阅读框；这些病毒中的不同基因的聚合，可能反映了它们的宿主阿米巴与细菌和古细菌相互作用，或捕获细菌和古细菌的事实（Colson、Raoult，2010）。

由于病毒的快速演化，许多附属基因不易被识别出是基因捕获的产物，尽管有时可以推断出它们与细胞蛋白家族的结构/功能同源性。例如，已有与由昆虫杆状病毒编码的细胞凋亡抑制结构有功能和结构同源性的细胞基因的报告，表明这些病毒 IAP 部分可能源自捕获的宿主 IAP 基因（随后获得病毒特异性修饰）（Cerio 等，2010）。类似地，各种不相关的病毒，包括 RNA 和 DNA 病毒，都可能具有或已被证实有编码 dUTP 酶的基因；这可能意味着其同时独立获取了 dUTPase 编码序列（Baldo、McClure，1999）。HIV 的 Vpu 蛋白和用于拮抗 IFN 诱导的 Tetherin 蛋白抗病毒功能的相关灵长类动物慢病毒的一个亚类（Neil 等，2008）Vpu 是非常小的 I 型膜蛋白（－16kd），它可能会寡聚体化形成离子通道/孔蛋白。在多种其他病毒中已经发现了这些蛋白质，包括流感病毒的 M2 蛋白——它有时被称为病毒离子孔道蛋白（Nieva 等，2012）。病毒离子孔道蛋白可能代表了宿主孔蛋白编码基因的远古捕获，而且由于病毒基因的广泛演化，这种基因的特异性来源也不能通过标准同源性检测而被检测到。

最近的一份报告描述了明显的、清楚的涉及细菌 CRISPR 抗病毒系统的真实基因捕获实例，在这种特殊实例下，霍乱弧菌的噬菌体被发现具有自己的 CRISPR－Cas 系统。该系统用于对其细菌宿主抗病毒基因座的靶向作用，而且采用宿主 CRISPR 对病毒基因组的靶向作用相同序列同一性机制（Seed 等，2013）。此外，作者指出噬菌体编码的 CRISPR－Cas 系统能够通过从头获得新的宿主衍生间隔区而“重新适应”（在实验条件下）。

模仿

术语分子模拟已经以多种不同形式应用于研究病毒基因，包括从宿主捕获（拓展适应）的基因，例如由痘病毒和疱疹病毒编码的无数细胞因子和趋化因子修饰蛋白（见前文），以及与可能代表趋同进化以产生功能模拟物真实情况的宿主蛋白质相互作用的基因（Alcami，2003；Barber、Elde，2013）。确定涉及模拟的许多基因的起源，其困难在于病毒基因组的快速进化——一些模拟物显然是宿主蛋白的“捕获”同源物（与细胞同源物有序列一致性，以及直接来自原细胞功能的作用机制功能），其他模拟物则很少或没有与相应的序列相似的情况。对于后者，可能很难或不可能确定一个基因是否通过趋同进化而产生模拟物，兴许是时间已掩盖了与细胞同源物的共同起源。分子模拟的其中一个可能的例子涉及一些植物病毒的抗 RNAi 蛋白，例如甘薯斑点病毒的 P1 蛋白和 TCV 的 P38 蛋白——两种蛋白都具有与 AGO 相互作用的甘氨酸—色氨酸（GW）基序，通过使用相似的基序模仿参与 RISC 装配（通过 AGO）的宿主蛋白（Miller、Whitham，2013）。真正模拟的明显例子之一是噬菌体 T7 的 Ocr 蛋白，其功能是阻止大肠杆菌宿主的限制酶。结构分析显示，Ocr 的二聚体与双链 DNA 具有惊人的物理相似性（大约相当于二十四个碱基对的长度），表明 Ocr 是限制内切核酸酶结合的分子诱导物（Walkinshaw 等，2002；Cox，2002）。

基因复制和多功能蛋白

病毒中有许多明显的基因复制实例，特别是在含有附属基因的扩增复制数的大型 DNA

病毒中（Colson、Raoult，2010；Moss，2013；Pellet、Roizman，2013）。Elde 等使用定向进化的细胞培养模型，证明痘病毒可以通过涉及病毒基因扩增和收缩的过程而进行快速适应（Elde 等，2012）；对澳大利亚兔群体中黏液瘤病毒（MYXV）的进化进行的分析，则揭示通过复制病毒基因而适应的多个实例（Kerr 等，2013a、2013b）。在具有较小 RNA 基因组的病毒中也出现了基因复制，例如在 HIV－2 和相关 SIV 中发现的 vpx－vpr 基因对（Tristem 等，1992）。病毒蛋白编码多个独立的功能也是常见的，在某些情况下，在复制中具有保守作用的病毒蛋白（典型蛋白）可作为辅助蛋白质，例如水泡性口炎病毒的基质（M）蛋白参与拮抗干扰素反应（Rieder、Conzelmann，2009）；病毒多聚蛋白加工所必需的肝炎病毒 NS3－4a 蛋白酶复合物，也切割宿主 MAVS 蛋白并破坏其固有的免疫信号（Morikawa 等，2011；Patel 等，2012）。鉴于这些蛋白质的基本功能持续保存，这些附属功能可能是独立获得的二次适应。虽然多功能蛋白质的使用可能是病毒基因组尺寸较小（基因组节约）的结果，但单一蛋白质中不同功能的组合也可能对蛋白质序列的进化造成额外的限制。

结论和问题

显然，病毒在整个现代生物体的进化历史上，一直是持续而丰富的存在。病毒作为宿主自然选择的中介和新遗传的来源，也影响了宿主进化。越来越多的证据支持来自三个生命领域的宿主生物通过获得大量专门用于抑制或防止细胞水平病毒复制的基因而适应宿主，而病毒反过来编码同样令人印象深刻的数组基因，抵抗这些固有/内在的宿主防御。通过对多个系统的知识——包括来自真核生物、细菌和古细菌领域的模型和非模型系统知识进行比较，可以揭示位于进化斗争中心、导致新基因产生的宏观进化过程，并且由于宏观进化过程展开了进化时间尺度，可以阐明病毒—宿主相互作用的基本原理。需进一步研究的开放式问题包括（但不限于）：

病毒（作为选择压力）对现代生物的演变有多大影响？

对病毒宿主共同进化和相关基因的进一步理解，是否可以建立更好地用于了解种间传播和病毒病原体出现的模型？

内源性逆转录病毒和其他内源性病毒分子，在多大程度上为其宿主的固有/内在防御作用贡献了新的基因？

为了防御宿主细胞，某些病毒过程是否更频繁地被利用？自然界是否可以成为理性开发更有效、更广谱抗病毒药物的指南？

哪些宿主进程最有可能被病毒附属功能针对（并且病毒附属蛋白质是否有针对类似或相同目标的趋势）？

当具有新抗病毒功能的新基因诞生时，它们如何与现有的监管系统联网相适应（协调的、多基因的调控系统，如 IFN 反应，是如何进化的）？

基因组背景在多大程度上限制病毒附属基因的进化？

病毒如何获取新基因，如何将其嵌入到现有的病毒基因组和多蛋白中（是一步还是多步的过程）？

新附属基因的诞生与宿主转换事件相关吗？

致谢

感谢波士顿学院生物系的所有成员在撰写本章期间的耐心帮助，以及 A. Kirmaier、J. Henzy 和 BIOL807（2014 年秋季）的学生就病毒—宿主共同进化问题进行的有益讨论。由于篇幅有限，一些病毒学家的贡献没有被提及，笔者衷心地向这些努力工作的病毒学家表示歉意。波士顿学院生物系实验室的工作由波士顿学院和美国国立卫生研究院（AI095092 和 AI083118）拨款支持。

（主译：朱天川 校译：姚旌羽）

参考文献

1. Alcami，A.（2003）. Nature Reviews Immunology 3（1）.

2. Anantharaman，V.，Makarova，K. S.，Burroughs，A. M.，et al.（2013）. Biology Direct 8（1），15.

3. Andersen，K. G.，Shylakhter，I.，Tabrizi，S.，et al.（2012）. Philos. Trans. R. Soc. Lond.，B 367（1590），868－877.

4. Angly，F. E.，Felts，B.，Breitbart，M.，et al.（2006）. PLoS Biol. 4，e368

5. Anthony，S. J.，Epstein，J. H.，Murray，K. A.，et al.（2013）. MBio. 4（5），e00598－13.

6. Arnaud，F.，Murcia，P. R.，and Palmarini，M.（2007）. J. Virol，81（20），11441－11451.

7. Avrani，S.，Schwartz，D. A.，and Lindell，D.（2012）. Mobile Genetic Elements 2（2），88－95.

8. Baldo，A. M.，and McClure，M. A.（1999）. J. Virol. 73（9），7710－7721.

9. Barber，M. F.，and Elde，N. C.（2013）. Nature 501，38－39.

10. Bashirova，A. A.，Martin，M. P.，McVicar，D. W.，et al.（2006）. Annu. Rev. Genomics Hum. Genet. 7，277－300.

11. Bench，S. R.，Hanson，T. E.，Williamson，K. E.，et al.（2007）. Appl. Environ. Microbiol. 73，7629－7641.

12. Benedict，C. A.，Norris，P. S.，and Ware，C. F.（2002）. Nature Immunology 3（11），1013－1018.

13. Bergthorsson，U.，Andersson，D. I.，and Roth，J. R.（2007）. Proc. Natl. Acad.

Sci. USA 104, 17004 - 17009.

14. Best, S., Le Tissier, P., Towers, G., et al. (1996). Nature 382 (6594), 826.

15. Boudinot, P., Zou, J., Ota, T., et al. (2014). Journal of Experimental Zoology Part B: Molecular and Developmental Evolution 322 (6), 415 - 437.

16. Breitbart, M., Felts, B., Kelley, S., et al. (2004a). Proc. Biol. Sci. 271, 565 - 574.

17. Breitbart, M., Haynes, M., Kelley, S., et al. (2008). Research in Microbiology 159 (5), 367 - 373.

18. Breitbart, M., Wegley, L., Leeds, S., et al. (2004b). Appl. Environ. Microbiol. 70, 1633 - 1640.

19. Brennan, G., Kozyrev, Y., and Hu, S. L. (2008). Proc. Natl. Acad. Sci. USA 105, 3569 - 3574.

20. Brüssow, H., and Hendrix, R. W. (2002). Cell 108 (1), 13 - 16.

21. Cann, A. J., Fandrich, S. E., and Heaphy, S. (2005). Virus Genes 30 (2), 151 - 156.

22. Cerio, R. J., Vandergaast, R., and Friesen, P. D. (2010). J. Virol. 84 (21), 11448 - 11460.

23. Chiu, Y. L., and Greene, W. C. (2008). Annu. Rev. Immunol. 26, 317 - 353.

24. Clem, R. J. (2015). Semin. Cell Dev. Biol. (Vol. 39, 72 - 79).

25. Coffin, J. M. (2004). Proceedings of the American Philosophical Society 148 (3), 264 - 280.

26. Coffin, J. M. (1992). Science 255 (5043), 411 - 413.

27. Coffin, J. M. (2013). PLoS Biol. 11 (5), e1001574.

28. Colson, P., and Raoult, D. (2010). Intervirology 53 (5), 330 - 343.

29. Cui, J., and Holmes, E. C. (2012). J. Virol. 86 (6), 3383 - 3385.

30. Cullen, B. R. (2006). J. Virol. 80 (3), 1067 - 1076.

31. Culley, A. I., Lang, A. S., and Suttle, C. A. (2003). Nature 424 (6952), 1054.

32. Culley, A. I., Lang, A. S., and Suttle, C. A. (2006). Science 312 (5781), 1795 - 1798.

33. D'arc, M., Ayouba, A., Esteban, A., et al. (2015). Proc. Natl. Acad. Sci. USA, 112 (11), E1343 - E1352.

34. Demogines, A., Abraham, J., Choe, H., et al. (2013). PLoS Biol. 11 (5), e1001571.

35. Desnues, C., Rodriguez-Brito, B., Rayhawk, S., et al. (2008). Nature 452 (7185), 340.

36. Edwards, R. A., and Rohwer, F. (2005). Microbiology 3 (6), 504.

37. Elde, N. C., Child, S. J., Eickbush, M. T., et al. (2012). Cell 150 (4), 831 - 841.

38. Elde, N. C., Child, S. J., Geballe, A. P., et al. (2008). Nature 457, 485 - 489.

39. Emerman, M., and Malik, H. S. (2010). PLoS Biol. 8 (2), e1000301.

40. Evans, D. T. , Elder, J. H. , and Desrosiers, R. C. (2013) . In Knipe, D. , and Howley, P. , eds. Field's Virology. 1584 – 1612.

41. Evans, D. T. , Serra-Moreno, R. , Singh, R. K. , et al. (2010) . Trends in Microbiology 18 (9): 388 – 396.

42. Feschotte, C. , and Gilbert, C. (2012) . Genetics 13 (4), 283.

43. Forterre, P. (2005) . Biochimie 87 (9), 793 – 803.

44. Franzosa, E. A. , and Xia, Y. (2011) . Proc. Natl. Acad. Sci. USA 108 (26), 10538 – 10543.

45. Fujino, K. , Horie, M. , Honda, T. , et al. (2014) . Proc. Natl. Acad. Sci. USA 111 (36), 13175 – 13180.

46. Garamszegi, S. , Franzosa, E. A. , and Xia, Y. (2013) . PLoS Pathog. 9 (12), e1003778.

47. Gardner, M. B. , Kozak, C. A. , and O'Brien, S. J. (1991) . Trends Genet. 7 (1), 22 – 27.

48. Gibbs, J. S. , Lackner, A. A. , Lang, S. M. , et al. (1995) . J. Virol. 69 (4), 2378 – 2383.

49. Gifford, R. J. , Katzourakis, A. , Tristem, M. , et al. (2008) . J. Virol. 105 (51), 20362 – 20367.

50. Gifford, R. , and Tristem, M. (2003) . Virus Genes 26 (3), 291 – 315.

51. Gifford, R. J. (2012) . Trends Genet. 28 (2), 89 – 100.

52. Gilbert, C. , Maxfield, D. G. , Goodman, S. M. , et al. (2009) . PLoS Genet. 5 (3), e1000425.

53. Goldstone, D. C. , Yap, M. W. , Robertson, L. E. , et al (2010) . Cell Host and Microbe 8, 248 – 259.

54. Gould, S. J. , and Vrba, E. S. (1982) . Paleobiology, 8 (1), 4 – 15.

55. Han, G. Z. , and Worobey, M. (2012) . Mol. Biol. Evol. 29 (10), 2905 – 2908.

56. Han, K. , Lou, D. I. , and Sawyer, S. L. (2011) . PLoS Genet. 7, e1002388.

57. Hargreaves, K. R. , Kropinski, A. M. , and Clokie, M. R. J. (2014a) . PLoS One 9, e85131.

58. Hargreaves, K. R. , Kropinski, A. M. , and Clokie, M. R. J. (2014b) . Bacteriophage 4, e29866.

59. Harris, R. S. , and Liddament, M. T. (2004) . Nat. Rev. Immunol. 4 (11), 868 – 877.

60. Hayward, A. , Cornwallis, C. K. , and Jern, P. (2014) . Proc. Natl. Acad. Sci. USA.

61. Holmes, E. C. , and Drummond, A. J. (2007) . Curr. Top Microbiol. Immunol. 315, 51 – 66.

62. Holmes, E. C. (2009) . The Evolution and Emergence of RNA Viruses. Oxford University Press on Demand.

63. Holmes, E. C. (2011) . Cell Host and Microbe, 10 (4), 368 – 377.

64. Horie, M., Honda, T., Suzuki, Y., et al. (2010). Nature 463 (7277), 84.

65. Horie, M., Kobayashi, Y., Suzuki, Y., et al. (2013). Philos. Trans. R. Soc. Lond, B, Biol. Sci. 368, 20120499.

66. Hornung, V. (2014a). Immunity 41, 868 – 868. e1.

67. Hornung, V. (2014b). Immunity 41, 1066 – 1066. e1.

68. Horvath, C. M. (2004). The FEBS Journal 271 (23 – 24), 4621 – 4628.

69. Horvath, P., and Barrangou, R. (2010). Science 327 (5962), 167 – 170.

70. Hron, T., Fábryová, H., Pačes, J., et al. (2014). Retrovirology 11 (1), 84.

71. Hurst, L. D. (2002). Trends in Genetics 18 (9), 486 – 487.

72. Isaacs, A., and Lindenmann, J. (1957). Proc. R. Soc. Lond., B, Biol. Sci. 147, 258 – 267.

73. Ito, J., Watanabe, S., Hiratsuka, T., et al. (2013). J. Virol. 87, 12029 – 12040.

74. Jalasvuori, M., and Bamford, J. K. H. (2008). Orig. Life Evol. Biosph. 38, 165 – 181.

75. Jayan, G. C. (2004). Scientific World Journal 4, 628 – 637.

76. Jern, P., and Coffin, J. M. (2008). Annu. Rev. Genet. 42, 709 – 732.

77. Johnson, W. E. (2010). PLoS Genet. 6, e1001210.

78. Johnson, W. E. (2013). Curr. Top Microbiol. Immunol. 371, 123 – 151.

79. Johnson, W. E., and Sawyer, S. L. (2009). Immunogenetics 61, 163 – 176.

80. Jung, Y. T., Lyu, M. S., Buckler-White, A., et al. (2002). J. Virol. 76, 8218 – 8224.

81. Katzourakis, A., Tristem, M., Pybus, O. G., et al. (2007). Proc. Natl. Acad. Sci. USA 104, 6261 – 6265.

82. Kerr, P. J., Rogers, M. B., Fitch, A., et al. (2013a). J. Virol. 87, 12080 – 12089.

83. Kerr, P. J., Rogers, M. B., Fitch, A., et al. (2013b). J. Virol. 87, 12900 – 12915.

84. King, A., Adams, M. J., and Lefkowitz, E. J. (2012). Virus Taxonomy: Classification and Nomenclature of Viruses: Ninth Report of the ICTV.

85. Koff, W. C., Johnson, P. R., Watkins, D. I., et al. (2006). Nat. Immunol. 7, 19 – 23.

86. Koonin, E. V. (2009). Ann. N. Y. Acad. Sci. 1178, 47 – 64.

87. Kozak, C. A. (2010). Retrovirology 7, 101.

88. Krupp, A., McCarthy, K. R., Ooms, M., et al. (2013). PLoS Pathog. 9, e1003641.

89. Labrie, S. J., Samson, J. E., and Moineau, S. (2010). Nat. Rev. Micro. 8, 317 – 327.

90. Laguette, N., and Benkirane, M. (2012). Trends Immunol. 33, 26 – 33.

91. Lavialle, C., Cornelis, G., Dupressoir, A., et al. (2013). Philos. Trans. R. Soc. Lond., B, Biol. Sci. 368, 20120507.

92. Li, F., and Ding, S.-W. (2006). Annu. Rev. Microbiol. 60, 503 – 531.

93. Li, Y., Lu, J., Han, Y., et al. (2013). Science 342, 231 – 234.

94. Liao, C. -H., Kuang, Y. -Q., Liu, H. -L., et al. (2007). Aids 21 Suppl. 8, S19 – S26.

95. Löchelt, M., Romen, F., Bastone, P., et al. (2005). Proc. Natl. Acad. Sci. USA 102, 7982 – 7987.

96. Malfavon-Borja, R., Sawyer, S. L., Wu, L. I., et al. (2013a). Genome Biol-HEvol. 5, 2141 – 2154.

97. Malfavon-Borja, R., Wu, L. I., Emerman, M., et al. (2013b). Proc. Natl. Acad. Sci. USA.

98. Malim, M. H. (2009). Philos. Trans. R. Soc. Lond., B, Biol. Sci. 364, 675 – 687.

99. Mandadi, K. K., and Scholthof, K. -B. G. (2013). Plant Cell 25, 1489 – 1505.

100. McCarthy, K. R., and Johnson, W. E. (2014). PLoS Pathog. 10, e1004017.

101. Meyerson, N. R., and Sawyer, S. L. (2011). Trends in Microbiology 19, 286 – 294.

102. Miller, W. A., and Whitham, S. A. (2013). Plant Viruses. In Knipe, D., and Howley, P., eds. Fields Virology.

103. Montaño, A. M., Tsujino, F., Takahata, N., et al. (2011). BMC Evol. Biol. 11, 79.

104. Morikawa, K., Lange, C. M., Gouttenoire, J., et al. (2011). J. Virol. Hepat. 18, 305 – 315.

105. Moss, B. (2013). Poxviridae. In Knipe, D., and Howley, P., eds. Fields Virology.

106. Mu D., Yang H., Zhu J. W., et al. (2014). Mol. Biol. Evol. 31 (11): 2985 – 2997.

107. Mukherjee, K., Campos, H., and Kolaczkowski, B. (2012). Evolution of Animal and Plant Dicers: Early Parallel Duplications and Recurrent Adaptation of Antiviral RNA Binding in Plants. Mol. Biol. Evol.

108. Münk, C., Willemsen, A., and Bravo, I. G. (2012). BMC Evol. Biol. 12, 71.

109. Neil, S., and Bieniasz, P. (2009). Journal of Interferon and Cytokine Research 29, 569 – 580.

110. Neil, S. J. D., Zang, T., and Bieniasz, P. D. (2008). Nature 451, 425 – 430.

111. Newman, R. M., Hall, L., Kirmaier, A., et al. (2008). PLoS Pathog. 4, e1000003.

112. Nieva, J. L., Madan, V., and Carrasco, L. (2012). Nat. Rev. Micro. 10, 563 – 574.

113. Nisole, S., Lynch, C., Stoye, J. P., et al. (2004). Proc. Natl. Acad. Sci. USA 101, 13324 – 13328.

114. Nisole, S., Stoye, J. P., and Saïb, A. (2005). Nat. Rev. Micro. 3, 799 – 808.

115. Nowak, M., and May, R. M. (2000). Virus Dynamics. Oxford University Press on Demand.

116. Ohno, S. (2014). Springer.

117. Patel, M. R., Emerman, M., and Malik, H. S. (2011). Curr. Opin. Virol. 1, 304 – 309.

118. Patel, M. R., Loo, Y. -M., Horner, S. M., et al. (2012). PLoS Biol.

10, e1001282.

119. Pellet, P. E., and Roizman, B. (2013). Herpesviridae. In Knipe, D., and Howley, P., eds. Fields Virology.

120. Perelygin, A. A., Scherbik, S. V., Zhulin, I. B., et al. (2002). Proc. Natl. Acad. Sci. USA 99, 9322 -9327.

121. Pérez-Caballero, D., Zang, T., Ebrahimi, A., et al. (2009). Cell 139, 499 -511.

122. Pestka, S. (2007). J. Biol. Chem. 282, 20047 -20051.

123. Rieder, M., and Conzelmann, K. -K. (2009). Journal of Interferon and Cytokine Research 29, 499 -509.

124. Robinson, H. L., Astrin, S. M., Senior, A. M., et al. (1981). J. Virol. 40, 745 -751.

125. Russell, R. A., Wiegand, H. L., Moore, M. D., et al. (2005). J. Virol. 79, 8724 -8731.

126. Sabeti, P. C., Reich, D. E., Higgins, J. M., et al. (2002). Nature 419, 832 -837.

127. Sackton, T. B., Lazzaro, B. P., Schlenke, T. A., et al. (2007). Nat. Genet. 39, 1461 -1468.

128. Samson, J. E., Magadán, A. H., Sabri, M., et al. (2013). Nat. Rev. Micro. 11, 675 -687.

129. Samuel, C. E. (2011). Virology 411, 180 -193.

130. Samuel, C. E. (2012). Curr. Top Microbiol. Immunol. 353, 163 -195.

131. Sauter, D., Schindler, M., Specht, A., et al. (2009). Cell Host and Microbe 6, 409 -421.

132. Sawyer, S. L., Emerman, M., and Malik, H. S. (2007). PLoS Pathog. 3, e197.

133. Sawyer, S. L., Wu, L. I., Emerman, M., et al. (2005). Proc. Natl. Acad. Sci. USA 102, 2832 -2837.

134. Sayah, D. M., Sokolskaja, E., Berthoux, L., et al. (2004). Nature 430, 569 -573.

135. Schoggins, J. W., Wilson, S. J., Panis, M., et al. (2011). Nature 472, 481 -485.

136. Seed, K. D., Lazinski, D. W., Calderwood, S. B., et al. (2013). Nature 494, 489 -491.

137. Stehelin, D., Varmus, H. E., Bishop, J. M., et al. (1976). Nature 260, 170 -173.

138. Stern, A., and Sorek, R. (2011). Bioessays 33, 43 -51.

139. Tack, A. J. M., Thrall, P. H., Barrett, L. G., et al. (2012). J. Evol. Biol. 25, 1918 -1936.

140. Takeuchi, N., Wolf, Y. I., Makarova, K. S., et al. (2012). J. Bacteriol. 194, 1216 -1225.

141. Tareen, S. U., Sawyer, S. L., Malik, H. S., et al. (2009). Virology 385, 473 -483.

142. Thrall, P. H., Laine, A. -L., Ravensdale, M., et al. (2012). Ecol. Lett. 15, 425 -435.

143. Tomaselli, S., Galeano, F., Locatelli, F., et al. (2014). Curr. Issues Mol. Biol. 17, 37–52.

144. Towers, G. (2005). Hum. Gene. Ther. 16, 1125–1132.

145. Tristem, M., Marshall, C., Karpas, A., et al. (1992). Embo. J. 11, 3405–3412.

146. Truniger, V., and Aranda, M. A. (2009). Adv. Virus Res. 75, 119–159.

147. Van Damme, N., Goff, D., Katsura, C., et al. (2008). Cell Host and Microbe 3, 245–252.

148. van der Aa, L. M., Jouneau, L., Laplantine, E., et al. (2012). Dev. Comp. Immunol. 36, 433–441.

149. van der Loo, W., Abrantes, J., and Esteves, P. J. (2009). J. Virol. 83, 2386–2388.

150. van Mierlo, J. T., Bronkhorst, A. W., Overheul, G. J., et al. (2012). PLoS Pathog. 8, e1002872.

151. Verhelst, J., Hulpiau, P., and Saelens, X. (2013). Microbiol. Mol. Biol. Rev. 77, 551–566.

152. Virgen, C. A., Kratovac, Z., Bieniasz, P. D., et al. (2008). Proc. Natl. Acad. Sci. USA 105, 3563–3568.

153. Viswanathan, K., Smith, M. S., Malouli, D., et al. (2011). PLoS Pathog. 7, e1002332.

154. Walkinshaw, M. D., Taylor, P., Sturrock, S. S., et al. (2002). Mol. Cell 9, 187–194.

155. Weiss, R. A. (2006). Retrovirology 3, 67.

156. Weiss, R. A., Griffiths, D., Takeuchi, Y., et al. (2008). Proc. Natl. Acad. Sci. USA 105, 3557–3562.

157. Wu, T., Yan, Y., and Kozak, C. A. (2005). J. Virol. 79, 9677–9684.

158. Yang, Z. (2005). Proc. Natl. Acad. Sci. USA 102, 3179–3180.

159. Yang, Z. (2006). Oxford University Press.

160. Yasunaga, A., Hanna, S. L., Li, J., et al. (2014). PLoS Pathog. 10, e1003914.

161. Youle, M., Haynes, M., and Rohwer, F. (2012). Scratching the Surface of Biology's Dark Matter. In Witzany, G., ed. Springer Science and Business Media.

162. Zhang, X., Zhao, H., Chen, Y., et al. (2014). Biochem. Biophys. Res. Commun. 453, 425–431.

163. Zhang, Z., Liu, J., Li, M., et al. (2012). PLoS One 7, e49265.

第五章　病毒与其植物宿主相互作用的进化

Israel Pagán　Aurora Fraile　Fernando García-Arenal*

马德里理工大学蒙特港瑟德校区生物技术和植物基因组学中心和生物科学系，波苏埃洛—阿拉尔孔（马德里），西班牙

*通讯作者：fernando. garciaarenal@ upm. es

摘要

一个多世纪的研究表明，病毒是植物的致病因子。然而，我们对植物与病毒相互关系的绝大多数理解来源于对农作物中引起疾病的病毒的研究。直到近年来科学家们才开始从野生生态系统中探索植物与病毒之间的相互作用。这些新研究表明，在野生生态系统中，病毒常与植物呈现共生关系，甚至有益于它们的宿主。因此，在野生生态系统中没有病毒感染而引起的负面影响，这可能是常规，而不是特例。这一观察可能改变我们对植物与病毒交互作用的看法，同时可能引导我们改变目前对它们如何进化的理解。本章中，我们综述了植物—病毒相互作用三个主要方面的现有认知：植物—病毒共同进化、病毒出现和病毒宿主进化范围，特别关注野生和农业生态系统之间的差异。

前言

自 Martinus Bijerinck 在 19 世纪末首次提出病毒是植物的致病因子以来，研究植物病毒相互作用的各个方面（包括其进化）的出发点均为病毒感染对农作物的农业—经济上的有害影响。因此，植物病毒通常被认为对其宿主的适应性有负面影响。新一代的测序技术应用于整个生态系统的病毒组研究以及适合在群体层面上分析植物与病毒相互作用的生物信息学工具的发展，使人们开始在野生生态系统中探索植物与病毒的相互作用。在这个新兴研究领域的研究结果表明，通常情况下，病毒与植物宿主是共生的，甚至有益于植物宿主。这样的观察使我们对传统的植物病毒的观点提出了质疑，并提出在什么情况下病毒是植物病原体的问题。解决这个问题可能会深刻影响我们对植物病毒相互作用的理解，同时影响我们如何使用科学的方法研究植物病毒的进化。

植物—病毒相互作用：病毒是植物的病原体？

人们普遍认为，植物病毒是对被感染的植物宿主的适应性有负面影响的病原体（Read，1994；D'Arcy 等，2001；Anderson 等，2004）。然而，我们大多数关于植物—病毒相互作用的认知来自于引起农作物患病的病毒的研究。因此，我们对植物—病毒相互作用的理解可能偏向最明显的对农业经济能够造成损失的那部分。事实上，针对感染农作物后无症状的病毒的调查很少（Sherwood，1997；Anderson 等，1991；Rodelo-Urrego 等，2013），直到近年来杂草和野生植物才被认为仅作为病毒接种物的来源或储存（Cooper、Jones，2006；Jones，2009；Alexander 等，2014）。二代测序技术（NGS）的出现使得许多不同生态系统的病毒组得到探索（Delwart，2007；Hurwitz、Sullivan，2013），包括野生植物群落（Roossinck，2012；Stobbe、Roossinck，2014）。近几年来，野生植物病毒感染的进化和生态效应也开始得到分析（Alexander 等，2014；Roossinck、García-Arenal，2015）。这些开创性研究表明，野生生态系统中的植物—病毒相互作用远比农业生态系统中的多样化。一个有趣的现象是，在野生植物中，病毒感染是常见的，其病毒多样性和特性似乎与农作物不同（Roossinck，2012；Stobbe、Roossinck，2014）。事实上，以往二代测序技术分析野生植物时发现了大量未知的病毒多样性（Roossinck，2011a）。然而，这种结果可能是有偏差的，因为农作物中的病毒的有关元基因组学方面的成果仍有待完善。另一个有趣的现象是，野生植物中常发生多病毒混合感染，这提示我们在确定感染结果时需要考虑病毒—病毒以及病毒—宿主的相互作用（Syller，2012）。但最有趣的现象可能是病毒感染一般不会导致疾病症状的出现（Prendeville 等，2012；Roossinck，2012）。确实存在一些植物病毒能够引起明显疾病的例子，其中植物种群的大小和植物的生态系统组成受到影响（Power、Mitchell，2004；Malmstrom 等，2005a；Power 等，2011；Rua 等，2011；Rodelo-Urrego 等，2013；Prendeville 等，2014）。然而也有证据表明，在某些情况下，病毒感染甚至可能有益于其宿主植物（Gibbs，1980；Xu 等，2008），且病毒寄生调节过程维护了生态系统的平衡（Hudson 等，2006）。所有信息都指向在野生生态系统中植物病毒与植物是互利共生的这一说法（Roossinck，2005；Wren 等，2006）。这一理论可能会深刻地影响我们对植物—病毒相互作用的看法，并改变我们对什么是“健康生态系统”的理解，即持续存在、维持活力（生产力）、有组织力（生物多样性和可预测性）和恢复力（恢复时间）。野生和农业生态系统不是相互独立的环境。由于农业集约化，越来越多的野生生态系统演变成农业生态系统。这两个生态系统之间的边界被称为“农业生态界”（Burdon、Thrall，2008、2014）。农业生态界可以看作是生态系统之间的门而不是屏障，植物、媒介和病毒可从这个门通过（Burdon、Thrall，2008、2014；Blitzer 等，2012）。这些活动可能与理解传染病动力学和病毒出现等过程相关，因此是植物—病毒相互作用的关键（Alexander 等，2014）。由于农业生态界代表异构环境之间的界限，在农业生态层面对病毒多样性和群体动态的完整了解应考虑采用宏观层次上的分析（Archie 等，2009；Biek、Real，2010）。在此层面上已有少数研究分析报告发表，它们提供了交互模式在人类生态系统管理的渐变过程中变化的证据，这种人类生态系统管理影响感染动力学、病毒进化和植物与病毒的共同进化（例如，Fabre 等，2012；Pagán 等，2012；Rodelo-Urrego 等，2013）。根据生态系统的复杂性，植物与病毒的相互作用遵循不同的进化动力学，例如共同进化的过程可能是专门成对的植物—病原体相互作用中的主要驱动力，在群落层面可能不那么重要，后者的交互矩阵更复杂（Nuismer 等，2013；Karasov 等，2014；Lively 等，2014）。此外，进化动力学将根据病毒是共生、与宿主共同进化还是在新宿主种群中进化而变化（Roossinck，2011b；Karasov 等，2014；Lively 等，2014）。

下面，我们将回顾现有的关于植物—病毒相互作用演变的三个主要方面的知识，包括植物—病毒共同进化、病毒出现和病毒宿主范围，重点为野生生态系统和农业生态系统之间的差异。

植物—病毒共同进化：从农业到野生生态系统的证据

植物—病毒共同进化的条件

如上所述，植物病毒被认为是对受感染宿主的适应性有负面影响的病原体（Read，1994；D'Arcy 等，2001；Anderson 等，2004）。如果是这样，宿主将会激发不同的机制来避免或抑制病毒感染，或者减少其有害的影响（Agnew 等，2000；Little 等，2010）。植物防御病毒的两个主要机制，第一个是抗性，即媒介抑制病毒繁殖的能力（Clarke，1986）；第二个是耐受性，即宿主对其适应性影响减少感染的能力（Clarke，1986）。因为病原体毒力和宿主抗性或耐受性会影响彼此的适应性，所以通常这种情况会被认为是宿主—病毒相互作用所导致的共同进化（Woolhouse 等，2002）。宿主与病原体共同进化需要四个条件：①相关宿主和病原体性状的遗传变异（例如抗性、耐受性、感染性、毒性）；②交互作用的相关特性对宿主和病原体适应性的相互影响；③宿主—病原体相互作用的结果对所涉及的特定宿主和病原体基因型的依赖性；④基因型频率在宿主和病原体群体中的变化（Woolhouse 等，2002）。

尽管有这些一般假设，但令人惊讶的是，几乎没有证据表明植物—病毒相互作用能够满足这些条件。目前的证据主要来源于农作物中的高毒性病毒（表 5－1），其对作物生产的不利影响不一定与宿主适应性降低相关，也来源于农业生态系统中病毒种群遗传结构的变化，这种变化是人类培育抗性因素而影响宿主基因造成的（Fraile、García-Arenal，2010）。野生植物种群的植物—病毒共同进化中宿主的遗传组成可能随着病毒感染的变化而变化的例子是缺乏的，支持植物—病毒共同进化的证据非常少（但参见 Pagán 等，2010a）（表 5－1）。在本节中，我们论述了在野生和农业生态系统中支持植物—病毒共同进化的现有证据。

表 5－1　农业和野生生态系统植物病毒共同进化的证据

共同进化的条件	农业生态系统的证据	野生生态系统的证据
相关植物和病毒性状的遗传变异	＋＋＋ 辣椒属—烟草花叶病毒 辣椒属—马铃薯 Y 病毒 辣椒（甜椒）—辣椒轻斑驳病毒 辣椒（甜椒）—番茄斑萎病毒 茄属科—番茄花叶病毒 烟草—烟草花叶病毒	＋ 拟南芥—黄瓜花叶病毒
植物和病毒间的适应性相互作用的相关特性的互惠效应	＋＋＋ 茄属科—烟草花叶病毒 茄属科—马斯特雷病毒 玉米—玉米条纹病毒 甜瓜—黄瓜花叶病毒 烟草—黄瓜花叶病毒 水稻—水稻黄斑驳病毒 南瓜—番木瓜环斑病毒 小果野蕉—香蕉条纹病毒	＋＋ 甘蓝—芜菁花叶病毒 禾本科—大麦黄矮病毒/谷物黄矮病毒 南瓜—黄瓜花叶病毒/小西葫芦黄花叶病毒
植物—病毒相互作用的结果对特定植物和病毒基因型的依赖性	＋＋＋ 辣椒属—烟草花叶病毒 辣椒属—马铃薯 Y 病毒 辣椒（甜椒）—辣椒轻度斑驳病毒 辣椒（甜椒）—番茄斑萎病毒 茄属科—番茄花叶病毒 烟草—烟草花叶病毒 甜瓜—小西葫芦黄花叶病毒	＋＋＋ 拟南芥—黄瓜花叶病毒 南瓜—黄瓜花叶病毒/小西葫芦黄花叶病毒
在植物和病毒种群中基因型频率的变化	＋＋＋ 辣椒属—烟草花叶病毒	

在分析系统中支持不同条件的证据的强度被表示为从＋＋＋（强）到＋（弱）。－表示没有证据。

发生植物—病毒共同进化的第一个条件是宿主抗性或耐受性遗传变异，以及病原体感染、繁殖（传染性）并引起疾病（致病性）的遗传变异。对于其他植物病原体（Karasov 等，2014），有大量证据表明确实如此。现有证据主要来自于通过分析植物基因变异的变异模式来确定抗性，以及在产生有效抗性的相互作用中确定有感染性和致病性的病毒基因。

在植物方面，最具特色的对病毒的主要有效抗性符合宿主—病原体相互作用的基因—基因（GFG）模型（Chisholm 等，2000；Whitham 等，2000；Ishibashi 等，2007），其中植物抗性基因（R）编码 R 蛋白，其可间接识别病毒编码的非病原性蛋白质（AVR 蛋白）。识别引发了一种将病毒繁殖限制在感染部位的防御反应（Jones、Dangl，2006；Brown、

Tellier，2011）。在大多数系统中，这种抗性表现为超敏反应或极端的抗性（Fraile、García-Arenal，2010）。损伤 R－AVR 或改变 AVR 导致抗性破坏，最终导致普遍致病性，即感染所有宿主基因型的能力，是 GFG 系统的特征（Agrawal、Lively，2002）。因此，克服主导抗性是宿主发展进化的一种方法。在 R 基因中，基因变异导致了新的病毒株的识别，这已经证明了几个 R 基因对病毒的作用。例如分别通过一些非同义突变的积累，野生茄属中的基因 Tm1、Tm2 和 $Tm2^2$ 以及辣椒属 L 基因的不同等位基因，对不同基因型的番茄花叶病毒（ToMV）和烟草花叶病毒（TMV）产生抗性（Lanfermeijer 等，2005；Tomita 等，2008；Ishibashi 等，2012）。重要的是，Tm1 编码的蛋白质的三维结构及其与作为复制蛋白的 ToMV 解旋酶结构域的 AVR 蛋白的相互作用已经在前所未有的 R－AVR 相互作用分析中被阐明（Ishibashi 等，2014）。

R 基因进化的另一个主要机制是通过染色体互换的复制和重组产生新的特异性（Friedman、Baker，2007），并且已经证明了病毒感染促进了宿主植物基因组的重组并产生了继代影响（Kovalchuk 等，2003；Molinier 等，2006）。因此，点突变的积累和 R 基因的重组，使新的识别特性出现，与植物—病毒共同进化相匹配（Friedman、Baker，2007）。在病毒方面，已有几份关于植物病毒的 AVR 基因的遗传变异的报告。TMV 的衣壳蛋白基因（CP）中的不同突变可无视烟草中 N 介导的抗性（Culver，2002）。同样地，野株分离的辣椒中有耐药性的辣椒轻度斑驳病毒（PMMoV）通过在 CP 中替换少量的氨基酸，克服了甜椒的 L 介导的抗性，这与 AVR 基因型不同（Berzal-Herranz 等，1995；Tsuda 等，1998；Hamada 等，2002；Hamada 等，2007）。据报道，在番茄斑点病毒（TSWV）中，NSs 蛋白中氨基酸的替换，导致了不同的基因型，并克服了甜椒的抗性（Margaria 等，2007）。有趣的是，对于许多 R 基因来说，仅有一种或几种抗性基因型被发现。此外，导致克服抗性的突变仅在某些特定的组合中发生，也可能是不同的抗性基因型具有有限的地理范围。在抵抗病毒的基因型中，这种有限的多态性可能是病毒的多功能特性的结果，这将导致异位显性和抗性多效应打破突变（参见“参与跨宿主适应性平衡机制”部分），并且这种特性在其他植物病原体中没有被观察到（Sacristán、García-Arenal，2007）。

植物对病毒的定性抗性也可能是隐性的，这实际上是受损的易感性，并且通常在细胞水平上表现为免疫（Kang 等，2005；Maule 等，2007）。匹配等位基因（MA）模型可解释隐性抗性及其分解，在这个模型中，感染的成功需要宿主和病原体基因之间的特定匹配（Agrawal、Lively，2002）。导致宿主抗性的突变可以通过病毒突变来抵抗，从而与突变的宿主基因恢复相容性。在理论 MA 相互作用中，能够克服特定隐性抗性等位基因的病毒突变可使宿主转换，比如突变型病毒对“易感”原始植物基因型不再具有传染性。MA 相互作用的一个很好的例子是水稻—水稻黄斑驳病毒（RYMV）相互作用。在该系统中，RYMV 蛋白基因组链（VPg）中出现了不同的突变，这些突变（RYMV VPg）决定水稻基因型的感染。在 RYMV 位点上，这些基因型携带着不同的抗性等位基因，其编码为 eIF（iso）4G（Pinel-Galzi 等，2007；Poulicard 等，2014）。另一种研究得比较透彻的系统是通过编码 eIF4E、辣椒属的 pvr2 位点和病毒 VPg 确定的甜椒—马铃薯 Y 病毒（PVY）相互作用（Quenoiulle 等，2013；Moury 等，2014）。eIF4E－VPg 直接相互作用是病毒繁殖所必需的（Robaglia、Caranta，2006）。与 GFG 系统不同的是，在 VPg 和 eIF4E 两者中都观察到高变异性和阳性选择，几乎与所有的氨基酸变化与功能（植物的抗性或病毒的传染性）的增加有关。尽管具有这些 MA 相互作用的典型机械特征，但携带不同 eIF4E 等位基因的 PVY 和植物基因型之间的传染性模型的结构不如 MA 系统所预期的那样是模块化的（Moury 等，2014），它是嵌套结构，如 GFG 系统预期的那样（Weitz 等，2013）。这是因为在适应特定植物基因型的过程中发生的 PVY 突变通常是多样性的，也会适应其他 eIF4E 等位基因（Moury 等，2014）。这项研究强调植物—病毒相互作用的复杂性以及当前模型的局限性。该研究还说明了 MA 模型可以轻松地而不是清晰地捕捉这种复杂性（Agrawal、Lively，2002）。因此，在农作物中有丰富的与 GFG 和 MA 模型相符合的植物抗性和病毒感染性或致病性遗传变异的病毒的证据，但在野生植物—病毒相互作用中还没有进行这种模型的相关分析。

植物—病毒共同进化的第二个条件是相互作用的相关性状必须相互影响宿主和病原体的适应性。为了实现这一目标，致病性和抗性分别对植物和病毒的适应性产生负面影响。病毒感染对宿主可能产生不利影响的证据主要来自农作物—病毒系统（Fraile、García-Arenal，2010；Froissart 等，2010）。在受控条件下，一些野生植物实验已经出现这样的效果（Kelly，1994；Friess、Maillet，1996；Pagán 等，2007），但是在自然生态系统中植物病毒对植物适应性具有负面影响的证据仍然很少（但可参见 Maskell 等，1999；Power、Mitchell，2004；Malmstrom 等，2005a；Prendeville 等，2014）。此外，植物抗性对病毒适应性有负面影响的证据也来自植物—病毒相互作用（Fraile、García-Arenal，2010）。大多数研究用病毒在宿主内繁殖来量化适应度，并假设病毒繁殖和传播是正相关的。虽然这似乎是水平传播寄生物的例子（Ebert、Bull，2003；Alizon 等，2009），但已经表明这种正相关不适用于一些垂直传播的寄生物（Ebert，2013；Pagán 等，2014）。植物和病毒对彼此的适应度和进化存在着相互影响，这种影响的潜在后果是造成其系统发育的一致性（Nieberding、Olivieri，2007）。在不同植物病毒系统中，这种一致性被看作是共同进化的证据，甚至产生共同分化，共同分化意味着宿主植物和病毒共享其整个进化史（Lartey 等，1996；Wu 等，2008；Gibbs 等，2010；Stobbe 等，2012）。对几种病毒的进化史的分析，追溯了这些病毒辐射到农业的起源，这表明病毒可以与它们所感染的农作物宿主共同进化（Fargette 等，2008；Gibbs 等，2008；Pagán、Holmes，2010）。然而，诸如人口地理隔离等其他现象可能导致宿主—病毒系统发育的一致性（参见"景观异质性和感染动力学"部分）。实验还对某些病毒及其宿主的不同进化尺度进行了估计，这些病毒和宿主在长时间内不支持植物病毒的共同分化（Pagán 等，2010b；Rodelo Urrego 等，2013）。因此，尽管有证据支持植物和病毒性状相互影响的相互适应性，但是这些影响在植物—病毒相互作用中的普遍程度仍然不清楚。

植物—病毒共同进化的第三个条件是相互作用，即宿主和病原体基因型相结合。宿主—病原体相互作用的两个主要模型（GFG 和 MA 模型）确定了感染的成功。假设这一条件是准确的，遗传学和分子遗传学证据应支持用这两个模型来解释植物—病毒相互作用（Kang 等，2005；Maule 等，2007；Sacristán、García-Arenal，2007）。如上文所述，在多种 GFG 和 MA 相互作用的基因多样性中，已经描述确定了植物抗性/易感性的基因和病毒的感染性/致病性（Fraile、García-Arenal，2010）。在这种相互作用中，植物和病毒等位基因的具体组合决定植物—病毒相互作用是否相容，即病毒是否能够成功感染（Tomita 等，2008；Ishibashi 等，2012；Ishibashi 等，2014；Quenouille 等，2013；Moury 等，2014）。因此，证明植物—病毒相互作用的结果取决于相互作用的共生体内特定的基因型。植物中对病毒的抗性也可以是多基因的，通常表达为定量或部分抗性，病毒的宿主内增殖减少。数量抗病性取决于植物病毒基因型 × 基因型相互作用的例子也存在于文献中。例如黄瓜花叶病毒（CMV）和它的自然宿主拟南芥植物之间的相互作用（Pagán 等，2007；Pagán 等，2010a；Pagán 等，2014）。为防止病毒性疾病，多基因抗性已被用于农作物育种，并且已有克服这些抗性的病毒基因型的报告（García-Arenal、McDonald，2003）。植物对病原体的另一个主要防御策略——耐受性，由基因型 × 基因型相互作用决定。拟南芥植物对 CMV 的耐受性取决于生活史特性的修饰，它根据植物和病毒基因的不同而变化（Pagán 等，2008；Pagán 等，2009）。此外，广泛使用耐受性品种后，克隆甜瓜耐受性的小西葫芦黄花叶病毒（ZYMV）基因型在病毒群体中普遍存在（Desbiez 等，2002；Desbiez 等，2003）。总而言之，有证据表明植物病毒相互作用的结果取决于基因型 × 基因型相互作用，而不考虑植物防御或相互作用模型的类型。

植物病毒共同进化的第四个条件是宿主和病原体群体中基因型频率的变化。同样地，这些证据主要来自对农业系统的分析。病毒基因型频率根据人类对农作物基因型的干预而发生变化。即使在农业系统中，这些动态的长期分析也是相当罕见的，但是它们已经证明病毒基因型发生变化是为了应对作物品种的遗传抗性的变化（Fraile 等，2011）。请注意，病毒基因型频率的变化需要在宿主中存在多态性，以保持宿主的抵抗力及病毒传染性和毒性。如上所述，这些性状可能具有病毒和宿主的适应性代价。

植物—病毒共同进化的适应性代价

GFG 系统认为与防御和传染性有关的适应性损失是维持宿主和病毒种群间多态性的必要条件，而不是充分条件（Agrawal、Lively，2002；Brown、Tellier，2011；Dybdahl 等，2014）。尽管有大量的分析，抗性代价的证据仍然是有争议的，而且它没有任何抗病毒的能力（Bergelson、Purrington，1996；Mauricio，1998；Bergelson 等，2001；Brown，2003；Martins 等，2014）。然而，在 LRR 结构域中引入随机点突变进行的抗性基因 Rx 的人为进化导致了变异的出现，从而扩大了对马铃薯 X 病毒（PVX）的基因型，甚至是远亲病毒的识别（Farnham、Baulcombe，2006）。具有广泛识别特异性的等位基因不会在自然界中出现，这表明适应度损失限制了 R 基因的进化。

多个系统中关于传染性代价的实验证据更为丰富，García-Arenal 和 Fraile（2013）对此已详细讨论过。克服 Ry 介导的马铃薯对 PVY 的抗性的突变是致死的（Mestre 等，2003），并且该领域中没有任何抗性—破坏基因型的报告。如不同的植物病毒系统所示，抗性—破坏突变常常导致宿主内繁殖的能力降低（Goulden 等，1993；Jenner 等，2002；Janzac 等，2010；Fraile 等，2011；Ishibashi 等，2012；Khatabi 等，2013）。在有大部分数据的情况下，高适应度的损失与抗性—破坏有关，导致在非抗性宿主中抗性—破坏基因型的竞争力减弱（García-Arenal、Fraile，2013）。由于病毒蛋白有多功能性，引起抗性—破坏的突变可能还影响病毒适应的其他组成部分，如通过媒介或种子的传播（Murant 等，1968；Hanada、Harrison，1977）。最近发表的报告显示 PMMoV 中的 CP 突变可克服 L－基因等位基因抗性，也可导致病毒颗粒的稳定性的变化，这样的变化影响了病毒在环境中的存活（Fraile 等，2014）。值得注意的是，这些适应性组分与植物—病毒相互作用并不直接相关，因此宿主植物群体遗传结构的变化可能会通过几种不同的机制来推动病毒种群的变化。

在纯 MA 模型中，抗性和传染性的代价无法预测（Agrawal、Lively，2002），但正如上一节所讨论的那样，大多数类似 MA 的相互作用可能遵循一个简单的模型，突变引起抗性—破坏，将会感染各种宿主基因型，具有不同的效率和不同程度的相关适应性损失。此外，这些损失的证据来源于对水稻—RYMV 和甜椒—PVY 系统的分析。在 RYMV 中，引起克服水稻 rymv1－2 抗性的不同突变在易感宿主中要么没有适应性损失，要么有不同的适应性损失，根据突变，这些代价可能与抗性宿主的病毒繁殖水平呈正相关（Poulicard 等，2010；Poulicard 等，2012）。研究者在抗性等位基因 $pvr2^3$ 或易感性等位基因 $pvr2^+$ 的纯合子甜椒基因型中测试了各种 PVY 突变体，克服 $pvr2^3$ 的相对适应性。有五种抗性破坏 PVY 基因型之间存在适应性差异，它存在于抗性宿主中，而不是存在于易感宿主中（Ayme 等，2006）。这些实验数据与实地研究结果一致，在没有相应的宿主抗性的情况下，频繁地出现在烟草或甜椒中，克服隐性抗性的 PVY 隔离情况（Lacroix 等，2010；Ben-Khalifa 等，2012），表明没有选择可以反对它们。可见 PVY 中至少一些感染性突变是没有代价的。因此，这两个病原体系的结果在一个简单的 MA 模型中就可以达成预期（Agrawal、Lively，2002；Dybdahl 等，2014）。

从植物—病毒的共同进化到新宿主种群的出现

景观异质性和感染动力学

长期以来，植物病理学家一直认为与农业相关的生态变化有利于高毒力病原体的流行感染动力学研究，即从稳定的植物—病原体共同进化动态变化到疾病出现的变化。三个主要因素被认为在这个过程中发挥重要作用：与野生生态系统相比，农业生态系统的物种多样性减少；与野生近缘种相比，农作物遗传多样性下降、宿主密度更高（Burdon、Chilvers，1982；Thresh，1982）。这三个因素都是生态系统简化的结果（图 5－1）。支持这些假设的证据很少，主要来自于间接或历史证据（Stukenbrock、McDonald，2008）。目前随着对生物多样性下降和对病原体突发事件的意识的日益提高，人们对生态系统简化与疾病风险之间关系的关注也逐渐增加（Keesing 等，2010）。已经有两种极端情况的假设提出，将生态系统多样性与疾病风险联系起来：多样性与疾病风险相关可能是正向的（“扩增效应”假设）或负向的（“稀释效应”假设）。更丰富的生物多样性，可能要么导致目标宿主的丰富的“储存器”增加，要么导致阻止病原体传播的聚集体宿主的丰度减少（Keesing 等，2006；Ostfeld、Keesing，2012）。因此，多样性对疾病风险的影响将与病原体的宿主范围有关。

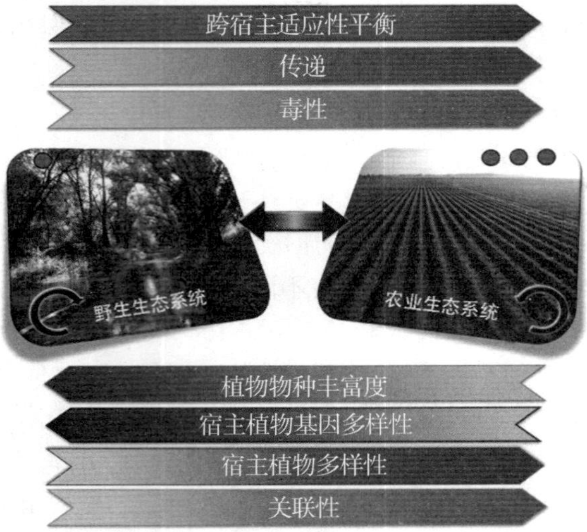

图5-1 野生生态系统与农业生态系统中植物和病毒特性影响疾病发生图示

各特征箭头的方向表示性状增加的方向。野生生态系统和农业生态系统中的圆点表示疾病出现的风险（一点：低风险；三点：高风险）。两系统中的箭头表示宿主可能跳转的方向。

研究人员借助谷类—大麦黄矮病毒（C/BYDV）分析了生物多样性与疾病风险之间的关系。这些病毒在禾本科内能够感染的宿主范围很广，并且它们对北美西部的野生草原生态系统的影响已经得到了广泛的研究。大多数已发表的研究结果与放大效应假说相一致，但结论取决于分析的物种组合的成分，因为禾本科支持病毒繁殖的能力和作为病毒传播来源的能力有所不同（Power、Mitchell，2004；Malmstrom 等，2005a、2005b；Borer 等，2009、2010；Hall 等，2010；Power 等，2011）。最近的一项研究分析了墨西哥的野生甜椒种群或墨西哥奇特品辣椒种群的病毒发病率，从野生变为农作物的种群在栖息地沿着人类管理的梯度成长（Pagán 等，2012）。人类管理的增加与病毒感染风险的增加有关，疾病风险的主要预测因素是栖息地的生物多样性，符合稀释效应假说。景观异质性也是两种最常见的病毒种类（属于菜豆金色花叶病毒属）的演变的决定因素，它导致了野生栖息地的宿主与病毒种群之间的系统发育的一致性。有趣的是，种植导致宿主和病毒的空间遗传结构的丧失，破坏了系统发育的一致性（Rodelo-Urrego 等，2013）。这些结果表明，在宏观尺度上，种植破坏了当地宿主和病毒的适应性，这提示了沿着农业—生态交互作用，从可能是由合作进化所导致的交互作用发展到急性暴发所导致的交互作用的通道。这种种植效果可以用植物的易位以及最可能的病毒和媒介来解释，即人类活动导致植物和病毒群体之间的连通性增加（González-Jara 等，2011；Rodelo-Urrego 等，2013），也就是说由于人类活动，植物和病毒种群之间的联系日益增强。

根据在新的区域中引入栽培的或野生的宿主植物物种，以及病毒或它们的媒介的影响记录，我们很早之前就知道宿主植物群之间、病毒和宿主种群之间连接性增加的这种有利现象（图5-1）（Elena 等，2014）。然而，应该指出的是，病毒和潜在宿主共享一个区域并不一定有连通性。CMV（一个具有很大宿主范围的典型病毒）的感染分析表明，在西班牙中部的农业生态梯度下，感染的动态变化很大程度上是因为宿主的植物物种占据了不同的栖息地，强烈地表明接种体由于宿主和栖息地之间的流通受到限制（Sacristán 等，2004）。

景观异质性和毒力进化

农业生态梯度的生态系统简化也可能决定病毒毒力的进化。理论假设不同的寄生物生命史特征相互制衡，主要是在传播性和病毒毒力之间，所以在水平传播的寄生物中，毒力水平将被传播的优化限制（Frank，1996；Day、Proulx，2004；Alizon 等，2009；Ebert，2013；Bull、Lauring，2014）。因此，对可感染多种植物的病毒来说，与生态系统简化相关的宿主密度的增加将导致更高的传播速率和进化到更高水平的毒力，即在农业生态系统中将存在比野生生态系统更强大的病毒（图 5 -1）。因此，随着人类对栖息地的管理力度的增强，菜豆金色花叶病毒属感染墨西哥奇特品辣椒的毒力增加（Pagán 等，2012；Rodelo-Urrego 等，2013）。此外，使用实验估计的传播和毒力参数模型的现场观察和模拟已经表明，高毒性 CMV 毒株暴发情况的出现依赖于高传播速率，这种 CMV 中携带的 RNA 导致了番茄的腐败和坏死，这种情况的出现需要高密度的蚜虫媒介种群（Escriu 等，2000、2003）。大多数植物病毒可感染多种植物（见“参与跨宿主适应性平衡机制”部分），即能够感染属于不同分类群的不同宿主（Woolhouse 等，2001）。理论分析认为，多宿主种群的感染可以鉴别宿主之间在抵抗力和致病性方面的异质性，感染不同宿主的代价以及宿主内与宿主之间传播率的差异，是决定可感染多种植物的病毒进化的主要因素。这些分析预测病毒的毒力将进化至每个宿主允许的最大限度以下的水平（Ebert、Hamilton，1996；Regoes 等，2000；Gandon 等，2002；Dobson，2004；Gandon，2004；Williams，2012）。对一种混合宿主种群中 CMV 毒力的进化分析显示，其中两种宿主植物在抵抗力、耐受力和病毒传播能力方面存在差异。分析显示了一些推测的证据：致病性水平的进化需要高传播速率和宿主之间的高频率交流，同时在能力较弱的宿主中，致病性依赖于更有能力的宿主传播。然而，在高传播速率下，两种宿主的毒力达到最大值，而不是中等水平（Betancourt 等，2013）。因此，这项工作强调在确定感染动力学和致病性的进化过程中，宿主能力与病毒增殖和传播能力具有相关性。

在美国西部的 C/BYDV 野生林草生态系统中，宿主能力、病毒出现和毒力之间的关系得到了更好的分析。研究结果表明病毒感染在确定宿主群体的组成和动态方面起着重要作用。这是因为支持更高病毒繁殖水平并且更有能力传播的草种作为感染较少能力的物种的“储藏库”，使感染更具毒力（Power、Mitchell，2004；Mitchell、Power，2006）。宿主储藏潜力的决定因素，即宿主易感性和能力与宿主寿命呈负相关，因此寿命较短的草种比寿命较长的草种具有更强的储藏潜力（Cronin 等，2010、2014）。在分析拟南芥植物基因型和 CMV 的相互作用的过程中，宿主易感性、能力、储藏潜力和寿命之间的关系也显示在宿主物种内水平上（Hily 等，2014）。有趣的是，由于短期型基因型的储藏潜力与长寿型基因型的较长时间的感染周期保持相对平衡的状态，不同宿主群体的储藏潜力和感染将取决于宿主群体基本特征和遗传组成，以及媒介总体的密度（Hily 等，2014）。对于给定的媒介密度，传播速率取决于宿主种群密度和遗传结构，这些因素之间的相互作用将决定毒力的进化，但是缺乏实验证据。

在垂直传播的寄生虫中，传播和毒力之间的平衡可能会使进化趋向于减轻毒力甚至是互惠互利，而不再维持传播—毒力平衡（Anderson、May，1982；Ewald，1987；Yamamura，1996；Ebert，2013）。许多植物病毒在其生命周期的不同阶段呈垂直和水平传播（Hull，2014），不同传播模式可能会影响毒力的进化。实验中的进化分析表明，不同植物病毒的垂直传播可以降低毒力（Stewart 等，2005；Pagán 等，2014）。由于不同宿主植物种类或不同宿主基因型在不同病毒物种的垂直传播速率存在差异（Hull，2014；Pagán 等，2014），垂直与水平传播相比，其重要性将取决于宿主群体的遗传结构和密度。据我们所知，传播模式、宿主基本特征和宿主种群遗传结构的三重相互作用对毒力进化的影响尚未被探索。

宿主进化范围

植物病毒的生存和繁殖取决于它们遇到易感宿主，并利用这些宿主获得资源的能力。因此，宿主范围，即寄生物可以感染的宿主物种数量，是寄生物（包括植物病毒）进化的主要决定因素（Frank，1996；Woolhouse 等，2001；García-Arenal、Fraile，2013）。作为其他寄生物，植物病毒可以根据其主要范围分为两大类：①“专一型”植物病毒能够感染一个或几个密切相关的宿主物种，这些病毒是有高度传染性的，并且能有效地利用宿主资源（Futuyama、Moreno，1988）；②“通用型”植物病毒能够感染许多宿主物种，通常来自分类相差较远的植物种类（Whitlock，1996），这种能力使这种病毒具有更强的生存能力和更多的传播机会。由于不同环境的生物适应性不同，不同宿主物种之间的病毒适应性将会不同（Elena 等，2014）。通常假定“通用型”植物病毒是以未达最佳标准的病毒传播和宿主资源开发为代价，因为“通用型”病毒不能在所有宿主中拥有最强的适应性。在宿主病毒的交互中，跨宿主的适应性平衡是很常见的。换句话说，新宿主病毒适应度的增加通常以降低其在原宿主中的适应性为代价（García-Arenal、Fraile，2013）。因此，对于任何一种宿主植物物种，“专一型”病毒的适应性要高于“通用型”病毒，这导致了进化更偏向于“专一型”病毒（Whitlock，1996；Woolhouse 等，2001；Kirchner、Roy，2002；Elena 等，2009、2014）。然而，一项研究发现，在 474 种媒介传播的植物病毒中，只有 9.9% 有单一宿主（Brunt 等，1996），29 个病毒的天然宿主范围数据表明，限于单种属的占 17% ，而 35% 的病毒感染宿主来自不同的分类种族（García-Arenal、McDonald，2003）。因此，许多植物病毒似乎是“通用”的。这是因为跨宿主的适应性平衡在植物病毒的相互作用中不常见吗？确定跨宿主适应性平衡的机制是什么？在本节中，我们将回顾处理这些问题的研究。

关于跨宿主适应性平衡的证据

跨宿主适应性平衡的分析主要来自三个不同的方面。第一个是几种通用植物病毒的现场分离研究了对不同宿主的适应性。例如，如前文所述，大麦黄矮病毒 PAV 株（BYDV –

PAV）的发病率、宿主内繁殖、传播在7种禾本科植物中是不同的，表明宿主适应性有差异（Power、Mitchell，2004；Cronin 等，2010；Power 等，2011）。据报道，凤果花叶病毒（PepMV）在野生和栽培的茄属植物物种内的繁殖变异被作为适应性平衡的证据（Moreno-Pérez 等，2014）。21种植物物种中的5种植物病毒的发病率的数据显示出病毒和宿主之间的关联，表明病毒适应度各不相同（Malpica 等，2006）。在其他情况下，如对从不同植物家族的物种中收集的三种 CMV 分离物进行分析后，有关交换性的证据仅在某些病毒适应性（感染性）方面出现，而不是在其他（宿主内繁殖）情况下出现（Sacristán 等，2005）。这些报道一致证实不同宿主的病毒适应度不同这一假设。另外，在文献中还可以找到一些关于植物病毒相互作用缺乏适应性平衡的例子。例如，在宿主繁殖水平内，三种 CMV 基因型存在差异，但是在两种不同宿主——番茄和瓜类中累积到最高或最低水平的基因型是相同的，表明没有跨宿主适应性平衡（Escriu 等，2003；Betancourt 等，2011）。

第二个关于跨系统适应性平衡的证据源于系统发育和群体遗传学分析，因为病毒种群的遗传结构可能是宿主适应性的表现。植物病毒种群的这种与宿主相关的结构已被描述为存在于某些植物病毒种类中（García-Arenal 等，2001；Jeger 等，2006；Moury 等，2006；Elena 等，2011），以及存在于更高的分类级别如属或种族中（Lartey 等，1996；Wu 等，2008；Pagán、Holmes，2010；Thompson 等，2014）。这不是植物病毒独有的，有研究描述了根据不同的宿主级别分类的动物和人类病毒种群的遗传结构（Kitchen 等，2011）。然而，所有这些研究只是间接证据，因为正如我们前面各节讨论的，其他现象也可能导致宿主和病毒系统的一致性。例外情况是芜菁花叶病毒（TuMV）对芸薹属和萝卜属的适应性，以及 PepMV 对茄属的物种的适应性。根据宿主的遗传结构，这些病毒种群的遗传结构已经被证明与宿主适应过程有关（Ohshima 等，2002；Tomimura 等，2003；Nguyen 等，2013；Moreno-Pérez 等，2014）。

第三个关于跨系统适应性平衡的证据，也许是最充足的证据，是基于连续宿主传代实验的。PVX 对烟草、烟镰刀菌褪绿病毒（HCSV）对藜、烟草蚀刻病毒（TEV）对甜椒以及李子痘病毒（PPV）对豌豆的适应，导致病毒对原始宿主的病毒适应性降低，原始宿主分别是马铃薯、木槿、烟草和桃子（Yarwood，1979；Liang 等，2002；Wallis 等，2007；Agudelo-Romero 等，2008）。因此，第三组分析的一个重要结论是，当仅针对一个宿主进行挑战时，植物病毒往往倾向于"专一型"宿主。在适应多个宿主时，很少有连续的实验能够追寻植物病毒的反应。在这些最详细的多宿主实验中，Bedhomme 等人用 TEV 交替感染两种不同的天然宿主，他们没有发现这些宿主的适应成本增加的证据（Bedhomme 等，2012）。同样，六株 CMV 分离株在其原始宿主中的传代并没有导致适应性提高。这表明这种"通用型"病毒已经在所有宿主中达到其适应度最大值（Sacristán 等，2005）。在类似的实验设计中，这些结果与大多数动物病毒的观察结果是一致的（Elena 等，2009）。总而言之，这些研究表明，环境，即作为宿主可用性的环境，决定植物病毒的宿主范围：当仅有一种宿主物种可感染时，植物病毒将倾向于"专一型"宿主，通常与适应性平衡相关；而当有多个宿主可感染时，植物病毒往往偏向于"通用型"宿主（Elena 等，2009、2014）。请注意，研究对作物病毒的偏倚通常是因为只集中研究一个宿主，这可能会使我们对植物病毒宿主范围进化和平衡的认知产生偏倚。

参与跨宿主适应性平衡机制

已经有两个主要机制被提出来确定跨宿主适应性的平衡。首先是与适应不同宿主相关的拮抗多效性的存在（Whitlock，1996）。也就是说，在一个宿主中有益的突变，在另一个宿主中可能是有害的，这可能是因为植物病毒基因组被高度浓缩，通常隐藏重叠基因和多功能蛋白质。因此，在原始和新的宿主中，由选择决定病毒种群中哪些突变能够保存下来（Fry，1996；Whitlock，1996）。对于植物病毒来说，与宿主适应相关的拮抗多效性的证据是丰富的。例如，烟镰刀菌褪绿病毒（HCVS）和天竺葵花突变病毒（PFBV）在新宿主中的适应性与原始宿主的损失已经被证明都取决于病毒 CP 的几个特定氨基酸位点的突变（Liang 等，2002；Rico 等，2006）。类似地，在 PVY 的经典激活途径中的单个氨基酸的替代使其在烟草中的适应性增加，而在马铃薯中的适应性减少（Moury、Simon，2011）。负责克服不同宿主物种遗传抗性的 PVY、RYMV、ToMV、TuMV 和烟草花叶病毒组中的核苷酸替代，也降低了突变型病毒与原始易感宿主中的野生型竞争能力（Jenner 等，2002；Poulicard 等，2010；Ishibashi 等，2012；Fraile 等，2011；Quenouille 等，2013），这是另一种拮抗多效性的适应征。

可能参与跨宿主适应性平衡的第二种机制是在原始宿主中中立突变的积累，但在新宿主中具有积极/消极的适应性效应（Kawecki，1994）。这意味着，与拮抗性多效性不同的是，原始宿主突变通过基因漂移得到修复，而在新宿主突变中，突变通过选择而发生。在既定的宿主中，病毒的适应度取决于突变适应效应（DMFE）的分配情况；也就是说，在病毒适应性方面，突变方向具有正、负或中性影响。由于病毒基因组具有紧密性，预计在病毒适应性较好的宿主中，大多数突变将具有负性适应性作用或致死作用（Elena 等，2006）。事实上，对 TEV 在其原宿主 N・大锦兰中（Carrasco 等，2007）和几种动物 RNA 病毒（Sanjuán 等，2004）的突变谱进行的分析显示，大多数突变是致死的或强有害的。DMFE 可能由环境背景来决定，在一个宿主中保持中立的病毒基因组的突变可能会对另一个宿主产生有害或有益的影响，从而导致跨宿主的适应性平衡（Martin、Lenormand，2006）。据我们所知，对于宿主的植物病毒 DMFE 变化的唯一现有分析来自 TEV。Carrasco 等人于 2007 年进行了八个不同宿主的一组单核苷酸突变体的平衡测试，结果表明 DMFE 取决于宿主。此外，宿主与分类接近程度降低时（Lalić等，2011），与动物病毒观察结果一致（Elena 等，2009）。DMFE 显然也会根据每个突变发生的遗传背景而变化。例如，基因重叠区域的突变更有可能是有害的（Belshaw 等，2008）。因此，对于大部分动植物病毒来说，在相同基因的非重叠区域中进化的速度比在重叠区域要小（Simon-Loriere 等，2013）。此外，给定突变的影响可能取决于其先前存在的突变的相互作用，使得一些组合比起在其他病毒基因组中更可能被固定下来。换句话说，突变效应很可能是异位显性的（Kimura、Maruyama，1966；Elena 等，2006）。研究者已经利用 TEV 研究了异位显性效应在植物病毒基因组形成中的作用，表明异位显性效应大多为负面的，即两种有害突变的联合作用比个体突变的预期效应要小（Lalić、Elena，2012）。他们随后使用相同的实验系统证明，两种突变之间的异位显性效应取决于宿主的植物物种，并且较少与宿主物种密切相关（Lalić、Elena，2013）。最后，值得注意的是，在适应过程中增加新宿主病毒适应性的突变并不仅仅在原宿主和/或新宿主中发生。在病毒群体中出现的一些有益突变，需要特异性突变途径，其仅在第三宿主（中间宿主）中发生，因为这些途径的中间突变体在原始和新宿主中都具有极低的适应性。原始宿主、中间宿主和新宿主的宿主适应性平衡的分析仅限于动物病毒（Allison 等，2012；Stucker 等，2012）。植物病毒的等效性研究可以提供关于植物病毒宿主范围测定过程的宝贵信息。

拮抗多效性和突变的积累不是相互排斥的，两者都可以同时作用，它们在决定病毒适应度方面的相对贡献可能因宿主而异。因此，全面了解决定跨宿主适应性平衡的机制，需要分析这两种机制在决定跨宿主的病毒适应性方面的相对重要性。不幸的是，在动物或植物病毒的文献中很少分析这种类型的例子（Elena 等，2009、2014）。对于植物病毒，已知某些突变的影响是根据宿主发生的变化而变化的，这些突变的一部分显示相反的适应性效应（拮抗异位显性）（Lalić等，2011）。

总而言之，本节讨论表明，跨宿主适应性平衡是由发生突变的遗传和环境（宿主）调节的。然而，这里的研究只涉及了少数宿主—病毒相互作用，其中野生宿主—病毒相互作用很少被提及。其他宿主—病毒相互作用，特别是对在野生生态系统中发生的相互作用的进一步分析，可能有助于确定与宿主范围变化相关的平衡的一般性，以及拮抗多效性和突变积累的相对重要性。

结语

在过去几十年中，人们在植物—病毒相互作用的分子基础知识研究方面取得了重大进展。关于这个问题的大量信息与目前关于植物—病毒相互作用的模式和进化的零碎知识形成鲜明对比，即使分子遗传学和植物—病毒相互作用的进化是相互联系的。虽然有大量的理论研究模拟宿主—寄生物相互作用的进化，但只有少数明确植物—病毒相互作用。此外，伴随这种模式的少量经验/实验分析仅限于研究少数特定的成对相互作用，主要涉及农业生态系统中的农作物（见表5－1）。根据定义，农业景观是简化的生态系统，因此对农作物—病毒相互作用的分析只能从植物—病毒相互作用的丰富性和复杂性进行分析，这种相互作用在自然界中可以找到。野生生态系统的分析始于近期，尽管这些研究仍然处于“幼年期”，但已经揭示了植物—病毒相互作用的关键信息，而这些信息无法从农作物—病毒系统中获取。在对野生生态系统的分析中，大量的分析可能会产生高度相关的信息，以揭示植物—病毒相互作用的关键方面。我们认为未来的研究将特别注意但不限于包括以下几点：

（1）病毒是否通常是植物的病原体，和/或它们在哪些条件下表现为共生或益于植物的共生体。回答这个问题时，NGS 数据的组合将有助于估计野生生态系统和农业生态系统中的病毒生物多样性，而病毒感染在这些生态系统中的发病率和毒力的信息是非常宝贵的（Paterson、Piertney，2011；Roossinck 等，2011）。农作物病原体的病毒对野生宿主的适应性的影响及最初宿主是野生植物物种的农作物病毒的作用也将有助于我们了解病毒毒力在什么条件下增加或减少、哪些因素有助于疾病的出现（Elena 等，2014；Roossinck、

García-Arenal，2015）。

（2）支持植物—病毒共同进化的观察所得，这一目前主要是由农作物—病毒相互作用产生的现象，是否在野生生态系统中保持不变。在这方面，野生生态系统的分析应考虑探索：①野生植物病毒是否存在感染和防御的互惠适应效应，如果存在，有多普遍；②如果基于成对相互作用的共同进化分析与理解种群植物—病毒相互作用相关，病毒将能够感染多种宿主，并且宿主将暴露/感染于多种病毒。越来越多的理论模型和生物信息学工具被用来分析互利共生/感染网络，而不是成对互动，它们可以帮助我们解决这些难题。网络模型使了解植物与病毒之间的相互作用的规模演变为单个个体以外成为可能性（Nuismer等，2013），并且可能允许探索病毒如何塑造植物群落、生态系统，甚至允许探索病毒在植物跨越农业生态界面如何与其宿主相互作用（Alexander等，2014）。

（3）生态系统复杂性和组织结构是否变化，以及如何变化，这些将会影响感染动态和植物—病毒相互作用，包括宿主范围和毒性的进化。我们大多数关于植物—病毒相互作用的知识来源于当地范围的分析。然而，植物病毒扩散、入侵和感染、进化在更广泛的范围和宏观发生，其结构由具有不同层次复杂性、连通性和生态动态水平的植物群落定义（Meentemeyer等，2012；Alexander等，2014）。因此，关于宏观尺度上植物—病毒相互作用演变的研究将有助于我们更好地了解这种相互作用如何根据其所处的环境而改变。人为干预是影响植物群落组织和复杂性的主要因素之一，因此在宏观规模上的分析还应包括植物病毒流行病学与进化在不同人类管理水平下的宿主种群中的比较（Meentemeyer等，2012；Pagán等，2012；Rodelo-Urrego等，2013）。这种类型的研究产生的信息不仅从学术角度来看是相关的，还可以有助于改进现有的疾病管理和生态系统保护方法（Meentemeyer等，2012；Vander Wal等，2014）。

（4）宿主群体的人口学和遗传结构如何影响疾病风险和毒力演变以及相关的平衡。尽管这些不是新问题（参见Read等，1994），但它们仍然是开放性的。这种假设的反对者提出，宿主群体的遗传多样性水平可能会增加或减少疾病风险和病原体毒力（Burdon、Thrall，2008；Ostfeld、Keesing，2012；Lively等，2014）。很可能这些假设都不是对或错的，感染和病原体毒力的风险取决于植物群落中存在的物种/基因型的特性和相对丰度（Randolph、Dobson，2012；Karasov等，2014）。因此，宿主植物特征的种群多样性，如储存潜能、抗性基因型频率，以及宿主群体中病原体传播的主要模式可以决定疾病风险和毒性进化（Randolph、Dobson，2012；Ebert，2013；Hily等，2014；Karasov等，2014），以及相关的病毒传播和病毒增殖平衡（Bull、Lauring，2014）。大多数植物病毒相互作用的进化特性是基于实验室研究得出的。野生植物群落的等效分析将成为未来研究的一个途径。

这些问题的解决将是未来几年最为棘手的挑战，并将大大有助于了解植物—病毒相互作用和宿主—寄生物相互作用。

（主译：宋荔　校译：徐铁龙）

参考文献

1. Agnew, P., Koella, J. C., and Michalakis, Y. (2000). Microbes Infect. 2, 891-896.

2. Agrawal, A., and Lively, C. M. (2002). Evol. Ecol. Res. 4, 79-90.

3. Agudelo-Romero, P., Carbonell, P., Pérez-Amador, M. A., et al. (2008). PLoS One 3, e2397.

4. Alexander, H. M., Mauck K. E., Whitfield A. E., et al. (2014). Eur. J. Plant Pathol. 138, 529-547.

5. Alizon, S., Hurford, A., Mideo, N., et al. (2009). J. Evol. Biol. 22, 245-259.

6. Allison, A. B., Harbison, C. E., Pagán, I., et al. (2012). J. Virol. 86, 865-872.

7. Anderson, J. A., Ghabrial, S. A., and Taylor, N. L. (1991). Plant Dis. 75, 156-159.

8. Anderson, P. K., Cunningham, A. A., Patel, N. G., et al. (2004). Trends Ecol. Evol. 19, 535-544.

9. Anderson, R. M., and May, R. M. (1982). Parasitology 85, 411-426.

10. Archie, E. A., Luikart, G., and Ezenwa, V. O. (2009). Trends Ecol. Evol. 24, 21-30.

11. Ayme, V., Souche, S., Caranta, C., et al. (2006). Mol. Plant-Microbe Interact. 19, 557-563.

12. Bedhomme, S., Lafforgue, G., and Elena, S. F. (2012). Mol. Biol. Evol. 29, 1481-1492.

13. Belshaw, R., Gardner, A., Rambaut, A., et al. (2008). Trends Ecol. Evol. 23, 188-193.

14. Ben-Khalifa, M., Simon, V., Fakhfakh, H., et al. (2012). Plant Pathol. 61, 441-447.

15. Bergelson, J., Dwyer, G., and Emerson, J. J. (2001). Annu. Rev. Genet. 35, 469-499.

16. Bergelson, J., and Purrington, C. B. (1996). Am. Nat. 148, 536-558.

17. Berzal-Herranz, A., de la Cruz, A., Tenllado, F., et al. (1995). Virology 209, 498-505.

18. Betancourt, M., Escriu, F., Fraile, A., et al. (2013). Evol. Appl. 6, 875-890.

19. Betancourt, M., Fraile, A., and García-Arenal, F. (2011). J. Gen. Virol. 92, 1930-1938.

20. Biek, R., and Real, L. A. (2010). Mol. Biol. Ecol. 19, 3515-3531.

21. Blitzer, E. J., Dormann, C. F., Holzschuh, A., et al. (2012). Agric. Ecosyst. Environ. 146, 34-43.

22. Borer, E. T., Adams, V. T., Engler, G. A., et al. (2009). Ecol. Applic. 19,

1187 – 1196.

23. Borer, E. T. , Seabloom, E. W. , Mitchell, C. E. , et al. (2010) . Ecol. Lett. 13, 810 – 818.

24. Brown, J. K. M. (2003) . Trends Genet. 19, 667 – 671.

25. Brown, J. K. M. , and Tellier, A. (2011) . Annu. Rev. Phytopathol. 49, 345 – 367.

26. Brunt, A. , Crabtree, K. , Dallwitz, M. , et al. (1996) . Plant Viruses Online. Descriptions and List from the VIDE Database. [http://pvo. biomirror. cn/refs. htm] .

27. Bull, J. J. , and Lauring, A. S. (2014) . PLoS Pathog. 10, e1004387.

28. Burdon, J. J. , and Chilvers, G. A. (1982) . Annu. Rev. Phytopathol. 20, 143 – 166.

29. Burdon, J. J. , and Thrall, P. H. (2008) . Evol. Appl. 1, 57 – 65.

30. Burdon, J. J. , and Thrall, P. H. (2014) . Eur. J. Plant Pathol. 138, 417 – 429.

31. Carrasco, P. , de la Iglesia, F. , and Elena, S. F. (2007) . J. Virol. 81, 12979 – 12984.

32. Chisholm, S. T. , Mahajan, S. K. , Whitham, S. A. , et al. (2000) . Proc. Natl. Acad. Sci. USA 97, 489 – 494.

33. Clarke, D. D. (1986) . Adv. Plant Pathol. 5, 161 – 198.

34. Cooper, I. , and Jones, R. A. C. (2006) . Adv. Virus Res. 67, 1 – 47.

35. Costanza, R. , and Mageau, M. (2000) . Aquat. Ecol. 33, 105 – 115.

36. Cronin, J. P. , Rua, M. A. , and Mitchell, C. E. (2014) . Am. Nat. 184, 172 – 187.

37. Cronin, J. P. , Welsh, M. E. , Dekkers, M. G. , et al. (2010) . Ecol. Lett. 13, 1221 – 1232.

38. Culver, J. N. (2002) . Annu. Rev. Phytopathol. 40, 287 – 308.

39. Day, T. , and Proulx, S. R. (2004) . Am. Nat. 163, E40 – E63

40. D'Arcy, C. J. , Eastburn, D. M. , and Schumann, G. L. (2001) . Plant Health Instr. doi: 10. 1094/PHI – I – 2001 – 0219 – 01.

41. Delwart, E. L. (2007) . Rev. Med. Virol. 17, 115 – 131.

42. Desbiez, C. , Wipf-Scheibel, C. , and Lecoq, H. (2002) . Virus Res. 85, 5 – 16.

43. Desbiez, C. , Gal-On, A. , Girard, M. , et al. (2003) . Phytopathology 93, 1478 – 1484.

44. Dobson, A. (2004) . Am. Nat. 164, S64 – S78.

45. Dybdahl, M. F. , Jenkins, C. E. , and Nuismer, S. L. (2014) . Am. Nat. 184, 1 – 13.

46. Ebert, D. (2013) . Annu. Rev. Ecol. Syst. 44, 623 – 643.

47. Ebert, D. , and Bull, J. J. (2003) . Trends Microbiol. 11, 15 – 20.

48. Ebert, D. , and Hamilton, W. D. (1996) . Trends Ecol. Evol. 11, 79 – 82.

49. Elena, S. F. , Agudelo-Romero, P. , and Lalić, J. (2009) . J. Virol. 3, 1 – 6.

50. Elena, S. F. , Bedhomme, S. , Carrasco, P. , et al. (2011) . Mol. Plant-Microbe Interact. 24, 287 – 293.

51. Elena, S. F. , Carrasco, P. , Darós, J. A. , et al. (2006) . EMBO Rep. 7, 168 – 173.

52. Elena, S. F., Fraile, A., and García-Arenal, F. (2014). Adv. Virus Res. 88, 161-191.

53. Escriu, F., Fraile, A., and García-Arenal, F. (2003). Evolution 57, 755-765.

54. Escriu, F., Perry, K., and García-Arenal, F. (2000). Phytopathology 90, 1068-1072.

55. Ewald, P. W. (1987). Ann. NY Acad. Sci. 503, 295-306.

56. Fabre, F., Rousseau, E., Mailleret, L., et al. (2012). New Phytol. 193, 1064-1075.

57. Fargette, D., Pinel-Galzi, A., Sereme, D., et al. (2008). PLoS Pathog. 4, e1000125.

58. Farnham, G., and Baulcombe, D. C. (2006). Proc. Natl. Acad. Sci. USA 103, 18828-18833.

59. Fraile, A., and García-Arenal, F. (2010). Adv. Virus Res. 76, 1-32.

60. Fraile, A., Hily, J. M., Pagán, I., et al. (2014). Mol. Biol. Evol. 31, 928-939.

61. Fraile, A., Pagán, I., Anastasio, G., et al. (2011). Mol. Biol. Evol. 28, 1425-1437.

62. Frank, S. A. (1996). Q. Rev. Biol. 71, 37-78.

63. Friedman, A. R., and Baker, B. J. (2007). Curr. Opin. Genet. Dev. 17, 493-499.

64. Friess, N., and Maillet, J. (1996). New Phytol. 132, 103-111.

65. Froissart, R., Doumayrou, J., Vuillaume, F., et al. (2010). Philos. Trans. R. Soc. Lond., B, Biol. Sci. 365, 1907-1918.

66. Fry, J. D. (1996). Am. Nat. 148, S84-S107.

67. Futuyma, D. J., and Moreno, G. (1988). Annu. Rev. Ecol. Syst. 19, 207-233.

68. Gandon, S. (2004). Evolution 58, 455-469.

69. Gandon, S., Van Baalen, M., and Jansen, V. A. (2002). Am. Nat. 159, 658-669.

70. García-Arenal, F., and Fraile, A. (2013). Eur. J. Plant Pathol. 62, S1-S8.

71. García-Arenal, F., Fraile, A., and Malpica, J. M. (2001). Annu. Rev. Phytopathol. 39, 157-186.

72. García-Arenal, F., and McDonald, B. A. (2003). Phytopathology 93, 941-952.

73. Gibbs, A. (1980). Intervirology 13, 42-47.

74. Gibbs, A. J., Fargette, D., García-Arenal, F., et al. (2010). J. Virol. 91, 13-22.

75. Gibbs, A. J., Ohshima, K., Phillips, M. J., et al. (2008). PLoS One 3, e2523.

76. González-Jara, P., Moreno-Letelier, A., Fraile, A., et al. (2011). PLoS One 6, e28715.

77. Goulden, M. G., Köhm, B. A., Santa Cruz, S., et al. (1993). Virology 197, 293-302.

78. Hall, G. S., Peters, J. S., Little, D. P., et al. (2010). Plant Pathol. 59, 152-1158.

79. Hamada, H., Takeuchi, S., Kiba, A., et al. (2002). J. Gen. Plant Pathol. 68, 155-162.

80. Hamada, H., Tomita, R., Iwadate, Y., et al. (2007). Virus Genes 34, 205 – 214.

81. Hanada, K., and Harrison, B. D. (1977). Ann. Appl. Biol. 85, 79 – 92.

82. Hily, J. M., García, A., Moreno, A., et al. (2014). PLoS Pathog. 10, e1004492.

83. Hudson, P. J., Dobson, A. P., and Lafferty, K. D. (2006). Trends Ecol. Evol. 21, 381 – 385.

84. Hull, R. (2014). Academic Press.

85. Hurwitz, B. L., and Sullivan, M. B. (2013). PLoS One 8, e57355.

86. Ishibashi, K., Kezuka, Y., Kobayashi, C., et al. (2014). Proc. Natl. Acad. Sci. USA 111, 3486 – 3495.

87. Ishibashi, K., Masuda, K., Naito, S., et al. (2007). Proc. Natl. Acad. Sci. USA 104, 13833 – 13838.

88. Ishibashi, K., Mawatari, N., Miyashita, S., et al. (2012). PLoS Pathog. 8, e1002975.

89. Janzac, B., Montarry, J., Palloix, A., et al. (2010). Mol. Plant-Microbe Interact. 23, 823 – 830.

90. Jeger, M. J., Seal, S. E., and Van den Bosch, F. (2006). Adv. Virus Res. 67, 163 – 203.

91. Jenner, C. E., Wang, X., Ponz, F., et al. (2002). Virus Res. 86, 1 – 6.

92. Jones, J. D. G., and Dangl, J. L. (2006). Nature 444, 323 – 329.

93. Jones, R. A. C. (2009). Virus Res. 141, 113 – 130.

94. Kang, B. C., Yeam, I., Frantz, J. D., et al. (2005). Plant 41, 392 – 405.

95. Karasov, T. L., Horton, M. W., and Bergelson, J. (2014). Curr. Opin. Plant Biol. 18, 24 – 30.

96. Kawecki, T. J. (1994). Am. Nat. 144, 833 – 838.

97. Keesing, F., Belden, L. K., Daszak, P., et al. (2010). Nature 468, 647 – 652.

98. Keesing, F., Holt, R. D., and Ostfeld, R. S. (2006). Ecol. Lett. 9, 485 – 498.

99. Kelly, S. E. (1994). Philos. Trans. R. Soc. Lond., B, Biol. Sci. 346, 295 – 302.

100. Khatabi, B., Wen, R. H., and Hajimorad, M. R. (2013). Mol. Plant Pathol. 14, 885 – 897.

101. Kimura, M., and Maruyama, T. (1966). Genetics 54, 1337 – 1351.

102. Kirchner, J. W., and Roy B. A. (2002). Evol. Ecol. Res. 4, 27 – 48.

103. Kitchen, A., Shackelton, L. A., and Holmes, E. C. (2011). Proc. Natl. Acad. Sci. USA 108, 238 – 243.

104. Kovalchuk, I., Kovalchuk, O., Kalck, V., et al. (2003). Nature 423, 760 – 762.

105. Lacroix, C., Glais, L., Kerlan, C., et al. (2010). Plant Pathol. 59, 1133 – 1143.

106. Lalić, J., Cuevas, J. M., and Elena, S. F. (2011). PLoS Genet. 7, e1002378.

107. Lalić, J., and Elena, S. F. (2012). Heredity 109, 71 – 77.

108. Lalić, J., and Elena, S. F. (2013). Biol. Lett. 9, 20120396.

109. Lanfermeijer, F. C., Warmink, J., and Hille, J. (2005). J. Exp. Bot. 56, 2925 – 2933.

110. Lartey, R. T., Voss, T. C., Melcher, U. (1996). Mol. Biol. Evol. 13, 1327 – 1338.

111. Liang, X. -Z., Lee, B. T. K., and Wong, S. -M. (2002). J. Virol. 76, 12320 – 12324.

112. Little, T. J., Shuker, D. M., Colegrave, N., et al. (2010). PLoS Pathog. 6, e1001006.

113. Lively, C. M., de Roode, J. C., Duffy, M. A., et al. (2014). Am. Nat. 184, S1 – S8.

114. Malmstrom, C. M., Hughes, C. C., Newton, L. A., et al. (2005a). New Phytol. 168, 217 – 230.

115. Malmstrom, C. M., McCullough, A. J., Johnson, H. A., et al. (2005b). Oecologia 145, 153 – 164.

116. Malpica, J. M., Sacristán, S., Fraile, A., et al. (2006). PLoS One 1, e41.

117. Margaria, P., Ciuffo, M., Pacifico, D., et al. (2007). Mol. Plant-Microbe Interact. 20, 547 – 558.

118. Martin, G., and Lenormand, T. (2006). Evolution 60, 2413 – 2427.

119. Martins, N. E., Faria, V. G., Nolte, V., et al. (2014). Proc. Natl. Acad. Sci. USA 111, 5938 – 5943.

120. Maskell, L. C., Raybould, A. F., Cooper, J. I., et al. (1999). Ann. Appl. Biol. 135, 401 – 407.

121. Maule, A., Caranta, C., and Boulton, M. (2007). Mol. Plant Pathol. 8, 223 – 231.

122. Mauricio, R. (1998). Am. Nat. 151, 20 – 28.

123. Meentemeyer, R. K., Haas, S. E., and Tomáŝ, V. (2012). Annu. Rev. Phytopathol. 50, 379 – 402.

124. Mestre, P., Brigneti, G., Durrant, M. C., et al. (2003). Plant 36, 755 – 761.

125. Mitchell, C. E., and Power, A. G. (2006). In Collinge, S. K., and Ray, C., eds. Oxford University Press, 58 – 72.

126. Molinier, J., Ries, G., Zipfel, C., et al. (2006). Nature 442, 1046 – 1049.

127. Moreno-Pérez, M. G., Pagán, I., Aragón-Caballero, L., et al. (2014). J. Virol. 88, 3359 – 3368.

128. Moury, B., Desbiez, C., Jacquemond, M., et al. (2006). Adv. Virus Res. 67, 49 – 87.

129. Moury, B., Janzac, B., Ruellan, Y., et al. (2014). J. Virol. 88, 9799 – 9807.

130. Moury, B., and Simon, V. (2011). Mol. Biol. Evol. 28, 2707 – 2717.

131. Murant, A., Taylor, C. E., and Chambers, J. (1968). Ann. Appl. Biol. 61,

175 – 186.

132. Nguyen, H. D., Tomitaka, Y., Ho, S. Y. W., et al. (2013). PLoS One 8, e55336.

133. Nieberding, C. M., and Olivieri, I. (2007). Trends Ecol. Evol. 22, 156 – 165.

134. Nuismer, S. L., Jordano, P., and Bascompte, J. (2013). Evolution 67, 338 – 354.

135. Ohshima, K., Yamaguchi, Y., Hirota, R., et al. (2002). J. Gen. Virol. 83, 1511 – 1521.

136. Ostfeld, R. S., and Keesing F. (2012). Annu. Rev. Ecol. Evol. Syst. 43, 157 – 182

137. Pagán, I., Alonso-Blanco, C., and García-Arenal, F. (2007). PLoS One 2, e786.

138. Pagán, I., Alonso-Blanco, C., and García-Arenal, F. (2008). PLoS Pathog. 4, e1000124.

139. Pagán, I., Alonso-Blanco, C., and García-Arenal, F. (2009). PLoS Pathog. 5, e1000531.

140. Pagán, I., Fraile, A., Fernández-Fuello, E., et al. (2010a). Philos. Trans. R. Soc. Lond., B. 365, 1983 – 1995.

141. Pagán, I., Firth, C. and Holmes, E. C. (2010b). J. Mol. Evol. 71, 298 – 307.

142. Pagán, I., González-Jara, P., Moreno-Letelier, A., et al. (2012). PLoS Pathog. 8, e1002796.

143. Pagán, I., and Holmes, E. C. (2010). J. Virol. 84, 6177 – 6187.

144. Pagán, I., Montes, N., Milgroom, M. G., et al. (2014). PLoS Pathog. 10, e1004293.

145. Paterson, S., and Piertney, S. B. (2011). Mol. Ecol. 20, 869 – 871.

146. Pinel-Galzi, A. S., Rakotomalala, M., Sangu, E., et al. (2007). PLoS Pathog. 3, e180.

147. Poulicard, N., Pinel-Galzi, A., Fargette, D., et al. (2014). J. Gen. Virol. 95, 219 – 224.

148. Poulicard, N., Pinel-Galzi, A., Hebrard, E., et al. (2010). Mol. Plant Pathol. 11, 145 – 154.

149. Poulicard, N., Pinel-Galzi, A., Traoré, O., et al. (2012). PLoS Pathog. 8, e1002482.

150. Power, A. G., Borer, E. T., Hosseini, P., et al. (2011). Virus Res. 159, 95 – 100.

151. Power, A. G., and Mitchell, C. E. (2004). Am. Nat. 164, S79 – S89.

152. Prendeville, H. R., Tenhumberg, B., and Pilson, D. (2014). New Phytol. 202, 1346 – 1356.

153. Prendeville, H. R., Ye, X. H., Morris, T. J., et al. (2012). Am. J. Bot. 99, 1033 – 1042.

154. Quenoiulle, J., Vassilakos, N., and Moury, B. (2013). Mol. Plant Pathol. 14,

439 –452.

155. Randolph, S. E. , and Dobson, A. D. M. (2012) . Parasitology 139, 847 –863.

156. Read, A. F. (1994) . Trends Microbiol. 2, 73 –76.

157. Regoes, R. R. , Nowak, M. A. , and Bonhoeffer, S. (2000) . Evolution 54, 64 –71.

158. Rico, P. , Ivars, P. , Elena, S. F. , et al. (2006) . J. Virol. 80, 8124 –8132.

159. Robaglia, C. , and Caranta, C. (2006) . Trends Plant Sci. 11, 40 –45.

160. Rodelo-Urrego, M. , Pagán, I. , González-Jara, P. , et al. (2013) . Mol. Ecol. 22, 2325 –2340.

161. Roossinck, M. J. (2005) . Nat. Rev. Microbiol. 3, 917 –924.

162. Roossinck, M. J. (2011a) . Curr. Op. Virol. 1, 63 –67.

163. Roossinck, M. J. (2011b) . Viruses 3, 12 –19.

164. Roossinck, M. J. (2012) . Annu. Rev. Genet. 46, 357 –367.

165. Roossinck, M. J. , and García-Arenal, F. (2015) . Ecosystem Simplification, Biodiversity Loss and Plant Virus Emergence. Curr. Op. Virol. In press.

166. Roossinck, M. J. , Saha, P. , Wiley, G. B. , et al. (2010) . Mol. Ecol. 19, S81 –S88.

167. Rua, M. A. , Pollina, E. C. , Power, A. G. , et al. (2011) . Curr. Opin. Virol. 1, 68 –72.

168. Sacristán, S. , Fraile, A. , and García-Arenal, F. (2004) . Phytopathology 94, 992 –998.

169. Sacristán, S. , Fraile, A. , Malpica, J. M. , et al. (2005) . Phytopathology 95, 827 –833.

170. Sacristán, S. , and García-Arenal, F. (2007) . Mol. Plant Pathol. 9, 369 –384.

171. Sanjuán, R. , Moya, A. , and Elena, S. F. (2004) . Proc. Natl. Acad. Sci. USA 101, 8396 –8401.

172. Sherwood, R. T. (1997) . Plant Dis. 81, 817 –820.

173. Simon-Loriere, E. , Holmes, E. C. , and Pagán, I. (2013) . Mol. Biol. Evol. 30, 1916 –1928.

174. Stewart, A. D. , Logsdon, J. M. , and Kelley, S. E. (2005) . Evolution 59, 730 –739.

175. Stobbe, A. H. , Melcherl, U. , Palmer, M. W. , et al. (2012) . J. Gen. Virol. 93, 408 –418.

176. Stobbe, A. H. , and Roossinck, M. J. (2014) . Front. Plant Sci. 5, 150.

177. Stucker, K. M. , Pagán, I. , Cifuente, J. O. , et al. (2012) . J. Virol. 86, 1514 –1521.

178. Stukenbrock, E. H. , and McDonald, B. A. (2008) . Annu. Rev. Phytopathol. 46, 75 –100.

179. Syller, J. (2012) . Mol. Plant Pathol. 13, 204 –216.

180. Thompson, J. R. , Kamath, N. , and Perry, K. L. (2014) . PLoS One 9, e106305.

181. Thresh, J. M. (1982) . Annu. Rev. Phytopathol. 20, 193 –218.

182. Tomimura, K. , Gibbs, A. J. , Jenner, C. E. , et al. (2003) . Mol. Ecol. 12, 2099 –2111.

183. Tomita, R. , Murai, J. , Miura, Y. , et al. (2008) . Theor. Appl. Genet. 117, 1107 –1118.

184. Tsuda, S. , Kirita, M. , and Watanabe, Y. (1998) . Mol. Plant-Microbe Interact. 11, 327 –331.

185. Vander Wal, E. , Garant, D. , Calmé, S. , et al. (2014) . Evol. Appl. 7, 856 –868.

186. Wallis, C. M. , Stone, A. L. , Sherman, D. J. , et al. (2007) . J. Gen. Virol. 88, 2839 –2845.

187. Weitz, J. S. , Poisot, T. , Meyer, J. R. , et al. (2013) . Trends in Microbiology 21, 82 –91.

188. Whitham, S. A. , Anderberg, R. J. , Chisholm, S. T. , et al. (2000) . Plant Cell 12, 569 –582.

189. Whitlock, M. C. (1996) . Am. Nat. 148, S65 –S77.

190. Williams, P. D. (2012) . Am. Nat. 179, 228 –239.

191. Woolhouse, M. E. J. , Taylor, L. H. , and Haydon, D. T. (2001) . Science 292, 1109 –1112.

192. Woolhouse, M. E. J. , Webster, J. P. , Domingo, E. , et al. (2002) . Nat. Genet. 32, 569 –577.

193. Wren, J. D. , Roossinck, M. J. , Nelson, R. S. , et al. (2006) . PLoS Biol. 4, 314 –315.

194. Wu, B. , Melcher, U. , Guo, X. , et al. (2008) . BMC Evol. Biol. 8, 335.

195. Xu, P. , Chen, F. , Mannas, J. P. , et al. (2008) . New Phytol. 180, 911 –921.

196. Yamamura, N. (1996) . Res. Popul. Ecol. 38, 211 –218.

197. Yarwood, C. E. (1979) . Adv. Virus Res. 25, 169 –190.

第六章　病毒毒力的进化：实验研究

Gael Kurath[①] *　Andrew R. Wargo[②]

①USGS 西方渔业研究中心，西雅图，华盛顿州 98115，美国

②弗吉尼亚州海洋科学研究所，格洛斯特角，弗吉尼亚州 23062 - 1346，美国

* 通讯作者：gkurath@ usgs. gov

摘要

毒力是病原体的一种特征，其概念随着对选择的响应而不断发展，在 18 世纪 80 到 90 年代期间，毒力的概念推动了大量毒力进化理论的发展。这些理论从多个角度预测毒力随着复杂的选择压力增加或减少，选择压力包括毒力传播模式、宿主变化、混合感染、媒介传播、环境变化、宿主疫苗接种、宿主防御力以及病毒—宿主共同进化等。与更高毒力相关的利弊权衡预测的基本概念能优化毒力水平的进化。通过观察和实验研究，包括连续传代中病毒的实验性进化，对许多预测的探索已经在从噬菌体到植物病毒、从无脊椎动物到脊椎动物宿主系统中开展。本章总结了多个不同体系中病毒毒力进化的实证研究，包括兔黏液瘤病毒经典模型、鸡的马立克氏病病毒和人类免疫缺陷病毒（HIV）。总体上这些研究结论支持毒力进化理论的某些方面，建议对不支持的理论其他方面做出修改，并表明这个预测可能适用于病毒—宿主相互作用方面，但不适用于其他方面。最后，我们思考毒力进化理论如何应用于实际的疾病管理中。

毒力是病毒进化的目的

由于我们希望避免、控制和治疗传染病，作为病毒的一种特征，毒力显得至关重要。一般来说，毒力是指由于感染病原体而对宿主造成的伤害程度或健康水平下降程度。在病毒中，通常不同的毒株毒力不同：只引发轻度疾病的毒株被认为拥有低毒力，而能引起严重疾病的毒株则具有高毒力。早在 19 世纪 80 年代，以进化为目的的病原体毒力的概念在文献中已有记载（Alizon 等，2009；Methot，2012），并出现了许多理论来解释毒力进化的基本机制。虽然我们的重点在于病毒，但这些理论把毒力看作病毒、细菌及单细胞和多细胞寄生虫等所有病原体的一种特征。

被科学家们和广大民众接受的第一个主要理论是无毒理论，即病原体为了能够在宿主中永远复制和传播应该朝着良性发展（Burnet、White，1972；Ewald，1983；Schmid-Hempel，2011；Smith，1904）。这个假说早在 1904 年（Smith，1904）就被提出，在 20 世纪中

期变得十分突出，在 1982 年，Anderson 和 May 把它称为“常规智慧”（Anderson、May，1982a）。虽然这个想法有内在的动人逻辑，但是对于在某些情况下逐渐增加的病原体毒力和长期稳定维持高毒力的病原体的观察，表明这个理论不像人们曾经认为的那么通用。

在 20 世纪 80 年代，随着大量的毒力进化理论（Schmid-Hempel，2011）体系的发展，人们的观念发生了重大的转变，开始质疑无毒理论的普遍性，并运用数学模型探索可能的权衡机制来解释对于不同程度毒力的进化选择。这些模型假定毒力对病原体同时带来利和弊。它最初是基于一个关于病原体基本生殖次数的相对简单的方程 R_0（下面有描述）。该理论的成功推动了许多不同的基本模型的发展，这些模型解释了在不同参数和情况下如何驱动毒力增加或减少的进化。虽然这个对活跃的理论领域的研究已长达三十多年，但对预测理论的实验证明却发展得相对较慢。近年来，该领域的实验研究工作取得一些成果，发表了一些优秀的综述，这些综述描述并进一步巩固了当前毒力进化理论的数学原理和模型（Alizon 等，2009；Bull，1994；Lipsitch、Moxon，1997；Sacristán、García-Arenal，2008；Schmid-Hempel，2011）。因此，本章仅简要介绍毒力进化的理论，然后重点关注各方面理论的实验证据支持的现状，特别是适用于病毒病原体进化的实验证据。

毒力的定义

毒力看似是一个简单的概念，实际上十分难以界定。这导致了在科学界需要用到许多不同的定义，在某些情况下，它们已经具有体系特异性（表 6 - 1）。在最广泛的意义上，毒力可以被定义为病毒影响宿主健康代价的大小（Bull，1994；Read，1994）。因此，毒力是寄生关系的根源，寄生生物（这里指病毒）以宿主的健康为代价来获得利益。因此，这些宿主的健康代价代表了病毒的毒力。这也是在教科书里经典的用于描述共生的寄生类型的正负相关关系（Campbell，1996）。如果我们把这种共生概念延伸为一种不会对其宿主产生负面影响的完全无毒的病毒，将会构成一种共同体（对宿主或共生体均有益，一般共生体之间无影响冲突）甚至一个共生生物（宿主和共生体彼此获利）。

对广义毒力的一个质疑是在大多数体系中，很难量化病毒对宿主的整体舒适度。而我们需要对病毒感染如何影响宿主繁殖力进行绝对量化。这方面已有的研究大多是关于宿主传代时间较短的植物和无脊椎动物宿主病毒体系的（Read，1994；Sacristán、García-Arenal，2008；Schmid-Hempel，2011）。由于开展此类研究困难，另一个常用的毒力定义是指病原体对宿主感染造成的伤害（Alizon 等，2009；Schmid-Hempel，2011）。基于这个定义，宿主死亡率成为估计病毒对宿主健康影响的代名词（Read，1994）。有的假说认为寿命越短的宿主繁殖期越短，同样也有较低的繁殖力和适应能力。当然，这个假说中有几个固有的假设，主要源于宿主死亡时间，即如果病毒引起的死亡发生在宿主生殖年龄后，则不会对宿主的健康产生影响（Day，2003）。无论如何，由于其可量化的清晰表型，宿主死亡率可能是最早的（Pasteur 等，1881）并已成为最广泛采用的测量毒力的指标（Alizon 等，2009；Bull，1994；Levin，1996；Lipsitch、Moxon，1997；Read，1994；Schmid-Hempel，2011）。在理论文献中尤其如此，通常把由感染引起的宿主死亡率量化为数学参数（Alizon

等，2009；Frank，1996）。

不幸的是，宿主的死亡率与宿主健康度在许多体系中都难以测定。这主要是因为死亡率的实验测量不适用于长寿命的宿主，还有的是不符合伦理要求，特别是对于大型哺乳动物宿主，包括人类来说。对这种毒力定义的另一个限制是许多病毒对宿主的健康造成显著的影响，但不会导致死亡（Read，1994；Sacristán、García-Arenal，2008）。基于以上的原因，出现了各种替代死亡率来量化毒力的指标，这些指标主要集中于测量病原体感染导致宿主非致死性的发病对宿主造成的伤害（Casadevall、Pirofski，1999；Schmid-Hempel，2011；Thomas、Elkinton，2004）。在这种情况下，“伤害”包括病毒复制引起的直接损害，如宿主组织坏死，以及在某些情况下宿主抗击感染引发免疫反应造成的间接伤害。在极端情况下，间接免疫机制实际上会造成更大的损害，这属于免疫病理学（Schmid-Hempel，2011）。对宿主发病率或危害的测量具有体系特异性，包括一些参数如动物体重下降、贫血、组织坏死和免疫功能退化，或者植物疾病表征如叶退化、生长缓慢和褪绿（黄化病）等（表6－1）。基本上，任何与病毒感染或宿主健康相关的可测量的宿主特征都可能成为毒力的指标。运用这些发病率指标的关键在于事先建立毒力与宿主的死亡率或宿主健康度之间的关系。在一些体系中，已经建立了这样的关系，例如宿主CD4细胞计数与人类免疫缺陷病毒感染患者的存活关系存在着关联（Levy，1993），但在许多体系中没有具体的证据就简单地假设了这种关系。值得注意的是我们一直谈论的毒力和致病性的定义有时候可互换使用，有时候又以不同的定义出现在文献中。有很多优秀的综述阐述了该问题（Alizon等，2009；Casadevall、Pirofski，1999；Sacristán、García-Arenal，2008；Schmid-Hempel，2011；Thomas、Elkinton，2004），此处不再赘述。

表6－1　已发表文献中病毒毒力的实验参数

宿主类型	毒力的实验参数	被测病毒[1]	文献[2]
细菌	细胞杀伤力	Qβ，λ	①
	裂解时间	Φ2	②
	菌斑大小	Qβ	③
	宿主成长率的下降	f1	④⑤
	噬菌体的繁殖	Qβ，T7	⑥③
植物、真菌	与无感染的对照组植物/真菌相比，可育种子/孢子数的减少	CMV，TEV，BSMV，CHV1	⑦⑧⑨⑩⑪⑫⑬
	与无感染的对照组植物/真菌相比，植物/真菌大小的减少（重量、生物量、高度、叶面积）	TEV，PVY，CMV，CaMV CMV＋satRNA，CHV1	⑦⑩⑪⑫⑭⑮⑯⑰⑱
	明显病征的严重程度，如萎黄病、坏死	CMV，CMV＋satRNA	⑲⑳
	病征出现的时间	CMV＋satRNA，PPV	⑯㉑
	感染具有抗病能力的植物的能力，即打破植物的防御力的能力	tobamoviruses，SMV，RYMV，TuMV	㉒㉓㉔

（续上表）

宿主类型	毒力的实验参数	被测病毒[1]	文献[2]
动物	死亡率（实验中的百分比，现场观察的病例死亡率）	LdNPV，ATV，polio，VSV，WNV，VHSV，IHNV，DENV，AIV，RHDV，Influenza A	㉕㉖㉗㉘㉙㉚㉛㉜㉝㉞㉟
	达到死亡的时间	ATV，MYXV，RHDV，SINV	⑭㉕㊱㊲㊳
	模式鼠的死亡率	SFV，CHKV，RRV，VSV，WNV，DENV，Influenza A，polio	㊴㊵㊶㊷㊸㊹㊺㊻
	明显病征的严重程度	VEEV，FMDV，polio，Influenza A，DENV，AIV，ISAV	㉜㉞㊴㊼㊽㊾
	病征出现的时间	HIV，influenza A	㊺㊿(51)
	内脏器官病理状态	FV，coxsackie B3，MDV	(52)(53)(54)
	宿主内增殖发展时间	DMelSV	(55)
	卵数目或孵化率的减少	WNV（in mosquitos）	㉖
	感染已接种疫苗宿主的能力	MDV	(54)
	宿主内的病毒累积	RHDV	㊱
	病毒的竞争适应性	HIV	(55)
动物细胞	细胞毒力、细胞活力	FMDV，MHV，VSV，Ad5	㉘(56)(57)(58)(59)(60)(61)
	斑块大小	VSV	(61)(62)
	病毒的竞争适应性[3]	VSV	(63)(64)

［1］Ad5，腺病毒-5；AIV，禽流感病毒；ATV，Ambrystoma tigrinum virus；BSMV，大麦条纹花叶病毒；CaMV，花椰菜花叶病毒；CHKV，基孔肯雅病毒；CHV1，栗疫病低毒型-1；CMV，黄瓜花叶病毒；DENV，登革病毒；DMelDS，黑腹果蝇病毒；FMDV，口蹄疫病毒；FV，弗兰德病毒复合体；HIV，人类免疫缺陷病毒；IHNV，感染性造血坏死病毒；ISAV，三文鱼贫血症病毒；MDV，马立克氏病病毒；LdNPV，舞毒蛾核型多角体病毒；PiGV，印度谷螟颗粒体病毒；MYXV，黏液瘤病毒；PPV，李痘病毒；PVY，马铃薯Y病毒；RHDV，兔出血病病毒；RRV，罗斯河病毒；RYMV，水稻黄斑驳病；satRNA，卫星RNA；SFV，塞姆利基森林病毒；SINV，辛德毕斯病毒；SMV，大豆花叶病毒；TEV，烟草蚀纹病毒；TuMV，芜菁花叶病毒；VEEV，委内瑞拉马脑炎病毒；VHSV，出血性败血症病毒；VSV，水泡性口炎病毒；WNV，西尼罗河病毒。

［2］表中的参考文献：①Berngruber等，2013；②Leggett等，2013；③Kashiwagi、Yomo，2011；④Bull等，1991；⑤Messenger等，1999；⑥Heineman、Brown，2012；⑦Bryner、Rigling，2012；⑧Carrasco等，2007；⑨Lafforgue等，2011；⑩Pagán等，2007；⑪Pagán等，2014；⑫Peever等，2000；⑬Stewart等，2005；⑭Bedhomme等，2012；⑮Doumayrou等，2013；⑯Escriu等，2003；⑰Hillung等，2014；⑱Montarry

等，2012；⑲Betancourt 等，2011；⑳Escriu，2000；㉑Wallis 等，2007；㉒Fraile 等，2011；㉓Hajimorad 等，2011；㉔Pinel-Galzi 等，2007；㉕Brunner、Collins，2009；㉖Ciota 等，2013；㉗Cooper 等，2002；㉘Furio 等，2012；㉙Hodgson 等，2002；㉚Lancaster、Pfeiffer，2011；㉛Pascua 等，2012；㉜Ping 等，2011；㉝Snow、Cunningham，2000；㉞Suzuki 等，2009；㉟Wargo 等，2010；㊱Elsworth 等，2014；㊲Fenner，1983；㊳Olmsted 等，1984；㊴Jerzak 等，2007；㊵Novella 等，1995；㊶Peleg，1971；㊷Singh，1971；㊸Taylor、Marshall，1975b；㊹Twiddy 等，2002；㊺Vignuzzi 等，2006；㊻Xu 等，2011；㊼Aamelfot 等，2014；㊽Anishchenko 等，2006；㊾Carrillo 等，2007，㊿Ewald，2011；(51)Pfeiffer、Kirkegaard，2005；(52)Beck，1997；(53)Kubinak 等,2012；(54)Witter 等，1997；(55)Brusini 等，2013；(56)Arien 等，2005a；(57)Chen、Baric，1996；(58)Garijo 等,2014；(59)Herrera 等，2007；(60)Ojosnegros 等，2010；(61)Yan 等，2003；(62)Zarate、Novella，2004；(63)Ogbunugafor 等，2013；(64)Elena 等，2001。

[3] 竞争适应性在几种病毒中经常测量，但在大多数情况下，它不被用作毒力的指标。

还有人用其他几个在多种宿主—病原体研究体系中易被测量的定义替代毒力的概念。病毒复制能力与毒力之间的正相关关系在许多体系中已被证明（Brunner、Collins，2009；Furio 等，2012；Pascua 等，2012；Schmid-Hempel，2011；Suzuki 等，2009；Wargo、Kurath，2011）（后面有更多的讨论），但这也导致了一些作者在复制适应性和毒力的相关关系尚未建立的体系中，简单地将病毒毒力定义为病毒复制能力。这又引发了与寄生成功相关的许多额外的特征的测量，如传播、感染性和持久性（Alizon 等，2009；Schmid-Hempel，2011）。然而，与复制一样，在许多体系中，这些特征与毒力之间的相关性尚未建立。当测量时，这些关联有时被发现是不存在的、负相关的、非线性的或不稳定的（Brunner、Collins，2009；Kell 等，2013；Lipsitch、Moxon，1997；Ten Haaft 等，1998）。因此，在论文发表时，阐明毒力的测量方法是非常重要的，甚至需要注意到许多毒力的定义可能不能满足假设。

不管选择哪种定义，关键是毒力被认定为是病毒的表征（Read，1994）。此外，一般认为毒力在某种程度上受基因控制。然而，环境也在病毒毒力的表达中起重要的作用，就像鱼的游泳表现取决于基因以及环境因素，如水温或溶解氧。因此，比较不同毒株或病毒种类的毒力必须考虑环境因素。对病毒而言，其环境很大程度上取决于宿主。宿主对病毒的抵抗力可能不同，因此对病毒毒力的表达有显著的影响。梳理分析宿主抗性和病毒毒力的影响是一个巨大的科学挑战。关键问题是，在数学模型中抗性被认为是宿主的特质，而毒力被认为是病毒的特征；但在现实中，毒力有很强的宿主专一性，这部分内容将在“宿主专一性和广谱—专一性毒力权衡”部分中详细解释。

毒力进化理论的基本概念

数学基础：基础繁殖数，R_0

毒力进化理论是建立在传染病流行病动力学的数学模型基础上的。其中被引用最多的是 Anderson 及 May 在 20 世纪 70 年代末和 80 年代提出的模型（Anderson、May，1979、1982a；May、Anderson，1979、1983），他们的模型是在 Kermack 和 McKendrick 1927 年的研究以及其他人的工作基础上建立起来的，但他们的工作开启了今后大规模的深入研究（Alizon 等，2009 ；Bremerman、Pickering，1983；Frank，1996；Kermack、McKendrick，1927；Schmid-Hempel，2011）。在这些模型中，毒力被定义为由感染引起的宿主额外死亡率，这个死亡率基数高于未经感染的宿主。这些模型除了能构建流行病在宿主种群中的传播模式，还能用于确定传染病如何影响宿主种群的未来数量（Anderson、May，1979）。在这些模型中，死亡率是一种合理的定义毒力的因素，因为它将宿主从群体中移除，并除去了它对传播和未来宿主繁殖的影响。这些模型通常是一个微分方程，可以追踪易感（S）、感染（I）或恢复（R）类型（方程式 1）的宿主个体的数量（或比例）的变化。在这些模型中，易感个体数量的增加由出生率（b）决定。从易感人群发展到感染人群由传染率（β）控制，这是宿主在接触传染个体时被感染的概率。从感染到已恢复受恢复率（ρ）的影响，这是受感染的个体不再具有传染性并对未来的感染产生了免疫力的概率。这个简单模型还包括其他参数，如基准死亡率（μ），即一个易感或恢复的宿主个体死亡的概率。最后，毒力（α）就是除了基准死亡率之外，疾病感染个体的额外死亡率。

这些简单的疾病动态模型对预测急性流行病的发生非常有用（Kermack、McKendrick，1927；Ransome，1880、1881）。数学方法的流行病定义为当方程式 2 中 dI/dt 的值大于 0 时，受感染人的数量增加。特别有意思的是急性疾病成为完全易感人群流行病的阈值，该值由 R_0 或者基础繁殖率表示。R_0 被定义为一个最初的感染个体进入一个完全易感宿主群新感染宿主的数量（Diekmann 等，1990）。在这种情况下，易感人群的数量代表宿主的整个群体（N），如方程式 3 所示，当 $R_0 > 1$ 时，流行病才会发生。换言之，每个传染性个体至少感染一人，才能造成发病率增加。除了提供宿主人群中流行病传播的有关信息，参数 R_0 还能估计种群水平上的病原体适应度，我们称之为整体适应性。那些具有较高 R_0 值的病原体毒株将会以更快的速度传播和感染更多的宿主人群，因而具有更大的传播成功率和整体适应性（Wargo、Kurath，2012）。

另外还有许多传播模型。本章的目的不是讨论种种疾病传播模型的理论发展，而是验证这些理论中与毒力进化相关的基本假设是如何被实验证实的。对综合理论感兴趣的读者可以阅读其他优秀的书籍和综述（Anderson，1982；Anderson、May，1982b；Collinge、Ray，2006；Frank，1996；Grenfell、Dobson，1995；Hudson 等，2001；Keeling、Rohani，2008；Schmid-Hempel，2011；Thomas 等，2009）。

方程式1：基本流行病SIR模式

$$\frac{dS}{dt}=b\ (S,\ I,\ R)\ -\beta SI-\mu S$$

$$\frac{dI}{dt}=\beta SI-\mu I-\alpha I-\rho I$$

$$\frac{dR}{dt}=\rho I-\mu R$$

方程式2：流行病发生的时期

$$\frac{dI}{dt}=\beta SI-\mu I-\alpha I-\rho I>0$$

简化为

$$\frac{\beta S}{\mu+\alpha+\rho}>1$$

方程式3：基本的繁殖数目

$$R_0=\frac{\beta N}{\mu+\alpha+\rho}$$

正文中有参数的定义。

毒力作为一种代价性的病毒适应性特征

鉴于上述模型框架，基础繁殖数R_0为宿主种群内总体病毒适应性的指标，能直观显示毒力如何呈现病原体有代价的适应性特点。在R_0方程式（方程式3）中，显而易见的是当其他参数保持不变时，R_0将随着毒力降低而增加。直观认为，毒力较低的病毒使它们的宿主存活得更长，有更多机会接触天然宿主，因此有更大的传播机会。换句话说，它们通过最小化毒力来实现传播的最大持续时间和最大化适应度。早期描述的无毒力理论也是如此，即假设病毒与宿主进化成良性共生或共生状态。有些观察和实验证据显示在许多体系中存在毒力减弱的进化情况，这表明在某些情况下毒力下降是病原体付出的一种适应性代价（Bao、Roossinck，2013；Carrillo等，2007；Escriu等，2000；Kerr等，2012；Pagán等，2014）。然而，值得注意的是，除了一种内在的适应性代价特征，还有很多其他机制可以解释毒力的存在或进化。这些机制包括基础效应、基因漂变或环境改变，如宿主抗性的进化（Freeman、Herron，1998）。证明病毒对毒力的代价适应性的实验性证据较少，但是有越来越多的证据和实例证明这种代价是合理的（Fraile等，2011；Heineman、Brown，2012；Kerr等，2012；Laanto等，2012）。

毒力作为一种有利的病毒适应性特征

虽然有很多无致病力病毒的例子，但也有很多高毒力病毒的例子（艾滋病、埃博拉疫情、狂犬病、天花、黄热病）。无毒力理论者会辩解这些病毒之所以毒力强是因为它们刚出现在宿主体内，是新发病毒，还没有足够长的时间进化为无毒力。然而，有许多病毒在宿主中经历长时间的进化过程，仍然具有毒力（Ewald，1983；Toft、Karter，1990）。比如，在天花病毒感染人体的几千年里，它的毒力依然很强，直到人类接种疫苗才能将其遏制（Li 等，2007；Lofquist 等，2003）。若把病毒的世代时间非常短以及 RNA 病毒的突变率远远高于它们的宿主等因素考虑在内，即使是几十年的时间对于病毒来讲也是一个漫长的进化过程了（Duffy 等，2008）。此外，越来越多的证据表明随着时间的推移，病毒的毒力在进化过程中逐渐增强（Atkins 等，2013a；Bull 等，1991；Cooper 等，2002；Ebert，1998；Elsworth 等，2014；Gimeno，2008；Kubinak、Potts，2013；Kubinak 等，2012；Nair，2005；Rodriguez-Roche 等，2011；Snow、Cunningham，2000；Stewart 等，2005；Witter，1997），当然这与病毒的适应性相比有不同的进化机制，正如前面一节所讨论的基础效应或遗传漂变等。这些观察结果导致了毒力增强实际上对病毒和其他病原体有利的适应性假说的诞生（Alizon 等，2009；Bull，1994；Read，1994；Schmid-Hempel，2011）。经典例子是病毒复制与毒力之间有正相关的关系（Brunner、Collins，2009；Furio 等，2012；Pascua 等，2012；Schmid-Hempel，2011；Suzuki 等，2009；Wargo、Kurath，2011）。论点如下：毒力是宿主体内病毒密度的一个函数，高的病毒载量引起更大的细胞损伤，从而导致更高的发病率和死亡率（致病力）。换言之，病毒是消费者而宿主细胞是资源，病毒载量越高，需消耗的细胞或细胞资源越多。病毒的适应性体现在复制过程中，高复制率能使病毒产生更多具有感染力的致病因子（Lipsitch、Moxon，1997）。正如经常假设的那样，传染性病毒的繁殖会提高传播概率（方程式 1 中的 β），病毒繁殖与传播呈正相关，并最终表现为总的适应性。很明显，在这个假设中有两个固有的假设：①毒力与病毒复制呈正相关，②传播随着传染性病毒的繁殖而增加。近年来，这一结论在越来越多的实验体系中得到实验证实（Atkins 等，2013a；Brunner、Collins，2009；Bryner、Rigling，2012；Doumayrou 等，2013；Kerr 等，2012；Mackinnon 等，2008；Wargo、Kurath，2011），但仍然在很多实验体系中未得到严格的实验证实（Froissart 等，2010）。

毒力的增强也可能存在其他的益处。例如，研究表明，毒力可能与病毒适应性特征的效益有关，如宿主侵入、传染性、持久性和宿主免疫逃避等（Ogbunugafor 等，2013；Saiz、Domingo，1996；Walther、Ewald，2004；Wargo、Kurath，2011）。假设毒力和恢复率（方程式 1 中的 ρ）之间呈负相关，那么感染了高毒力病原体的宿主恢复速度更慢（Anderson、May，1982a）。方程式 3 表明，如果毒力降低、恢复率较高则可以抵消毒力对 R_0 的负相关影响。从生物学角度来看，毒力更强的病毒因为宿主恢复得比较慢，会赢得更长的持续传播时间。最终，病毒适应性有利于毒力的关系可能为病毒毒力增加进化的一种机制（Alizon 等，2009；Bull，1994；Read，1994；Schmid-Hempel，2011）。

毒力权衡假说

至此有心的读者已经能得出结论：毒力的增加可能同时为病毒提供适应性的代价和利益，这是权衡假说的基础原理（Alizon 等，2009）。这一理论确定了病原体要为病毒的毒力付出代价，例如宿主的死亡切断了持续传播的时间，但也能通过与病原体的积极适应得到益处，像是在前两节中讨论过的复制和传播率的正相关关系。在数学上，利弊权衡理论认为，方程式3中分子和分母并不是独立变化的，而是相互关联的，即一个的增加可以导致另一个的降低。目前许多毒力进化理论的基本原理是方程式1中的参数在各种权衡关系中不断进化，以维持病原体适应性 R_0的最大化。

最早发表的平衡理论与毒力和恢复率之间的关系有关。毒力的增加会降低恢复率，较低的恢复率会延长传播持续时间，而较高的宿主死亡率会缩短传播持续时间。然而，最常被引用和验证的理论是传播和毒力之间的关系，如图6－1中所示及前面两个小节中讨论的那样，毒力的增加会导致传染率的增加和传播持续时间的减少（Bremermann、Pickering，1983；Massad，1987）。权衡假说预测，方程式3和图6－1可以推导出最终病原体在这些平衡因素的影响下进化到具有中等程度的毒力。然而，特别需要注意的是，除了少数几个体系外，毒力和适应性之间的关系是未知的，这会对进化结果的预测产生重大的影响。例如，如果传播和毒力之间的关系是线性的或者是正相关（不断地增强）而非负相关的，会导致毒力无限增强的进化趋势。此外，宿主死亡率不一定会缩短病原体的传播时间，特别是针对在宿主死亡之前传播过程就已经结束的情况。下面将详细介绍毒力和其他病原体适应性特征之间的权衡假说。

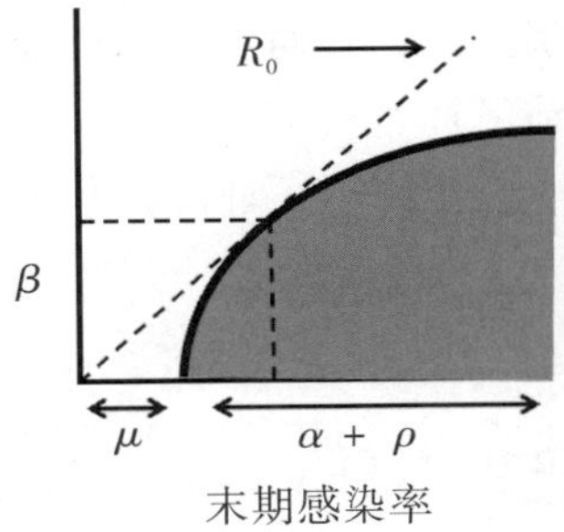

图6－1　毒力权衡假说中传播率、毒力以及恢复率的关系曲线图解

切线上的是当 R_0最大时，传染率、毒力与恢复率的值（见方程式3）。假设宿主的基础死亡率不变，灰色区域内的病毒通过增加传染率或延长传染期沿着黑色曲线向上和向内发展，延长传染期可以通过降低感染引起的死亡率（毒力）或恢复率实现。一旦病毒到达黑曲线边缘，只能沿着曲线行进，直到达到 R_0最大化的进化稳定策略（切线）。

环境因素一直在决定毒力的代价和效益如何平衡以及毒力的大小如何进化中起着非常重要的作用。例如，若传播机会大，如在宿主密度高的情况下，杀死宿主的成本很快就会降低，而病毒的适应性在更高的毒力中得到优化。此理论也适合于传播机会很少或者介于二者之间的情况。图6－1中另一个有趣的预测是，随着宿主背景死亡率的增加，使适应性最大化的毒力水平也会增加，因为 R_0的切点将会沿曲线上升。然而我们牢记在病毒体系中，这一现象并没有经过实验验证。关于不同的环境下毒力平衡假说的预测和实证研究将会在下面的章节中讨论。

与适应性无关的毒力

在毒力进化理论中经常被忽视的一点是，在某些情况下，毒力可能与病原体的适应性不相关，因此不经历选择。一个典型的例子就是以宿主死亡为代价的终端感染，例如致命的人类狂犬病，因为狂犬病毒通常不能在人类宿主中传播，所以它在人这个宿主中不会经历短暂的变化选择。同样地，宿主组织也会发生终端感染，如中枢神经系统的脊髓灰质炎病毒感染比典型的肠内感染毒力更大，但也终止了传播（Levin、Bull，1994），这可能是因为毒力并不总是在受病原体的遗传控制。在宿主的控制下而不是受病毒的遗传控制时，病毒可能引起强烈的免疫病理反应（Graham 等，2005）。经常被忽略的另一种可能性是，正如构建模型所假设的那样，病毒的传播并不随着宿主的死亡而结束。许多病毒，比如埃博拉病毒，在宿主死亡后的一段时间仍在继续传播。因此，由于宿主的死亡而终止持续传播的毒力代价可能并不适用于此种情况。然而，如果病毒传播必须以宿主死亡为代价或繁殖和毒力相关，可能会把毒力从一个未经选择的特性变成一个正在经历积极选择的特性。当然，在所有这些情况下，病毒最初的不适应有可能在适当的条件下或宿主可用的情况下变得适应，而这通常是疾病出现的开始。最后，必须铭记在心的是，毒力的表达在很大程度上依赖于宿主的环境，而环境的巨大持续变化可能会压倒其他可能作用于毒力的选择性压力。例如，当运用抗病毒药物治疗时，可通过药物抗性来使病毒的适应性最大化，原病毒毒力的决定因素不再是与病毒适应性相关的主要驱动因素。尽管牢记在某些情况下病毒毒力与病毒的适应性没有关联这一点很重要，但是，对于适应性毒力的一般规则来说这是相当罕见的例外。

当前有关毒力进化理论预测的概述

如上文所述，目前的毒力进化理论由一个基本的数学模型和权衡的概念组成，并且模型的变化描述了不同的因素如何在不同的宿主、病原体和环境的相互作用下对毒力的选择产生影响。表 6－2 中总结了最常用的概念，并对每个毒力增加或减少选择概念的预测以及被报道过的实验验证都做了简要评述。有些概念已经有了大量的理论分析，但还没有与之相匹配的实验验证。在评述用于实证分析的各种方法之后，下文将针对毒力进化的各个概念的实验研究进行详细阐述。

验证毒力进化理论概念的实验方法

毒力进化理论的预测已经在包括病毒、细菌和细胞病原体等的多个生物体系中得到了广泛的验证。由于 RNA 病毒具有内在突变率高、种群数量大和繁殖时间短的快速进化特质，尽管大多数的研究都采用 RNA 病毒（Duffy 等，2008），但在分类学上属于不同病毒科的 DNA 和 RNA 病毒都已经在各种宿主的体内和体外细胞培养体系中得到了验证。每个病毒宿主体系都有特定的特征，这对某些类型的研究来说可能是优势也可能是限制，因此需要采用不同的实验方法进行验证。用于毒力进化研究的三种主要方法包括基于现场数据的观察性研究、试验性传染的实验室研究以及连续传代实验。

观察性研究的一个主要优点是分析的数据源于自然发生的感染，与实际发生的疾病是直接高度相关的，尽管这一优势大于许多的缺点，但这也是最不可控和最复杂的数据来源，并且许多不可测的因素可能会影响实际的感染。最终这些研究都是相关的但不存在因果关系，因此很难确定观察到模式的驱动因素。由于这些限制，这样的研究需要大量的数据，这些可以在病毒—宿主体系中获得，例如兔黏液瘤病毒、在植物宿主中的辣椒花叶病毒和南瓜花叶病毒，以及包括人类免疫缺陷病毒在内的几种人类病毒。

表 6－2　对毒力进化理论的预测

毒力进化理论概念	预测	病毒①—宿主体系实验研究	实验结果
传播平衡	与在宿主中更快速的复制相关的更快传播速度以一种缩短宿主寿命周期造成的传播持续时间减少为“代价”	MYXV—兔子 HIV—人类 VSV—细胞 ATV—火蜥蜴 CaMV—芸薹属植物 CHV1—真菌	现实中观察到向中等的毒力进化 实验证据在某些（非全部）体系中权衡 毒力的益处建立完好，但代价不明显
恢复平衡	从病毒感染中获得的较慢或较低的恢复频率以宿主寿命缩短而造成的传播持续时间减少为“代价”	MYXV—兔子 SIV—猕猴 AIV—鸡	毒力较低的毒株通常会被更快地清除 毒力的代价没有很好地验证

---

① AIV，禽流感病毒；ATV，虎纹钝口螈恶性肿瘤病毒；BSMV，条纹花叶病毒；CaMV，花椰菜花叶病毒；CHKV，基孔肯雅病毒；CHV1，栗疫病低毒型－1；CMV，黄瓜花叶病毒；DENV，登革病毒；EEEV，东方马脑炎病毒；FMDV，口蹄疫病毒；HIV，人类免疫缺陷病毒；IHNV，传染性造血坏死病毒；MDV，马立克氏病病毒；LdNPV，舞毒蛾核型多角体病毒；PfNPV，帕氏弗拉米氏核多性病毒；PiGV，印度谷螟颗粒体病毒；MYXV，黏液瘤病毒；RRV，罗斯河病毒；SFV，塞姆利基森林病毒；SINV，辛德毕斯病毒；SIV，猿免疫缺陷病毒；VEEV，委内瑞拉马脑炎病毒 ；VSV，水泡性口炎病毒；ZYMV，小西葫芦黄花叶病毒。

（续上表）

毒力进化理论概念	预测	病毒—宿主体系实验研究	实验结果
传播模型：垂直—横向传播	垂直传播导致较低的毒力，横向传播导致更强的毒力	Phage f1—大肠杆菌 ZYMV—葫芦 BSMV—大麦 CMV—拟南芥	普遍良好的支持 垂直传播一般具有更弱的毒力 横向传播毒力有差异
传播模型：病媒传播	①病媒传播的疾病比非病媒传播的疾病毒力更大 ②毒力在病媒生物中比在初宿主中更低 ③在不同的宿主之间进行循环交替与单一宿主相比限制了适应性的提高和与复制相关的毒力的增强	CMV—芸薹属植物 SFV—昆虫细胞、小鼠 CHKV—昆虫细胞、小鼠 RRV—昆虫细胞、小鼠 VSV—细胞 EEEV—细胞 SINV—细胞 DENV—细胞 VEEV—蚊、小鼠	在植物中普遍正确，在其他宿主中结果不一致 普遍正确 不一致
混合感染	在混合感染中，有更高毒力的快速复制的基因型具有更大的竞争力	MDV—鸡 IHNV—大马哈鱼 FMDV—细胞 噬菌体—大肠杆菌 Phage—假单胞菌 PfNPV—蛾	毒力更强的毒株通常具有更大竞争力，但并非所有被验证的体系都是如此 毒力较低的进化与干扰因子竞争
生活史特点	早期的传播有利于增强毒力，之后的传播有利于降低毒力	LdNPV—蛾幼虫 VSV—幼仓鼠肾细胞 SINV—细胞	在 NPV 体系中支持，在其他体系中部分支持或不支持
坐—等假说	在外环境中更高的病毒粒子存活率与更高的毒力相关	呼吸道病原体—人类 噬菌体—大肠杆菌 VSV—细胞 AIV—鸭	在几种人类呼吸道病原体的大数据分析中得到支持，但在其他体系中没有相关性或相互矛盾
非平衡毒力	在流行病或者急性传染病早期，毒力瞬间增加，随后会随着易感宿主数量的减少而降低	λ 噬菌体—大肠杆菌	支持，但实验数据较少

（续上表）

毒力进化理论概念	预测	病毒—宿主体系实验研究	实验结果
专一性—普遍性策略	①对一个宿主的专一性会导致对该宿主的适应性和毒力加强，也会带来对其他宿主的适应性和毒力降低的代价 ②感染超过一种宿主的普遍毒力会被限制在每种宿主的最大适应性和毒力水平以下。因此，普遍毒力比专一毒力更低	IHNV—大马哈鱼 CPV—狗和猫 VSV—细胞 TEV—烟草属、曼陀罗属植物，辣椒，拟南芥 CMV—黄瓜、豆、番茄 PPV—桃子、豌豆 FV—小鼠	①在一种宿主中的专一性常常导致适应性和毒力的增加，但在其他宿主中，代价平衡却不经常被验证或变动 ②普遍毒力在代价方面有不同的结果，但验证较少，而且能在一些体系中观察到没有代价的普遍毒力
共同进化	导致宿主体内抗性的增加和病毒毒力的增强	Qβ 噬菌体—大肠杆菌 黏液瘤病毒—兔子 烟草花叶病毒—辣椒 PVY—辣椒 SMV—黄豆 RHDV—兔子	宿主的抗性增加 在几个案例中，病毒毒力增加，但也有毒力减少的例子
疫苗引发的毒力	用于减少疾病的疫苗可能导致毒力的增强	MDV—鸡 猫杯状病毒—猫	支持
宿主空间结构	宿主种群的空间结构（斑块分布）增加导致毒力的减弱	PiGV—蛾幼虫	蛾幼虫种群的空间结构增加导致病毒传染性的降低

作为观察性研究的另一种选择，很多关于毒力进化的实证文献中专门设计了实验性感染用于测试不同的预测，在表 6－2 中已有详细的描述。这些实验不仅包括在细菌、真菌、植物、无脊椎动物和脊椎动物宿主体内进行的，也有在体外培养的细胞株中进行的。由于伦理和逻辑的制约因素，对以人类和大型哺乳动物为宿主的病毒病原体的验证，往往在细胞株或小动物模型如鼠中进行。一个常见的方法是比较同一种病毒感染两种或多种被感染宿主或宿主种群的状况。一般是在同一宿主中，比较由病毒毒力控制的宿主效应，然后在这一框架下中添加如不同宿主类型或处理方式等其他变量，来检验其他因素对毒力进化的影响。监测感染的输出结果有毒力、病毒感染率、宿主固有的复制水平（复制适合度）、传染性或对于新的易感宿主的传播率等。实验感染除了可以检验毒力进化理论预测之外，还可通过评估病毒毒力实际的差异或宿主的实际防御力水平，来支持毒力进化的实际观察研究。

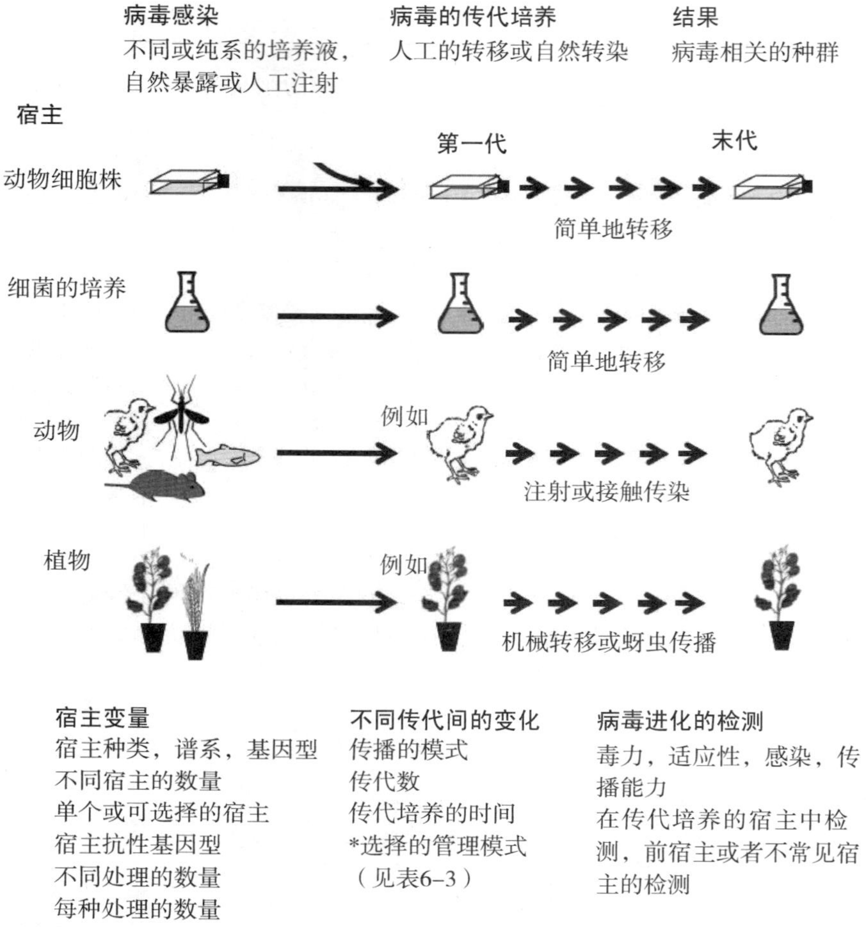

图 6－2　病毒在不同选择压力下进行传代培养的实验进化

连续传代实验是上述单一感染实验周期的延伸，由于它对进化理论的实验研究十分重要，因此值得做单独描述（Ebert，1998；Elena 等，2008）。这一实验方法被称为“实验进化”（Ebert，1998），对毒力进化领域做出了重大贡献。它基本的概念是在受控条件下进行多代实验感染，以便在确定的选择机制情况下，为病毒的进化提供时间。基本策略是根据需要回答的问题来变化不同的毒株、宿主或条件，并利用大量的技术变量，如可以影响结果的时间和传播方式（图 6－2）。大多数情况下，传代之间的传播由研究人员通过不同代之间的自然传播，并检测宿主内复制环境的选择机制来完成（Ebert，1998）。然而，在体内的连续传代中也使用自然传播方式来评估宿主内和宿主之间的选择。选择的影响通过对已进化的病毒与原接种的病毒进行表型，如毒力、宿主内复制适应性或传播能力的比较来揭示。

最初发表的有关动物病毒系列传代培养的研究是在培养细胞株中进行的，用于产生毒力减弱的病毒作为筛选疫苗的一种手段。由于 RNA 病毒有快速进化的固有能力（Ebert，1998），人们通常认为在实验进化研究中观察到的表型变化是由于病毒本身的进化而产生的，但同时也观察到了宿主防御力的进化。这一变化的可能作用也需要考虑在内，所以平行实验利用复制的传代病毒系来区分真正的适应性选择和随机效应造成的一致变化。在许多情况下，人们通过传代病毒的测序来寻找遗传变化，例如与观察到的表型变化相关联的趋同突变。在使用培养细胞系或活体宿主进行系列传代的研究中，最常见的结果是传代宿主的适应力增加和毒力增强（Ebert，1998）。但是，需要注意的是，也有例外情况（Carrillo 等，2007）。表 6－3 对许多与病毒毒力进化相关的传代研究进行了概述，结果将在下面相关的部分中进行描述。

病毒毒力进化假说及预测的实验研究

毒力与适应性关系

病毒复制能力适应性与毒力相关的这个假设是毒力进化理论的前提。实际上，复制能力适应性是根据来自于被感染宿主的细胞或样本中的病毒累计物的数量评定的，而毒力是用上文中提到的多种具有可操作性的定义来描述的。在多种病毒宿主内都进行过宿主内病毒复制能力适应性与毒力之间的相关性实验，但不同的实验体系得出不同的结果，没有系统性。细胞株和脊椎动物宿主内的多种动物病毒在大多数情况下都出现了病毒复制能力适应性与毒力正相关性的阳性结果（Furio 等，2012；Garijo 等，2014；Kubinak 等，2012；McGee、Remold，2013；Peñaranda 等，2011；Suzuki 等，2009；Ten Haaft 等，1998；Wargo 等，2010；Xu 等，2011）。然而，也有少量的例外，例如通过诱变或斑块到斑块转移而产生的个人水泡性口炎病毒（VSV）和口蹄疫病毒（FMDV）单克隆，证明了在培养的细胞系中的病毒培养中的复制能力适应性和毒力之间没有关系（Furio 等，2012；Herrera 等，2007）。此外，一些减毒活疫苗株的体外复制能力适应性并不一定与体内的一致（Vignuzzi 等，2008）。很多研究表明，植物病毒的病毒复制能力适应性与毒力呈正相关，但也有很多报告表明自然病毒株或大量由诱变产生的突变体普遍不具有这种相关性（Betancourt 等，2011；Carrasco 等，2007；Pagán 等，2007；Sacristán 等，2005；Sacristán、García-Arenal，2008）。这些不具有相关性的植物病毒可能是由于人工突变体的自然选择时间不够，植物宿主耐受性较高模糊病毒积累和毒力之间的关系，或者是于植物和动物病毒中的毒力测定方式不同造成的（Sacristán、García-Arenal，2008）。无论如何，虽然动物病毒的病毒复制适应性与毒力之间有普遍的相关性，但是在动物和植物病毒中都存在例外，因此应谨慎将此应用于某些未被证实具有这种相关性的特定病毒宿主上。

表 6-3 不同选择机制下不同病毒传代进化的实验研究

RNA 和 DNA 噬菌体		
f1	大肠杆菌的严格水平或垂直传播；具有不同长度的垂直传代的交替水平和垂直传输	④⑤
Qβ	与经 54 次连续传代培养的大肠杆菌宿主协同进化，进化的宿主抗性和进化的噬菌体适应性和毒力协调进化的机制	③
Φ2	单独病毒混合感染，塑性裂解时间的进化	②
λ	潜伏性和毒性噬菌体的竞争，短暂的不平衡的高毒力	①
植物 RNA 病毒		
CMV	适应三种植物宿主；水平或垂直传播	⑪73
BSMV	在大麦中水平或垂直传播	⑬
PPV	通过机械和蚜虫传播对新宿主豌豆的适应性	㉑
SMV	大豆抗性增加，对病毒的抗性进化	㉓
TuMV	拟南芥中干扰 RNA 介导的抗性，对病毒的抗性进化	71
PVY	以易感或多基因抗性的辣椒作为单一或交替宿主，对病毒的抗性进化	⑱
TEV	以多种植物作为单一或交替宿主；一种宿主出现多种表现型；普遍性—特异性预测	⑭⑰
昆虫 DNA 和 RNA 病毒		
LdNPV	飞蛾幼虫体内传代培养中早和晚接种病毒的传播时间	㉗
PfNPV	飞蛾幼虫的单一和混合感染，对取食植物的影响	㉙
DMelSV	果蝇中病毒滴度增加和减少的选择	㊺
脊椎动物 RNA 虫媒病毒		
SFV	昆虫细胞系传代培养，测试小鼠体内减毒候选疫苗的毒力	㊶
CHKV	昆虫细胞系传代培养，测试小鼠体内减毒候选疫苗的毒力；以昆虫和哺乳动物细胞为宿主单独或交替传代培养，虫媒病毒循环	㊷66
RRV	昆虫细胞系传代培养，测试小鼠体内减毒候选疫苗的毒力；以小鼠和蚊子为宿主单独或交替传代培养	㊸74
SINV	经过早期传代培养选择的快速生长的哺乳动物细胞；以昆虫和哺乳动物细胞为宿主单独或交替传代培养，虫媒病毒循环	㊳. 68
EEEV	以昆虫和哺乳动物细胞为宿主单独或交替传代培养，虫媒病毒循环	76
VEEV	以小鼠或仓鼠和蚊子为宿主单独和交替传代培养，虫媒病毒循环	65
WNV	在蚊子和鸡体内传代培养，病毒种群的遗传多样性；对蚊子体内的适应性，在蚊体内的毒力	㉖㊴

（续上表）

脊椎动物 RNA 虫媒病毒		
VSV	昆虫细胞的持续感染；以昆虫和哺乳动物的细胞系为宿主进行单独和交替传代培养；昆虫和哺乳动物的细胞系作为单独和交替宿主持续和急性感染；在哺乳动物细胞系中进行的普遍性—特异性进化分析，分析宿主特异性和病毒的稳定性；哺乳动物细胞的早期、中期和晚期的传播时间；对 p53 型癌症细胞株的适应从而形成对肿瘤的溶瘤细胞类病毒疗法	㊵㊽ ㊷㊸ 64 72 75
脊椎动物 RNA 病毒（非虫媒病毒）		
VHSV	对新宿主虹鳟鱼的适应，模仿假设的宿主跨越	㉝
FMDV	以自然接触的传播方式在猪体内传代培养	㊾
FV	不同 MHC 等位基因型的小鼠；全基因组存在差异的小鼠谱系；MHC 对选择的特异性和贡献	53 69 70
脊椎动物 DNA 病毒		
Ad5	适应肿瘤细胞株，形成对肿瘤的溶瘤细胞类病毒疗法	61
vaccinia	在强选择压力下，适应海拉子宫颈癌细胞，对抗宿主 PKR 的抗性	67

（1）Ad5，腺病毒－5；BSMV，大麦条纹花叶病毒；CHKV，基孔肯雅病毒；CMV，黄瓜花叶病毒；DMelDS，黑腹果蝇 Σ 病毒；FMDV，口蹄疫病毒；FV，弗兰德病毒复合体；LdNPV，毒蛾属不对称核多角体病毒；PPV，梅花痘病毒；PVY，马铃薯 Y 病毒；RRV，罗斯河病毒；RYMV，SFV，塞姆利基森林病毒；SINV，辛德毕斯病毒；SMV，大豆花叶病毒；TEV，烟草蚀纹病毒；TuMV，芜菁花叶病毒；VEEV，委内瑞拉马脑炎病毒；VHSV，病毒性出血性败血病病毒；VSV，水泡性口炎病毒；WNV，西尼罗河病毒。

（2）①～64的文献列在表 6－1 的注中；65Coffey 等，2008；66Coffey、Vignuzzi，2011；67Elde 等，2012；68Greene 等，2005；69Kubinak、Potts，2013；70Kubinak 等，2013；71Lafforgue 等，2011；72Novella 等，1999；73Sacristán 等，2005；74Taylor、Marshall，1975a；75Turner、Elena，2000；76Weaver 等，2006。

此外，病毒的复制能力适应性不仅仅由复制驱动，它是复杂的（Wargo、Kurath，2012）。因此，其他的适应性特征可能在毒力进化中起着重要作用（Alizon 等，2009；Sacristán、García-Arenal，2008；Wargo、Kurath，2012）。然而，很少有人对除了复制力之外的与病毒毒力相关的其他病毒适应性特征进行研究。在雪貂感染和传播模型中，有研究证实了流感病毒的毒力与接触性传播适应性之间的正相关关系（Pascua 等，2012）。鱼棒状病毒感染性造血坏死病毒（IHNV）的体内分析证实了整体适应性的几个组成部分因素与病毒毒力、进入宿主途径、宿主内复制与传播潜力呈现正相关，后者可以传播病毒（表 6－3）（Wargo 等，2010；Wargo、Kurath，2011）。令人疑惑的是，在虹鳟鱼的 IHNV 检测实验中，毒力与感染适应度无关（Kell 等，2013）。

传播毒力权衡

传播毒力权衡假说认为高毒力的病毒会有更大的传播率（由于有更强的复制能力）以

及较短的传播时间（由于可以更快地杀死宿主）。尽管这是毒力进化理论的主要假设之一，但是令人吃惊的是在所有宿主—寄生体系中，几乎没有研究能证明这一假说。在少量关于病毒体系的几项研究中，最著名的是兔子体内的黏液瘤病毒的研究。这个研究证明了向蚊子和跳蚤媒介传播病毒的毒力达到了中等水平（Kerr，2012；Mead-Briggs、Vaughan，1975）。这为实际观察病毒在中等毒力水平的进化提供了一个进化机制（Fenner，1983），并提供了理论支持（Massad，1987）。

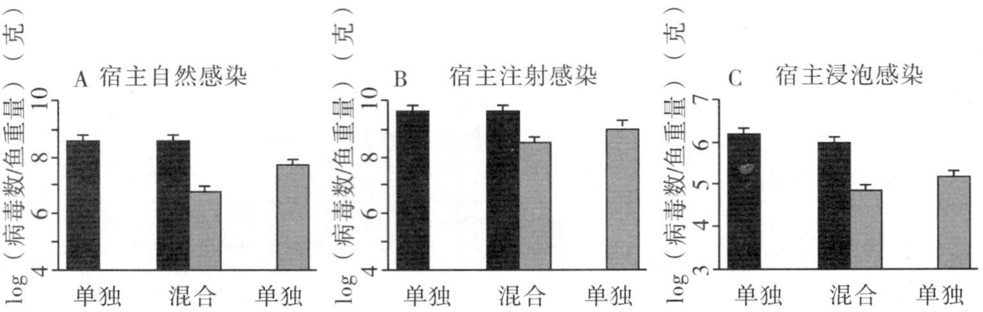

图 6-3 虹鳟幼鱼 IHNV 毒力与病毒适应度各因素的相关性实验

分别比较单独和混合感染的高毒力基因型（HV，黑色）和低毒力基因型（LV，灰色）在自然感染条件下进入宿主和在宿主内复制（图 A），或注射强制引入病毒在宿主内复制（图 B）的情况。在浸泡或者注射病毒后，HV 达到了比 LV 更高的平均峰值病毒载量，但注射病毒两者的区别较小，表明 HV 进入宿主途径和在宿主中的复制适应性均优于 LV。在浸入式传播中，HV 传播到水中的病毒量在同等的病毒载量情况下（图 C）比 LV 要多（Wargo 等，2011 年），这也表明了 HV 的传播能力较强。HV 的优势是在单一和混合感染中保持不变，这也表明其具有较高的竞争适应优势。经许可数据修改自 Wargo 等（2011），版权所有：美国微生物学会。

一或两个数据点所驱动的毒力传播权衡在这个选择压力和其他试验中得到证实。此外，已发表的文献表明，研究者在选择用直线还是曲线来表示毒力与适应性之间关系时有所偏爱［这在 Froissart 等（2010）的文章中有讨论］。表示形式的选择很重要，因为线性关系表示适应性会随着毒力的增减而持续增减（取决于正或负的斜率），而曲线关系表示只有在曲线的凹和饱和时，这个毒力权衡模型才成立（见图 6-1）。在为数不多的几个研究中，线性和曲线关系的数据均与数据相符，在没有充分的数据支持其中一种而不支持另一种关系的时候，通常会认为线性关系正确，因为它是最简单的。例如在 VSV 的研究中研究者比较了线性增长模型、曲线饱和模型以及一个加速增长的函数，并没有发现任何证据来反驳线性模型（Furio 等，2012）。类似地，尽管病毒对宿主的毒力很强，但一项关于虎蝾螈中虎纹钝口螈病毒的研究发现一种在最低毒力水平时传播能力最大化、中等毒力水平时毒力最大化的数据相吻合的曲线模型（Brunner、Collins，2009）。这两项研究都是由 2 个或 3 个数据点得出的。一项针对番茄花叶病毒的实验研究发现，分离的病毒在中等毒力时具有最高的传播能力，这也支持了中等毒力的野生型病毒株在实际观察中占优势的结论，这个结论由一个分离的中等毒力的病毒得出。然而，当载体丰度足够大时，毒力与适应性之间为线性关系，毒力最低时具有最高的适应性，这种关系就不成立了（计算为 R_0）（Escriu 等，2003）。一项对两种西尼罗河病毒毒株的研究表明毒力越强的毒株对蚊子传染力越强，但这会伴随着被感染蚊子的血饲供给率的降低而产生潜在的传播成本（Ciota 等，2013）。在真菌低温病毒 *Cryphonectria hypovirus* 1（Bryner、Rigling，2012）和植物病原体花椰菜花叶病毒（Doumayrou 等，2013）中也发现了类似的结果，即毒力与适应性呈正相关，但没有足够的数据区分是饱和曲线关系还是线性增长关系。

有趣的是，以上许多体系都证明了毒力与传播之间的正相关关系。尽管通常认为宿主死亡能中断毒力传播，然而关于这方面却没有很好的阐述，这似乎与传统的无毒进化假说相矛盾。由于需要测量各个毒力程度不同的病毒的全部传播成本，病毒的适应性成本很难量化，因此没有关于此方面的研究。一些常见中等毒力病毒的实际观察研究结论似乎支持这种毒力平衡假说。上面提到的黏液瘤病毒就是经典的例子（Fenner，1983）。在这个实验中，一种高度致命的病毒株被引入澳大利亚和欧洲对兔子进行生物控制，病毒在这两地最后都进化出了中等毒力。在两组艾滋病患者（每组有 100 多名患者）中发现了类似的模式，达到慢性感染（被称为“稳定点”）时病毒载量为中等水平（Fraser 等，2007）。这似乎是宿主寿命和传输率之间的毒力权衡所产生的结果。我们将在“用于控制兔子的黏液瘤病毒”和“HIV 毒力的临床进化”章节中对此进行进一步讨论。然而，许多研究在没有花费大量研究经费的情况下发现了实际的毒力持续增加的证据（Cardenas 等，2014；Elsworth 等，2014；Rico-Hesse，2007）。此外，研究中肯定有一定程度的抽样偏差，往往偏向于研究可能会引起严重疾病的最热门的病毒，因此无毒力的病毒可能会被忽视（Read，1994）。

毒力复苏权衡

毒力复苏权衡理论没有传播权衡理论直观，但也有一定的道理。假设如下：宿主可以更好地清理低毒力病原体，可能是因为高毒力毒株能更好地逃避宿主的防御（Schmid-Hempel，2011），并且低毒力病原体传播的持续时间会比高毒力病原体短。然而，随着毒力的增强，宿主死亡率的增加也会中断传播。因此，病原体必须平衡它们的毒力水平，避免当毒力低时宿主快速康复而阻断传播，或当毒力高时宿主加快死亡而导致传播的中断。可能由于实验测试难度大，很少有关于复苏权衡假设的实证研究。然而，经典的黏液瘤病毒可能成为第一个毒力复苏权衡理论的实验例证。它证明了高毒力的黏液瘤病毒通过提高宿主死亡率中断了病毒的传播，而低毒力病毒则被宿主更快地清除并中断了传播（Fenner、Ratcliffe，1965）。Anderson、May 由此提出了经典的权衡模型（Anderson、May，1982a）。一项关于猴免疫缺陷病毒的研究表明，与高毒力毒株相比，低毒力毒株在宿主体内病毒载量低并且很快被宿主清除，然而通过提高宿主死亡率来减少高毒力病毒传播时间的这个结论并未被证实，因为即使是致病性最强的毒株也没有杀死宿主（Ten Haaft 等，1998）。一项关于鸡禽流感病毒高毒力和低毒力（也称高致病力和低致病力）毒株的研究也发现低毒力毒株能被宿主更快地清除（Van der Goot 等，2003）。在这项研究中，高毒力毒株引起了宿主的高死亡率。高毒力毒株的平均传播时间比低毒力毒株的时间长，R_0 值随着毒力增加达到最大。然而，这个体系似乎含有恢复传输权衡的要素。尤其是我们注意到两只感染了毒力最强毒株的鸡被感染的时间最短，因为它们在第 2 天和第 3 天分别死亡，而感染低毒力毒株的鸡的死亡时间是第 4 天。后来对一系列不同毒力毒株的测试更有力地阐明了恢复平衡理论在禽流感中的可能性成立。

水平传播与垂直传播

在毒力进化理论领域中，常被研究的假说之一就是水平与垂直传播方式对病原体毒力进化的影响，这很可能是因为它在许多体系中都经得起实验验证。这个简单直观的预测是指由于垂直传播直接与宿主的成功传代相关，因此以垂直传播方式传播的病毒毒力比水平传播方式的低，高毒力会对病毒本身以及宿主产生负面影响。然而，大多数垂直传播的病毒同时也进行水平传播。适用于两种传输模式的理论模型预测，垂直传播的方式仍将有利于低毒力传播，而水平传播受多种因素的影响可以传播低毒力、中毒力或者高毒力的病毒。(Lipsitch、Moxon，1997)。尽管复杂，但是一些比较两种传播模式的实验验证了垂直传播机制有利于低毒力病毒的进化。在只允许严格的水平或垂直传播的条件下，培养的大肠杆菌的丝状噬菌体 f1 第一次证实了这个理论（Bull 等，1991)。之后的 f1 噬菌体研究确认了与交替使用两种传播方式相比，以垂直传播为主而限制水平传播的传播方式也会选择传播较低毒力的病毒（Messenger 等，1999)。蚊传病毒毒力的大量相关文献的分析发现水平传播感染会降低蚊媒的存活率，但与低毒力病毒传播相关的垂直传播感染方式对此没有明显的影响（Lambrechts、Scott，2009)。类似地，一项关于植物性病毒西葫芦黄斑病毒的研究发现，以种子传播的垂直传播方式没有出现感染症状，而以蚜虫传播的水平传播方式会出现明显的疾病症状（Simmons 等，2013)。缜密的植物病毒进化实验研究结果最令人信服，该实验研究多次重复测试了病毒种群水平或垂直传播方式的传播效率、病毒适应性以及毒力变化。关于大麦条纹花叶病毒和黄瓜花叶病毒的研究与理论预测一致，结果表示两种病毒运用垂直传播方式时毒力都迅速降低，但水平传播时一种病毒毒力增强，而另一种病毒则没有变化（Pagán 等，2014；Stewart 等，2005)。因此，病毒以垂直传播方式传播时在进化过程中毒力会降低，但以水平传播方式传播时毒力不一定增强。

混合感染

从理论上讲，由多种病原体感染同一宿主引起的混合感染可以使毒力增强。毒力引起宿主寿命缩短的成本可以通过被称为“公共资源悲剧”的假说来解释（Hardin，1968)。该理论认为，如果一种病原体的两种毒株感染了宿主，一种策略是两种毒株具有同样低的毒力，从而维持宿主资源的寿命（公共），最大限度地增加传播的持续时间。然而，如果一个毒株“欺骗”并且进化出更高的毒力，“公共资源”将被很快消耗光，宿主会很快死去，从而中断了高毒力和低毒力毒株毒力的传播。如果我们假设高毒力毒株有更高的毒力传播能力（正如在“传播毒力权衡”一节中所讨论的)，在这种情况下，它的整体适应性也比低毒力毒株更强。换句话说，两种毒株都能感受到缩短宿主寿命的后果，但是这对毒力较低的毒株影响更大，因为当宿主还活着的时候它产生的传染性后代更少（Read、Taylor，2001）。这个理论被扩展来解释亲属关系和利他主义，并预测感染宿主的两种毒株亲缘关系越近，发生欺骗和进化的高毒力的可能越小，因为这两种病原体都想要最大化地复制它们共同拥有的基因。因此，两种混合感染病毒的基因型相差越大，高毒力进化的可能性越大（Brown 等，2002；Frank，1996；Lion，2013；Nowak、May，1994；West、Buckling，2003）。

这个理论是有关联的，因为大多数病毒感染都是由多种病毒基因型造成的，要么是由于宿主体内的新生突变，要么是由于暴露于多重病毒中。一系列的实证研究已经证实了该问题。例如，鸡感染 Marek 病毒研究发现，在体内感染中，高毒力毒株比低毒力毒株有竞争优势（Dunn 等，2012）。在鳟鱼 IHNV 病毒中也发现了类似的结果，当高、低毒力两种毒株同时感染宿主时，高毒力毒株比低毒力毒株有更高的竞争力和潜在传播能力（Wargo 等，2010；Wargo、Kurath，2011）。有趣的是，当病原体连续感染宿主时（超级感染），高毒力毒株的优势消失了，并且不管毒力强弱，首先感染宿主的毒株具有更高的适应性（Kell 等，2014）。如果这个理论在其他病毒中也是正确的，首先感染宿主的优势可能会超过高毒力毒株连续感染和混合感染的优势。然而，在细胞培养的 FMDV 中观察到另一种模式：高毒力毒株与低毒力毒株相比在超级感染期间更具优势（Saiz、Domingo，1996）。

还有另一种理论提出：一些混合感染可能会导致毒力的降低。这个观点认为，病毒可能进化出由隔离混合感染中的其他毒株产生的复制资源的方法（Chao 等，2000）。这是被广泛接受的产生缺陷干扰（DI）粒子的理论基础，这些病毒失去自身产生蛋白质的机制，但加强了隔离混合感染中其他病毒合成蛋白质的能力（Bangham、Kirkwood，1993；Marriott、Dimmock，2010）。这些 DI 粒子不能自我复制，所以它们在单一感染中适应力为零。然而，和标准病毒相较，由于它们不需要生产一个完整的蛋白质并且具有被截短的基因组，因此它们在双重感染中可以更快速地复制，从而在双重感染中具有更大的适应力。最终，在混合感染中，DI 粒子通过隔离病毒的复制资源干扰了其他共感染病毒的复制，会减少病毒的总复制（干扰）。因此，如果复制能力与毒力呈正相关，在混合感染中 DI 粒子会产生更低的毒力，这种假说在许多体系中得到了证实。在噬菌体体系中观察到一种情况，混合感染的确导致了与原始病毒相比具有更高毒力的病毒的进化，而在单一病毒感染中它却会减少病毒复制和适应力（Turner、Chao，1999）。然而，研究者在这个研究中并没有测量毒力。在细胞培养的 FMDV 研究中也发现了类似的结果，为了保证高概率的混合感染，研究者通过培养传代数百代，将病毒置于多样性感染的环境中。实验结果进化出两种病毒：一种是在单一感染中具有更高的毒力和适应力的病毒，而它的竞争者在混合感染中具有更高的适应力，因为竞争者干扰了原始病毒的复制（Ojosnegros 等，2010）。一个更加令人震惊的可能性是，相较于混合感染，病毒在单一感染中适应力进化更具有可塑性。假单胞菌噬菌体 φ2 的研究发现了这样的结果，当经过混合感染的筛选后，在单一感染中裂解时间长，混合感染时溶菌时间短。与经过单一感染的噬菌体相比较，经过混合感染筛选的噬菌体，在混合感染时进化出初始复制优势，而在单一感染时无此优势（Leggett 等，2013）。

竞争驱动的毒力增强或减弱并不是混合感染的唯一结果。一项关于以飞蛾为宿主的昆虫核多面体病毒的研究提出了第三种可能性，即由竞争引发的合作。在这项研究中，与单一感染中的高毒力病毒和低毒力病毒相比，混合感染中的病毒毒力更强，并且病毒的产量相同或更高（Hodgson 等，2004）。虽然研究没有阐明促进作用的机制，但是表明了单一感染中病毒的特征不适用于预测混合感染中病毒的表现。这些研究重申了这些具有惊人能力的病毒在应对混合感染等环境条件时必须进化出不同的策略。

感染期间传播时间的生活史理论

感染的生活史理论（Kochin 等，2010；Schmid-Hempel，2011）预测在感染过程中相比于后期的病原体来说，早期的病原体传播的病毒毒力更高。这是因为，在毒力与传播权衡理论中，在高毒力引起宿主死亡之前，高毒力增强传播能力是暂时的。在这一假说中，传播与死亡之间的较长时间间隔将降低高毒力的成本，因为在更多的传播完成后，宿主的死亡对病毒的影响会更小。对这一预测最有力的支持来自于一项关于核多面体病毒的实验研究，在该研究中，一种吉卜赛蛾幼虫中的核多面体病毒在短（5 天）或长（9 天）的传播时间中在体内感染（Cooper 等，2002）。毒力分析表明，短期比长期感染的病毒具有更高的毒力，但因为它们杀死了更多的幼虫，所以付出了降低整体繁殖率的代价。对这一预测的另一项验证中，VSV 在哺乳动物细胞内进行不同世代的传代培养。在体外培养环境下，中等世代数的病毒的复制竞争力远远高于少或多的世代数的病毒（Elena，2001）。虽然这项研究并没有测试毒力，但是之前的一项研究报告表明 VSV 在体外环境中的竞争力和在体内环境中的毒力之间具有正相关关系（Novella 等，1995）。最后，在哺乳动物培养细胞较少传代的 Sindbis 病毒对小鼠神经的毒力会减弱（Olmsted 等，1984），可能是由于在细胞培养中加强了与硫酸肝素结合。因此早期传播可能导致毒力增强，但并不是所有情况都如此。

病原体在外部环境中的存活

有些病毒另一个重要的特征为有在外部环境中的生存状况适应力。一般直观认为在宿主之外生存的能力，又称病毒粒子稳定性、持久性或耐久性，可能会影响毒力进化，但实证性实验研究却没有产生不一致性的结果。一个早期被称为“法老的诅咒”的假说预言认为能长期繁殖的病原体应该会进化到很高的毒力水平，因为它们采用了一种“坐着等待”的传播模式，即在被感染的宿主失去活动能力和或死亡之后仍保持较长的传播时间（Ewald，1994）。数学模型预测这个理论在某些情况下应该是正确的，如体系不处于非平衡状态时（在疾病刚出现不久）（Bonhoeffer 等，1996；Roche 等，2011）。流行病学对包括 9 种病毒在内的 16 种不同的人类呼吸道病原体的大数据分析表明，毒力与宿主外生存时间具有正相关关系（Ewald，2011；Walther、Ewald，2004）。然而，对几种大肠杆菌噬菌体的实验研究结果表明，耐久性高的噬菌体有较低的复制率，这表明噬菌体的繁殖能力和在细胞外的耐久性之间存在权衡体制（De Paepe、Taddei，2006；Ogbunugafor 等，2013）。同样，也没有发现流感病毒在宿主体内复制能力和病毒粒子耐久性之间存在相关性（Handel 等，2014）。这三项研究中都没有评估毒力，但如果假设复制能力和毒力相关，那么就与最初的预测相矛盾，并且预示更耐久的病毒具有相等或更低毒力。同样地，对于 VSV 来说，这样的一个选择机制不仅会导致细胞外存活率的增加，也会导致复制的适应力和毒力的降低（Heineman、Brown，2012）。最后，植物烟草花叶病毒选择毒力的增强在破坏宿主防御力的同时，也降低了病毒粒子的耐久性（Fraile 等，2014）。因此，细胞外存活与毒力之间相关性的实验研究与之前的观察结果不一致，可能在宿主内或宿主间的选择行为是独立的（Goldhill、Turner，2014；Handel 等，2014）。

在病毒流行和出现时的非平衡毒力

许多关于毒力进化的数学模型都提及了同一个假设，即宿主和病原体种群处于动态平衡状态。理论家认为情况可能并非总是如此，尤其是在刚刚入侵了一种新易感宿主的病原体的情况下，理论研究预测，在刚开始流行时病毒毒力会有一个短暂高峰值，然后随着体系接近平衡而降低（Bull、Ebert，2008；Day、Proulx，2004；Frank，1996）。这种使用参数估计的模型驱动模拟的短暂毒力增加的情况在已经发表的实证研究中得到了证实（Bolker 等，2010），也在大肠杆菌 λ 噬菌体的受控实验研究中得到了证实（Berngruber 等，2013）。在潜伏期噬菌体（无毒）和致命性变异体之间的竞争研究中，噬菌体在实验初期致命性处于优势地位，但随着流行病的发展，潜伏期的噬菌体开始占主导地位。尽管需要进行更多的测试，但目前可用的数据已经表明支持这一结论，即毒力会随着时间的推移而出现短暂的变化，这与新出现的传染病有特别的关系。

宿主专一性和广谱—专一性毒力权衡

虽然毒力被认为是一种病原体特征，但很明确的是，它的表现在很大程度上取决于宿主的素质和抵抗能力，因此病毒毒力具有宿主专一性。病毒进化为不同的毒株和种类通常能导致它们的感染能力变化以及导致不同宿主患病。有充足的证据证明病毒的毒力具有宿主专一性。研究者通过在多种宿主中进行适应性和毒力测试，在一种或多种毒株交叉感染实验中证明了这个结论。毒力的专一性变化已经在多个水平上得到了实验证明，包括不同的宿主、同谱系的一种宿主、特定的宿主基因型、培养的细胞系。有一项有趣的研究证明从 5 个不同谱系的一种蝾螈宿主中分离出 5 个虎纹钝口螈病毒毒株，表明毒力的显著变化更依赖于宿主而不是病毒（Brunner、Collins，2009）。

理论认为当病毒在一个宿主中持续复制时，对宿主感染的适应性增强，当适应性和毒力正相关时，毒力通常是增加的，同时假设对某种宿主产生专一性的病毒可能会通过较小毒力来降低对其他宿主的适应性。因此，一种专一性的病毒在不同宿主环境中筛选出具有不对称绝对适应性的基因型（Remold，2012）。病毒专一性需付出代价的遗传学机制包括基因多效性（也称为基因对立性），即病毒在某一宿主中具有优势的突变，在另一个宿主中会成为劣势，产生突变间的上位效应和上位多效性（Bedhomme 等，2015；Ebert，1998；

Remold，2012）。自然界中观察到的病毒宿主隔离为病毒适应新宿主后的宿主专一性理论的测试提供了可能。在20世纪70年代，从红鲑鱼中分离出的IHNV病毒在新宿主虹鳟鱼中进化出更高的复制力和毒力，但在以前的红鲑鱼宿主中却失去了复制力和毒力（Garver等，2006；Peñaranda等，2011）。这证明了具有宿主专一性的病毒转移到新宿主时需要付出代价。同样在20世纪70年代，从宿主猫中分离出来的犬病毒的宿主改变为狗后，对狗的传染性和毒力增强，但早期的毒株失去了感染前宿主猫的能力。这意味着在前宿主中存在的专一性权衡机制与预测的一致，但是很有意思的是，后来分离的病毒变异株既能感染猫又能感染狗，甚至能感染几种非家养的食肉动物（Hoelzer、Parrish，2010；Truyen等，1996）。

与专一性宿主不同的是，一种感染多宿主的病毒，在不同的宿主间频繁转移，往往在多个宿主中保持适应性和毒力。广谱性病毒在不同的宿主中具有相同的绝对适应性（Remold，2012），这种病毒在某些情况下会具有优势，因为它们能够利用多种宿主。然而，假设广谱—专一性权衡机制存在，感染多宿主会限制可广泛感染的病毒达到它仅在专一性宿主中能够达到的适应性水平（Remold，2012；Woolhouse等，2001）。如果与适应性的关联使得病毒的毒力受到约束，这表明专一性感染病毒在其少数能感染的宿主内可能具有更高的毒力，而可广泛感染的病毒在其能感染的大量宿主内将具有较低的毒力。例如，流调研究表明天花是专一感染人类的，其毒力很强；而牛痘可感染多种宿主，是一个可广泛感染的病毒，相对而言毒力较弱。但值得注意的是，导致这两个实例中的病毒毒力存在差异性的原因还没有明确，可能是广谱—专一性权衡机制，也可能是其他因素（Haller等，2014）。

传代实验为辩证研究关于与宿主专一性和广谱—专一性权衡机制的预测提供了方法。1995年Ebert对实验进化研究的结果进行了精彩的总结，表明频繁传代常导致许多病毒宿主产生专一性，从而在新宿主中毒力增加，而在前宿主中毒力降低（Ebert，1998）。他引用的大多数研究都涉及动物病毒在培养细胞中传代会导致在哺乳动物宿体内的感染能力的衰减，但这项技术常用于疫苗的研制。最近的传代实验增加了对专一性及广谱—专一性权衡机制的测试。广谱化代价的假设，即有限性适应力，通过比较在单一宿主（专一）及不同宿主交替（通用）中进行多次传代后的进化情况进行测试。一项对三种哺乳动物细胞系中的VSV进行的综合研究发现，分别在单个宿主细胞系中通过病毒传代会提高其在各细胞系中的竞争适应力，表明了其具有专一性的特征。然而，病毒通过在两种不同的细胞系中交互传代，获得了与在单一宿主细胞系中一样能获得的适应力，证明广谱—专一性权衡机制不适用。在单一细胞系中传代的专一性病毒，大多数情况下是以对前宿主的适应力降低为代价的，但其中一个研究出现了不同的结果（Turner、Elena，2000）。这个实验并没有直接测量毒力，正如前面所提到的，小鼠中VSV的竞争适应性已经被证实与毒力相关（Novella等，1995）。

另外在植物病毒中也进行了相关的研究。在四种宿主中开展的烟草花叶病毒研究在使用单一或四种宿主交替传代模式中，观察到在继代宿主中进化出高的适应力，而在前代宿主中存在着广谱—专一性权衡机制的混合结果。关于广谱—专一性权衡机制存在的证明很少，通过交替宿主传播的病毒毒力能达到仅在单一宿主中传播的病毒毒力（Bedhomme等，

2012）。另一个关于烟草花叶病毒在同一种但具有不同基因型的宿主中进行传代的实验（Hillung 等，2014），观察到在继代宿主中进化出高的适应力，而在前代宿主中存在着广谱—专一性权衡机制的混合结果证实了这些表型的复杂性（Bedhomme 等，2012；Hillung 等，2014）。广谱性植物病毒——黄瓜花叶病毒在三个不同的宿主中进行传代也产生了这种可变的结果，6 组实验中有 5 组的结果表明毒力在传代过程中并没有增加，在初始宿主中也没有观察到毒力权衡机制的存在（Sacristán 等，2005）。然而，两种从桃树中分离的李痘病毒在豌豆中通过机械或蚜虫传播进行连续传代研究获得了不同的结果（Wallis 等，2007）。所有这些实验结果都显示，经传代后，病毒在豌豆宿主内的传染力、适应力和毒力都增强了，但进化后病毒的毒力在桃子内降低了，这表明病毒在新宿主中毒力增强并且专一化了，而在前宿主内毒力降低了。

脊椎动物病毒的代表——弗兰德逆转录酶病毒复合体的研究有非常好的结果。在三种同谱系且仅在组织相容性复合体（MHC）位点上存在差异的小鼠中连续传代后，病毒在所有被试继代小鼠中的毒力和适应力加强，而在 6 组中的 4 组原代宿主中观察到明显的毒力下降，而在所有 6 组中都观察到适应力降低（Kubinak 等，2012）。后来在包括基因组完全不同的鼠中的研究结果显示，MHC 多样性能解释大多数原代宿主中权衡的存在，以及固有的遗传抗性的多样性与在继代宿主中观察到的适应性变化幅度有关（Kubinak、Potts，2013；Kubinak 等，2013）。综合这些研究成果，不难看出宿主的差异对病毒毒力的进化有很强的选择性。总的来说，尽管有一些研究支持毒力权衡与专一性和普遍性进化有关，但并没有强烈的支持，而且有很明显的例外。

病毒毒力和宿主防御力的共同进化

长远来看病毒—宿主关系，病毒对宿主种群产生防御力造成选择压力，进而提高了病毒的适应性，并有可能对病毒毒力进化产生影响。这被描述为“红皇后假说”，或者说是“军备竞赛动力学”。宿主防御力和病毒适应性的持续增强会导致病毒—宿主共同进化，并导致已知的毒力水平的上下波动（Schmid-Hempel，2011）。在许多以细菌、植物和动物为宿主的病毒中都发现了这种现象。噬菌体已经被成功地用在简化环境中可追溯的共同进化实验模型中。比如，连续 54 天在大肠杆菌内粪溶菌性 RNA 噬菌体 Qβ 中的连续传播，揭示了联合进化的复杂机制，该机制表明首先宿主细菌进化出部分防御力，然后加速生长，最后噬菌体通过提高释放率以及改变对宿主的特异性和减弱毒力来对抗这种变化（Kashiwagi、Yomo，2011）。分子基因分析确定了这些变化与基因突变相关，发现与单独进化相比，在共同进化过程中无论噬菌体还是宿主都有更高的进化变化率。在众多病毒—宿主共同进化的例子中，下面举例描述的研究最为细致，说明了植物病毒和植物宿主综合防御力共同进化，以及把黏液瘤病毒释放到澳大利亚和欧洲作为兔子的生物控制因子后，该病毒与宿主兔子共同进化。

抗性植物品种中病毒毒力的进化

最有效的控制植物病毒的策略是培育和基因改造产生抗病毒植物。虽然这在农业生产和大规模采用某些植物病毒的抗性品种上取得了成功，但是对野生病毒的进化造成了巨大的选择压力，因此产生了许多能对抗植物防御力的病毒种类。大多数农作物对专一疾病抗性的遗传基础都会涉及一个或少数几个防御基因的突变，以应对病毒感染时由基因—基因机制触发的植物防御行为（Sacristán、García-Arenal，2008）。传统理论认为打破抗性植物品种的防御体系的病毒进化是依赖病毒毒力的增强，通过一个或少数几个位点突变造成的简单基因变化导致感染抗性植物，在植物体内复制并使植物发病（Fraile 等，2011；Sacristán、García-Arenal，2008）。在一些主要的农作物如辣椒和大豆中，破坏宿主防御的病毒的进化增加了培育抗性品种的世代数，需产生 3 ~ 4 个抗性等位基因的多基因抗性品种。

西班牙农业生产中有三种不同抗性的辣椒品种，这三个辣椒品种为研究病毒的毒力在对抗宿主的防御力过程中进化提供了极好研究对象（Fraile 等，2011）。在这项研究的 20 年间，为了确定其致病型，研究者测定了从辣椒中分离出来的烟草花叶病毒，确定它们对三种辣椒抗性品种具有不同的感染能力。不同致病型的病毒随时间的出现频率与农业生产中的辣椒品种变化的相对频率相关（图 6 –4）。最有趣的是，20 世纪 90 年代辣椒从中等抗性品种改种成更易感染的最早种植的品种，导致烟草花叶病毒种群也出现了相应的变化。这种病毒能感染抗性辣椒的能力下降，但不能感染抗性辣椒的老病毒的感染能力反而增强了。这些发现支持了已有的理论预测，即能破坏宿主防御力进化出高毒力的病毒与非抗性宿主付出的适应性代价有关。这个适应性代价随后在不能破坏宿主防御性以及能破坏宿主防御性病毒的比较感染试验中得到了证实（Fraile 等，2011）。易受感染和抗性辣椒品种感染马铃薯 Y 病毒的比较实验也证实了病毒破坏宿主防御性所付出的适应性成本。在抗性辣椒中的连续传代筛选出能破坏宿主防御性的病毒，病毒在抗性辣椒中的复制适应性增加，但在易感染辣椒中的适应性显著降低（Montarry 等，2012）。在这项研究中进化了的破坏宿主防御性的病毒毒力测定显示，用由感染引起的植株干重减少来表示的病毒综合毒力并没有变化，表明能破坏宿主的病毒毒力并不一定与其他毒力有相关性。大豆花叶病毒在防御性持续增加的大豆品种内传代的实验性进化研究中，重新获得了与破坏宿主防御力相关的基因变化（Hajimorad 等，2011）。芜菁花叶病毒进化出了很高的由 RNAi 介导的对宿主防御力的破坏能力（Lafforgue 等，2011a）。这些研究的结果一致表明宿主防御力对于加强病毒破坏宿主防御力的毒力的进化是一个强大的选择压力，这有利于在农业生产中保持农作物品种的防御力。

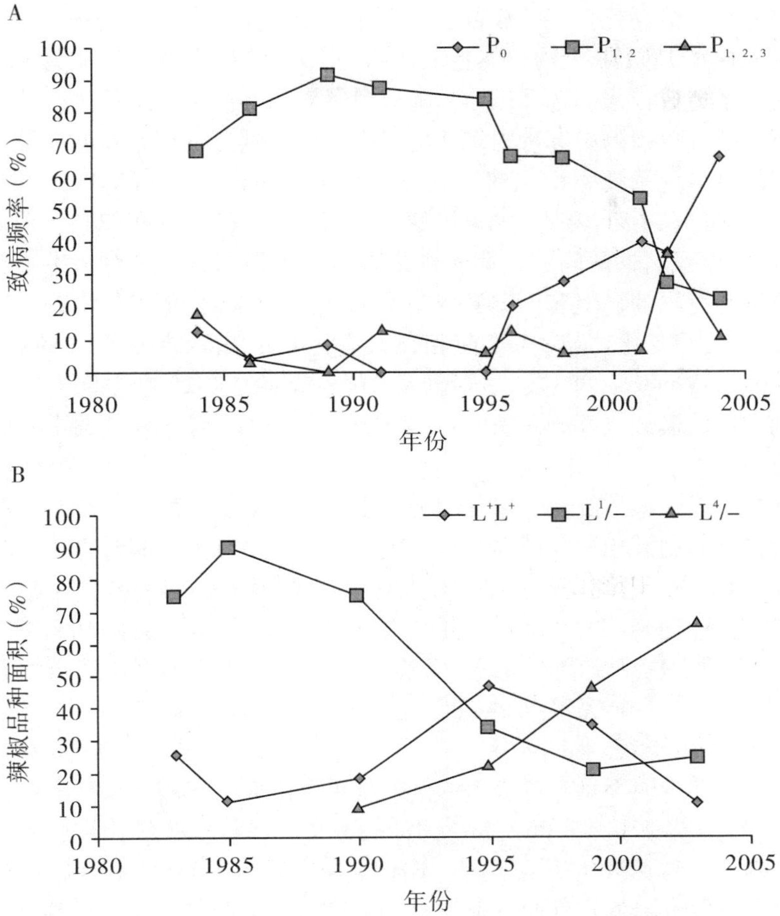

图 6－4　1984 年至 2004 年在西班牙东南部种植的辣椒作物的观察数据

图 A 为烟草花叶病毒种群的致病型组成的进化情况，图 B 为辣椒的抗性基因型的变化。在 20 世纪 90 年代，由于 L^1/－辣椒品种不能抵御 $P_{1,2}$ 型烟草花叶病毒的感染，减少了该品种的种植。在 20 世纪 90 年代中期，转而种植高产但易感染病毒的更老的 L^+L^+ 辣椒品种，直到培育出防御力更高的 L^4/－品种。为了应对从 L^1/－到 L^+L^+ 辣椒品种的转变，野生的烟草花叶病毒在 1995 年之后进化出减少 $P_{1,2}$ 致病型的毒株，而增加了更古老的不具破坏宿主防御力的 P_0 致病型的毒株。$P_{1,2}$ 毒株的减少证明当特异性毒力没有必要时，它的适应力降低了，对宿主辣椒防御力的破坏需要付出适应性代价。由牛津大学出版社代表分子生物学和进化协会授权，改编自 Fraile（2011）。

用于控制兔子的黏液瘤病毒

黏液瘤病毒的研究是宿主防御力和病原体毒力共同进化的著名例子之一。如上文所述（“传播毒力权衡”和“毒力复苏权衡”章节），黏液瘤病毒（一种 DNA 痘病毒）于 1950—1952 年被引入欧洲和澳大利亚，最初在兔子体内有很高的毒力，后来进化出毒力下降（尽管毒力仍然很高）的毒株成了优势毒株（Fenner，1983）。然而，事情并没有就此结束。最初引起宿主极高死亡率的病毒感染个体的平均死亡率超过 98% 。后来进化出的具有中等毒力的毒株在 17 ~28 天内仍然造成 70% ~95% 的死亡率。这使兔子种群数量急剧下降。病毒对兔子造成很强的选择压力，随后兔子对病毒产生了抵抗力。这个结论通过为未被感染的野兔接种单一的中等毒力病毒的可控实验得到了证明。这些研究发现，由中等毒力毒株引起的野生兔子死亡率在澳大利亚从 1952 年的 80% 降到 1958 年的 30% （Marshall、Fenner，1958），在英国从 1966 年的 90% 下降到 1976 年的 20% （Ross、Sanders，1977）。这存在一个逻辑性的问题，即病毒是否通过增强毒力来应对宿主不断增强的防御力呢？尽管数据是有限的，但有证据表明确实如此。20 世纪 80 年代中期，在澳大利亚野外分离的病毒出现了变化，与 10 年前相比，毒力高的病毒占有更大的比例（图 6 – 5）（Dwyer 等，1990；Fenner，1983）。尽管研究数据不充足，但 20 世纪 80 年代早期在英国和法国也观察到类似的模式（Kerr，2012）。虽然还没有更新病毒毒株的毒力报告，但这些研究会很有趣。

这些数据之所以令人信服，不仅是因为分别将该病毒引进两个大陆后，野外实验和实验室可控实验得出的结果相同，还因为这个模式中宿主防御力和病毒毒力的进化背后的分子机制（Kerr，2012）。系统发育和基因组分析显示黏液瘤病毒和其兔子宿主之间的共同进化有强烈的基因信号，并且鉴定出几个与病毒毒力潜在相关的病毒基因（Kerr 等，2013）。同样，由数学模型、前人的研究数据和实验数据得出的宿主防御力和病毒毒力共同进化的轨迹和从自然中观察到的数据高度相符（Anderson、May，1982a；Dwyer 等，1990；Massad，1987）。

一个为人知之甚少但很具有说服力的例证是兔子出血热病病毒（RHDV）。与黏液瘤病毒一样，RHDV 作为对兔子具有潜在高毒力的病毒于 20 世纪 90 年代被引入澳大利亚对兔子进行生物控制。但与黏液瘤病毒不同，RHDV 是一种 RNA 杯状病毒，被释放到自然界后，它的毒力非但没有降低，反而让宿主迅速进化出了抗性。后来该病毒进化出更高的毒力，这在随后的体内感染研究和系统发育评估实验中得到了证实（Elsworth 等，2014；Kovaliski 等，2014）。目前还不清楚为什么这个病毒用毒力快速增强来应对宿主的抗性，这与黏液瘤病毒的应对方式形成对照。黏液瘤病毒毒力的增加是一个渐进的过程。一种可能的原因是黏液瘤病毒是通过活兔子体表的媒介传播的（Fenner、Fenner，1965），而 RHDV 是直接在活兔子之间或者通过昆虫从死兔身上传播的（Morisse 等，1991）。RHDV 毒力成本可能会更低，因为死亡不会终止传播。正如前面的章节中强调的，病毒的进化具有体系特异性，建议得出通用性的结论时谨慎。

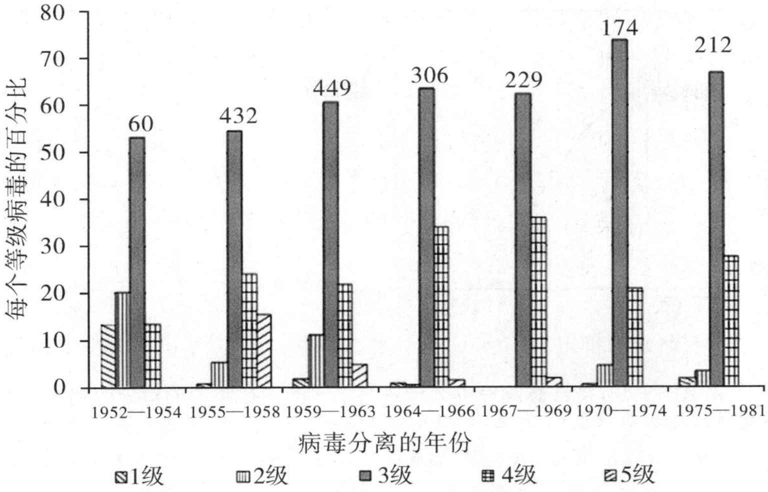

图 6－5　从澳大利亚分离的黏液瘤病毒的毒力等级

黏液瘤病毒毒力已经超过了 1952 年人为引进用于控制澳大利亚兔子时。病毒的毒力被分为从高（1）到低（5）的等级，最高和最低毒力等级的流行程度降低，而中间等级的流行程度直到 20 世纪 70 年代才开始增加，这表明了中间毒力的选择。此后，高毒力的类型开始重新出现。这可能是由于在 20 世纪 50 年代中期宿主普遍进化出抵抗力（Kerr 等，2012）。柱形图上的数字是每个时间段检测的病毒总数。数据来自于 Fenner 等，1983。在 Elsevier 的许可下，改编自 Kerr 等（2012）。

接种疫苗对毒力进化的影响

2001 年，出现了一种接种疫苗会使病毒毒力增强的理论（Gandon 等，2001）。该理论在很大程度上是毒力权衡假说的扩展。这个理论基于这样一个事实：在同样暴露于目标病原体之后，与未接种疫苗的宿主相比，有效的疫苗接种可以降低宿主患病的水平，但可能不会阻止随后的感染，甚至不能阻止进一步的病原体传播。因此，疫苗能降低与由宿主死亡率引起的传播时间中断相关的毒力成本。如图 6－6 所示，在接种了疫苗后，病原体在接种感染的宿主内通过大量复制使它的适应度（R_0）最大化，使其毒力回到接种疫苗之前的水平。这会产生两个重要的后果。首先，疫苗不能有效地为被接种的宿主提供疾病保护。其次，未接种疫苗的宿主一旦感染了这种进化的毒株将会面对更严重的疾病。值得注意的是，只有某些类型的疫苗被认为能够使毒力进化，能阻止宿主发病的疫苗在随后接触病毒时并不能阻止其感染和传播（Gandon 等，2001）。显然，阻止病毒传播的疫苗将阻止可能在接种疫苗的宿主中进化的病原体的扩散（通过阻止病原体进入或离开宿主），因此将病原体适应力降低到零。有趣的是，很少有疫苗的传播阻断能力受到测试，接种疫苗的宿主内传播虽然减少但仍能被观察到（Atkins 等，2011；Coutts 等，1994；Dawson 等，1991；Gandon、Day，2008；Group，2010；Pileri 等，2015）。值得注意的是，这一理论并不侧重于疫苗本身的进化，而是强调在使用减活疫苗的情况下，病毒的进化使得其可能在接种疫苗后仍旧感染宿主。

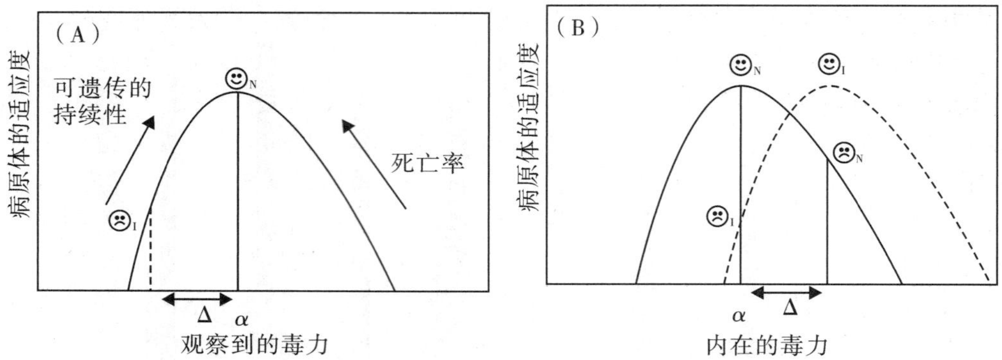

图 6-6　疫苗影响免疫选择更高水平的内在毒力的毒力进化

疫苗减少病毒引起的疾病（图 A 中 Δ）。这迫使病毒从其最佳适应度峰值（图 A 笑脸）降到次优水平（图 A 皱眉）。毒力权衡理论预测该病毒会增强毒力以至在接种疫苗的宿主中引起与以前未接种疫苗的宿主相同水平的疾病（图 B 虚线上方的笑脸）。如果这种新进化的病毒感染未接种疫苗的宿主，尽管适应度不佳，但宿主的患病风险会增加（图 B 中下标 N 的皱眉）。下标 I 代表免疫（接种疫苗），下标 N 代表未接种疫苗。改编自 Mackinnon 等，2008，获得 Elsevier 的许可。

关于病毒体系中疫苗驱动的毒力进化的实验证据越来越多（Gandon、Day，2008）。研究最透彻的例子是鸡的马立克氏病病毒（MDV）。在 20 世纪 70 年代，MDV 的第一个疫苗被引入家禽养殖业，当时的病毒被称为强毒力 MDV（vMDV）。十年之后出现了一种不再使疫苗具有保护作用的更强毒力毒株（vvMDV），又引进了一种新的疫苗。十年后，再次出现了更强毒力的毒株(vv + MDV)（图 6-7）（Gimeno，2008；Nair，2005）。该体系得出的结论是令人信服的，野外观察到的病毒毒力的增加，在实验室内已接种疫苗的鸡对未接种疫苗的鸡造成压力的实验中得到证实，表明已接种疫苗的禽类可以传播病毒，并且接种疫苗能导致进化出新的毒株（Atkins 等，2011；Witter，1997）。用该体系得出的数据适用于一数学模型的参数，证明接种可以通过作用于毒力权衡来驱动该体系中的毒力进化（Atkins 等，2011；Atkins 等，2013b）。

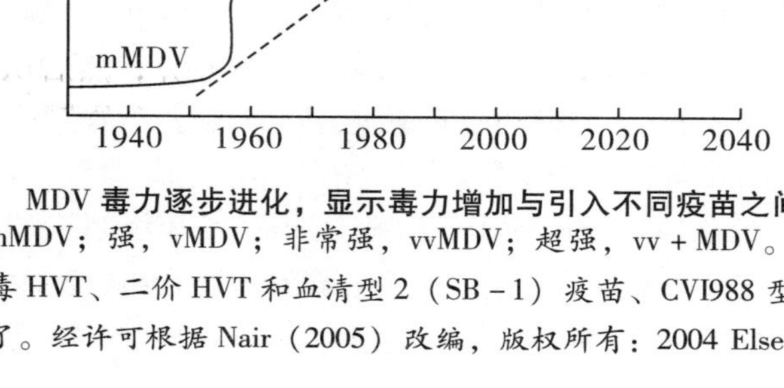

图 6-7　MDV 毒力逐步进化，显示毒力增加与引入不同疫苗之间的关系

病毒的毒力：弱，mMDV；强，vMDV；非常强，vvMDV；超强，vv + MDV。在家禽业中依次使用的三种疫苗是火鸡疱疹病毒 HVT、二价 HVT 和血清型 2（SB-1）疫苗、CVI988 型毒株。在疫苗被引入十年后，病毒的毒力增强了。经许可根据 Nair（2005）改编，版权所有：2004 Elsevier Ltd. 。

在其他病毒体系中也找到了疫苗诱导毒力进化风险的证据。与未接种疫苗的宿主相比，乙型肝炎病毒疫苗在被接种的宿主中逃逸突变的表现更好（Gandon、Day，2008），但在该体系中没有毒力变化的研究。在猫科动物病毒中，一些疫苗增强了猫的病毒脱落（Dawson 等，1991），并且不会阻止随后的感染（Coutts 等，1994）。在 21 世纪初这些被认为是可能推动病毒独立进化的机制（Radford 等，2006）。一些其他非病毒性病原体也证明了疫苗能诱导毒力进化（Gandon、Day，2008；Kennedy 等，未出版；Mackinnon 等，2008）。可能是某些因子而非疫苗在其他病毒体系中推动毒力进化的因素（Christiansen 等，2011；Gandon、Day，2008；Murall 等，2015；Spackman、Swayne，2013），但是关于现有和未来疫苗传播阻断功效的结论还需要更多的研究证明。

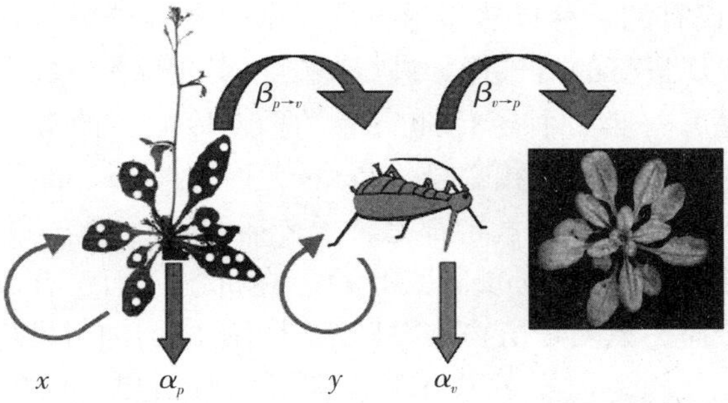

图 6－8 媒介传播对毒力进化理论的影响

传输速率可以分解为两个步骤：从受感染的植株到媒介（$\beta_{p\to v}$）和从携带病毒的媒介到健康的植株（$\beta_{v\to p}$）。植物体内病毒载量（x）和媒介体内病毒载量（y）分别会影响植物死亡率（α_p）和媒介繁殖率（α_v），这额外的复杂性修正了对 R_0 的理论表达（详见 Froissart 等，2010）。图片来自 Froissart 等（2010），经英国皇家学会的许可。

媒介传播对毒力进化的影响

媒介传播的病毒通过被称为"媒介"的中间宿主在原宿主之间传播，媒介通常是昆虫或其他小型无脊椎动物。因此，这些病毒的进化通过两种迥然不同的宿主物种间的相互作用而形成。媒介传播为植物或动物病毒的扩散提供了明显的优势。关于毒力进化理论，媒介传播增加了方程式中基础繁殖数 R_0（方程式 3 见"数学基础：基础繁殖数，R_0"）的复杂性，因为它必须合并用于将病毒从受感染宿主转移到媒介，然后从媒介转移到易感宿主的单独作用时的传播速率因子。如图 6－8 所示，典型的媒介传播病毒图包括单独的基础死亡率、病毒诱导的死亡率（毒力）以及原宿主和媒介宿主中的病毒累积率（Froissart 等，2010）。在媒介和原宿主中复制时，病毒在每个宿主中的毒力水平将由每个病毒—宿主相互作用的独特的一系列选择因子决定。一般预测媒介传播的疾病整体比直接传播的疾病更具毒力，这是因为媒介为不能移动的宿主提供了长距离的病毒传播，不能移动的宿主可以提高媒介的取食成功率，从而提高传播率。另一个假设是在媒介中的病毒毒力比在原宿主中的低，因为病毒需要媒介足够健康才能保证移动以进行传播，所以它只能在原宿主中最大限度地复制（Elliot 等，2003；Ewald，1994）。本章我们讨论植物病毒和动物病毒（虫媒病毒）的媒介传播，其中介绍的研究为毒力进化提供了一定的见解。

媒介传播的植物病毒

植物中绝大多数已知的病毒都是通过媒介昆虫进行水平传播的，主要是蚜虫、叶蝉和飞虱等同翅目的昆虫，这为不能移动的宿主传播病毒提供了重要的优势。虫媒植物病毒通过非循环、循环或繁殖方式传播，只有最后一种方式涉及病毒在媒介中的复制（Froissart 等，2010）。植物病毒仅有的一种自然传播方式是通过花粉或种子进行垂直传播，在实验中一般通过磨损叶片组织进行的机械接种进行感染。实地观察支持的预测是：在植物中媒介传播病毒（水平传播）一般比种子传播病毒（垂直传播）的毒力更强，这和“水平传播与垂直传播”一节中提出的理论相吻合（Power，1992；Roossinck，2010）。的确，导致无症状（低毒力）持续感染的植物病毒都是种子传播的，而引起众所周知的农业疾病的急性病毒通常是媒介传播病毒（Roossinck，2010）。在机制方面，有研究者提出毒力有益于媒介传播植物病毒的传播，原因是植物体内病毒积累量的增加引发媒介传播的增加及导致患病表征，如叶片组织变黄，而发黄的叶片已知可以吸引更多的媒介蚜虫（Froissart 等，2010；Power，1992）。尽管有个别突变病毒存在着例外，但大多植物病毒的实验工作显示植物体内病毒累积水平（复制适应度）和昆虫媒介传播自然病毒株之间普遍存在正相关关系（Froissart 等，2010；Power，1992；Sacristán、García-Arenal，2008）。然而，第二个重要相关性——病毒积累水平与毒力的关系，却没有那么多的支持。这可能是因为此方面的研究较少，但也有人指出，植物病毒研究中使用的一些毒力的定义，特别是那些基于减少种子生产的，可能不适合用于评估对水平传播的影响（Froissart 等，2010）。目前，我们知道只有一种专门设计来测试传播权衡理论的植物病毒研究，它使用九株芜菁花椰菜花叶病毒毒株来检测病毒的积累，用叶表面积较少来表示毒力以及蚜虫传播（Doumayrou 等，2013）。结果毒力呈现出一种曲线，与理论预测的植物病毒—宿主体系中的传输平衡关系相符（图 6－9）。

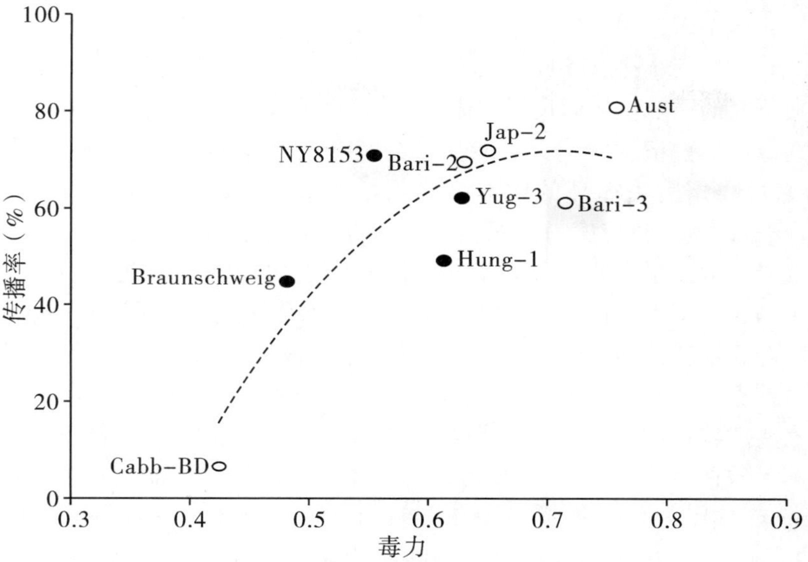

图 6－9　染病芜菁中花椰菜花叶病毒毒力和传播率之间的关系

白圈为宿主体内病毒低积累量的毒株，而黑圈为宿主体内病毒高积累量的毒株。每一个圈对应感染 28 天时毒力和传播率的平均值。虚线对应传播率与毒力指标之间的二次方程关系。经许可改编自 Doumayrou 等（2012），版权所有：2012 进化研究学会。

虫媒病毒

脊椎动物或无脊椎动物宿主的动物病毒中也存在媒介传播。假设允许高毒力的进化，除了易于扩散外，媒介的传播可以减少病毒后续的传播对受感染宿主移动性的依赖。传播可以是“机械的”，在媒介体内没有复制，如黏液瘤病毒；或是“生物性的”，由于病毒需要复制而往往导致媒介终身持久性感染。后一种机制适用于绝大多数节肢动物传播的脊椎动物病毒，统称为虫媒病毒。几乎所有的虫媒病毒都是 RNA 病毒，并且会引起众多以鸟类或哺乳动物为原宿主的重大疾病。媒介主要是蚊子，但也有其他的飞虫如白蛉和库蠓，以及非昆虫的节肢动物如蜱。著名的虫媒病毒包括辛德毕斯病毒（SINV）、塞姆利基森林病毒（SFV）、罗斯河病毒（RRV）、东部马脑炎病毒（EEEV）、委内瑞拉马脑炎病毒（VEEV）、基孔肯雅病毒（CHKV）、黄热病病毒（YFV）、西尼罗河病毒（WNV）、登革病毒（DENV）、裂谷热病毒（RVFV）和 VSV。在生态学上，在森林型地方动物病周期内，虫媒病毒通常在脊椎动物和媒介宿主之间循环。作为中间宿主的人类或家畜通常由于次要和死亡宿主造成的溢出事件而感染。

虫媒病毒引起的人类疾病具有悠久历史，20 世纪 70 年代的疫苗研究推动了第一批与毒力进化相关文章的发表。SFV、CHKV 和 RRV 在昆虫细胞株上的连续传代均导致病毒毒力的减弱，表现为对小鼠神经毒力降低（Peleg，1971；Singh，1971；Taylor、Marshall，1975a）。在此期间，第一次报道的体内传代研究表明小鼠中 RRV 的毒力增加，而经蚊子体内的传代后，四个谱系中有一个显示对小鼠毒力衰减，但在交替宿主中毒力没有变化（Taylor、Marshall，1975a、1975b）。

虫媒病毒研究的一个主要假设是，循环于两个不同宿主之间的广谱性病毒的适应性被限制应低于在每个单独宿主中最大可能性的适应度水平（Weaver，2006）。关于虫媒病毒进化的最新综述根据宿主循环的成本描述了权衡假设（Ciota、Kramer，2010；Weaver，2006）。假设病毒的复制适应度与在原宿主中的毒力相关，如果病毒被允许作用于单一宿主，虫媒病毒毒力被限制应低于在单一宿主中可以获得的水平。研究这些假设的策略涉及比较交替宿主与单一宿主中连续传代的情况，将病毒从宿主循环的假设约束中释放出来。大多数研究已经使用哺乳动物和昆虫细胞系传代进行体外研究，结果显示病毒适应性和序列发生变化，而毒力没有变化。这些关于 VSV、EEEV、SINV、DENV、VEEV 和 CHIKV 的研究结果表明病毒在单一宿主中的适应度增加，而在中间宿主中则降低，但在交替宿主中的结果是不一致的，很多情况下没有发生变化或出现相反的结果（Coffey 等，2008；Coffey、Vignuzzi，2011；Greene 等，2005；Novella 等，1995；Novella 等，1999；Vasilakis 等，2009；Weaver 等，1999；Zarate、Novella，2004）。因此，目前的体外研究并不能为宿主循环的假设提供一致的支持，并且已经提出驱动病毒—宿主体系进化的机制是不同的（Ciota、Kramer，2010；Weaver，2006）。然而，VEEV 的体内连续传代导致蚊子或小鼠中单个宿主的适应度或感染力增加，而在交替的宿主体系中适应度没有增加（Coffey 等，2008）。这些结果支持宿主循环引起适应性约束的假设，并且体内传代体系可能与自然界的进化机制更为相关，但对毒力的影响仍有待证实。

虫媒病毒进化的另一个有趣的方面涉及虫媒病毒对其媒介的毒力。Ewald 预测媒介中的虫媒病毒是导致毒力降低或无毒化进化的少数因素之一（Ewald，1994）。然而，研究者对 12 篇公开发表的文献中的相关数据进行综合分析后得出结论：在许多情况下虫媒病毒确实会降低其媒介的存活率，但效应的大小随病毒、媒介及其传播方式而变化。例如，作为单独控制的因素，甲病毒和水平传播与媒介中更高的毒力影响相关，而垂直传播及其媒介伊蚊受其影响较小（Lambrechts、Scott，2009）。此外，关于 WNV 的详细实验研究发现，在蚊子体内进行 20 代体内连续传代后，降低蚊子存活率，但没有检测到野生祖先型病毒对媒介蚊子的毒力作用（Ciota 等，2013）。深入的野外毒力机理研究表明，WNV 在全美国的传播是由于病毒进化出在媒介中更强的传播能力，将病毒传播给更多的鸟类宿主（Kilpatrick 等，2008；Moudy 等，2007）。

慢性和持续性病毒感染中的毒力进化

近年来，与持续性、慢性和急性感染相关的不同病毒生活方式的进化越来越受到重视（Roossinck，2010；Villarreal，2009）。不同于急性感染，持续性或慢性病毒感染将在宿主体内持续很长一段时间，有时甚至终生。在动物病毒中，若宿主的免疫系统未能及时清除早期急性感染，病毒进化出干扰或者避开宿主免疫机制时会发生持续性或慢性感染。牛病毒性腹泻、艾滋病、人类巨细胞和水痘带状疱疹等全球重要疾病都是由病毒的持续性感染造成的，然而许多持续性感染并未造成广泛流行的植物、真菌或者媒介昆虫的持续性病毒病（Bryner、Rigling，2012；Ciota、Kramer，2010；Marquez、Roossinck，2012；Roossinck，2010）。从毒力进化的角度来看，持续性或慢性感染与急性感染有着不同的选择性环境。对于在媒介的持续性感染和脊椎动物宿主内的急性感染之间交替的虫媒病毒，复制策略（持久性复制感染）的差异而不是昆虫和哺乳动物细胞之间的差异可能是形成病毒适应环境的一个更重要的因素（Novella 等，1995；Novella 等，1999；Zarate、Novella，2004）。细胞培养的体外模型研究表明，口蹄疫病毒和小鼠肝炎病毒等病毒可以在持续性感染期间进化出更强的毒力（Chen、Baric，1996；Saiz、Domingo，1996）。

人类免疫缺陷病毒（HIV）毒力的临床进化

HIV 显然是一种高毒力病毒，病例在没有医疗干预的情况下死亡率接近 100%。问题在于病毒具有高毒力是因为它是新近出现在人类身上，还是因为它在高毒力水平下最大限度地进化出适应能力？换句话说，它会随着与人类的适应而向无毒状态发展吗？该病毒估计在 2013 年感染了 210 万人，全球病毒携带者达 3 500 万人，因此目前它的整体适应性非常高（Nations，2014）。此外，该病毒从约 20 世纪 30 年代起在人类中出现（Korber 等，2000），与其他 RNA 病毒一样，它在活跃的复制过程中具有短的世代时间和高的突变率（Drake，1993），在出现之后的时间里，它具有无数的毒力进化机会（Domingo 等，1996）。因此，人们希望在这么长的时间内可以看到毒力进化的特征。值得注意的是，近年来药物治疗降低了 HIV 复制率，这可能会影响它的进化。

对于研究 HIV 的毒力进化策略的主要挑战是如何定义和测量它的毒力。HIV 感染患者的死亡率为 100%，但这不是一个合适指标，因为毒株之间没有差异。从感染到死亡时间的长短是最明显的选择指标之一，但这一定义在实践中不能令人满意，因为死亡发生在感染后的许多年，所以需要寻求更多的预测性措施。这些措施围绕疾病进展与艾滋病发病率之间的关联展开。最初，疾病进展的最佳预测因子是计数患者的 CD4 细胞（Fahey 等，1990），然而这个指标只有在发病已经很严重的情况下才可见，事实上还需要感染早期的预测指标。初始急性感染之后的血浆病毒载量（被称为病毒设定点）可以很好地预测疾病的进展速度（Mellors 等，1996），将 CD4 计数和设定点病毒载量结合起来提供了更强的预测能力（Mellors 等，1997）。最近的研究表明，设定点病毒载量和 CD4 计数在广泛的水平上相关，但在个体患者水平上相关性较差，这进一步加强了推断毒力时应同时考虑两个指标的重要性（Rodriguez 等，2006）。这种 HIV 毒力测定方法的变化及其相关的注意事项，与解释 HIV 毒力进化的实证研究和预测是相互关联的。

由于 HIV 的祖先（猿猴免疫缺陷病毒）在其自然的非人类灵长类动物宿主中无毒，因此假设 HIV 在适应人类时也将进入无毒状态非常有趣。有实验证据表明 HIV 入侵人体后毒力有所下降。比较研究从艾滋病人体内分离的原始细胞中的 HIV 复制适应性发现，1986—1989 年 75% 的临床分离株比 2002—2003 年分离的有更高的体外竞争适应性（Arien 等，2005b）。还有证据表明，体外竞争适应性与患者疾病进展速率（毒力）呈正相关（Jason 等，2004；Quinones-Mateu 等，2000），从而支持了以前研究中 HIV 在所检测的时间段内毒力减弱的结论。研究者通过体外研究认为 HIV 毒力的衰减可能是传播过程中的一个瓶颈（Yuste 等，1999）。病毒基因型的观察性研究也发现 HIV 毒力下降的趋势。从 20 世纪 90 年代到 21 世纪初，HIV－1 的 C 亚型的流行率上升，成为全球主要亚型（Arien 等，2007）。研究表明，C 亚型具有较低的离体复制适应度，但有与其他 HIV－1 亚型相当的传播适应度（Arien 等，2005a），表明其可能具有较低的毒力但体内总体适应性较高。然而，研究者还发现，HIV－O 组和 HIV－2 的离体竞争性复制和传播适应性均低于 C 亚型。此外，HIV－O 组和 HIV－2 已被证明具有较低的临床传播率（Gilbert 等，2003；Kanki 等，1994）和较低的流行率（Arien 等，2007）。因此，毒力与适应性之间假定的负相关关系可能不是线性的，但是可以通过毒力权衡来解释，其中中等水平的毒力提供了最佳适应度。

其他研究也表明了 HIV 的毒力权衡。阿姆斯特丹和赞比亚的两个独立的 HIV 研究团队观察到的最常见的病毒载量设定点是与数学模型预测相匹配的中间值。其中，HIV 会在平衡时或在初始流行时使 R_0的值最大化（图 6－10）。最终，临床的病毒设定点被假定为由传播—毒力权衡所驱动（Fraser 等，2014）。随着设定点的增高，接触传染源的传播概率也被认为会随之增加（Fideli 等，2001；Quinn 等，2000）。然而，病毒设定点的增加提高了艾滋病的发病率和死亡率，但也降低了病人和健康人接触的可能性和持续时间（de Wolf 等，1997；Mellors 等，1996）。这与来自瑞士的团队研究的数据相一致，该研究团队发现从 1984 年到 2003 年 HIV 毒力没有发生变化，在这段时间内 CD4 计数和病毒设定点没有明显的波动（Muller 等，2006）。如果 HIV 确实存在这样的毒力平衡，那就表明：如果病毒自出现在人类身上以来毒力下降的话，那么它就不可能无限期发展下去，而是应该保持稳定在一定程度上的中等毒力水平。

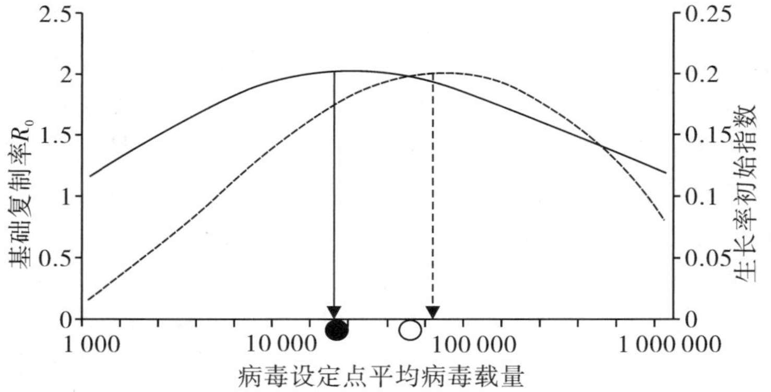

图 6－10　简单 HIV 传播模型中的最佳病毒载量

实线的垂直箭头显示 R_0最大化时的预测病毒设定点。虚线的垂直箭头显示生长率初始指数的预测病毒设定点。X 轴显示赞比亚（空心圆）和阿姆斯特丹（实心圆）两个艾滋病研究团队观察到的平均病毒载量。模型预测与临床观测结果十分接近，表明中等毒力在该体系中具有最佳的适应性。经许可改编自 Fraser 等（2007），版权所有：美国国家科学院（2007）。

然而，疫苗接种、药物治疗或其他传播阻断等干预措施的增加，可能会改变该体系的毒力权衡轨迹的形状，并推动毒力朝新方向进化。有一些证据表明这种现象可能正在发生。对非洲两组 HIV 感染者的研究表明，宿主抵抗力的进化可能推动了 HIV 的毒力进化（Payne 等，2014）。研究者发现，在宿主抗性基因较高的群体中，设定点病毒载量较低。以前已经表明，HIV 毒株逃避宿主抗性基因的能力以病毒较低复制为代价（Boutwell 等，2013；Crawford 等，2009；Martínez-Picado 等，2006）。这使他们得出以下结论：以疾病进展率来衡量的毒力在这些更能够逃避宿主反应的病毒中也降低。然而，这些研究并没有明确毒株中疾病进展率和病毒设定点的关系。这是值得注意的，尽管病毒载量较低，但 CD4 细胞计数在具有更多抗性等位基因的宿主群体中较低。换句话说，它可能减少了由病毒血症引起的其他疾病，这表明病毒在抗性较高的宿主群体中实际上毒力更高。

最终很难说 HIV 自出现在人类身上以来毒力是减弱了还是加强了。由于无法进行体内研究和治疗感染者有伦理要求，确定这个问题的答案具有挑战性。现在有很好的证据表明 HIV 载量的设定值以及其潜在的毒力部分是由病毒遗传学调节的，尽管宿主效应仍是患者间大多数 HIV 载量变异的原因（Bonhoeffer 等，2003）。这表明 HIV 毒力有可以进化的特性，但宿主效应将对其进化轨迹产生重大影响。因此，鉴于全球传播和疾病管理的多样性，没有理由假设所有 HIV 感染人群的毒力进化方向都是相同的（Arien 等，2007）。

重寄生菌和复合病原体共生的毒力

涉及多重寄生水平的病毒和亚病毒因子的复杂相互作用称为重寄生现象。一个常见的例子是感染细菌或细胞真核寄生虫的病毒，而它们本身也是人类或其他宿主的病原体（Hartley 等，2012；Marquez、Roossinck，2012）。已经证明感染细菌病原体的噬菌体，特别是在整合过程中，可以改变包括毒力在内的细菌表型。噬菌体感染已被证明在某些情况下可以降低细菌的毒力（Laanto 等，2012），但在许多情况下噬菌体通过编码毒素等机制提高细菌的毒力（Fortier、Sekulovic，2013；Hartley 等，2012）。虽然这是一个重要的研究领域，但是在这些体系中研究的毒力并不是病毒本身的毒力，而是细菌宿主在超宿主中的毒力。因此，病毒对其宿主在复杂共生中的毒力的影响在此不做过多的讨论。

导致板栗真菌疫病的栗疫病菌病毒 1（CHV－1）可证明实际病毒在复杂的重寄生作用中的毒力影响。栗疫病是一种导致欧洲和北美洲的栗树严重衰退的真菌性疾病。CHV－1 是一种天然存在的真菌性病毒，导致“低毒力传递”，病毒感染降低了真菌的毒力，有利于超宿主栗树的生长（Milgroom、Cortesi，2004）。虽然大多数真菌性病毒在其宿主中是一直存在和无症状的（Roossinck，2010），但 CHV－1 对栗疫病有特殊毒力，导致真菌生长和无性孢子数量显著降低（Bryner、Rigling，2012）。比较多个 CHV－1 和栗疫病分离的野生株的实验交叉感染研究已经证明了病毒毒力和宿主耐受性都发生了变化，表明了毒力具有进化的潜力（Peever 等，2000）。一项三株 CHV－1 毒力差异的研究显示了高毒力对真菌宿主生长和产孢的负面后果，以及病毒需要垂直传播来权衡两者，这种平衡是跨越植物不亲和性障碍且在较高的病毒复制力和较高的水平传播率上带来的优势（Bryner、Rigling，2012）。图 6－11 显示了不同植物不相容下的宿主中 CHV－1 毒力与增加传播的相关性。因此，基于真菌宿主特有的传播机制，这种超寄生复合体中的毒力传播权衡功能起着重要的作用。

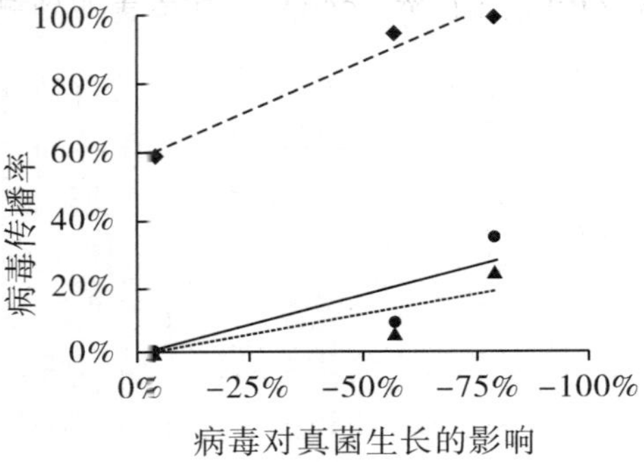

图 6－11　CHV－1 的毒力和传播的正相关关系

与未染病毒的真菌菌株相比，在休眠的栗子茎上测量对真菌生长（毒力）的病毒效应。在真菌供体和受体之间不同程度的植物不相容性下评估病毒传播，即供体和受体在植物不相容性位点 vic1（菱形，虚线）、vic2（三角形，虚线）和 vic6（圆形，实线）处分别是异等位的。在所有情况下，毒力的增强都与传播能力的增强密切相关，有潜在的平衡毒力成本。经许可改编自 Bryner、Rigling（2012），版权所有：2012 进化研究学会。

另一个重寄生体系毒力进化的研究对象是黄瓜花叶病毒（CMV）的卫星 RNA（satRNA）。CMV 是宿主范围广泛的植物病毒，satRNA 是在一些分离的 CMV 毒株中发现的寄生小分子。satRNA 是小的非编码 RNA，借助于 CMV 进行复制和传播。当 satRNA 存在时，它们抑制 CMV 复制并修饰一些植物宿主中由 CMV 引起的症状。在番茄中，CMV 的 satRNA 坏死原基因型增加 CMV 引起的中度症状导致全株坏死，而其他 satRNA 基因型则减弱 CMV 症状。1986—1992 年期间，西班牙一个关于番茄坏死的自然流行病学研究涉及 satRNA 重寄生，并研究了在田间观察到的植物病毒毒力的进化（Escriu 等，2000、2003）。在流行的最初几年，由地方性 CMV 引起的轻度疾病转变为坏死性疾病并出现蔓延，随后疾病的发生频率和严重程度降低，并于 1992 年消失。在流行病期间收集的病毒分离株的特性研究揭示了坏死性疾病的最初出现是由于与地方性 CMV 相关的坏死性 satRNA 的出现。在随后的疫情中观察到的毒力降低是由于坏死 satRNA 转变为衰减 satRNA。尽管实验性感染显示，在复合感染中，坏死 satRNA 比衰减 satRNA 具有更强的竞争适应性，但单一感染和混合感染模型中衰减 satRNA 有更高的蚜虫传播效率，因此逐渐进化出平衡（Escriu 等，2003）。这些观察结果在一对互补研究中得到了扩展，该研究用甜瓜作为替代宿主测定了同一品系的 CMV 和 satRNA。这些研究证明了宿主专一性病毒毒力在甜瓜中由坏死或衰减 satRNA 引起的症状没有差异，但是在与毒力进化相关的参数中发现了其他几个宿主特异性差异，从而促进了野外不同宿主之间传播模型的建立（Betancourt 等，2013、2011）。

环境条件对毒力进化的影响

毫不奇怪，环境条件有许多方式可以影响毒力进化。西尼罗河病毒（WNV）实验已证明温度对媒介昆虫传播病毒的能力有明显影响，并且表明温度是病毒在北美蔓延期间进化的重要因素（图6－12）（Kilpatrick 等，2008）。研究表明缺硒宿主的营养状况是更强毒的柯萨奇 B3 和流感病毒进化的驱动因素，说明了宿主内化学环境对毒力进化的影响（Beck，1997；Beck 等，2004）。类似地，核多角体病毒的两个分离株的相对毒力和繁殖率可以用作蛾幼虫宿主食物溯源树的确定依据（Hodgson 等，2002）。作为更普遍的环境特征，宿主种群的斑块空间结构可以约束病毒感染性进化的理论预测已经在关于蛾幼虫宿主中的杆状病毒的实证研究中得到证实（Boots、Mealor，2007）。

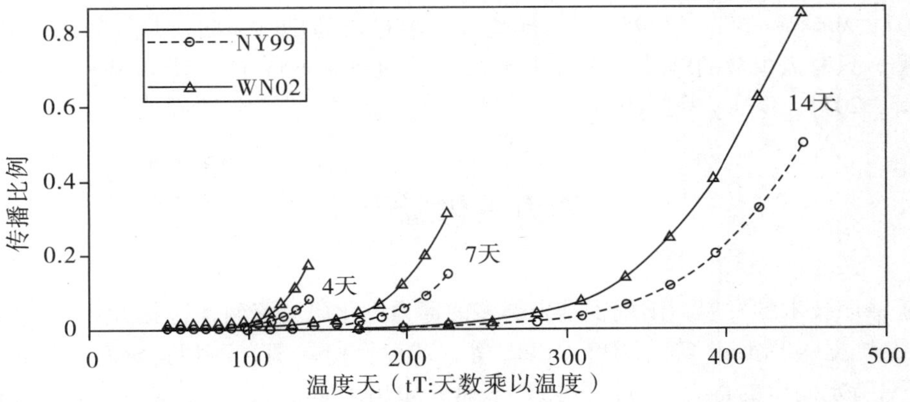

图6－12　温度对媒介能力的影响是 WNV 在北美出现并蔓延的驱动因素

原始入侵的 WNV NY99 毒株被库蚊属蚊子更有效传播的 WN02 毒株替换。不同的曲线分别显示在 WNV 感染血饲后的固定时间段内（4、7 或 14 天）传播 NY99（虚线）或 WN02（实线）的蚊子的比例。线上的点显示温度升高（12°C 至 32°C，标识间隔 2°C）。结果表明，WN02 比 NY99 的优势随着温度升高而增加，这种假设促进了 WN02 毒株的入侵。经许可转载于 Kilpatrick 等（2008），经 PLoS One Pathogens Creative Commons Attribution（CC BY）许可。

除了基于病毒量化特性的毒力权衡之外，在某些环境条件下，病毒还可能为其宿主提供好处来抵消其毒力及利用宿主资源的负面影响。例如，CMV 在胁迫环境下可以为其植物宿主提供抗旱或耐寒性的益处；当蚜虫密度高时，蚜虫浓核病毒能促进有翅蚜虫的生长，使其能够移动到邻近植物以获取新的食物资源（Bao、Roossinck，2013）。作为一种新形式的毒力权衡，病原性病毒成为条件共生体的能力可能比目前认识到的更为普遍（Bao、Roossinck，2013；Marquez、Roossinck，2012）。

一般来说，人们普遍认为涉及人为因素的生态条件通常可以在病毒性疾病和流行中发挥重要作用。这在虫媒病毒中得到很好的诠释，例如消除天然热带环境创造的选择压力有利于森林型登革病毒适应在人类和家畜体内扩增和存储，造成登革城市型病毒在这些宿主中具有更高毒力潜力的传播模式（Weaver，2006）。事实上，对特定 VEEV 疫情的详细分析表明，有利的环境条件更有可能限制疫情发生，而不是使原始遗传突变发生并产生较高的毒力（Anishchenko 等，2006）。积极的人为影响的一个例子是有效的基础设施，如防蚊住房，它有效地阻止虫媒病毒向人类宿主传播（Ewald，2011）。

在人为影响中，植物和动物的集约化种植或养殖，可能通过提供与密集的遗传基因一致的宿主为毒力进化提供了多方面影响环境（Kennedy 等，未出版）。令人惊讶的是，尚没有实验证明高密度的宿主能促进更高毒力的进化这一假设。在观察性研究中，非洲水稻种植的不同模式被认为是水稻黄斑病毒病的发生和多样化的驱动因素（Pinel-Galzi 等，2007）。对动物病毒而言，禽流感病毒和传染性鲑鱼贫血病毒是经过充分研究的病毒实例，其宿主家禽和大西洋鲑鱼的规模化工业养殖导致了全球疾病负担大幅度增加。这两种疾病都是由同域野生宿主体内的低致病性病毒毒株反复进化出的高致病性毒株引起的（Aamelfot 等，2014；Alexander，2007）。两种病毒中使高致病性毒株进化的遗传特征（Alexander，2007；Markussen 等，2008；Mjaaland 等，2002）都是已知的，并且找到了高致病力的基因型，只有极少数的例外，它只出现在农场的宿主种群中（Alexander，2007；Christiansen 等，2011；Godoy 等，2008）。

毒力进化遗传学

随着测序技术的发展，出现了越来越多的毒力进化研究资料，包括天然或实验病毒群体的遗传数据（Brusini 等，2013；Elde 等，2012；Kerr 等，2013；Snow、Cunningham，2000）。对特定病毒的毒力决定因子的众多研究超出了本章的范围。然而，其他与序列数据相关的应用包括平行突变和对毒力变化的突变途径数量的推断（Hajimorad 等，2011；Lafforgue 等，2011b；Pinel-Galzi 等，2007；Ping 等，2011；Taubenberger、Kash，2010），对病毒群体（准种）作为重要毒力因子的遗传多样性的分析（Ciota、Kramer，2010；Jerzak 等，2007；Korboukh 等，2014；Markussen 等，2013；Pfeiffer、Kirkegaard，2005；Vignuzzi 等，2006），使用病毒体系发育来揭示毒力的遗传力（Alizon 等，2010）以及毒力如何作为选择压力（Twiddy 等，2002）。一般来说，遗传数据为确认和理解毒力进化研究中观察到的表型变化提供了有力的工具。

毒力进化与疾病管理的相关性

管理人类、其他动物和植物的传染性疾病是一个令人向往的目标，可以从了解毒力进化中多方面受益。毒力进化在疾病管理中的第一个实际应用是早期非常成功地通过在培养细胞中连续传代以减弱如导致黄热病、小儿麻痹症等的病毒在人体内的毒力，从而获取这些破坏性疾病的疫苗。尽管最初的萨宾减毒脊髓灰质炎病毒疫苗已经使用了数十年，但是描述毒力阈值的研究最近才对疫苗引起小儿麻痹症的罕见现象做出了解释（Lancaster、Pfeiffer，2011）。毒力进化理论已被证明是一个广泛而且有用的框架，用于理解和预测我们试图控制疾病的后果，其目标是避免无意的人类行为驱使病原体毒力增加。因此，理解不完美的疫苗作为一种选择性环境，可能会在接种疫苗的宿主（疫苗失败）和非接种宿主（极端毒力）中导致更高的致病力，从而促使研究改进疫苗以避免这些不良影响。同样，已有研究借助在遗传抗性宿主中病毒的进化（包括 RNA 干扰介导的抗力）的基本了解，提高农业中抗性植物的基因耐久性（Hajimorad 等，2011；Lafforgue 等，2011b；Sacristán、García-Arenal，2008）。毒力进化也与利用病毒进行有效病虫害防治工作有关，如兔子中的黏液瘤病毒和栗疫病菌中的 CHV－1，也被用在大田和实验室的测试和通报模型中。

毒力进化的当前研究和开发应用包括继续使用连续传代的策略来开发疫苗，以及在癌症的生物治疗中使用（Garijo 等，2014；Yan 等，2003）。从毒力进化研究中得出的实际疾病管理思想包括：混合种植敏感性和抗性作物品种，以减少进化出打破植物宿主抗性的病毒毒株的风险（Montarry 等，2012）；使用 MHC 分型进行圈养育种计划以最大化 MHC 多样性，并避免病原体专一性促进毒力增加（Kubinak 等，2013）；使用噬菌体来控制病原菌（Hartley 等，2012）；确定最优选择标准的模型（Bolzoni、De Leo，2013）；支持基础设施建设以防止新发急性病毒的传播（Ewald，2011）；以及改变农业条件，如宿主密度，以避免毒力增加的进化（Kennedy 等，未出版）。重要的是，在养殖的大西洋鲑鱼中，已经证明了疾病控制措施对控制传染性鲑鱼贫血病毒（ISAV）高毒力的进化有效。严格的疾病管理行动已经成功地消除了法罗群岛和智利的大西洋鲑鱼养殖行业的高致病性毒株，继续监测显示只有低致病性毒株广泛存在（Christiansen 等，2011；Godoy 等，2013）。这是一个令人欢欣鼓舞的人类干预例子，它降低了毒力进化的频率和影响，并使其在野生环境下维持低毒力（图 6－13）。总的来说，过去 20 年来的生态学和传染病进化的研究已经证实了毒力进化理论的潜在价值。

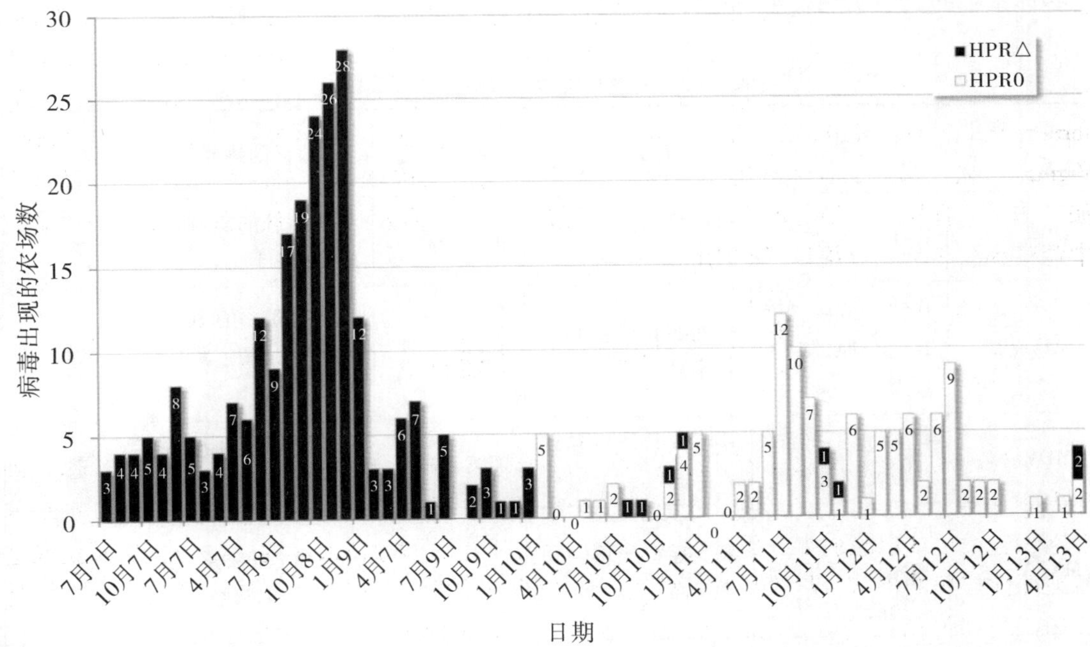

图 6－13　在成功实施疾病控制措施后，智利养殖的大西洋鲑鱼中 ISAV 的毒力减弱

2007 年智利鲑鱼养殖中的 ISAV 出现了一种毒力强的基因型 ISAV HPRΔ（黑色），并导致灾难性疾病。

结论

在20世纪80年代，井喷出很多关于毒力进化理论的创造性模型，最后产生一个综合性的理论体系，随后的评论又批评了各种理论缺乏对预测的实证检验（Bull，1994；Froissart等，2010）。本章描述了在毒力进化框架内进行的多个实证研究，这些研究在许多领域随后取得了实质性进展。重要的是，越来越多病毒的观察性研究证明了野外病毒毒力的进化（表6-4）。适用于选择最佳毒力水平的概念，观察包括流感、MDV和DENV-2病毒毒力的增加，以及黏液瘤病毒、CMV和烟草花叶病毒毒力的降低，以及其他体系如HIV缺乏一致性的结果趋势。在实验研究中，我们已经看到各种选择压力对病毒毒力进化的影响，包括传播方式、传播的增强、增强的媒介能力、宿主变化、混合感染、不同的外部环境条件以及在接种疫苗或遗传抗性宿主中的复制方面。针对预测的传播权衡机制的研究已经在几个实例中获得实证支持，但也显示这种机制并不适用于所有宿主—病毒体系。因此，人们正在调查更广泛的替代权衡，如恢复—毒力权衡和耐久性—繁殖力权衡等。总的来说，毒力进化领域已经从单纯的理论起源成熟到接受实证检验，有助于对该理论的优缺点进行更为关键的评估。最后，虽然有人怀疑利用进化理论来管理毒力进化的潜力，但在一些体系中的例子明确表明了这种方法是有大有可为的。

表6-4 野外病毒毒力进化的观察数据

病毒—宿主体系①	事件	毒力测量	毒力变化	假设的解释	参考文献②
流感—人	1918年大流行	疾病症状严重和死亡率高	瞬间升高	重症患者的高频军事移动	㊿
AIV—鸡	1959—2004年，24起原发性爆发	疾病症状严重和死亡率高	升高	家禽养殖中有利条件造成适应新的宿主	⑱
MDV—鸡	自20世纪50年代以来连续发病	疾病症状严重和死亡率高	连续升高	对家禽养殖和疫苗接种的反应	㊹
MYXV—兔	1950—1952年，澳大利亚和欧洲生物防治中释放	疾病症状严重和死亡率高	降至中等水平，随后升高	宿主抗性和病毒毒力的共同进化	㊲

① AIV，禽流感病毒；CMV，黄瓜花叶病毒；DENV，登革病毒；HIV，人类免疫缺陷病毒；ISAV，传染性鲑鱼贫血病毒；MDV，马立克氏病病毒；MYXV，黏液瘤病毒。

② ①~⑯的参考文献列在表6-1和表6-2的注中；⑰Arien等，2005b；⑱Alexander等，2007；⑲Christiansen等，2011；⑳Godoy等，2008；㉑Godoy等，2013；㉒Markussen等，2008；㉓Mjaaland等，2002；㉔Payne等，2014；㉕Rodriguez-Roche等，2011。

（续上表）

病毒—宿主体系	事件	毒力测量	毒力变化	假设的解释	参考文献
HIV—人	1986—2003 年，比利时	以体外复制适应度作为死亡率进展时间的预测因子	降低	人畜共患病出现后适应宿主的自然结果	⑦⑦
HIV—人	2002—2005 年，南非；2007—2008 年、2012—2013 年，博茨瓦纳	以病毒载量设定点作为进展到死亡的时间预测因子	降低或升高取决于所使用的度量标准	适应宿主抗性	⑧④
CMV—番茄	1986—1992 年，番茄坏死病流行，西班牙	植物症状变化、坏死率	降低	从坏死到衰减的相关卫星 RNA 种群的进化	⑳
烟草花叶病毒—辣椒	1984—2004 年，辣椒病，西班牙	感染抗病辣椒能力和致病能力	降低	对抗性辣椒品种种植面积降低的反应	㉒
DENV2—人	1997 年爆发，古巴	疾病症状的严重程度和死亡率	升高	病毒突变导致病毒适应度增强	⑧⑤
ISAV—大西洋鲑鱼	自 1984 年以来多次爆发	疾病发生率和死亡率	升高	在集约化养鱼的有利条件下，特定基因突变/缺失造成的病毒进化	⑧⓪⑧②⑧③
ISAV—大西洋鲑鱼	疾病控制后监测，法罗群岛，智利	无病，无毒病毒基因型占优势	降低	卫生和生物安全的控制阻止有利于毒力基因型的进化	⑦⑨⑧①

（主译：岳巧云　校译：黄夏宁）

参考文献

1. Aamelfot, M., Dale, O., and Falk, K. (2014). Journal of Fish Diseases 37, 291 – 307.

2. Alexander, D. J. (2007). Vaccine 25, 5637 – 5644.

3. Alizon, S., Hurford, A., Mideo, N., et al. (2009). Journal of Evolutionary Biology 22, 245 – 259.

4. Alizon, S., von Wyl, V., Stadler, T., et al. (2010). PLoS Pathog. 6.

5. Anderson, R. M. (1982). Chapman and Hall Ltd.

6. Anderson, R. M., and May, R. M. (1979). Nature 280, 361 -367.

7. Anderson, R. M., and May, R. M. (1982a). Parasitology 85, 411 -426.

8. Anderson, R. M., and May, R. M. (1982b). Springer.

9. Anishchenko, M., Bowen, R. A., Paessler, S., et al. (2006). Proc. Natl. Acad. Sci. USA 103, 4994 -4999.

10. Apetrei, C., Robertson, D. L., and Marx, P. A. (2004). Frontiers in Bioscience 9, 225 -254.

11. Arien, K. K., Abraha, A., Quinones-Mateu, M. E., et al. (2005a). J. Virol. 79, 8979 -8990.

12. Arien, K. K., Troyer, R. A., Gali, Y., et al. (2005b). AIDS 19, 1555 -1564.

13. Arien, K. K., Vanham, G., and Arts, E. J. (2007). Nat. Rev. Microbiol. 5, 141 -151.

14. Atkins, K. E., Read, A. F., Savill, N. J., et al. (2013a). Evolution 67, 851 -860.

15. Atkins, K. E., Read, A. F., Savill, N. J., et al. (2011). Modelling Marek's Disease Virus (MDV) Infection: Parameter Estimates for Mortality Rate and Infectiousness. BMC Veterinary Research 7.

16. Atkins, K. E., Read, A. F., Walkden-Brown, S. W., et al. (2013b). Epidemics 5, 208 -217.

17. Bangham, C. R. M., and Kirkwood, T. B. L. (1993). Trends in Microbiology 1, 260 -264.

18. Bao, X. D., and Roossinck, M. J. (2013). Curr. Opin. Microbiol. 16, 514 -518.

19. Beck, M. A. (1997). Journal of Nutrition 127, S966 -S970.

20. Beck, M. A., Handy, J., and Levander, O. A. (2004). Trends in Microbiology 12, 417 -423.

21. Bedhomme, S., Hillung, J., and Elena, S. F. (2015). Current Opinion in Virology 10, 1 -6.

22. Bedhomme, S., Lafforgue, G., and Elena, S. F. (2012). Mol. Biol. Evol. 29, 1481 -1492.

23. Berngruber, T. W., Froissart, R., Choisy, M., et al. (2013). Evolution of virulence in emerging epidemics. PLoS Pathog. 9.

24. Betancourt, M., Escriu, F., Fraile, A., et al. (2013). Evolutionary Applications 6, 875 -890.

25. Betancourt, M., Fraile, A., and García-Arenal, F. (2011). J. Gen. Virol. 92, 1930 -1938.

26. Bolker, B. M., Nanda, A., and Shah, D. (2010). J. R. Soc. Interface 7, 811 -822.

27. Bolzoni, L., and De Leo, G. A. (2013). American Naturalist 181, 301 -313.

28. Bonhoeffer, S., Funk, G. A., Gunthard, H. F., et al. (2003). Trends in Microbiology 11, 499 -504.

29. Bonhoeffer, S., Lenski, R. E., and Ebert, D. (1996). Proceedings of the Royal Society B: Biological Sciences 263, 715-721.

30. Boots, M., and Mealor, M. (2007). Science 315, 1284-1286.

31. Boutwell, C. L., Carlson, J. M., Lin, T.-H., et al. (2013). J. Virol. 87, 3952-3965.

32. Bremermann, H. J., and Pickering, J. (1983). Journal of Theoretical Biology 100, 411-426.

33. Brown, S. P., Hochberg, M. E., and Grenfell, B. T. (2002). Evolutionary Ecology Research 11, 1169-1188.

34. Brusini, J., Wang, Y., Matos, L. F., et al. (2013). Evolutionary Ecology Research 15, 883-901.

35. Bryner, S. F., and Rigling, D. (2012). Evolution 66, 2540-2550.

36. Bull, J. J. (1994). Evolution 48, 1423-1437.

37. Bull, J. J., and Ebert, D. (2008). Evolutionary Applications 1, 172-182.

38. Bull, J. J., Molineux, I. J., and Rice, W. R. (1991). Evolution 45, 875-882.

39. Burnet, F. M., and White, D. O. (1972). University Press.

40. Campbell, N. A. (1996). The Benjamin/Cummings Publishing Company, Inc.

41. Cardenas, C., Carmona, M., Gallardo, A., et al. (2014). Coexistence in Field Samples of Two Variants of the Infectious Salmon Anemia Virus: A Putative Shift To Pathogenicity. PloS One 9.

42. Carrasco, P., de la Iglesia, F., and Elena, S. F. (2007). J. Virol. 81, 12979-12984.

43. Carrillo, C., Lu, Z., Borca, M. V., et al. (2007). J. Virol. 81, 11341-11351.

44. Casadevall, A., and Pirofski, L. A. (1999). Infection and Immunity 67, 3703-3713.

45. Chao, L., Hanley, K. A., Burch, C. L., et al (2000). Quarterly Review of Biology 75, 261-275.

46. Chen, W., and Baric, R. S. (1996). J. Virol. 70, 3947-3960.

47. Christiansen, D. H., Ostergaard, P. S., Snow, M., et al. (2011). J. Virol. 92, 909-918.

48. Ciota, A. T., Ehrbar, D. J., Matacchiero, A. C., et al. (2013). The Evolution of Virulence of West Nile Virus in a Mosquito Vector: Implications for Arbovirus Adaptation and Evolution. BMC Evolutionary Biology 13.

49. Ciota, A. T., and Kramer, L. D. (2010). Viruses-Basel 2, 2594-2617.

50. Coffey, L. L., Vasilakis, N., Brault, A. C., et al. (2008). Proc. Natll. Acad. Sci. USA 105, 6970-6975.

51. Coffey, L. L., and Vignuzzi, M. (2011). Journal of Virology 85, 1025-1035.

52. Collinge, S. K., and Ray, C. (2006). Oxford University Press.

53. Cooper, V. S., Reiskind, M. H., Miller, J. A., et al. (2002). Proceedings of the Royal Society B: Biological Sciences 269, 1161-1165.

54. Coutts, A. J., Dawson, S., Willoughby, K., et al. (1994). Veterinary Record 135, 555 -556.

55. Crawford, H., Lumm, W., Leslie, A., et al. (2009). J. Exp. Med. 206, 909 -921.

56. Dawson, S., Smyth, N. R., Bennett, M., et al. (1991). AIDS 5, 747 -750.

57. Day, T. (2003). Trends in Ecology and Evolution 18, 113 -118.

58. Day, T., and Proulx, S. R. (2004). American Naturalist 163, E40 - E63.

59. De Paepe, M., and Taddei, F. (2006). PLoS Biol. 4, 1248 -1256.

60. De Wolf, F., Spijkerman, I., Schellekens, P. T., et al. (1997). AIDS 11, 1799 -1806.

61. Diekmann, O., Heesterbeek, J. A. P., and Metz, J. A. J. (1990). Journal of Mathematical Biology 28, 365 -382.

62. Domingo, E., Escarmís, C., Sevilla, N., et al. (1996). The FASEB Journal 10, 859 -864.

63. Doumayrou, J., Avellan, A., Froissart, R., et al. (2013). Evolution 67, 477 -486.

64. Drake, J. W. (1993). Proc. Natl. Acad. Sci. USA 90, 4171 -4175.

65. Duffy, S., Shackelton, L. A., and Holmes, E. C. (2008). Nat. Rev. Genetics 9, 267 -276.

66. Dunn, J. R., Silva, R. F., Lee, L. F., et al. (2012). Avian Pathology 41, 267 -275.

67. Dwyer, G., Levin, S. A., and Buttel, L. (1990). Ecological Monographs 60, 423 -447.

68. Ebert, D. (1998). Science 282, 1432 -1435.

69. Elde, N. C., Child, S. J., Eickbush, M. T., et al (2012). Cell 150, 831 -841.

70. Elena, S. F. (2001). Infection Genetics and Evolution 1, 151 -159.

71. Elena, S. F., Agudelo-Romero, P., Carrasco, P., et al. (2008). Heredity 100, 478 -483.

72. Elliot, S. L., Adler, F. R., and Sabelis, M. W. (2003). Ecology 84, 2568 -2574.

73. Elsworth, P., Cooke, B. D., Kovaliski, J., et al (2014). Virology 464 -465.

74. Escriu, F., Fraile, A., and García-Arenal, F. (2000). Phytopathology 90, 480 -485.

75. Escriu, F., Fraile, A., and García-Arenal, F. (2003). Evolution 57, 755 -765.

76. Ewald, P. (1994). Oxford University Press.

77. Ewald, P. W. (1983). Annual Review of Ecology and Systematics 14, 465 -485.

78. Ewald, P. W. (2011). Ecological Research 26, 1017 -1026.

79. Fahey, J. L., Taylor, J. M. G., Detels, R., et al. (1990). New England Journal of Medicine 322, 166 -172.

80. Fenner, F. (1983). Proceedings of the Royal Society B: Biological Sciences 218, 259 -285.

81. Fenner, F., and Ratcliffe, R. (1965). Cambridge University Press.

82. Fideli, O. S., Allen, S. A., Musonda, R., et al. (2001). Aids Research and Human Retroviruses 17, 901 -910.

83. Fortier, L. C., and Sekulovic, O. (2013). Virulence 4, 354 -365.

84. Fraile，A.，Hily，J. M.，Pagán，I.，et al.（2014）. Mol. Biol. Evol. 31，928 – 939.

85. Fraile，A.，Pagán，I.，Anastasio，G.，et al.（2011）. Mol. Biol. Evol. 28，1425 – 1437.

86. Frank，S. A.（1996）. Quarterly Review of Biology 71，37 – 78.

87. Fraser，C.，Hollingsworth，T. D.，Chapman，R.，et al.（2007）. Proc. Natl. Acad. Sci. USA 104，17441 – 17446.

88. Fraser，C.，Lythgoe，K.，Leventhal，G. E.，et al.（2014）. Science 343，1328 – +.

89. Freeman，S.，and Herron，J. C.（1998）. Philos. Trans. R. Soc. Lond.，B，Biol. Sci. 365，1907 – 1918.

90. Furio，V.，Garijo，R.，Duran，M.，et al.（2012）. J. Virol. 86，12228 – 12236.

91. Gandon，S.，and Day，T.（2008）. Vaccine 26，C4 – C7.

92. Gandon，S.，Mackinnon，M. J.，Nee，S.，et al.（2001）. Nature 414，751 – 756.

93. Garijo，R.，Hernandez-Alonso，P.，Rivas，C.，et al.（2014）. Experimental Evolution of an Oncolytic Vesicular Stomatitis Virus with Increased Selectivity for p53-Deficient Cells. PLoS One 9.

94. Garver，K.，Batts，W.，and Kurath，G.（2006）. Journal of Aquatic Animal Health 18，232 – 243.

95. Gilbert，P. B.，McKeague，I. W.，Eisen，G.，et al（2003）. Statistics in Medicine 22，573 – 593.

96. Gimeno，I. M.（2008）. Vaccine 26，C31 – C41.

97. Godoy，M. G.，Aedo，A.，Kibenge，M. J. T.，et al.（2008）. First Detection，Isolation and Molecular Characterization of Infectious Salmon Anaemia Virus Associated with Clinical Disease in Farmed Atlantic Salmon（Salmo Salar）in Chile. BMC Veterinary Research 4.

98. Godoy，M. G.，Kibenge，M. J. T.，Suarez，R.，et al.（2013）. Infectious Salmon Anaemia Virus（ISAV）in Chilean Atlantic Salmon（Salmo Salar）Aquaculture：Emergence of Low Pathogenic ISAV-HPR0 and Re-emergence of Virulent ISAV-HPR Delta：HPR3 and HPR14. J. Virol. 10.

99. Goldhill，D. H.，and Turner，P. E.（2014）. Current Opinion in Virology 8，79 – 84.

100. Graham，A. L.，Allen，J. E.，and Read，A. F.（2005）. Annu. Rev. Ecol. Evol. Syst. 373 – 397.

101. Greene，I. P.，Wang，E. Y.，Deardorff，E. R.，et al.（2005）. J. Virol. 79，14253 – 14260.

102. Grenfell，B. T.，and Dobson，A. P.（1995）. Cambridge University Press.

103. Group，F. I. I. S.（2010）. Four Year Efficacy of Prophylactic Human Papillomavirus Quadrivalent Vaccine Against Low Grade Cervical，Vulvar，and Vaginal Intraepithelial Neoplasia and Anogenital Warts：Randomised Controlled Trial. BMJ：British Medical Journal 341.

104. Hajimorad，M. R.，Wen，R. H.，Eggenberger，A. L.，et al.（2011）. J. Virol. 85，2557 – 2564.

105. Haller，S. L.，Peng，C.，McFadden，G.，et al.（2014）. Infect. Genet. Evol. 21，

15 -40.

106. Handel, A. , Lebarbenchon, C. , Stallknecht, D. , et al. (2014) . Proceedings of the Royal Society B: Biological Sciences 281, 20133051.

107. Hardin, G. (1968) . Science 162, 1243 - and.

108. Hartley, M. -A. , Ronet, C. , and Fasel, N. (2012) . Curr. Opin. Microbiol. 15, 538 -545.

109. Heineman, R. H. , and Brown, S. P. (2012) . Experimental Evolution of a Bacteriophage Virus Reveals the Trajectory of Adaptation Across a Fecundity/longevity Trade-off. PLoS One 7.

110. Herrera, M. , Garcia-Arriaza, J. , Pariente, N. , et al. (2007) . PLoS Pathog. 3, 498 -507.

111. Hillung, J. , Cuevas, J. M. , Valverde, S. , et al. (2014) . Evolution 68, 2467 -2480.

112. Hodgson, D. J. , Hitchman, R. B. , Vanbergen, A. J. , et al. (2004) . Journal of Evolutionary Biology 17, 1018 -1025.

113. Hodgson, D. J. , Vanbergen, A. J. , Hartley, S. E. , et al. (2002) . Ecol. Lett. 5, 512 -518.

114. Hoelzer, K. , and Parrish, C. R. (2010) . Vet. Res. 41, 39.

115. Hudson, P. J. , Rizzoli, A. , Grenfell, B. T. , et al. (2001) . Oxford University Press.

116. Jason, D. B. , Hecht, F. M. , Wrin, T. , et al. (2004) . The Journal of Infectious Diseases 190, 251 -256.

117. Jerzak, G. V. , Bernard, K. , Kramer, L. D. , et al (2007) . Virology 360, 469 -476.

118. Kanki, P. J. , Travers, K. U. , Mboup, S. , et al. (1994) . Lancet 343, 943 -946.

119. Kashiwagi, A. , and Yomo, T. (2011) . Ongoing Phenotypic and Genomic Changes in Experimental Coevolution of RNA Bacteriophage Q Beta and Escherichia Coli. PLoS Genet. 7.

120. Keeling, M. J. , and Rohani, P. (2008) . Princeton University Press.

121. Kell, A. M. , Wargo, A. R. , and Kurath, G. (2013) . J. Virol. 87, 8145 -8157.

122. Kell, A. M. , Wargo, A. R. , and Kurath, G. (2014) . Virology 464, 146 -155.

123. Kennedy, D. A. , Read, A. F. , Kurath, G. , et al. (In press) Potential Drivers of Virulence Evolution in Aquaculture.

124. Kermack, W. O. , and McKendrick, A. G. (1927) . Proceedings of the Royal Society B: Biological Sciences 115, 700 -721.

125. Kerr, P. J. (2012) . Antiviral Research 93, 387 -415.

126. Kerr, P. J. , Ghedin, E. , DePasse, J. V. , et al. (2012) . Evolutionary History and Attenuation of Myxoma Virus on Two Continents. PLoS Pathog. 8.

127. Kerr, P. J. , Rogers, M. B. , Fitch, A. , et al. (2013) . J. Virol. 87, 12900 -12915.

128. Kilpatrick, A. M. , Meola, M. A. , Moudy, R. M. , et al. (2008) . Temperature, Viral Genetics, and the Transmission of West Nile Virus by Culex Pipiens Mosquitoes. PLoS

Pathog. 4.

129. Kochin, B. F., Bull, J. J., and Antia, R. (2010). Parasite Evolution and Life History Theory. PLoS Biol. 8.

130. Korber, B., Muldoon, M., Theiler, J., et al (2000). Science 288, 1789 - 1796.

131. Korboukh, V. K., Lee, C. A., Acevedo, A., et al. (2014). Journal of Biological Chemistry 289, 29531 - 29544.

132. Kovaliski, J., Sinclair, R., Mutze, G., et al. (2014). Mol. Ecol. 23, 408 - 420.

133. Kubinak, J. L., and Potts, W. K. (2013). Virulence 4, 410 - 418.

134. Kubinak, J. L., Ruff, J. S., Cornwall, D. H., et al. (2013). Genes and Immunity 14, 365 - 372.

135. Kubinak, J. L., Ruff, J. S., Hyzer, C. W., et al. (2012). Proceedings of the National Academy of Sciences—PNAS 109, 3422 - 3427.

136. Laanto, E., Bamford, J. K. H., Laakso, J., et al. (2012). Phage-Driven Loss of Virulence in a Fish Pathogenic Bacterium. PLoS One 7.

137. Lafforgue, G., Martínez, F., Sardanyés, J., et al. (2011a). J. Virol. 85, 9686 - 9695.

138. Lafforgue, G., Sardanyés, J., and Elena, S. F. (2011b). Differences in Accumulation and Virulence Determine the Outcome of Competition During Tobacco Etch Virus Coinfection. PLoS One 6.

139. Lambrechts, L., and Scott, T. W. (2009). Proceedings of the Royal Society B: Biological Sciences 276, 1369 - 1378.

140. Lancaster, K. Z., and Pfeiffer, J. K. (2011). J. Virol. 85, 9778 - 9788.

141. Leggett, H. C., Benmayor, R., Hodgson, D. J., et al. (2013). Curr. Biol. 23, 139 - 142.

142. Levin, B. R. (1996). Emerging Infectious Diseases 2, 93 - 102.

143. Levin, B. R., and Bull, J. J. (1994). Trends in Microbiology 2, 76 - 81.

144. Levy, J. A. (1993). Microbiological Reviews 57, 183 - 289.

145. Li, Y., Carroll, D. S., Gardner, S. N., et al. (2007). Proc. Natl. Acad. Sci. USA. 104, 15787 - 15792.

146. Lion, S. (2013). Journal of Evolutionary Biology 26, 2107 - 2122.

147. Lipsitch, M., and Moxon, E. R. (1997). Trends in Microbiology 5, 31 - 37.

148. Lofquist, J. M., Weimert, N. A., and Hayney, M. S. (2003). American Journal of Health-System Pharmacy 60, 749.

149. Mackinnon, M. J., Gandon, S., and Read, A. F. (2008). Vaccine 26, C42 - C52.

150. Markussen, T., Jonassen, C. M., Numanovic, S., et al. (2008). Virology 374, 515 - 527.

151. Markussen, T., Sindre, H., Jonassen, C. M., et al. (2013). PLoS One 8, e81571.

152. Marquez, L. M., and Roossinck, M. J. (2012). Current Opinion in Virology 2, 556 - 560.

153. Marriott, A. C., and Dimmock, N. J. (2010). Reviews in Medical Virology 20, 51 - 62.

154. Marshall, I. D., and Fenner, F. (1958). The Journal of Hygiene 56, 288 - 302.

155. Martínez-Picado, J., Prado, J. G., Fry, E. E., et al. (2006). J. Virol. 80, 3617 - 3623.

156. Massad, E. (1987). Evolution 41, 1127 - 1130.

157. May, R. M., and Anderson, R. M. (1979). Nature 280, 455 - 461.

158. May, R. M., and Anderson, R. M. (1983). Proceedings of the Royal Society B: Biological Sciences 219, 281 - 313.

159. McGee, L. W., and Remold, S. K. (2013). Evolutionary Ecology Research 15, 567 - 578.

160. Mead-Briggs, A., and Vaughan, J. (1975). The Journal of Hygiene 75, 237 - 247.

161. Mellors, J. W., Munoz, A., Giorgi, J. V., et al. (1997). Annals of Internal Medicine 126, 946 - 954.

162. Mellors, J. W., Rinaldo, C. R., Gupta, P., et al. (1996). Science 272, 1167 - 1170.

163. Messenger, S. L., Molineux, I. J., and Bull, J. J. (1999). Proceedings of the Royal Society B: Biological Sciences 266, 397 - 404.

164. Methot, P. O. (2012). History and Philosophy of the Life Sciences 34, 561 - 601.

165. Milgroom, M. G., and Cortesi, P. (2004). Annu. Rev. Phytopathol. 42, 311 - 338.

166. Mjaaland, S., Hungnes, O., Teig, A., et al. (2002). Virology 304, 379 - 391.

167. Montarry, J., Cartier, E., Jacquemond, M., et al. (2012). Journal of Evolutionary Biology 25, 2242 - 2252.

168. Morisse, J., Le Gall, G., and Boilletot, E. (1991). OIE Revue Scientifique et Technique 10, 269 - 310.

169. Moudy, R. M., Meola, M. A., Morin, L. L. L., et al. (2007). American Journal of Tropical Medicine and Hygiene 77, 365 - 370.

170. Muller, V. A. I., Ledergerber, B. B., Perrin, L. C., et al. (2006). AIDS 20, 889 - 894.

171. Murall, C. L., Bauch, C. T., and Day, T. (2015). Could the Human Papillomavirus Vaccines Drive Virulence Evolution? Proceedings of the Royal Society B: Biological Sciences 282.

172. Nair, V. (2005). Veterinary Journal 170, 175 - 183.

173. Nations, U. (2014). HIV 2013 Estimates with Uncertainty Bounds 1990 - 2013, U. G. R. -. 2014, ed.

174. Novella, I., Clarke, D., Quer, J., et al. (1995). J. Virol. 69, 6805 - 6809.

175. Novella, I. S., Hershey, C. L., Escarmis, C., et al. (1999). Journal of Molec-

ular Biology 287, 459 –465.

176. Nowak, M. A., and May, R. M. (1994). Proceedings of the Royal Society B: Biological Sciences 255, 81 –89.

177. Ogbunugafor, C. B., Alto, B. W., Overton, T. M., et al. (2013). American Naturalist 181, 585 –595.

178. Ojosnegros, S., Beerenwinkel, N., Antal, T., et al. (2010). Proc. Natl. Acad. Sci. USA 107, 2108 –2112.

179. Olmsted, R. A., Baric, R. S., Sawyer, B. A., et al. (1984). Science 225, 424 –427.

180. Pagán, I., Alonso-Blanco, C., and García-Arenal, F. (2007). The Relationship of Withinhost Multiplication and Virulence in a Plant-virus System. PLoS One 2.

181. Pagán, I., Montes, N., Milgroom, M. G., et al. (2014). PLoS Pathog. 10.

182. Pascua, P. N. Q., Song, M. S., Lee, J. H., et al. (2012). Proc. Natl. Acad. Sci. USA 109, 15900 –15905.

183. Pasteur, L., Chamberlain, C. E., and Roux, E. (1881). Comptes-rendus des Se'ances de l'Acade'mie des Sciences 92, 1378 –1383.

184. Payne, R., Muenchhoff, M., Mann, J., et al. (2014). Proc. Natl. Acad. Sci. USA 111, E5393 –E5400.

185. Peever, T. L., Liu, Y. C., Cortesi, P., et al. (2000). Appl. Environ. Microbiol. 66, 4863 – +.

186. Peleg, J. (1971). Current Topics in Microbiology and Immunology 55, 155.

187. Penaranda, M. M. D., Wargo, A. R., and Kurath, G. (2011). Virology 417, 312 –319.

188. Pfeiffer, J. K., and Kirkegaard, K. (2005). PLoS Pathog. 1, e11.

189. Pileri, E., Gibert, E., Soldevila, F., et al. (2015). Veterinary Microbiology 175, 7 –16.

190. Pinel-Galzi, A., Rakotomalala, M., Sangu, E., et al. (2007). PLoS Pathog. 3, 1761 –1770.

191. Ping, J. H., Keleta, L., Forbes, N. E., et al. (2011). Genomic and Protein Structural Maps of Adaptive Evolution of Human Influenza a Virus to Increased Virulence in the Mouse. PLoS One 6.

192. Power, A. G. (1992). Critical Reviews in Plant Sciences 11, 351 –372.

193. Quinn, T. C., Wawer, M. J., Sewankambo, N., et al. (2000). New England Journal of Medicine 342, 921 –929.

194. Quinones-Mateu, M. E., Ball, S. C., Marozsan, A. J., et al. (2000). J. Virol. 74, 9222 –9233.

195. Radford, A. D., Dawson, S., Coyne, K. P., et al. (2006). Veterinary Microbiology 117, 14 –18.

196. Ransome, A. (1880). Proc. Manchester Lit. Phil. Soc. 19, 75 –96.

197. Ransome, A. (1881). Trans. Epidem. Soc. Lond. 1, 96.

198. Read, A. F. (1994). Trends in Microbiology 2, 73 –76.

199. Read, A. F., and Taylor, L. H. (2001). Science 292, 1099 –1102.

200. Remold, S. (2012). Proceedings of the Royal Society B: Biological Sciences, rspb20121990.

201. Rico-Hesse, R. (2007). Clinical Infectious Diseases 44, 1462 –1466.

202. Roche, B., Drake, J. M., and Rohani, P. (2011). Ecol. Lett. 14, 569 –575.

203. Rodriguez-Roche, R., Sanchez, L., Burgher, Y., et al. (2011). Vector-Borne and Zoonotic Diseases 11, 675 –681.

204. Rodriguez, B., Sethi, A. K., Cheruvu, V. K., et al. (2006). Jama—Journal of the American Medical Association 296, 1498 –1506.

205. Roossinck, M. J. (2010). Philos. Trans. R. Soc Lond., B, Biol. Sci. 365, 1899 –1905.

206. Ross, J., and Sanders, M. F. (1977). The Journal of Hygiene 79, 411 –415.

207. Sacristán, S., Fraile, A., Malpica, J. M., et al. (2005). Phytopathology 95, 827 –833.

208. Sacristán, S., and García-Arenal, F. (2008). Molecular Plant Pathology 9, 369 –384.

209. Saiz, J., and Domingo, E. (1996). J. Virol. 70, 6410 –6413.

210. Schmid-Hempel, P. (2011). Virulence. In Presss, O. U., ed. Oxford University Press.

211. Simmons, H. E., Dunham, J. P., Zinn, K. E., et al (2013). Virus Research 176, 259 –264.

212. Singh, K. R. P. (1971). Current Topics in Microbiology and Immunology 55, 127 –133.

213. Smith, T. (1904). Science 20, 817 –832.

214. Snow, M., and Cunningham, C. O. (2000). Diseases of Aquatic Organisms 42, 17 –26.

215. Spackman, E., and Swayne, D. E. (2013). Virus Research 178, 121 –132.

216. Stewart, A., Logsdon, J. J., and Kelly, S. (2005). Evolution 59, 730 –739.

217. Suzuki, K., Okada, H., Itoh, T., et al. (2009). J. Virol. 83, 7475 –7486.

218. Taubenberger, J. K., and Kash, J. C. (2010). Cell Host and Microbe 7, 440 –451.

219. Taylor, W. P., and Marshall, I. D. (1975a). J. Gen. Virol. 28, 59 –72.

220. Taylor, W. P., and Marshall, I. D. (1975b). J. Gen. Virol. 28, 73 –83.

221. Ten Haaft, P., Verstrepen, B., Uberla, K., et al. (1998). J. Virol. 72, 10281 –10285.

222. Thomas, F., Guegan, J. F., and Renaud, F. (2009). Oxford University Press.

223. Thomas, S., and Elkinton, J. S. (2004). Journal of Invertebrate Pathology 85, 146 –151.

224. Toft, C. A., and Karter, A. J. (1990). Trends in Ecology and Evolution 5, 326 –329.
225. Truyen, U., Everman, J. F., Vieler, E., et al. (1996). Virology 215, 186 –189.
226. Turner, P. E., and Chao, L. (1999). Nature 398, 441 –443.
227. Turner, P. E., and Elena, S. F. (2000). Genetics 156, 1465 –1470.
228. Twiddy, S. S., Farrar, J. J., Chau, N. V., et al. (2002). Virology 298, 63 –72.
229. Van der Goot, J. A., De Jong, M. C. M., Koch, G., et al. (2003). Epidemiology and Infection 131, 1003 –1013.
230. Vasilakis, N., Deardorff, E. R., Kenney, J. L., et al. (2009). PLoS Pathog. 5, e1000467.
231. Vignuzzi, M., Stone, J. K., Arnold, J. J., et al. (2006). Nature 439, 344 –348.
232. Vignuzzi, M., Wendt, E., and Andino, R. (2008). Nat. Med. 14, 154 –161.
233. Villarreal, L. P. (2009). Curr. Opin. Microbiol. 12, 467 –472.
234. Wallis, C. M., Stone, A. L., Sherman, D. J., et al. (2007). J. Virol. 88, 2839 –2845.
235. Walther, B. A., and Ewald, P. W. (2004). Biological Reviews 79, 849 –869.
236. Wargo, A. R., Garver, K. A., and Kurath, G. (2010). Virology 404, 51 –58.
237. Wargo, A. R., and Kurath, G. (2011). J. Virol. 85, 3959 –3967.
238. Wargo, A. R., and Kurath, G. (2012). Current Opinion in Virology 2, 538 –545.
239. Weaver, S. C. (2006). Quasispecies: Concept and Implications for Virology 299, 285 –314.
240. Weaver, S. C., Brault, A. C., Kang, W. L., et al. (1999). J. Virol. 73, 4316 –4326.
241. West, S. A., and Buckling, A. (2003). Proceedings of the Royal Society B: Biological Sciences 270, 37 –44.
242. Witter, R. L. (1997). Avian Diseases 41, 149 –163.
243. Woolhouse, M. E. J., Taylor, L. H., and Haydon, D. T. (2001). Science 292, 1109 –1112.
244. Xu, L. L., Bao, L. L., Zhou, J. F., et al. (2011). Genomic Polymorphism of the Pandemic A (H1N1) Influenza Viruses Correlates with Viral Replication, Virulence, and Pathogenicity in Vitro and in Vivo. PLoS One 6.
245. Yan, W., Kitzes, G., Dormishian, F., Hawkins, L., et al. (2003). J. Virol. 77, 2640 –2650.
246. Yuste, E., Sánchez-Palomino, S., Casado, C., et al. (1999). J. Virol. 73, 2745 –2751.
247. Zarate, S., and Novella, I. S. (2004). J. Virol. 78, 12236 –12242.

第七章　关于 RNA 病毒遗传多样性的两种观点：分类学进展和基因组大小变化

Chris Lauber[①②]　Alexander E. Gorbalenya[①③] *

①荷兰莱顿大学医学中心医学微生物系，莱顿，荷兰

②德国德雷斯顿理工大学医学信息和生物统计学院，德雷斯顿，德国

③俄罗斯莫斯科国立大学生物信息工程学院，莫斯科，俄罗斯

* 通讯作者：a. e. gorbalenya@ lumc. nl

摘要

从单核苷酸到全基因组序列相对频繁的插入和缺失事件，以及极端点突变率，对 RNA 病毒进行宏观进化研究是一个巨大的挑战。本章我们回顾研究了关于这两个方面以及具体应用（病毒分类法和基因组进化分析）方面的最新进展。对于前者，近年来我们以利用基于遗传学的病毒分类结果为主导。我们还简要讨论了应用相似技术同步发展的细胞生物分类学研究，但是几乎没有与病毒分类学的交叉点。对于 RNA 病毒基因组大小的进化，我们概述了新兴的基因组（片段）扩增的一种与受宿主和突变约束的酶的获得成正相关的一般模式，这种酶的获得似乎改善了 RNA 病毒的基本复制机制，并使其进一步扩展。我们讨论这些发现，可能的后果是以目前观察到的单股正链标准套式病毒的 RNA 病毒基因组片段的大小为上限的。

概述

不久前，人们公认的看法是 RNA 病毒因基因组复制的易错性而得到非常快速的进化（Holland 等，1982）。虽然目前我们对这种关系的看法更为微妙（Bouvet 等，2012；Minskaia 等，2006；Smith 等，2014c；Snijder 等，2003）（另见下文）。但是高突变率仍然是 RNA 病毒的主要属性。种群规模的扩大和复制周期的缩短使 RNA 病毒的微观演化研究成为可能，并得到了近几十年发展的分子进化和计算工具的不同模型的支持（Bhatt 等，2010；Bouckaert 等，2014；Drummond 等，2006）。这些研究关注的是在相对较短的时间段内积累的遗传异质性的定量分析　通常的病毒样本收集时间小于最近 100 年。正如我们所知，个体位点的同义和偶尔的非同义性替代在不同的病毒谱系的进化过程中占主导地位，导致病毒在有限的时间范围内背离共同的祖先，形成一组一组的亚型。它们的模式可以用来推断这些谱系在不断变化的单个和多个宿主的选择压力下的发展史（Pybus、Rambaut，2009；Volz 等，2013）。

当研究人员试图了解更多分化的病毒谱系的进化过程时，情况变得更加复杂了，这些病毒谱系被认为是在病毒分类中形成高级别的分类群——从属到序及其以后（King 等，2012）。随着分化规模的大幅度增加，快速的突变成为可靠地推断宏观演变的主要障碍。在这个规模上，即使在最保守的蛋白质中，大多数位点也可能被重复突变，如果不是完全不可能，进化事件的全链重建就变得非常不确定，这种现象被称为突变或替代饱和（Holmes，2003b）。幸运的是，即使在 RNA 病毒的大规模分化过程中，同源信号也可能被保留（Gorbalenya 等，2010；Koonin 等，2015；Kuchibhatla 等，2014）（另见下文），这可能是由于分子环境限制而产生了强烈的净化选择，并且将非同义替代的积累限制在很短时间内缓慢更新的位点所导致（Koonin、Gorbalenya，1989）。

然而，由于缺乏病毒化石，在对现代序列进行系统性分析的帮助下，对进化场景进行独立的验证和校准可能是不可行的，有可能在某种程度上减轻与宿主共同进化的病毒的挑战（主要例子来自 DNA 病毒，McGeoch 等，1995），或者其祖先基因组已经整合到宿主基因组中（Benveniste、Todaro，1974；Cui、Holmes，2012；Gilbert、Feschotte，2010；Jaenisch，1976；Katzourakis、Gifford，2010）。尽管有这些显著的例外，但 RNA 病毒的宏观进化在技术上仍然极具挑战性（Holmes，2011）。

在遗传上，突变可分为两大类：替换和插入/缺失（通常称为 indels）。用基因序列分析替代的病毒分类方法，在宏基因组学研究的时代尤为重要。indels 的累积导致基因组大小的演变，RNA 病毒尤其受此限制，但 indels 仍然是主要功能创新的首要来源。下面，我们从分类学和基因组大小变化的角度综述近年来关于病毒进化的研究进展。

揭示 RNA 病毒遗传差异的障碍

在公共序列数据库 GenBank/RefSeq（Benson 等，2010）中用关键字“病毒”搜索，大约会出现 340 万条核苷酸的记录（截至 2015 年 4 月）。也不必觉得惊讶，这其中大量的记录是关于人类免疫缺陷病毒 1、甲型流感病毒和丙型肝炎病毒的，主要是因为这些病毒的高医学相关性和学界对这些病原体的深入研究。然而，这一丰富的遗传数据也涉及许多其他的病毒，既有确定的也有试验性的，后者主要以基因组学研究的所谓基因组调查序列为代表。一方面，序列信息的爆炸性增长使我们能够前所未有地研究病毒的遗传多样性和进化的细节。另一方面，它越来越多地对病毒分类造成挑战，因为其他类型的病毒特征通常无法跟上基因组测序的速度。因此，考虑将基因组序列作为病毒分类学中使用的信息的最终来源是一个诱人的尝试，这一观念得到了其他观察的支持。首先，由于测序的错误率通常远低于 1%（Wesche 等，2004），因此它们带来了高度准确的知识。其次，越来越有效的技术正在开发，测序目前是快速且相对便宜的（Lander，2011；Eid 等，2009；Rothberg 等，2011）。再次，基因组序列易于数字化和比较，便于定量分析。最后，同样重要的是，使用核苷酸序列作为遗传信息和遗传的载体是全球所有生物实体共同的特性。

利用这种丰富的遗传数据进行病毒分类可以追溯到 1988 年，当时 Shukla 和 Ward 进行了一项只使用外壳蛋白序列对各种痘病毒株分类的开创性研究（Shukla、Ward，1988）。

该方法后来在分类学研究中被采纳以划分各种家族和基因组类型的病毒，包括小核糖核酸病毒（Chan 等，2010；Lauber、Gorbalenya，2012c；Oberste 等，1999）、杯状病毒（Schuffenecker 等，2001；Zheng 等，2006）、双子病毒（Fauquet、Stanley，2003）、冠状病毒（de Groot 等，2012；Gonzaalez 等，2003）、马铃薯 Y 病毒（Adams 等，2005）、柔性病毒（Adams 等，2004）、乳头瘤病毒（Bernard 等，2010；de Villiers 等，2004）、痘病毒（Lefkowitz 等，2006）、轮状病毒（Matthijnssens 等，2008）、汉坦病毒（Maes 等，2009）、中子病毒（Lauber 等，2012）、肝炎病毒（Smith 等，2014a）、疱疹病毒（Smith 等，2014b）和线状病毒（Bao 等，2012；Lauber、Gorbalenya，2012a）。这些研究明确地或隐含地假设分类群内的遗传差异通常少于不同分类群之间的遗传差异，并且该信息可用于对手头的病毒进行分类（图 7－1）。这种利用基因或基因组的差异阈值来辅助病毒分类的方法在病毒分类学中变得越来越普遍（King 等，2012）。然而，在关键的参数上，不同的研究方法尚未达成共识，其中包括：①要包括的基因组区域；②使用什么样的序列类型；③使用什么类型的对齐方式——成对或多个进行编译；④使用什么方法来计算序列相似度——在同一个位点上进行多个替换的未校正的百分比值还是已经校正过的距离。一种基于在所有蛋白质的多重比对并使用进化距离的小核糖核酸病毒的分类，可以解释在相同序列位点导致多个取代的 RNA 病毒的高突变率（Drake、Holland，1999；Duffy 等，2008）被发现是最一致和稳定的（Lauber、Gorbalenya，2012b），尽管这一发现需要对更多的病毒家族进行验证。

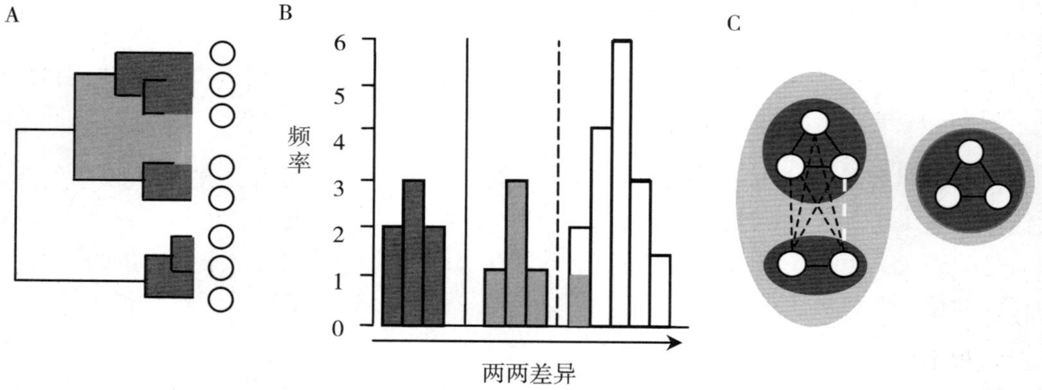

图 7－1　基于配对遗传差异分布阈值的病毒分组

A 为 8 个病毒（白色圆圈）种系发生的图示说明，B 为在病毒遗传差异分布中的选择阈值，C 为相应的病毒分类。A 显示病毒的发展史包括三个物种和两个属。图示突出显示了种内（深灰色）和属间（淡灰色）病毒的遗传差异。根据树形图所示，通过设定不同的遗传差异阈值，似乎有可能选择物种分组。从 B 来看，从树形图中提取的所有成对差异的频率分布所显示的距离不连续的两个分区，将成对差异范围划分为物种间（深灰色）、属内（浅灰色）和类间（白色），其中属间类别有一个例外。C 显示使用这些间断差异作为遗传分化的阈值（实线和虚线垂直线）导致病毒谱系分类为三种和两属。违反阈值的单一种属内差异以白色虚线显示。想法来源于 Lauber、Gorbalenya，2012b、2012c。

病毒测序基因组以越来越快的速度积累导致需要有效的计算工具来辅助病毒分类。

NCBI 推广的成对序列比较（PASC）（Bao 等，2008）已经成为基于成对差异的病毒分类的实际标准，并在上述几项研究中得到应用。PASC 的一个主要目标是快速分类新发现的带有序列基因组的病毒。为了做到这一点，PASC 通常依赖于由 ICTV 分类法提供的预先确定的分类，目前已建立 110 个家族中的大约 60 个或浮动属（Adams 等，2015）。在相应的预先确定的分类中，使用与分类群相似的阈值对新病毒进行分类。重要的是，PASC 计算这些分界阈值已被定义为在预先建立的分类中在病毒对之间观察到的最低水平（例如种内）相似性进行先验。然而，由于病毒学中缺乏化石数据，无论如何这种方法都存在潜在的缺陷，因为任何病毒家族都没有提供黄金分类标准。因此，PASC 必然会传播，并可能加重初步分类的不准确性，并纳入新确定的病毒。只有少数研究已经尝试客观地处理阈值确定问题，独立于任何预先存在的分类。Matthijnssens 等（2008）选择了组间与组内序列识别率之比降至 1 以下的阈值。不幸的是，这个选择的基础既没有详细解释也没有严格评估。为了解决这些问题和其他缺陷，我们通过分层聚类（DEMARC）开发了多样性分区，这是一个基于进化论的病毒基因分类框架。它使用户能够以定量方式衡量对分界阈值和推断的分类群的支持，从而允许对阈值和产生的病毒分组进行客观的选择（Lauber、Gorbalenya，2012b）。

值得注意的是，DEMARC 不仅可以用于纯粹的分类，还可以用于预测分析的病毒和推断病毒分类群的生物学特性（Lauber、Gorbalenya，2012c）。从直觉上看，一种新发现的属于已知病毒物种的病毒被认为具有类似于其他病毒的表现特性，这一预测也可以通过传统的病毒分类学得到。然而，基于 DEMARC 的分类可以提供更多的见解，因为可通过对所有现有病毒普遍应用相同的标准（遗传差异的分界），客观地界定同一级别的病毒分类群。具体来说，这涉及可能被当前病毒抽样严重低估的分类群的自然遗传多样性，尽管这可以通过利用来自其他样本较高的同一级别的分类群的信息进行预测。因此，DEMARC 提供了识别那些集中未来病毒发现工作的分类单元的手段，以便全面了解所考虑的病毒家族/属的自然遗传多样性（Lauber、Gorbalenya，2012a）。值得注意的是，分类群的预测遗传多样性只是实际自然多样性的上限。例如，具有几十种可用的完整基因组序列的中度采样的小鸟甲病毒种类甲型肝炎病毒（Feinstone 等，1973；Knowles 等，2012），显示出相对较低的遗传多样性（Lauber、Gorbalenya，2012c），原因可能是这些病毒的采样细节或进化速率异常低（Hanada 等，2004；Moratorio 等，2007；Sanchez 等，2003）。

从根本上来看，成对差异分布中存在峰值和谷值，就像在那些被抽中调查的小核糖核酸病毒科家族中所看到的那样（Lauber、Gorbalenya，2012c），可能会在进化过程中提供一个关于病毒谱系的共性的见解。我们提出（Lauber、Gorbalenya，2012c），观察到的属级及以上的间断差异，以及这些间断的差异峰值分别可以解释为大量的病毒谱系大规模灭绝和大规模物种形成，可能反映了对其宿主有影响的环境的大规模变化。与此相反，与物种排名有关的间断差异可能与下面所讨论的病毒复制特性有关。

病毒物种：构建分类法与共享关键属性的生物实体的结构

关于将成对差异的适用性作为分类病毒的单一标准存在长期争议（Van Regenmortel，

2007）。这个争论很大程度上与这个问题有关：形成病毒分类学基本水平的病毒物种（Pringle，1991），是真正的生物实体（Bishop，1985；Kingsbury，1985；Milne，1984），或者仅仅是为了给生物学家以方便而设计的（Van Regenmortel，2003）。如果前者是真实的，那么预期可以用于区分病毒物种的某些生物学特性。在对象是真核生物的情况下，物种通常被认为是进化生物体（Coyne、Orr，2004），这种性质通常包括导致分离的基因库的物种之间的遗传不相容性。

最初由 Dobzhansky 于 1937 年引入的这种生物物种概念很适用于病毒，尽管对于无性繁殖的生物体而言，其有效性受到质疑（Hendry，2009）。然而，类似于物种的病毒簇可以在家族层面上进行遗传分离（Lauber、Gorbalenya，2012c），或者甚至可以通过保守蛋白质在相关家族间的间断差异进行限定（Lauber 等，2012）。族内病毒间差异通常比族间低（图 7－1），它导致的间断差异是非常重要的，并且只能通过两个原因来解释（假设计算的差异是对真实遗传差异的适当估计）。首先，间断差异可能是由于所选序列的数量和多样性采样不足造成的。如果不是这样，据推测，对于精确采样的小核糖核酸病毒科家族观察到的间断差异很可能是由于生物因素造成的限制，限制了相同而非不同集群的病毒的差异。在后一种情况下，可以认为划定的病毒簇对应于生物物种。如果限于同一物种的病毒，物种形成的合理因素可能是基于同源重组的作用，这已经被建议用于小核糖核酸病毒（Lukashev，2010）。在这种情况下，同源重组可能类似于基因物质在（普通）有性生殖过程中交换，从而为基因的差异设置障碍，为物种的形成提供障碍，而来自不同物种的病毒则通过突变继续分化。如果这是真的，它不仅会提供一个将病毒物种识别为真实的、不断发展的实体的生物基础，也应该与物种产生医学相关性（Jiang 等，2007；Tibayrenc，2006）。这将对许多病毒学分支产生重大影响，包括病毒诊断、抗病毒研究和流行病学研究。

未来的研究工作还应该包括对依赖于基因序列的其他分类方法的审查。其中包括以系统为基础的技术，如分支索引（Hraber 等，2008），可以用来推断在树中有已知的进化枝的查询序列簇，以及决定树中分支率的增加来定义物种边界的方法（Pons 等，2006）。后一项研究来自于 DNA 条形码领域，该领域最近出现了一项基于遗传学分类的细胞生物学研究（Casiraghi 等，2010；Hebert 等，2003）。这些方法的大部分（Hebert 等，2003；Lefebure 等，2006；Rach 等，2008；Sarkar 等，2002）面临类似于病毒分类的限制，包括对黄金标准的依赖（Meyer、Paulay，2005），以及由细胞基因组的大尺寸（Casiraghi 等，2010）带来的额外挑战。无论如何，基于基因的（RNA）病毒分类不应继续忽视这种平行发展。

揭示 RNA 病毒中基因长度的障碍

病毒学的比较序列分析通常与遗传变异（比较序列中的核苷酸或氨基酸差异）及其对生物推断的利用有关。这些包括序列或特定序列残基的结构和功能预测，或将重建正在研究的病毒的进化史。然而，到目前为止，第二个方面：遗传序列的长度（以 *nt* 或 *aa* 的数量表示）已很少受到关注。这包括病毒基因组的总大小和编码功能元素，例如蛋白质的基因组区域的大小。通常认为 RNA 病毒的基因组大小受到强烈约束，因为：①它们的聚合酶的低保真度（Holmes，2003a）将驱动较大的基因组出现“错误突变”（Bull 等，2007；Eigen，2002）；②高复制速度的选择（Belshaw 等，2008；Elena、Sanjuán，2005）；③用二十面体衣壳扩大病毒颗粒（病毒体）以适应较大基因组的相对不灵活性（Chirico 等，2010）。因此，RNA 病毒基因组大小从 2kb 到 34kb 不等，平均为 10kb（图 7－2）。目前，最大的已知 RNA 基因组在单节段蟒型腺病毒中（Bodewes 等，2014；Stenglein 等，2014），其后是具有 16 个 dsRNA 基因组片段的昆虫呼肠孤病毒（Zhou 等，2014）。当只计算最大的基因组片段（单个 RNA 分子）的时候，具有高于 20kb 基因组的套式病毒，包括冠状病毒、突隆病毒、杆套病毒和介体病毒，超过所有已知的 RNA 病毒。当只计算包含冠状病毒、突隆病毒、杆套病毒和介体病毒的 20kb 以上基因组的最大基因组片段（单 RNA 分子）套式病毒的大小时，超过所有其他已知的 RNA 病毒。然而，RNA 病毒的所有基因都被限制在严重受限的基因组空间中。这通常导致在相同基因组区域内编码的多个功能，例如利用位于蛋白质编码基因内的重叠开放阅读框（ORF）（Belshaw 等，2007；Firth，2014；Firth、Brown，2006；Gorbalenya 等，2006；Keese、Gibbs，1992；Krakauer，2000；Sabath 等，2012）或 RNA 调节元件（McKnight、Lemon，1998）。正如预期的那样，ORF 重叠对于具有最小基因组的病毒是最大的，反之亦然（Belshaw 等，2007）。

套式病毒的特别大的基因组超过 ssRNA 基因组的平均大小的两到三倍，唯一地编码了 3’－5’外核糖核酸酶（图 7－2）。有人提出这种酶改善了基因组复制的低保真度（Snijder 等，2003），并允许套式病毒子集克服阈值为 20kb 的基因组大小（Nga 等，2011）。此外，由星状病毒设置的约 8kb 的第二阈值似乎与具有指示解旋酶的 NTP 结合基序的蛋白质的表达相关（图 7－2）。这个强大的相关性已经在 25 年前被注意到了（Gorbalenya、Koonin，1989）。此后，解旋酶的获得与促进 RNA 病毒基因组在观察阈值上的扩大有关（Gorbalenya 等，2006）。至少在套式病毒中，获得性解旋酶可能通过刺激异常 RNA 基因组的选择性衰变来改善对病毒 RNA 子代的质量控制（Deng 等，2014；Lehmann 等，2015）。解旋酶的表达似乎也与 dsRNA 病毒的最大基因组片段的大小有关，但与逆转录病毒和 ssRNA 病毒基因组不相关（图 7－2）。后一观察结果表明，可以通过其他（非常规）机制来实现长链双链 RNA 的解开（例如在复制和转录过程中），这是病毒解旋酶的预期主要功能（Kadare、Haenni，1997），或者首先需要预防这种 dsRNA 结构的形成。值得注意的是，除了外切核糖核酸酶和解旋酶，还有一些其他的蛋白质结构域，包括甲基转移酶以及具有胰凝乳蛋白酶和木瓜蛋白酶样折叠的蛋白酶，经常被 ssRNA＋病毒使用，但是没有显示与基因组大小的这种普遍关联（Gorbalenya、Koonin，1993）。

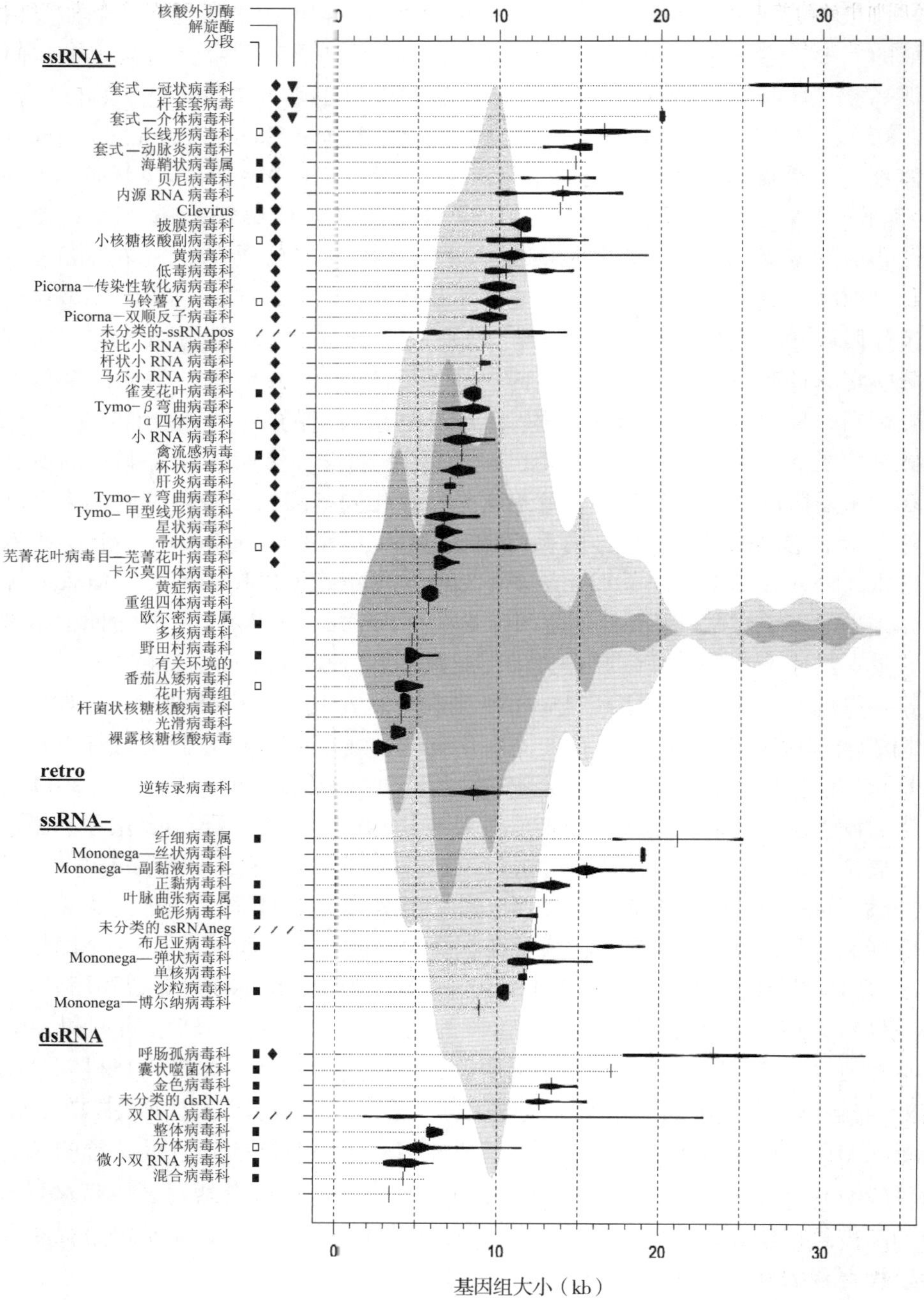

图 7-2　RNA 病毒的基因组大小以及与基因组分割、解旋酶和外切酶表达的关系

图中显示了所有已知家族的基因组大小的斑图（Kampstra，2008），或 ssRNA+，ssRNA-和 dsRNA 基因组以及逆转录病毒的浮动属。大小是从 NCBI（Bao 等，2004）（2015 年 4 月）的病毒基因组资源中提取出来的。一个豆（黑色）显示了病毒组个体基因组大小的密度分布。每个组的中位基因组大小由黑色竖条表示，并用于分类。附加信息显示在病毒组名称旁边：一些（空的正方形）或全部（正方形）病毒具有分段基因组；表达解旋酶（菱形）表达外源核酸酶（三角形）；/不适用。注意逆转录病毒不会因为复制周期中的细节而对解旋酶进行编码（Kadare、Haenni，1997）。所有 RNA 病毒基因组大小和最大基因组片段的所有大小的联合分布分别以浅灰色和深色显示在背景上。RNA 病毒的平均基因组大小为 10.4 kb。灵感来自于 Gorbalenya 等，2006 和 Gorbalenya、Koonin，1989。

这些研究结果表明，至少在 dsRNA 和 ssRNA + 病毒中，具有特定功能的 RNA 加工酶的表达允许一些 RNA 病毒比缺乏这些酶的 RNA 病毒使用更大的基因组，从而生成大量的各种各样的基因组大小。这与现有的观点相反，RNA 病毒基本不受基因组大小限制，基本上没有可变性（涉及整个基因组和基因组内的不同遗传元件），这将是值得详细分析的。事实上，根据编码的功能，不同的基因组区域（如基因）可能受到不同的约束。例如，聚合酶的基因长度，而非核衣壳，（均非常宽泛地定义）随着 RNA 病毒中基因组大小的增加而增加，研究者将蛋白质的大小增加与提高的复制保真度相关联（Belshaw 等，2008）。对于具有负义单链 RNA 基因组的单股反链病毒目序列的家族的研究，显示基因组扩增主要通过在整个家族中保守的五个基因之间插入另外的转录单位（如 ORF）发生，尽管非蛋白质编码区的长度变化也伴随着基因组大小的变化（Walker 等，2015）。ORF 插入被发现是具有进化枝特异性的，且限于很少或通常只有一个基因组位点的情况。作者将弹状病毒的这个巨大的基因组可塑性与其不连续转录策略联系起来（Walker 等，2015）。这两个基因组区域分别描述了 5' - 近端 ORF1a 和 3' - 近端 ORFs（corona）和其他套式病毒的相似大小。后者通过亚基因组 RNA 表达，并且也显示出新基因的频繁插入（Gorbalenya 等，2006；Liu 等，2014；Snijder 等，2003）。

研究者在小核糖核酸病毒中，观察到病毒蛋白的序列保守性和大小变化之间的显著负相关性（Gorbalenya、Lauber，2010）。具体来说，在小 RNA 病毒上顺序保守的六种蛋白质（三个衣壳蛋白加特定的解旋酶、蛋白酶和聚合酶蛋白）的大小被证明是最受约束的。这并不奇怪，一方面，因为最保守的蛋白质对病毒是必需的，因此，它们的功能必须在进化过程中被保留。这六种小 RNA 病毒蛋白质控制病毒生命周期中的三个主要步骤——基因组复制、基因组表达和壳化。另一方面，保守蛋白质的大小变化的明显障碍是不重要的，因为当使用最大似然遗传距离比较最远的小核糖核酸病毒对时，这些蛋白质在每个残基上（平均）接受多达三个替代物（Lauber、Gorbalenya，2012b）。这表明对小 RNA 病毒蛋白的进化约束不仅体现在氨基酸取代的维度上，而且体现在插入和缺失中。

这些引人注目的观察结果得到了对套式病毒的类似分析的支持，在一个家庭甚至几个家庭中，关键的复制酶（编码为 ORF1b）的组合大小被发现是最受限制的（Lauber 等，2013）。此外，这些 ORF1b 编码蛋白的组合首先从至多 16kb（由当代动脉病毒代表）的小型套式病毒基因组转换为至少 20kb 的大基因组（介体病毒、杆套病毒、突隆病毒和冠状病毒）。具体地说，就是将上述外切核酸酶和两个甲基转移酶插入 ORF1b 中（Chen 等，2009；Snijder 等，2003）。这支持在 RNA 病毒进化过程中，复制蛋白在基因/基因组长度控制中的主导作用。然而，第二个扩展阶段（从 20kb 到 26kb）主要涉及 ORF1a，表明了另一个仍然是虚幻的因子被需要，使得一些套式病毒能够进一步扩大其基因组（Lauber 等，2013）。我们提出，冠状病毒科的祖先可能已经普遍存在于这些，但不是其他套式病毒的 ADP - 核糖 - 1' - 磷酸酶（ADRP）。然而，ADRP 显然在一种新的蟒蛇病毒中缺失了，这一病毒暂时被植入了冠状病毒科家族的突隆病毒亚科（Stenglein 等，2014）。只有在第二个阶段之后，第三个主要的基因组区域——3' 近端的 ORF（3' ORFs）通过获得具有不同的，常常是未知的功能的基因扩增，即使在密切相关的病毒体之间也可能变化（Gorbalenya 等，2006）。总之，这些发现表明在进化过程中控制基因和基因组大小的三个基因组区域（ORF1b，ORF1a 和 3' ORFs）的功能分级。重要的是，这三个区域的特征不仅在于表达机制不同导致蛋白质产物的分子量不等，而且在于具有不同程度的遗传差异（在 ORF1b 和 3' ORFs 中编码的蛋白质分别表现出最高和最低的序列保守性）。此外，上述层次模型定义了在进化过程中每个套式病毒谱系独立地和同时地起作用的通用约束，同时认识到当代的套式病毒可能已经到达了基因组扩展轨迹上的不同点（Lauber 等，2013）。例如，动脉病毒似乎不能克服大约 16kb 的基因组大小的障碍，因为包括外切核酸酶在内的 ORF1b 中的缺失因子，冻结在介体病毒中间阶段的基因组的大小大约 20kb，缺乏预测位于 ORF1a 中的不同因子。

除了带来重要的基本见解，序列保守性和尺寸变化的关系具有直接的现实意义。例如，它可以为基因工程实验中的关键决策提供指导，因为它预测了感兴趣的基因的插入可能会损害病毒（即在 ORF1b 中）的位置以及在哪里它不会（可能是 3' ORFs，或者可能是 ORF1a）。在基因组扩张轨迹不同的点上，套式病毒在这方面可能有所不同。类似的推理可以应用于小核糖核酸病毒基因组的 L 和 2A 区域，它显示了编码蛋白的大量多样性，因此是最大的尺寸变化的公差（Gorbalenya、Lauber，2010）。此外，这个关系和由此产生的实际意义可以扩展到单个基因/蛋白的水平。脊髓灰质炎病毒最近的一项研究发现短核苷酸的插入只能在低序列保护的基因区域被接受（Teterina 等，2011）。这些插入可以用来标记特定的蛋白质，以便从受感染的细胞中去除蛋白质或相关的蛋白质复合物，或者随着时间的推移可视化蛋白质的位置和动力学。应将未来的研究用于分析额外的 RNA 病毒家族，以验证观察到的相关遗传尺寸变异和序列保守性是否超过小 RNA 和奈韦病毒。此外，通过包括不属于该序列的病毒，可以获得对由套式病毒使用的最大已知的 RNA 基因组的进一步了解。在这方面，我们自然会考虑到杆菌状 RNA 病毒、花叶病毒、黄矮病毒、星状病毒（Gorbalenya 等，2006），因为它们显示相同的基因组组织（ORF1a，ORF1b，3'ORFs），但具有比套式病毒小得多的基因组（图 7－2）。同样重要的是更广泛地覆盖套式病毒序列中的自然多样性，特别是在 arteri－和 roni 病毒之间的基因组大小范围内。这也可能有助于确定在 ORF1a 中发现的额外的因子（s），它允许杆套病毒、突隆病毒和冠状病毒将其基因组扩展到介体病毒之外。这样的分析最终可以帮助确定 RNA（病毒）基因组大小的最终上限，这反过来将有助于我们对基因进化过程的理解，比如从 RNA 到 DNA 生命形式的转变（Forterre，2006；Gilbert，1986）。

致谢

这篇综述是笔者在荷兰生物信息学中心（NBIC）的小组研究期间准备的博士学位论文之一。笔者要感谢许多同事，在这篇综述中引用了他们的研究成果。这项研究的财政支持来自荷兰生物信息学中心、欧洲联盟框架方案 6 和 7、莱顿大学医学中心与莫斯科国立大学（MoBiLe 项目）之间的生物信息学合作协议和莱顿大学基金会。AEG 是荷兰生物信息学中心的成员。

（主译：高彩虹　校译：姚旌羽）

参考文献

1. Adams, M. J., Antoniw, J. F., Bar-Joseph, M., et al. (2004). Arch. Virol. 149, 1045 – 1060.

2. Adams, M. J., Antoniw, J. F., and Fauquet, C. M. (2005). Arch. Virol. 150, 459 – 479.

3. Adams, M. J., Hendrickson, R. C., Dempsey, D. M., et al. (2015). Arch. Virol. 160, 1375 – 1383.

4. Bao, Y., Chetvernin, V., and Tatusova, T. (2012). Viruses 4, 1318 – 1327.

5. Bao, Y., Kapustin, Y., and Tatusova, T. (2008). Virus Classification by Pairwise Sequence Comparison (PASC). In Mahy, B. W. J., and Van Regenmortel, M. H. V., eds. Elsevier, 342 – 348.

6. Bao, Y. M., Federhen, S., Leipe, D., et al. (2004). J. Virol 78, 7291 – 7298.

7. Belshaw, R., Gardner, A., Rambaut, A., et al. (2008). Trends in Ecology and Evolution 23, 188 – 193.

8. Belshaw, R., Pybus, O. G., and Rambaut, A. (2007). Genome Research 17, 1496 – 1504.

9. Benson, D. A., Karsch-Mizrachi, I., Lipman, D. J., et al. (2010). GenBank. Nucleic Acids Res. 38, D46 – D51.

10. Benveniste, R. E., and Todaro, G. J. (1974). Nature 252, 456 – 459.

11. Bernard, H. U., Burk, R. D., Chen, Z. G., et al. (2010). Virology 401, 70 – 79.

12. Bhatt, S., Katzourakis, A., and Pybus, O. G. (2010). Journal of Molecular Epidemiology and Evolutionary Genetics in Infectious Diseases 10, 421 – 430.

13. Bishop, D. H. L. (1985). Intervirology 24, 79 – 93.

14. Bodewes, R., Lempp, C., Schurch, A. C., et al. (2014). J. Virol. 95, 2480 – 2485.

15. Bouckaert, R., Heled, J., Kuhnert, D., et al. (2014). PLoS Comput. Biol. 10, e1003537.

16. Bouvet, M., Imbert, I., Subissi, L., et al. (2012). Proc. Natl. Acad. Sci. USA 109, 9372 – 9377.

17. Bull, J. J., Sanjuán, R., and Wilke, C. O. (2007). J. Virol. 81, 2930 – 2939.

18. Casiraghi, M., Labra, M., Ferri, E., et al. (2010). Briefings in Bioinformatics

11, 440 - 453.

19. Chan, Y. F., Sam, I. C., and Abubakar, S. (2010). Infect. Genet. Evol. 10, 404 - 412.

20. Chen, Y., Cai, H., Pan, J., et al. (2009). Proc. Natl. Acad. Sci. USA 106, 3484 - 3489.

21. Chirico, N., Vianelli, A., and Belshaw, R. (2010). Proceedings of the Royal Society B: Biological Sciences 277, 3809 - 3817.

22. Coyne, J. A., and Orr, H. A. (2004). Sinauer Associates, Inc.

23. Cui, J., and Holmes, E. C. (2012). Virology 427, 77 - 79.

24. de Groot, R. J., Baker, S. C., Baric, R., et al. (2012). Family Coronaviridae. In King, A. M. Q., Adams, M. J., Carstens, E. B., et al. eds. Elsevier Academic Press, 806 - 828.

25. de Villiers, E. M., Fauquet, C., Broker, T. R., et al. (2004). Virology 324, 17 - 27.

26. Deng, Z., Lehmann, K. C., Li, X., et al. (2014). Nucleic Acids Res. 42, 3464 - 3477.

27. Dobzhansky, T. (1937). Columbia University Press.

28. Drake, J. W., and Holland, J. J. (1999). Proc. Natl. Acad. Sci. USA 96, 13910 - 13913.

29. Drummond, A. J., Ho, S. Y. W., Phillips, M. J., et al. (2006). PLoS Biol. 4, 699 - 710.

30. Duffy, S., Shackelton, L. A., and Holmes, E. C. (2008). Nature Reviews Genetics 9, 267 - 276.

31. Eid, J., Fehr, A., Gray, J., et al. (2009). Science 323, 133 - 138.

32. Eigen, M. (2002). Proc. Natl. Acad. Sci. USA 99, 13374 - 13376.

33. Elena, S. F., and Sanjuán, R. (2005). J. Virol. 79, 11555 - 11558.

34. Fauquet, C. M., and Stanley, J. (2003). Ann. Appl. Biol. 142, 165 - 189.

35. Feinstone, S. M., Kapikian, A. Z., and Purcell, R. H. (1973). Science 182, 1026 - 1028.

36. Firth, A. E. (2014). Nucleic Acids Res. 42, 12425 - 12439.

37. Firth, A. E., and Brown, C. M. (2006). BMC Bioinformatics 7, 75.

38. Forterre, P. (2006). Virus Res. 117, 5 - 16.

39. Gilbert, C., and Feschotte, C. (2010). Genomic Fossils Calibrate the Long-term Evolution of Hepadnaviruses. PLoS Biol. 8.

40. Gilbert, W. (1986). Nature 319, 618 - 618.

41. Gonzaalez, J. M., Gómez-Puertas, P., Cavanagh, D., et al. (2003). Arch. Virol. 148, 2207 - 2235.

42. Gorbalenya, A. E., Enjuanes, L., Ziebuhr, J., et al. (2006). Virus Res. 117, 17 - 37.

43. Gorbalenya, A. E., and Koonin, E. (1993). Sov. Sci. Rev. D. Physicochem. Biol. 11, 1 - 84.

44. Gorbalenya, A. E., and Koonin, E. V. (1989). Nucleic Acids Res. 17, 8413 - 8440.

45. Gorbalenya, A. E. , and Lauber, C. (2010) . Origin and Evolution of the Picornaviridae Proteome. In Ehrenfeld, E. , Domingo, E. , and Roos, R. P. , eds. ASM Press, 253 - 270.

46. Gorbalenya, A. E. , Lieutaud, P. , Harris, M. R. , et al. (2010) . Antivir. Res. 87, 95 - 110.

47. Hanada, K. , Suzuki, Y. , and Gojobori, T. (2004) . Mol. Biol. Evol. 21, 1074 - 1080.

48. Hebert, P. D. N. , Ratnasingham, S. , and de Waard, J. R. (2003) . Proceedings of the Royal Society of London Series B: Biological Sciences 270, S96 - S99.

49. Hendry, A. P. (2009) . Nature 458, 162 - 164.

50. Holland, J. , Spindler, K. , Horodyski, F. , et al. (1982) . Science 215, 1577 - 1585.

51. Holmes, E. C. (2003a) . Trends in Microbiology 11, 543 - 546.

52. Holmes, E. C. (2003b) . J. Virol. 77, 3893 - 3897.

53. Holmes, E. C. (2011) . J. Virol. 85, 5247 - 5251.

54. Hraber, P. , Kuiken, C. , Waugh, M. , et al. (2008) . J. Gen. Virol. 89, 2098 - 2107.

55. Jaenisch, R. (1976) . Proc. Natl. Acad. Sci. USA 73, 1260 - 1264.

56. Jiang, P. , Faase, J. A. J. , Toyoda, H. , et al. (2007) . Proc. Natl. Acad. Sci. USA 104, 9457 - 9462.

57. Kadare, G. , and Haenni, A. L. (1997) . J. Virol. 71, 2583 - 2590.

58. Kampstra, P. (2008) . Journal of Statistical Software, Code Snippets 28, 1 - 9.

59. Katzourakis, A. , and Gifford, R. J. (2010) . PLoS Genet. 6, e1001191.

60. Keese, P. K. , and Gibbs, A. (1992) . Proc. Natl. Acad. Sci. USA 89, 9489 - 9493.

61. King, A. M. Q. , Adams, M. J. , Carstens, E. B. , et al. (2012) . Academic Press.

62. Kingsbury, D. W. (1985) . Intervirology 24, 62 - 70.

63. Knowles, N. J. , Hovi, T. , Hyypia, T. , et al. (2012) . Family Picornaviridae. In King, A. M. Q. , Adams, M. J. , Carstens, E. B. , et al. eds. Academic Press, 855 - 880.

64. Koonin, E. V. , Dolja, V. V. , and Krupovic, M. (2015) . Virology, 479 - 480, 2 - 25.

65. Koonin, E. V. , and Gorbalenya, A. E. (1989) . Journal of Molecular Evolution 28, 524 - 527.

66. Krakauer, D. C. (2000) . Evolution 54, 731 - 739.

67. Kuchibhatla, D. B. , Sherman, W. A. , Chung, B. Y. , et al. (2014) . J. Virol. 88, 10 - 20.

68. Lander, E. S. (2011) . Nature 470, 187 - 197.

69. Lauber, C. , Goeman, J. J. , Parquet, M. D. , et al. (2013) . The Footprint of Genome Architecture in the Largest Genome Expansion in RNA Viruses. PLoS Pathog. 9.

70. Lauber, C. , and Gorbalenya, A. E. (2012a) . Viruses-Basel 4, 1425 - 1437.

71. Lauber, C. , and Gorbalenya, A. E. (2012b) . J. Virol. 86, 3890 - 3904.

72. Lauber, C. , and Gorbalenya, A. E. (2012c) . J. Virol. 86, 3905 - 3915.

73. Lauber, C. , Ziebuhr, J. , Junglen, S. , et al. (2012) . Arch. Virol. 157, 1623 - 1628.

74. Lefebure, T. , Douady, C. J. , Gouy, M. , et al. (2006) . Molecular Phylogenetics

and Evolution 40, 435 -447.

75. Lefkowitz, E. J., Wang, C., and Upton, C. (2006). Virus Res. 117, 105 -118.

76. Lehmann, K. C., Snijder, E. J., Posthuma, C. C., et al. (2015). Virus Res. 202, 12 -32.

77. Liu, D. X., Fung, T. S., and Chong, K. K., et al. (2014). Antivir. Res. 109, 97 -109.

78. Lukashev, A. N. (2010). Reviews in Medical Virology 20, 327 -337.

79. Maes, P., Klempa, B., Clement, J., et al. (2009). Infect. Genet. Evol. 9, 813 -820.

80. Matthijnssens, J., Ciarlet, M., Heiman, E., et al. (2008). J. Virol. 82, 3204 -3219.

81. McGeoch, D. J., Cook, S., Dolan, A., et al. (1995). J. Mol. Biol. 247, 443 -458.

82. McKnight, K. L., and Lemon, S. M. (1998). RNA 4, 1569 -1584.

83. Meyer, C. P., and Paulay, G. (2005). PLoS Biology 3, 2229 -2238.

84. Milne, R. G. (1984). Microbiological Sciences 1, 113 -117.

85. Minskaia, E., Hertzig, T., Gorbalenya, A. E., et al. (2006). Proc. Natl. Acad. Sci. USA 103, 5108 -5113.

86. Moratorio, G., Costa-Mattioli, M., Piovani, R., et al. (2007). J. Gen. Virol. 88, 3039 -3042.

87. Nga, P. T., Parquet, M. D., Lauber, C., et al. (2011). PLoS Pathog. 7, e1002215.

88. Oberste, M. S., Maher, K., Kilpatrick, D. R., et al. (1999). J. Virol. 73, 1941 -1948.

89. Pons, J., Barraclough, T. G., Gómez-Zurita, J., et al. (2006). Systematic Biology 55, 595 -609.

90. Pringle, C. R. (1991). Arch. Virol. 119, 303 -304.

91. Pybus, O. G., and Rambaut, A. (2009). Nat. Rev. Genet. 10, 540 -550.

92. Rach, J., DeSalle, R., Sarkar, I. N., et al. (2008). Proceedings of the Royal Society B: Biological Sciences 275, 237 -247.

93. Rothberg, J. M., Hinz, W., Rearick, T. M., et al. (2011). Nature 475, 348 -352.

94. Sabath, N., Wagner, A., and Karlin, D. (2012). Mol. Biol. Evol. 29, 3767 -3780.

95. Sanchez, G., Bosch, A., Gómez-Mariano, G., et al. (2003). Virology 315, 34 -42.

96. Sarkar, I. N., Thornton, J. W., Planet, P. J., et al. (2002). Molecular Phylogenetics and Evolution 24, 388 -399.

97. Schuffenecker, I., Ando, T., Thouvenot, D., et al. (2001). Arch. Virol. 146, 2115 -2132.

98. Shukla, D. D., and Ward, C. W. (1988). J. Gen. Virol. 69, 2703 -2710.

99. Smith, D. B., Bukh, J., Kuiken, C., et al. (2014a). Hepatology 59, 318 -327.

100. Smith, D. B., Simmonds, P., Jameel, S., et al. (2014b). J. Gen. Virol. 95, 2223 -2232.

101. Smith, E. C., Sexton, N. R., and Denison, M. R. (2014c). Ann. Rev. Virol. 1,

111 – 132.

102. Snijder, E. J., Bredenbeek, P. J., Dobbe, J. C., et al. (2003). J. Mol. Biol. 331, 991 – 1004.

103. Stenglein, M. D., Jacobson, E. R., Wozniak, E. J., et al. (2014). mBio 5, e01484 – 01414.

104. Teterina, N. L., Lauber, C., Jensen, K. S., et al. (2011). Virology 409, 1 – 11.

105. Tibayrenc, M. (2006). Trends in Parasitology 22, 66 – 70.

106. Van Regenmortel, M. H. V. (2003). Arch. Virol. 148, 2481 – 2488.

107. Van Regenmortel, M. H. V. (2007). Infect. Genet. Evol. 7, 133 – 144.

108. Volz, E. M., Koelle, K., and Bedford, T. (2013). PLoS Comput. Biol. 9, e1002947.

109. Walker, P. J., Firth, C., Widen, S. G., et al. (2015). PLoS Pathog. 11, e1004664.

110. Wesche, P. L., Gaffney, D. J., and Keightley, P. D. (2004). DNA Sequence 15, 362 – 364.

111. Zheng, D. P., Ando, T., Fankhauser, R. L., et al. (2006). Virology 346, 312 – 323.

112. Zhou, Y., Qin, T., Xiao, Y., et al. (2014). PLoS One 9, e113201.

第八章　通过病毒进化实验理解适应：从简单到复杂的环境

Valerie J. Morley　Paul E. Turner*

耶鲁大学生态与进化生物学系，纽黑文市前景街 165 号，康涅狄格州 06520，美国

*通讯作者：paul. turner@ yale. edu

摘要

进化生物学的核心目标是更好地了解在不断变化的物种中促进与约束适应的过程，这个目标对于完善对物种是否能够顺利适应环境变化的预测至关重要。病毒在受控实验室的进化实验为调查病毒适应性进化的广义理论提供了强有力的方法，也是测试病毒适应性潜力的特定预测的重要方法。实例包括使用病毒来阐明固定的有益突变之间的克隆干扰的动力学理论、基因之间的位点相互作用的流行程度和特征，以及在决定进化结果时自然选择与遗传漂移的相对效力。虽然这些成果有助于改进在环境中不断发生的适应性的预测，但人们仍然很少研究在复杂或异构环境中的病毒适应性。虽然生物体通常遇到空间和/或时间复杂的环境，但调查环境异质性对进化的影响在大多数研究系统中是有挑战性的。最近的研究表明，病毒的演化实验是解决在异构环境中进化演变的一种容易处理的和严谨的方法。在本章中，我们将回顾一下病毒实验，说明基本的进化动力——特别是选择、漂移和迁移——如何在简单和复杂的环境中决定等位基因和群体的命运。我们还提出了许多令人兴奋的和开放的问题，这些问题仍然需要使用病毒实验模型进行探索，例如适应度地形的实证绘图，以及异构环境在促进与约束病毒适应方面的作用。

引言

达尔文在 1859 年出版的《物种起源》首次提出了一个令人信服的进化机制——自然选择，它可以解释生命壮丽的多样性。达尔文的理论带来了描述进化基本机制的概念，可以解释物种多样性的起源，以及生物体如何通过在世代环境中演化而最后定型。此外，进化生物学如果成长为一个预测领域，我们可以预见细菌群体将如何应对抗生素的使用，或者藻类的种群如何适应气候变化的情况，这是一个诱人的挑战。历史上，科学家们依靠比较研究来研究进化问题。这种方法将生物种类和种群相互比较，有时是通过与化石比较来了解生物体种群随时间变化的变化。DNA 测序技术的出现彻底改变了进化生物学的研究。测序技术允许种群和物种在遗传水平上进行比较，种系遗传学成为解决进化关系的一种方

法。我们对自然生物种群进化的实证知识大多来自上述的比较方法和分子生物学的方法。

研究进化的另一种补充的方法是观察实时演变的生物种群。一些研究已成功记录了多细胞生物的自然种群的现状演变，例如对著名的加拉帕戈斯群岛达尔文雀的持续研究（Grant、Grant，2014）。虽然这些研究提供了宝贵的见解，但它们通常需要耗费大量的时间和劳力。此外，在研究者的一生中，不可能观察到许许多多细胞物种的自然种群的大量传代数。另外，实验室里的微生物群落允许我们观察实验室环境中实时发生的进化。微生物群落的进化实验是测试理论进化预测的有力工具。研究人员已经将细菌、病毒和单细胞真核生物如酵母和藻类作为模型来研究实验室中的进化，这些实验系统对进化的基本机制提供了深入的了解。

病毒是非常强大的进化实验模型（图 8－1）。真核生物的噬菌体和病毒都被用作实验模型，这些病毒系统有许多引人注目的优点。第一，实验室可以维持数量非常大的病毒种群。例如，节肢动物传播的病毒——（蛛网膜病毒）水泡性口炎病毒（VSV）在实验室组织培养物中，在细胞上生长 24 小时内病毒颗粒数的滴度可达到每毫升约 10^9 个。第二，许多模型病毒在实验室传代的时间短。经过 24 小时孵育的病毒种群可能经历五代，这一速率允许 20 天的连续传代到 100 代病毒（Turner、Chao，1998）。第三，RNA 病毒每个复制核苷酸具有 10^{-3} 到 10^{-5} 个错配数量级的高突变率（Drake，1993；Holland 等，1982）。这意味着有益的突变——自然选择适应的原材料——在 RNA 病毒中比在 DNA 生物中发生得更频繁。第四，相对于细胞生物体，病毒通常具有极小的基因组。已知的 RNA 病毒平均基因组大小为 10 000 个核苷酸。所有描述的单链 DNA 病毒也具有小的基因组，几乎没有大于 11 000 个核苷酸的。而双链 DNA 病毒的基因组比 RNA 病毒更大，其最大的基因组超过百万个核苷酸（Holmes，2009）。使用小基因组可轻易实现对重复实验菌株的整个基因组的测序。许多病毒也可以通过定点诱变进行操作，这使得研究人员可以将感兴趣的突变设计到不同的遗传背景中，以确认突变之间的适应性和相互作用。第五，将病毒冷冻后再解冻复原，允许进化种群与其前代进行直接比较，并提供一种手段，通过在冷冻样品中建立新线条来测试适应性的重复性，从而“重播”进化过程。

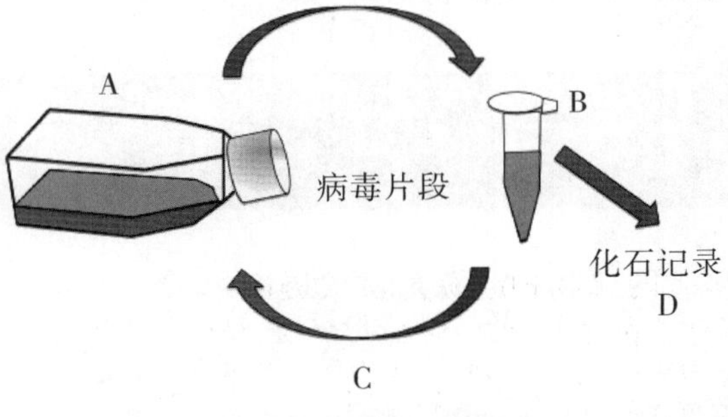

图 8－1　连续传代进化实验过程

A. 细胞被毒株或感染性病毒克隆感染，感染细胞孵育一段时间（例如 24 或 48 小时）。B. 从烧瓶中收获病毒后代。C. 采集病毒的一个子毒株用于感染新鲜的细胞瓶，从而开始下一次传代。D. 收获的病毒的其余部分可以在每次传代时冻结，以便通过时间创建“化石记录”，从而允许祖先病毒与其进化衍生物进行直接比较。

鉴于这些优势，研究人员非常成功地使用实验性病毒系统来测试与基本进化机制有关的理论预测是不足为奇的。病毒进化实验使得我们对适应动力学有了一定的了解，包括突变适应效应的分布、克隆干扰的过程、选择性清除、上位效应的流行和特征以及遗传漂移等。激励这些研究的一些主要问题是：在不断变化的环境中，适应性能否无限期地继续下去？突变适应效应的分布是什么？进化的重现性如何？什么类型的分子事件会参与适应性的进化，什么类型的基因会受到影响？在复制环境中物种在基因水平上的相似如何常见？突变之间的相互作用频繁，这些相互作用如何塑造适应的轨迹？适应性曲平面如何坚固？

关于适应的理论和经验研究主要集中于在新兴而恒定的环境中进化的种群上。在环境变化之后，不断变化的生物种群可能会降低适应性。然后，生物种群将通过固定一系列有益的突变来适应新的环境，并将这样的适应性做到最大的优化。由于创新的理论和实验性的工作，我们已经达到了一个很高的层次，可以对新兴而恒定的环境中的适应步态进行强力预测。适应恒定环境的生物种群预计将首先固定效应大的有益突变，随后是效应递减的突变。这种收益递减的模式导致适应性在初期快速增高，然后进入适应性平台期。

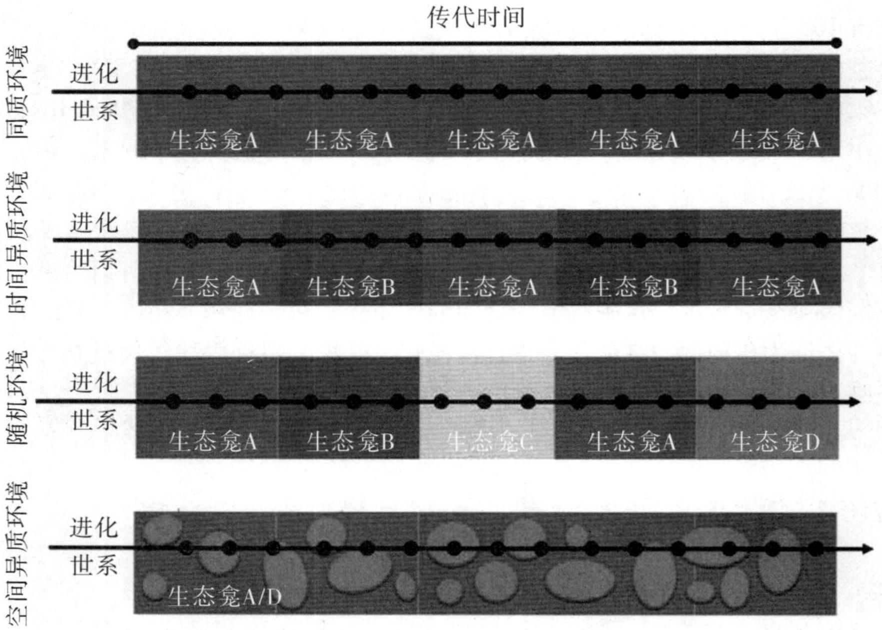

图 8－2　同质及异质环境中的进化

在传代快的种群经历同质和各种异质环境时，环境改变的脚步在根本上是不同的。图中条带代表进化谱系经历的传代时间。在同质环境中进化的谱系只面临单一条件下的自然选择，而在时间或空间异质环境中进化的谱系则预计面临可预测的（如季节性）或随机的环境变化。

现在学界对于适应恒定环境的情况已经有了很完善的归纳和总结，而环境复杂度对适应动力学的影响却很少被人研究。环境复杂性的影响是非常有意义的，因为大多数生物在自然界中都处于不同的空间和时间异质环境（图 8－2）。短期的时间异质性可能是可预测的，例如季节的变化和白昼的缩短与延长；也可能是不可预测的，例如天气的日常变化。

对时间环境异质性的适应性反应也可能受到生物体生长时间变化的影响。生物体可能对在生命周期中发生的环境波动产生非常不同的反应。就如同面对跨越世代不断波动的环境一样，生物体也在其生活环境中面临空间结构的改变。当疟原虫感染人类宿主时，它通过血液进入，必须重新移动到肝脏，在肝脏中复制，然后重新回到血液中。在血液中复制后，疟原虫进入媒介蚊类的体内，在蚊体内，它也必须进行复制，同时穿过蚊类的肠和唾液腺等不同的组织类型。寄生虫需要应对生活环境中更大规模的空间结构，包括不同的气候条件和在此空间范围内的不同基因型的宿主。尽管环境异质性具有重要的特点，但在适应性研究中，与之有关的理论或实验却相对较少。

环境的复杂性是普遍的，进化生物学家越来越有兴趣研究空间和时间异质环境中的适应性。进化理论学者在模拟异质性的影响方面已经取得了一些进展，但想要将他们的预测进行实证是具有挑战性的。病毒的进化实验则提供了一种易于管理的方式来研究受控实验室环境中环境异质性的复杂性。

在本章中，我们将重点介绍如何使用病毒的实验工具来阐明进化生物学的基本原理。我们从进化实验中讨论和病毒有关的适应动力学、克隆干扰和群体非常小的病毒的进化。我们还将讨论使用病毒来实验表征上位性，并估计经验性适应性曲面。然后，我们将焦点转移到复杂环境中的进化实验，包括病毒在空间和时间异质性上以及在可变环境之间的迁移。最后，我们在病毒进化实验研究中突出强调一些开放性的问题和未来研究的方向。

适应动力学

适应性步态是生物种群在给定的环境中通过固定一系列有益的突变提高其适应度的过程。了解适应性步态的动态是进化生物学的核心挑战，它可以阐明种群面对新环境的挑战的反应过程。此外，描述和预测生物种群应对环境变化的方式和能力在疫苗设计、抗生素使用、野生动植物保护、监测疾病以及预测生物种群如何应对气候变化等方面具有重要意义。

适应理论的学术科研进步使我们能够对自适应步态的动态变化做出强有力的预测。几十年来，适应遗传学的科学讨论被微观模型主导。微观模型假设生物种群通过固定大量有益等位基因突变来适应新的环境。虽然达尔文对基因或遗传学并没有多少了解，但他实际上是第一个提出这一观点的人，他假设自然选择对生物种群中非常小的表型差异起作用，因此适应性必须以非常缓慢的速度发生。1930 年，费雪（R. A. Fisher）发表了有关自然选择的遗传理论的文章（Fisher，1930），这是一个有影响力的发现，它促进了微观模型理论的建立。费雪表明，虽然微小表型效应的突变具有 50% 的有益概率，但是较大表型效应的突变有利于概率快速降低。因此，费雪也提出，通常适应必须基于非常小的突变的积累。费雪的模型似乎解决了适应遗传学的争论，从而使微观模型被学界普遍接受。

虽然费雪的论据是非常有影响力的，但遗憾的是，在半个世纪以后，大家认为这种理论是不完整的。1983 年，Kimura 指出了费雪推理存在的重大问题（Kimura，1983）。许多有利的基因突变从来没有进入固定遗传阶段，因为它们在早期就随机丢失了。虽然大型表型效应的基因突变有可能没有益处，但是它们与小效应的基因突变比较更倾向于被清除。基于这一观察，木村认为中等表型效应的突变在适应性中是最重要的。在 1992 年，Orr 和 Coyne 发表了一篇论文，认为没有什么证据（无论是理论的还是实证的）能够证明和支持适应性的微观模型（Orr、Coyne，1992）。他们的研究成果启发了后续一系列理论工作，从根本上改变了我们对适应遗传学的理解。这种较新的理论通过强调适应性中大表型效应的有益突变的重要性，推翻了微观模型。这个理论预测，在自适应步态过程中，固定的突变效应的分布大致是指数型的，在自适应步态早期可以固定一些有益效果较大的突变，随后固定较大数量的较小效应的突变（Orr，1998、1999、2002）。

遗传理论学家已经提出了适应性如何进行的令人信服的预测，但需要实证来支持这些预测。用病毒进行进化实验提供了一种易于理解的方法来测试自适应理论的预测。在这里，病毒适应的实验工作集中在两个问题上：突变适应性效应的分布是什么？在新环境中种群适应性的动态是什么？

理解适应性步态的第一步是估计在适应性步态期间固定的表型效应的分布。理论预测大多数突变是有害的或中性的，并且小效应的有益突变的数量大大超过了大效应的有益突变（Fisher，1930）。这一预测得到了病毒系统实验证据的支持。使用病毒实验的实践研究者试图量化致命、有害和中性的突变比例，并描述有益适应性效应的分布。这些实验通常采用两种方法：突变积累实验和定点诱导突变。在突变积累实验中，单个病毒克隆被重复选择和繁殖。在这个极端的瓶颈规则中，遗传漂移压倒了遗传选择。实验观察到，在自然选择中可能会遗失的非致死性有害取代被固定下来。这种方法允许实验者观察非致死性突变，同时将自然选择的影响最小化。定点诱导突变是一种更全面和严格的方法，这种类型的实验将点突变引入病毒基因组中随机选择的位点，并记录这些突变的适应性效应。这是一种无偏倚的方法，其中还可以观察到致死突变的比例。从这些实验中，病毒突变状况将得到全面展现。

对于 RNA 和 ssDNA 病毒，上面提到的现象似乎很明显，大多数突变是致命的或有害的。定点诱导突变研究一致发现 20% ~40% 的基因突变取代是致命的（Carrasco 等，2007；Domingo-Calap 等，2009；Sanjuán，2010；Sanjuán 等，2004b）。对脊髓灰质炎病毒突变体谱的下一代测序分析表明，同义取代的这个数字可能较低，研究发现只有 10% 的基因突变是致死的（Acevedo 等，2014）。非致死性突变将平均权重减少 10% ~13%（Domingo-Calap 等，2009；Sanjuán，2010）。对于 VSV，在观察到的非致死性突变中 30% 是有害的，27% 是中性的（Sanjuán 等，2004b）。烟草蚀刻病毒（TEV）的这些数字相似，其中 36% 的非致死性突变是有害的，27% 是中性的（Carrasco 等，2007）。这些实验结果支持理论预测：大多数基因突变是有害的或中性的。

有益突变对于适应性具有很重要的作用，但是有益的突变相对于较少的 VSV，定点诱变产生的取代只有 4% 是有益的（Sanjuán 等，2004b）。在 TEV 基因组中没有一个实验性核苷酸取代在体内具有可测量的有益效果（Carrasco 等，2007）。根据理论预测，实验通常表明小效应的有益突变比大效应的突变更常见（Rokyta 等，2008；Burch、Chao，1999；Sanjuán，2010；Sanjuán 等，2004b）。应该指出的是，多细胞生物的研究发现，类似的有害和致命性突变的发生率要低得多，这表明 ssDNA 和 RNA 病毒的基因稳定性较差（当突变进入基因组时无法维持不变表型）（Domingo-Calap 等，2009；Elena 等，2006；Sanjuán，2010）。对突变的敏感性可能由具有缺乏基因冗余的小基因组的病毒引起，它们通常包含重叠的阅读框。这些遗传结构倾向于防止替代遗传解决方案和途径作为促进健壮性的机制（Elena 等，2006）。

描述突变效应的分布使我们能够了解生物种群可适应性突变的第一手资料。第二步是绘制在实验室观察到的适应性步态的动力学图谱。为了实现这一点，我们需要重复病毒种群在新的环境中进化的实验，例如在新型宿主类型或具有挑战性的温度下，适应度的变化通过时间（几代）进行映射。这些实验的结果使我们能够对病毒在恒定的环境中的适应性进行概括。首先，适应新环境最初发生得很快，然后随着时间的推移而减速（Betancourt，2009；Bull 等，1997；Elena 等，1998；Holder、Bull，2001；Novella 等，1995a；Rokyta 等，2009；Wichman 等，1999）。这个发现将支持自适应步态的理论模型，其中大的有益的突变是首先被替代的。其次是较小的有益的突变（Orr，1998、1999、2002）。实验病毒种群的适应性在早期一直表现出很大的提高，随着实验的进行，这样的变化呈现递减的趋势。然而，来自一个进化实验的数据仅在针对突变偏差进行调整后才支持 Orr 提出的适应性模型（Rokyta 等，2005）。该数据集表明，最大效益的突变可能不总是首先达到固定，因为并非所有的突变都可能发生。总体来说，病毒种群已经显示出在初期适应快速改善，随着种群接近适应性的平台期，随之而来的是增速递减的特征。

有学者在重复进化的病毒谱系中观察到数量惊人的平行遗传度（Bull 等，1997；Cuevas 等，2002；Rokyta 等，2009；Wichman 等，1999）。平行遗传发生时，相同核酸序列中的被取代的碱基对被固定在相同环境条件下进化的多个重复谱系中。在具有 ssDNA 的噬菌体多个适应系的实验中，观察到的一半取代发生在多于一个的重复谱系中（Bull 等，1997）。在适应 ssDNA 噬菌体谱系的基因型中甚至出现了高水平的平行度（Rokyta 等，2009）。平行遗传变异提供了有力的证据，表明生物种群对学者感兴趣的突变是具有适应性的。

RNA 病毒的进化实验在测试适应理论的预测中是非常有价值的。突变效应在病毒中的分布主要显示致命的、有害的和中性的作用。有益突变是罕见的，小效应的有益突变数量比大效应的有益突变多。尽管它们很罕见，但由于其选择系数大，大效应的有益突变有望在适应步态早期达到固定。这导致了在恒定环境条件下特征模式的不同适应度，即生物种群在初期适应性快速增加，然后增加速度减缓。

克隆干扰

生物种群通过固定有益的突变来适应环境的变化。在具有高突变率的大种群中，可能会在种群内的不同遗传背景中同时出现多个有益突变。在无性群体中，这些有益的突变不能重组到相同的遗传背景上。因此，不同的有益突变将相互竞争，直到一个突变被固定下来。这个过程被称为克隆干扰，它被用来解释有益突变之间的竞争如何减慢适应速率。Gerrish 和 Lenski 的克隆干扰理论模型确证了无性生物种群适应的若干预测（Gerrish、Lenski，1998）：①给定突变将进入固定的概率，随着种群数量的增加和突变率的增加而下降；②随着种群数量的增加和突变率的增加，达到固定的有益突变将具有更大的效应；③适应的速度随着种群规模和突变率的增加而增加但速度减缓；④应该有许多突变变得暂时常见但是由于被淘汰而最终未固定；⑤瞬时多态性可能导致“跨越”效应，其中在给定时刻最常见的基因型与前一种基因型之间的关系不如早期的基因型。

病毒提供了一个强大的实验室模型来测试这些预测和推断。特别有用的是负链 RNA 病毒，它很少重组，因此接近真正的无性繁殖生物谱系。目前已经有几个早期实验通过观察不同有效种群大小的病毒种群进化的结果来测试上述预测。dsRNA 噬菌体 Φ6 和负链 ssRNA VSV 的实验结果都支持增加有效种群大小与固定有益突变的影响大小呈正相关的预测（Burch、Chao，1999；Miralles 等，1999a、2000）。对 VSV 的观察结果还支持较大的种群规模与适应度增加但适应速度减慢相关联的理论预测（Miralles 等，1999a、2000）。

虽然上述实验工作支持克隆干扰的理论预测，但其他实验也验证了上述理论中不太明显的细微差别。克隆干扰的模型表明，通过增加群体大小或增加突变率来增加群体中同时存在的有益突变数量可以加剧克隆干扰，从而延缓适应。但是 RNA 噬菌体 MS2 的实验结果表明，可能并非总是如此。Gerrish 和 Lenski 模型不允许在该谱系扫描固定之前在单个遗传背景上出现多个有益的突变，尽管应该注意到也有一些模型允许这种可能性的存在（Kim、Orr，2005）。RNA 病毒具有非常高的突变率，并且可以存在于非常大的群体中。如果种群大小和突变率都足够高，有利的突变可能常常发生在相同的遗传背景上并一起固定。Bollback 和 Huelsenbeck（2007）在噬菌体 MS2 的实验研究中发现了证据，并认为大种群和高突变率的组合可以减小克隆干扰的影响。如果是这种情况，克隆干扰可能在中等种群大小和中等突变率时最为强烈。

虽然我们知道生物种群大小和突变率是克隆干扰强度的重要决定因素，但噬菌体 ΦX174 的实验结果表明，选择性环境也可能会有影响。种群扩大和突变率提高都增加了种群同时发生的有益突变数量，从而加剧了血统之间的竞争。Pepin 和 Wichman（2008）的实验证明，选择性环境也可能影响适应种群同时发生的有益突变的数量。他们营造不同 $CaCl_2$ 浓度的良性或恶性环境使噬菌体 ΦX174 种群进化。研究发现，种群在恶劣的环境中进化，只有一个基因的一部分固定突变，没有显示克隆干扰的证据。另外，适应良好环境的种群在许多基因中具有多种取代，并显示出克隆干扰的证据。研究者推测，在恶劣环境中可能存在较少的有益突变。可用的有益突变的这种缺乏可能在减少竞争性有益突变的数量和减轻克隆干扰的作用方面类似于小的种群大小或低突变率。这个实验体系是一个很好的例子，说明如何利用病毒进化实验来测试适应性的理论预测，并且为现有理论的发展新方向和修改提供信息。

上位性和实证适应度地形

上位性或突变效应对遗传背景的依赖性以及对进化理论的影响，包括性别的起源和维持（Kondrashov，1988、1993；Otto，2009；Otto、Feldman，1997）、进化的可预测性和重复性（Blount 等，2008；Bridgham 等，2009）以及适应度地形（Poelwijk 等，2011）。当突变的影响根据其遗传背景而改变幅度或符号时，会发生上位性。例如，单独出现在基因组中时，有益的两个突变（A 和 B）在组合后表现出的有益效应，可能小于它们单独出现时的有益效应的和（AB ＜Ab ＋ aB）。

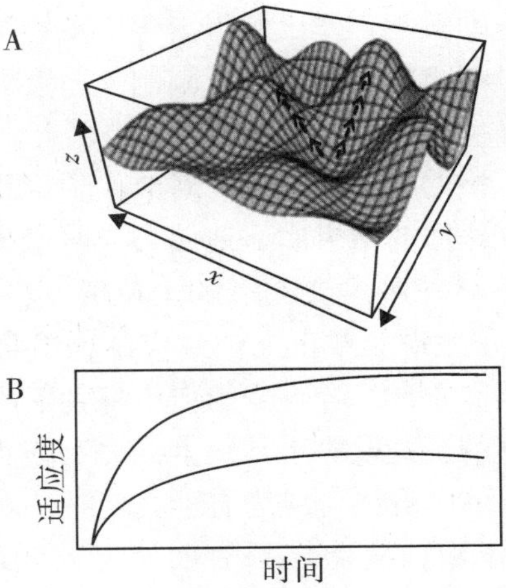

图 8－3　适应度地形

A. 虚拟适应度地形的典型代表，其中 $x-y$ 平面代表基因型空间，适应度是映射在 z 轴上的曲平面的高度。箭头表示两个取代的自适应轨迹，以不同的适应度峰值结束。B. 在 2A 中两个想象的种群的适应轨迹。两个种群的适应度随着时间的推移而增加，但是一个群体演变成较低的适应度最优（峰值）。

为了可视化上位性对适应轨迹的影响，适应度地形的概念是有用的。Sewall Wright（Wright，1932a）介绍，适应度地形是可视化基因型和适应度的一种手段。适应度地形经典地表现为三维山区曲平面，其中基因型空间在 $x-y$ 平面上表示，适应度在 z 轴上表示（图 8－3）。在这个模型中，适应种群“行走”穿越这个平面，移动到与较高适应度值相关的基因型空间区域。在没有上位效应的情况下，适应度地形预计是单峰的，有一个适应高峰。在这种情况下，有利的突变在任何背景中都是同样有益的，所以即使有不同的出发点，所有种群也应适应相同的峰值。Wright 认识到，无处不在的上位效应会使适应度地形变得崎岖。崎岖的地形有多个峰值。因为适应种群只能向适应度地形的更高点移动，具有不同起始基因型的种群可能会停止于不同的局部最高点。

正式引入符号上位效应使得这个理论假说得到进一步发展（Weinreich 等，2005）。符号上位效应是一种上位效应，改变突变效应对适应度影响的符号，使得给定的突变可能是有害的或有益的，这取决于其遗传背景。符号上位效应可以限制不断发展的种群可用的适应性轨迹数（DePristo 等，2007；Weinreich 等，2006；Weinreich 等，2005）。例如，某些基因型可能会停滞在局部适应度最佳状态，因为它们被较低适应度的基因型包围。这得出了令人兴奋的建议：通过理解上位性如何约束适应，进化可能变得更加可预测（de Visser、Krug，2014）。

尽管上位性和适应度地形具有很重要的作用，但是由于缺乏关于上位效应的流行和特征的实证数据，它们的影响在几十年来仍然只是理论性的。虽然适应度地形是一个直观、吸引人的概念，但是在实证适应度地形的地形上收集大规模数据是非常有挑战性的。最后，病毒和其他生物的实验数据开始揭示上位效应的性质及其对适应度地形的影响。这些数据对于理论工作和模拟面的信息至关重要。病毒，特别是 RNA 病毒，具有通常编码多功能蛋白质和重叠编码区的紧密基因组（Holmes，2009）。这种架构可能使它们特别受到上位约束。关于病毒上位效应的实验工作已经得出三个主要结论：①上位效应是常见的和可变的；②实证适应度地形是崎岖的，上位效应限制了适应群体的可用路径数量；③上位相互作用的性质交互取决于环境。

测试上位效应最简单但严格的方法是选择一对取代子，然后通过定点诱导突变分别单独或成对引入。如果成对相互作用的结果明显地偏离了两个突变的叠加效应，则相互作用是上位性的。这些实验可以测试三种主要类型的上位突变：正（协同性）上位效应、负（拮抗性）上位效应和符号上位效应。在正上位效应中，组合突变的作用将大于两种突变效应的叠加预期。在负上位效应中，组合突变的作用将大于两种突变效应的叠加。如上所述，突变可能是有益的或有害的，这取决于其发生标志上位性遗传的背景。当两个有害突变联合发生时，或当两个有益的突变组合成为有害突变时，就会发生符号上位效应。使用定点诱导突变分析成对相互作用的实验结果表明，上位效应在病毒基因组中是常见的（Caudle 等，2014；da Silva 等，2010；Parera、Martínez，2014；Pepin、Wichman，2007；Rokyta 等，2011；Sanjuán 等，2005、2004a）。在一项研究中，学者通常观察到拮抗和协同两种上位效应。同时，符号上位性也已经得到了证明（Rokyta 等，2011）。已经有学者报道了基因间（Sanjuán 等，2005、2004a）和基因内生（da Silva 等，2010；Pepin、Wichman，2007）上位性。这些实验有助于确定成对上位效应的流行特征，但是要真正了解上位性对适应性的影响，需要更大的数据集来反映适应度地形的形态。

目前我们已经使用两种主要方法来实证映射病毒的适应度地形。第一种方法是选择一组突变，单独或者组合地测量这些突变的适应性效应。用这种方法可对有限的一组突变进行上位效应的系统测绘，并且能够观察到成对以及更高阶的相互作用。da Silva 等用该方法研究人类免疫缺陷病毒 1（HIV－1）的包膜糖蛋白中的一组 7 个氨基酸变化（da Silva 等，2010）。他们一共检测到 53 个突变体，这些突变体包括单突变体和突变组合。通过测试，相互作用的突变体中 66% 有明显的上位性，这些上位效应被证明是高阶相互作用。最高水平的显著的净相互作用发生在 5 个氨基酸之间。这项研究表明 HIV－1 包膜糖蛋白的曲面图相当陡峭，造成这个结果的原因是成对突变和高阶上位的相互作用。

绘制适应度地形图的第二种方法是将突变效应的高通量测量与计算分析相结合，将基因型映射到表型这个层次上。Hinkley 等（2011）分析了一个数据集，测量了从 HIV－1 感染个体分离的 70 081 个病毒样本的体外适应性。从这个大数据集合中，他们计算了在 HIV－1蛋白酶和逆转录酶序列中发现的 1 859 个单一氨基酸突变体的适应度效应和成对上位效应。在体外 16 个环境中测量其适应度，这些体外环境包括了无药物治疗和有药物治疗两种情况，治疗药物包括 15 种单独的抗病毒药物。这种方法允许重建这些蛋白质的近似适应度地形。在所有环境中，这些病毒蛋白质的适应度地形是高度坚固的，并且具有强烈的上位特征（Hinkley 等，2011；Kouyos 等，2012）。这项研究可能首次提供了大型现实和生物相关适应度地形的定量描述。

对 HIV－1 的系统和大规模分析揭示的地形图表明，病毒适应性将受到上位限制。上位效应可以限制不断变化的生物种群可用的适应性途径。John Maynard Smith（1970）通过一个比喻来解释这个概念——如果一个人必须通过一次改变一个字母的方式来将单词“WORD”改成“GENE”，每次改变后的组合也必须是一个单词，那么他可以通过以下途径完成：WORD→WORE→GORE→GONE→GENE。请注意，在这个类比中，一些突变只有在其他突变出现之后才被承认。最开始的原始序列不能容忍四个最终变化中的三个，因为 GORD、WERD 和 WOND 都不是单词。通过对上位效应和适应度地形的实证分析，我们发现了这种自适应约束的生物学实例。

为了探索上位效应是如何影响自适应步态，Gong 等（2013）通过流感病毒核蛋白 39 突变进化轨迹实验创建了所有的中间基因型。他们还在原始基因组中单独引入了每种突变，从自然进化的流感病毒序列重建组成了自适应步态的突变序列。在重建所有天然中间体后，他们证明了所有的中间体都具有很高的适应性，这符合 Maynard Smith 通过功能序列进化的那个例子。然而，这三个突变在原始基因组中明显是有害的，尽管在自然进化过程中这些突变固定了，但是并没有负面影响。通过进一步分析，他们证明了这些突变都允许通过上位突变效应来进行修复。另外一个突变也发生了补偿性突变，消除了任何其他有害的作用。有实验显示上位性约束的突变有助于病毒进行免疫逃逸（Gong、Bloom，2014；Gong 等，2013）。该实验突出了上位性在限制天然蛋白进化中的作用，并强调了偶然性在病毒适应性进化中的重要性。

有其他研究发现了与约束进化中上位性相似的作用机制。da Silva 等（2010）使用其 HIV－1 的实验数据来重建两个等位基因状态之间的最小长度突变轨迹。这些轨迹被定义为仅涉及单步突变而不具有逆转的等位基因之间最直接的进化路径。当符号上位效应使得这些最小长度的突变轨迹中的一些不可被访问时，适应性突变将受到约束。在这项研究中，他们重建了从原始基因型到包括了假定适应替代宿主细胞的共受体的 7 个突变的基因型的轨迹。他们发现，实验测试的所有 24 个最小长度轨迹由于含有至少一个不增加适应度的单步突变，因此无法进行选择性的访问。因为这些突变固定在自然发育的群体中，所以它们应该可以通过未经实验测试的途径获得。另外，这表明适应性途径受到上位效应的高度限制，这种应变在适应中起着重要的作用。其他研究强调补偿性突变在适应中的作用。这些研究已经将有害突变设计成病毒，然后在复制环境中进化这些突变体，以确定补偿性突变相比突变逆转的频率。这些研究表明，补偿性突变比反转更常见（Poon、Chao，2005；Sanjuán 等，2005），这再次证明上位性在确定适应轨迹方面的强大作用。

最后，上位效应已被证明取决于它们所存在的环境，这是毫不奇怪的。突变的表型效应取决于它们所在的环境，所以它们之间的相互作用也是环境依赖型的。在使用 ssDNA 噬菌体 ID11 的实验中，上位性相互作用已被证明在较高的温度下会更明显（Caudle 等，2014；Rokyta 等，2011）。在不同类型的宿主细胞中（da Silva 等，2010）和不同的药物治疗情况下（Hinkley 等，2011；Kouyos 等，2012），HIV－1 的上位互相作用也各不相同，尽管它们所有的地形图都表现出较高的坚固性。

如果我们要真正了解适应度地形，那么就需要测量整个基因组中所有可能的突变之间的相互作用。在成对的病毒组相互作用和更大的系统性突变中测量上位效应的工作，从而阐述真实生物地形图的形态，这种做法是非常具有挑战性的。近年来实证数据的激增有可能极大地推动依赖于上位性的进化理论。展望未来，增强对上位性知识的理解有可能使进化生物学转向，成为一门主要依靠预测的科学（de Visser、Krug，2014）。

在微小种群中的演变：漂移、衰变和“穆勒的棘轮”

自然选择和遗传漂移是进化的两个主要力量。由自然选择导致的适应性一直是本章的重点。在适应过程中，自然选择会提高群体有益突变出现的频率，并放弃那些有害的突变。自然选择在种群数量庞大的情况下能够最有效地运作。在非常小的种群中，遗传漂移的影响可能会压倒自然选择。当对生物基因随机抽样时，随着时间的推移，群体中的等位基因频率会随机变化而发生遗传漂移。在大种群中，这种随机抽样主要影响选择性中性等位基因的频率，随着时间的推移，这些突变将被固定或消亡。然而，在非常小的种群中，生殖成功将会成为一个概率问题，通常这样的情况下，遗传漂移机制将压倒自然选择，成为主流。

研究遗传漂移是主要进化力的系统，这对于了解性别的进化与小群体的生存和进化的演变是非常重要的。极端瓶颈的实验也被用于研究突变之间的有害突变和上位效应的分布与速率。为了进行这些实验，在每个转移下随机选择单个病毒噬斑来传播病毒谱系，以启动下一个实验通路（图 8－4A）。因为噬斑源于单一的病毒克隆，所以这个过程使病毒群体在每一次传代时都通过一样的瓶颈。在该实验方案下，自然选择可以起作用的遗传变异最小，遗传漂移占主导地位。突变以正常速率进入基因组，但是因为可以进行最小选择，所以出现在连续传代克隆中的任何非致死性突变都能立即被固定。因此，这些突变积累实验揭示了被自然选择影响程度最小的非致死性突变的分布。

这些噬斑到噬斑的突变累积实验的中心为穆勒的“棘轮假设”提供了证据（Felsenstein，1974；Maynard-Smith，1976；Muller，1964）。穆勒的棘轮假设主要是指：随着突变在小的无性种群中的不断积累，无突变个体的频率将会降低，最终会消失。如果有害突变超过有益或补偿性突变，则随着突变的积累，种群的适应度将随着时间的推移而下降。如果不存在有性重组的情况，则有害突变的基因组将无法得到恢复，除非通过非常罕见的回复突变来恢复。病毒为测试穆勒的棘轮假设提供了一个强大的模型，因为病毒具有很高的突变率，可以在非常小的种群里进行无性繁殖。在第一个使用病毒为穆勒棘轮假设提供实证支持的实验中，Chao（1990）在噬斑到噬斑转移实验方案中扩增了噬菌体 Φ6 的 dsRNA 序列。总的来看，在这种加剧的遗传漂移状态下，噬菌体 Φ6 发生了适应度明显下降的变化，一些片段的相对适应度下降了 71%。这个实验中的病毒明显表现出穆勒棘轮假设所说的情形。随后在－ssRNA 病毒 VSV（Clarke 等，1993；Duarte 等，1992）和＋ssRNA 口蹄疫病毒（FMDV）（Escarmis 等，1996）中进行的实验也都显示出相同的效果。连续噬斑到噬斑转移的 VSV 系统的适应性衰变以逐步的方式发生（Clarke 等，1993），这与 Muller 的棘轮假设一致。

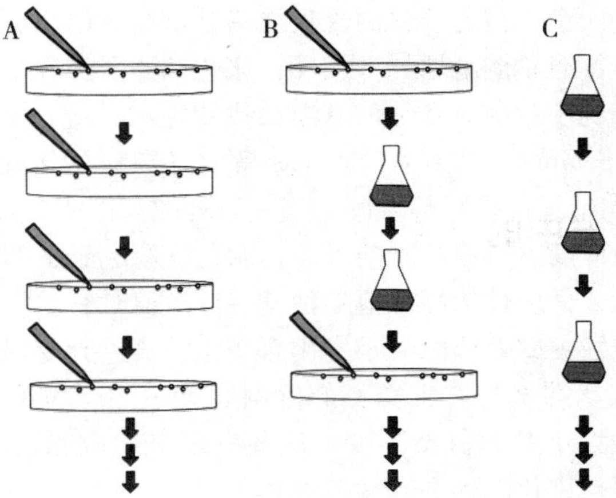

图 8－4　瓶颈进化实验

A. 连续噬斑到噬斑转移。一个病毒噬斑被随机选择以启动下一个实验通道。在这种制度下，由于通过遗传漂移随机固定突变，我们预期适应性将随着时间的推移而下降，并且预期大多数突变对适应性是有害的。B. 大种群及间歇性瓶颈传代。在这一系统中，病毒谱系在单噬斑转移和大种群的两轮生长期间交替出现。适应性预计会下降，因为不经常出现的极端瓶颈效应足以抵消自然选择的影响。C. 大种群下的连续传代。在这个系统中，病毒种群以较大的群体进行传播，并允许通过自然选择进化增加适应性。

这些实验表明，反复经历极端瓶颈的病毒种群的适应性在下降；但什么条件下适应性可能会在衰减后又开始恢复呢？当通过突变积累实验产生的低适应性病毒克隆以高种群大小繁殖时，它们可以快速恢复它们所失去的适应性（Clarke 等，1993）。虽然大种群的连续传代可以通过促进种群的进化来拯救，但是在这一机制中插入定期的瓶颈将会消除这种现象带来的影响（Duarte 等，1993；Elena 等，1996）。一些研究采用以下的传播方式，其中 VSV 的单个噬斑先被转移，而后是两种优势种群被转移，随后重复该周期（图 8－4B）。在这两项研究中，不断变化的毒株产生的适应性损失与经历单次噬斑转移的实验对象相似。大种群的两轮复制不足以克服间歇性瓶颈中漂移的影响。我们应该注意到一个重要的现象，随着时间的推移，当种群规模发生波动时，有效种群大小等于通过瓶颈的谐波平均值——种群数量主要由种群所面临的最小瓶颈决定。瓶颈与病毒种群大小之间的波动有特殊的相关关系。病毒跨宿主传播期间往往会经历一个小的瓶颈期，随后扩大到非常大的数量的中间宿主。这可能使它们特别容易受到漂移和穆勒的棘轮假设的影响，尽管宿主种群非常大。

种群规模对进化轨迹的影响可能因病毒群体的初始适应度而异。如果病毒克隆的适应度非常低，即使通过低种群规模的繁殖，适应度也可能恢复（Elena 等，1998）。这可能是由于在给定环境中具有低适应性的群体可获得较大效应的更有利的突变。换句话说，这些种群比起始适应性高的种群有着更大的改善空间。实验已经证明，具有高起始适应性的 VSV 群体比低起始适应性的群体更需要大的瓶颈以维持适合度（Novella 等，1995b）。另外，这可能是由于有益与有害突变的可用性的转变。如果种群在适应度地形中更接近高峰，则几乎没有改善的余地，突变更有可能将群体推向较低的适应度值。

种群的起始适应性可以影响适应度的衰退和恢复，但种群规模也会影响适应度接近顶点的程度。在实证演化实验中最为一致的现象之一是，在恒定环境中的种群如果长时间适应这个环境，适应性并不会单调地增加；相反，这些种群会表现出适应性顶峰，出现等待期的适应性的记号，直到小效应有效等位基因扫描固定和适应性的再次显著改善（Elena、Lenski，2003；Elena、Sanjuán，2007）。Silander 等（2007）的实验显示，经受积累突变的噬菌体 ΦX174 群体也向低适应性顶峰下降。当一系列噬菌体 ΦX174 种群开始扩张的时候，他们发现复制群体在适应度上具有趋同的现象，而且这取决于不断扩张的群体的大小。通过理论模型，他们预测，适应性的高低值随种群接近极值时有益突变与有害突变的比例的变化而变化，或随适应性突变效应的大小变化而变化。通过突变积累实验，他们能够证明随着适应性的下降，有益突变与有害突变的比例显著增加。相比之下，种群适应度变化时，适应性突变效应的大小基本保持不变。这些发现对适应和适应度下降都有重要的影响，并提供了种群规模与进化轨迹之间动态关系的观察渠道。

交替的宿主环境

大多数关于适应性的理论和实证工作的研究对象都集中在简单和恒定的环境中发展的种群上。然而，大多数生物体生活在复杂的空间和时间中。病毒可能会面临特别复杂的环境，它们面临着异质生物和非生物环境的挑战（Wasik、Turner，2013）。了解空间和时间环境异质性如何影响适应性对理解自然种群的适应性是非常重要的，但是探索这一主题的实验工作非常有限。一个例外是在波动的宿主环境中的虫媒病毒的实验进化。这项工作主要由自然病毒复杂的生命历程驱动，并且人们渴望了解塑造它们的进化压力。在自然界中，虫媒病毒在脊椎动物和无脊椎动物宿主之间交替（图 8 - 2）。例如，地方性登革病毒在人类宿主和媒介蚊子——埃及伊蚊之间交替传播。了解宿主之间的传播循环如何影响适应性是一个长期存在于虫媒病毒进化研究中的问题，这个问题对环境专业化与泛化的演变以及环境中绩效权衡的重要性具有广泛的影响（最近的对病毒生命史权衡的评估见 Goldhill、Turner，2014）。

长期以来，我们都通过“权衡假说”的镜头来观察虫媒病毒进化的动力学过程。这个假设推断了虫媒病毒保持着在两个宿主之间循环的能力，而不是专门寄生在一个宿主体内以获得更高的适应性。这个学术假设长期以来被用来解释虫媒病毒的演变的特异性。假设认为病毒的适应性也是必须有代价的，否则每一个有机体都可能利用更多的资源来无限制地扩大自己的生存机会。这个观点经常总结为一个比喻——“通百艺即无一长”。虫媒病毒是测试“权衡假说”这一学术预测的有用的实验系统。虽然这些实验的结论与理解病毒进化有直接的相关性，但我们也可以更广泛地扩展它们，以解释群体如何适应周期性环境波动。

“权衡假说”的主要相关预测是：实验中，如果病毒群体从两个宿主之间的循环中释放出来，那么它应该在所选择的宿主体内演化出更高水平的适应性。与初代病毒相比适应性的提高伴随着在未选择的宿主中适应性的降低。如果能被观察到，被选择的和未被选择的宿主之间的这种权衡性可以证明病毒可能来自于两个起源中的一个。第一种是拮抗多效性，在一种环境中有益的突变在另一种环境中则是有害的。第二种可能性是突变积累效应，其中群体积累的突变在选择的环境中为中性的改变，但在替代环境中这样的突变则是有害的。虫媒病毒的实验进展通常与“权衡假说”不一致。这些实验清楚地表明，病毒能够适应两种宿主，而不需要付出任何代价。从目前所有的“权衡假说”的例子来看，这似乎并不是一般规则。可将以下三个主要的概括点从这个工作体系中去掉：①选择一类宿主类型会导致在该类宿主类型中的适应性增强；②这通常但不总是与在其他可替代宿主中的适应性降低相关；③在交替宿主体系中演化的群体在两种宿主类型上获得的适应性，通常与在单个宿主类型上连续传代的群体相同或更大。

大多数交替宿主实验已经可以在体外使用各种细胞系作为不同的宿主进行。甲病毒属正性单链 RNA 病毒属在这类实验中已经被广泛应用。东方马脑炎病毒（EEEV）的两次体外实验显示了对“权衡假说”的实验支持。这些实验中，实验者将 EEEV 连续在蚊体细胞、哺乳动物细胞内或两种细胞类型之间交替传代（Weaver 等，1999）。在单个宿主细胞上传代的 EEEV 适应性线路显示相对于初代病毒，其选择的宿主类型的适应度提高了，并且在其他宿主类型上出现了适应度降低的情况。在交替状态下演化的 EEEV 显示了适应性在两种宿主类型中均有提高，但是与相应的单个宿主传代相比，这些适应性提高的幅度比单个宿主类型的要小。单宿主传播线也比交替线路累积更多的突变，这可能表明宿主交替限制了进化速率。另一个使用 EEEV 的类似实验使用禽类细胞代替哺乳动物细胞，这更接近 EEEV 的自然生态学（Cooper、Scott，2001）。他们发现，禽类细胞或蚊细胞的连续传代导致在所选宿主类型中的适应度的提高，以交替方式传代的病毒系显示在两种细胞类型中适应度均有一定的改善，但是增加程度比在单个宿主上连续传代者低。

其他甲病毒属的实验显示了不同宿主类型之间权衡的同等混合支持证据。一个实验将辛德比斯病毒（SINV）严格地设置在哺乳动物细胞和蚊细胞内传代，或者使用两种细胞交替传代（Greene 等，2005）。单个宿主上传代的 SINV 在所选宿主上适应性提高，并在未选择的宿主上适应性降低。以两种宿主类型进行交替传播的线性适应性提高，但是其提高幅度小于单宿主传播线路的提高幅度。这些结果大致上与“权衡假说”的预测一致。在实验过程中，单宿主传代也累积了更多的突变，如同 EEEV 的实验（Weaver 等，1999）所观察到的那样。在基孔肯雅病毒（CHIKV）的类似实验中，在哺乳动物和无脊椎动物细胞之间交替传代的病毒实际上在每种宿主类型上显示出比在严格单一宿主传代的系统中更大的增益（Coffey、Vignuzzi，2011）。这个结果与“权衡假说”的预测直接矛盾。

研究者对另外两个含有虫媒病毒的病毒家族——黄病毒和杵状病毒也进行了宿主交替的体外实验。在其中一个实验中，登革病毒（DENV）在人类细胞、蚊细胞或交替的状态下进化（Vasilakis 等，2009）。与上述研究结果一致，研究者发现单宿主传代显示所选宿主类型中的适应性会提高，而未选择宿主类型中的适应性会降低。传统交替传代方式中的大多数 DENV 证明了两种宿主类型的适应性均提高。该实验结果并不表明 DENV 进化受宿主交替的限制。一些研究使用 VSV 作为宿主交替的模型。在 VSV 于哺乳动物和沙蝇细胞的单个或交替宿主通道进化的实验中，以交替方式进化的毒株在两种细胞类型上增强的适应性与单宿主传代系相同（Novella 等，1999）。该实验中的单宿主传代系也显示了在未选择宿主类型中的适应性提高，尽管这种提高小于所有其他的实验方法。另一个实验在两种新型哺乳动物细胞（人类和犬类）上进化 VSV，在交替或单个宿主类型上连续传代（Turner、Elena，2000）。在交替状态下演化的 VSV 系在两种宿主类型上均获得了与单宿主传播毒株相同的适应性提高。人类细胞传代的病毒系对其原始实验室宿主细胞（仓鼠细胞）失去适应性，并且相对于其初代病毒，实验病毒对犬细胞的适应性降低。在犬细胞中进化的实验细胞，出现了对人类细胞的适应性降低的现象，而在原始实验室宿主细胞仓鼠细胞的适应性并未降低。这一点重申，虽然“权衡假说”的确存在，但它们对各种病毒和细胞类型而言是特定的而不是普遍的生物规则。

目前有几项研究调查了交替宿主体内进化的后果。这些实验试图强迫病毒在活的宿主复杂的体内环境中进行进化实验，以开启我们对病毒进化的实验知识的更高水平的研究。这些系统结合了以前实验组织培养系统中不存在的特征，例如组织类型和宿主免疫应答的变化。在一个实验中，西尼罗河病毒（WNV）连续传代于小鸡（*Gallus gallus domesticus*）或致倦库蚊（Deardorff 等，2011）。通过在小鸡体内连续传代，病毒出现了在二带喙库蚊中的适应度降低，但在致倦库蚊中的适应度增加的现象。通过致倦库蚊中的连续传代，病毒在小鸡体内的适应性下降，但不同的蚊种中的病毒适应性变化不大。这个实验还表明，权衡性取决于一个宿主的特异性而不是通用的。第二个实验是在啮齿动物或蚊子中连续传代委内瑞拉马脑炎病毒（VEEV），或两种宿主类型之间交替传代（Coffey 等，2008）。在蚊子中连续传代的病毒系显示蚊子的感染力增强，但小鼠的病毒血症较低。在小鼠中连续传代的线在小鼠中显示更高的病毒滴度，但是在蚊子中具有较低的感染性。在蚊子和小鼠之间交替传代的结果没有显示病毒在任何宿主中的适应性有所提高。该实验的结果与来自“权衡假说”的预测相符，由此我们预计在两个宿主之间循环的病毒群体的适应性受到限制。

从这些实验可以清楚地看出，虽然“权衡假说”可能解释了一些虫媒病毒进化的情况，但并不是一个具有普遍意义的解释。在交替的宿主环境中的实验清楚地表明，体外或体内在单一类型的宿主上的选择导致在所选宿主中的适应性增加。这些适应性有时候来自于未选择的宿主的适应性降低，但不总是这样。在交替的宿主环境中进化的毒群体在两个宿主上总是可以达到一个高水平的适应性，并且经常达到与在单一宿主环境中演化的群体相当的适应性。这些实验结果对特异性和一般性的演变提供了新的和广泛的理论观点（Remold，2012）。

随机时间异质性

调查宿主环境的波动性的实验为考虑复杂环境中的病毒进化提供了一个很好的起点，但其他类型的时间异质性在很大程度上仍然未被探索。当病毒群体被迫在两种宿主类型之间循环时，病毒群体可以明显地发展出高适应性，但是这种模式是否适用于其他类型的选择压力？如果环境的时间变化是随机的，而不具有可预测的周期性，病毒群体是否仍然可以达到高适应性表型（图 8－2）？最近的一项研究通过在温度随时间变化的环境中进化手足口病病毒（VSV）来解决这些问题（Alto 等，2013）。复制的病毒群体在 29℃、37℃、29℃和 37℃之间交替处理或每天随机分配在 29℃和 37℃中传代。经过约 100 个病毒传代之后，在 29℃和 37℃下测定不同进化群体的适应性，与共同的初代病毒进行比较。

正如预期的那样，在恒定温度下传代的 VSV 群体在其选定环境（29℃和 37℃的恒定环境）中适应度升高。当这些群体在各自的未选择的环境中进行测定时，没有观察到权衡的现象。在规律交替环境中演化的病毒种群在两种温度下都显示出最大的适应性增强。这与以前描述的宿主交替实验的结果一致，表明在交替环境中的选择导致在两种环境中具有高适应性的病毒群体的演变。在具有交替宿主的实验中，在交替环境中演化的病毒群体的适应性比在恒定环境中演化的更好，这表明在一个环境中，广义主义并非以任一环境中的适应度下降为代价。这个实验是不寻常的，因为它在波动的环境中探索了病毒适应性的演化，其中变量是除宿主以外的条件，但是这个实验的真正新颖性是添加随机变化的环境因素。在所有实验病毒种群中，在温度随机变化环境中进化的毒株在 29℃和 37℃均显示出最小的适应性增强。这表明随机变化的温度可能创造了这样一种情况：在某一天很有益的等位基因在第二天不太有益。这可能阻止了潜在有益的等位基因到达固定，从而脱离了群体前进的轨迹。

该实验提出，即使是对具有快速适应性的 RNA 病毒来说，适应随机变化的环境也是困难的。通过气候变化模型可知，在不久的将来，天气将越来越不可预测，目前还不清楚生物体的种群如何演变以应对这种变化。这个实验表明，研究种群如何对不同类型的环境异质性做出反应将是这个难题的关键部分，未来针对这一主题的工作至关重要。

对空间结构环境的适应

病毒适应环境空间结构需要其在空间结构化和经常杂乱的环境中复制（图 8 -2）。空间结构发生在几个层面：病毒群体需要适配宿主体内的各种组织类型，病毒可能在宿主体内遇到不同的宿主物种或基因型，病毒可能在其活动的范围内经历不同的生态条件。目前还只有很少一部分实验研究空间结构和空间异质环境如何影响病毒种群的演变，但这是我们进一步研究的全新领域，有望帮助我们了解多维度空间内的病毒进化情况。

最近的一项实验研究了同质环境中空间结构的影响（Ally 等，2014）。噬菌体 ID11 的群体在大肠杆菌内进化。在每个通道上，板块上的空间结构在转移过程中被保留，或者通过将板块上的噬菌体群体混合而被破坏。在实验结束时，随着空间结构演化的种群在整个板块上体现出的生物多样性水平高于混合群体。这可能是因为空间结构有效地创造了松散的亚群，并且出现的突变不像混合环境中的那样广泛地相互竞争。在这个意义上，空间结构可能加剧克隆干扰的影响，并导致有利的突变需要更长的时间才能成为固定下来的突变。

迁移对均匀和异质适应度地形的影响

迁移是一个强大的进化力量，但迁移对适应性的影响可能是具有挑战性的预测。一些理论模型预测，如果种群在异质地形上演化，群体间的基因迁移将抑制适应性（Antonovics，1976；Bolnick、Nosil，2007；Ehrlich、Raven，1969；Lenormand，2002；Mayr，1963）。可变地形上的群体受到不同的局部选择压力的影响，在一个环境中有益或中立的等位基因在另一个环境中可能是有害的。因此，当本地适应种群之间存在基因迁移时，接受种群中的适应可能被不适应的基因型的迁入淹没。其他理论模型强调了迁移增强适应的潜力（Gomulkiewicz 等，1999；Holt 等，2004；Wright，1932b）。Wright 的“移动平衡假说”预测，迁移可以增强位于适应度地形相对较低峰值的种群的适应度（Wright，1932b）。迁移可能会将种群从其适应度地形的低适应极值推开，从而使种群能够穿越适应性低谷，并达到适应性的最优化程度。基因迁移也可以增加群体的遗传变异性，从而为自然选择提供更多的素材以作用于并可能增强其种群的适应性。在本节中，我们将讨论异质性曲面对迁移的影响、能提高生态汇聚适应性的迁移的潜力，以及迁移如何影响对抗共同动力的影响。

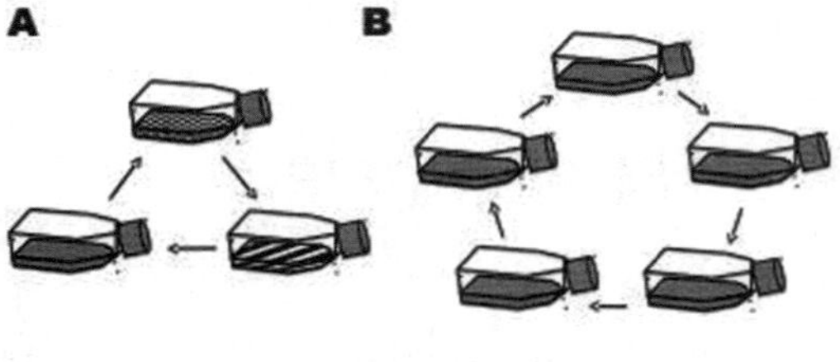

图 8－5　环境斑块之间的迁移实验

A 表示三种异质环境噬斑之间的病毒迁移（Cuevas 等，2003）。每个烧瓶含有不同类型的宿主细胞，并且将进化中的病毒种群的一部分顺时针向每个通道的相邻烧瓶（宿主型）迁移。B 表示五个均质噬斑中的病毒迁移（Miralles 等，1999）。每个烧瓶含有相同类型的宿主细胞。

预测迁移对适应性的影响的一个关键因素是种群是否在同质或异质曲面中进化。在不同环境中演化的种群之间的迁移有可能抑制适应性，而在类似环境中演化的种群之间的迁移可以增强适应性。Cuevas 等（2003）采用 VSV 的实验演化来探索异质环境之间迁移对局部适应性的影响。实验中，每个病毒复制系统由三个烧瓶组成，每个烧瓶位于虚拟三角形的一个顶点，包含不同类型的宿主细胞。病毒种群在烧瓶中生长，并且在每个通道中，一部分病毒群体在模拟迁移中顺时针转移（图 8－5A）。这种由单向迁移组成的实验设计是一维踏脚石模型的延伸。种群之间的迁移率不同。如预期的那样，在没有迁移的情况下，每个病毒群体对其局部细胞类型都表现出最高的适应度，尽管其他细胞类型也有一定程度的相关的改善。换句话说，在没有迁移的情况下，种群进行了局部适应。随着迁移率的增高，病毒种群对其局部细胞类型的适应性下降。这表明迁移率的增高阻碍了局部的适应性。这可能是因为不同斑块之间的迁移引入了不太适合当地环境的迁移群体。

既然异质环境斑块之间的迁移可能阻碍局部适应性，那么均匀斑块中的基因迁移就可能促进适应性。在与上述类似的实验设计中，研究者设计了 VSV 种群体在五个排列成圆形的烧瓶中进化的实验（Miralles 等，1999b）。每个烧瓶包含相同类型的宿主细胞（图 8－5B）。每次通过时，将每个烧瓶的预定比例的病毒群顺时针转移到相邻的烧瓶中。传代一百代以后，病毒噬斑平均适应度与迁移率呈正相关。同时，补丁适应度的差异与迁移率呈负相关。在本实验中，迁移允许在一个补丁中产生的有益突变在全体范围内传播。因此，迁移是伴随突变的自适应等位基因的来源。

迁移可以促进在生态水池中发展的种群的进化性救援。生态水池是指死亡率超过出生率的环境状态。根据理论预测，水池中的种群原发的有益突变供应数目会变小而且不断减少，源头种群的迁移有可能提供有益的等位基因（Gomulkiewicz 等，1999；Holt、Gomulkiewicz，1997；Holt 等，2003；Holt 等，2004）。对于病毒，可以通过实验创建瓶颈大于基本繁殖率（$R_0 < 1$）来设计实验水池。为了检验迁移可以促进在栖息地演化的种群的演变的假设，dsRNA 噬菌体 Φ6 在水池条件下被用来做实验演化（Ching 等，2013）。实验种群在每个通道上都获得来自初始病毒的迁移。实验种群在水池环境中演化出更高的适应度，中等程度的迁移中适应度提高到最高。一些种群达到了能够在水池条件下生存的点，没有任何进一步的迁移，这表明迁移可能会增加病毒的出现。中等程度迁移的成功表明，在有益遗传变异的增多与适应源条件的移民基因型的抑制作用之间可以获得最佳平衡。

迁移挽救种群灭绝的潜力也取决于来源和汇入种群的选择压力的相似程度。想象一下，不同的环境补丁包含不同的宿主。在生存范围扩张的情况下，来源和汇入种群在相同的宿主类型上发展，但宿主的条件不利于病毒生长。在宿主迁移场景中，宿主环境中的种群正在一个新颖的宿主体内发展，而来源群体只是在本地宿主体内发展。为了探索这两种情景的动态演变，噬菌体 Φ6 在三种情景下进化：范围扩张情景、宿主迁移场景和冷冻保存而未经实验进化的初始病毒的迁入（Dennehy 等，2010）。范围扩张处理下的来源和汇入种群可能会经历类似的选择压力，因此预测迁移将增强对汇入环境的适应性。对 Φ6 种群的观察支持这一假设，范围扩张处理中的种群在汇入环境时达到最高适应度。

迁移模式也可能影响对抗演化的动态过程。宿主和寄生体之间的拮抗性共同作用可导致寄生群体的局部适应性，这意味着寄生群体对其本地宿主群体的感染性或适应性高于非本地宿主群体。有理论表明，寄生种群之间的中等程度的迁移可能会增强局部适应性（Gandon，2002；Gandon 等，1996；Gandon、Michalakis，2002；Lively，1999），尽管高水平的迁移可以使群体的适应性均匀化（Gandon，2002）。为了测试迁移可以加强宿主寄生系统中寄生群体局部适应性的假设，研究者用荧光假单胞菌 SBW25 细菌和噬菌体 SBW25Φ2 完成了一次共同实验（Morgan 等，2005）。低适应性水平的噬菌体在种群之间的迁移增强了噬菌体的局部适应性，而与非迁移的对照组相比，刚开始细菌的迁移对细菌局部适应性没有影响。对这种不对称性的一个可能的解释是，由于具有较小的基因组和较低的常规遗传多样性，该系统中的噬菌体与细菌的进化相比数量较少。因此，他们可能更多地从迁移提供的额外的遗传变异中获益。事实上，当 SBW25 荧光假单胞菌和 SBW25Φ2 噬菌体与无迁移的种群相结合时，细菌似乎具有进化优势，并且对噬菌体产生高水平的抗性。然而，当同时进行噬菌体和细菌迁移的实验时，其抗性水平急剧下降（Morgan 等，2007）。这些实验表明，迁移率的同时或者差异性的出现可以深刻地改变对抗共同演化的动力学。在共同进化系统中，迁移似乎对由于基因组限制、低遗传多样性或低种群规模导致的低进化性生物体现出最强的优势。

病毒迁移的实验工作对病毒的出现和局部适应性具有重要意义。生态水池的进化实验明显表明，迁移可以促进病毒生活范围的扩大和提高其进入潜在新宿主体内并进化转变的能力。迁移也可以影响病毒种群在敌对共同进化中占据上风的能力，并确定病毒如何适应当地的宿主种群。重要的是，这些实验的原理也广泛适用于许多其他不同规模和类型的生物体。了解局部适应的动态及其如何受种群中基因迁移的影响对于了解生物多样性的起源、维护和地理分布至关重要。病毒的进化实验使我们能够在小规模的同质、异质地形中探索局部适应性的动态。再加上自然系统的研究，这些实验有望为研究迁移对新环境的适应、范围扩张和共同演化过程的影响提供更深入的了解。

结论

病毒的实验工作帮助我们对基本进化原理有了更进一步的科学认识。这些实验有助于在简单环境中描述生物适应性的动力学，测试与遗传漂移相关的科学预测，并探讨上位性的流行和对进化的影响。有了这个基础，研究人员越来越重视调查复杂环境中的适应性。生物在不同规模的环境中面临空间和时间的异质性，目前尚不清楚简单环境中的适应性如何转化为复杂环境中的适应性。在未来的几年中，结合环境异质性的进化实验可以大大促进我们对自然种群适应性的理解。

未来的研究方向

进一步研究空间结构对不同环境尺度适应性的影响。

结合时间变化的不同模式、时间变化的可预测性的影响以及时间异质性的不同粒度（与生物体的生成时间相比，环境波动的频率），探讨时间环境异质性对适应性的影响。

考察同时面临多种选择压力的种群的适应性反应。

发展更具有广泛意义的理论来解释特异性与普遍性的演变。

系统地为指定的基因突变组描绘实证性适应度地形。

调查高阶上位性的流行（涉及三个或多个突变的相互作用）。

将上位相互作用的流行的经验数据纳入上位理论、适应性步态和适应度地形，以建立更具生物学意义的模型。

致谢

Valerie J. Morley 得到美国国家科学基金（NSF）研究奖学金（#DGE－1122492）的支持，Paul E. Turner 得到美国国家科学基金（NSF）BEACON 行为进化研究中心的支持。

（主译：赵纯中　校译：刘君）

参考文献

1. Acevedo，A.，Brodsky，L.，and Andino，R.（2014）. Nature 505，686－690.

2. Ally，D.，Wiss，V. R.，Deckert，G. E.，et al.（2014）. The Impact of Spatial Structure on Viral Genomic Diversity Generated During Adaptation to Thermal Stress. PLoS One 9.

3. Alto，B. W.，Wasik，B. R.，Morales，N. M.，et al.（2013）. Evolution 67，969－979.

4. Antonovics，J.（1976）. Annals of the Missouri Botanical Garden 63，224－247.

5. Betancourt，A. J.（2009）. Genetics 181，1535－1544.

6. Blount，Z. D.，Borland，C. Z.，and Lenski，R. E.（2008）. Proceedings of the National Academy of Sciences 105，7899－7906.

7. Bollback，J. P.，and Huelsenbeck，J. P.（2007）. Mol. Biol. Evol. 24，1397－1406.

8. Bolnick，D. I.，and Nosil，P.（2007）. Evolution 61，2229－2243.

9. Bridgham，J. T.，Ortlund，E. A.，and Thornton，J. W.（2009）. Nature 461，515－519.

10. Bull，J. J.，Badgett，M. R.，Wichman，H. A.，et al.（1997）. Genetics 147，1497－1507.

11. Burch，C. L.，and Chao，L.（1999）. Genetics 151，921－927.

12. Carrasco，P.，de la Iglesia，F.，and Elena，S. F.（2007）. J. Virol. 81，12979－12984.

13. Caudle，S. B.，Miller，C. R.，and Rokyta，D. R.（2014）. Genetics 196，267－279.

14. Chao，L.（1990）. Nature 348，454 － 455.

15. Ching，J.，Musheyev，S. A.，Chowdhury，D.，et al.（2013）. Evolution 67，10－17.

16. Clarke，D. K.，Duarte，E. A.，Moya，A.，et al.（1993）. J. Virol. 67，222－228.

17. Coffey，L. L.，Vasilakis，N.，Brault，A. C.，et al.（2008）. Proceedings of the National Academy of Sciences 105，6970－6975.

18. Coffey，L. L.，and Vignuzzi，M.（2011）. J. Virol. 85，1025－1035.

19. Cooper，L. A.，and Scott，T. W.（2001）. Genetics 175，1403－1412.

20. Cuevas，J. M.，Elena，S. F.，and Moya，A.（2002）. Genetics 612，533－542.

21. Cuevas, J. M., Moya, A., and Elena, S. F. (2003). Journal of Evolutionary Biology 16, 456 – 466.

22. da Silva, J., Coetzer, M., Nedellec, R., et al. (2010). Genetics 185, 293 – 303.

23. de Visser, J. A. G. M., and Krug, J. (2014). Nat. Rev. Genet. 15, 480 – 490.

24. Deardorff, E. R., Fitzpatrick, K. A., Jerzak, G. V. S., et al. (2011). West Nile Virus Experimental Evolution in Vivo and the Trade-off Hypothesis. PLoS Pathog. 7.

25. Dennehy, J. J., Friedenberg, N. A., McBride, R. C., et al. (2010). Proceedings of the Royal Society B 277, 3113 – 3121.

26. DePristo, M. A., Hartl, D. L., and Weinreich, D. M. (2007). Mol. Biol. Evol. 24, 1608 – 1610.

27. Domingo-Calap, P., Cuevas, J. M., and Sanjuán, R. (2009). The Fitness Effects of Random Mutations in Single-stranded DNA and RNA Bacteriophages. PLoS Genet. 5.

28. Drake, J. W. (1993). Proceedings of the National Academy of Sciences 90, 4141 – 4175.

29. Duarte, E. A., Clarke, D. K., Moya, A., et al. (1992). Proceedings of the National Academy of Sciences 89, 6015 – 6019.

30. Duarte, E. A., Clarke, D. K., Moya A., et al. (1993). J. Virol. 67, 3620 – 3623.

31. Ehrlich, P. R., and Raven, P. H. (1969). Science 165, 1228 – 1232.

32. Elena, S. F., Carrasco, P., Darós, J., et al. (2006). EMBO Reports 7, 168 – 173.

33. Elena, S. F., Davila, M., Novella, I. S., et al. (1998). Evolution 52, 309 – 314.

34. Elena, S. F., Gonzalez-Candelas, F., Novella, I. S., et al. (1996). Genetics 142, 673 – 679.

35. Elena, S. F., and Lenski, R. E. (2003). Nat. Rev. Genet. 4, 457 – 469.

36. Elena, S. F., and Sanjuán, R. (2007). Annual Review of Ecology, Evolution, and Systematics 38, 27 – 52.

37. Escarmis, C., Davila, M., Charpentier, N., et al. (1996). J. Mol. Biol. 264, 255 – 267.

38. Felsenstein, J. (1974). Genetics 78, 737 – 756.

39. Fisher, R. A. (1930). Oxford University Press.

40. Gandon, S. (2002). Ecology Letters 5, 246 – 256.

41. Gandon, S., Capowiez, Y. Dubois, Y., et al. (1996). Proceedings of the Royal Society B 263, 1003 – 1009.

42. Gandon, S., and Michalakis, Y. (2002). Local Adaptation, Evolutionary Potential And Host-parasite Coevolution: Interactions Between Migration, Mutation, Population Size And Generation Time. Journal of Evolutionary Biology 15.

43. Gerrish, P. J., and Lenski, R. E. (1998). Genetica 102, 127 – 144.

44. Goldhill, D. H., and Turner, P. E. (2014). Curr. Op. Virol. 8, 79 – 84.

45. Gomulkiewicz, R., Holt, R. D., and Barfield, M. (1999). Theoretical Population Biology 55, 283 – 296.

46. Gong, L. I. , and Bloom, J. D. (2014). Epistatically Interacting Substitutions are Enriched During Adaptive Protein Evolution. PLoS Genet. 10.

47. Gong, L. I. , Suchard, M. A. , and Bloom, J. D. (2013). Stability-Mediated Epistasis Constrains the Evolution of an Influenza Protein. eLife 2.

48. Grant, P. R. , and Grant, B. R. (2014). Princeton University Press.

49. Greene, I. P. , Wang, E. , Deardorff, E. R. , et al. (2005). J. Virol. 79, 14253 - 14260.

50. Hinkley, T. , Martins, J. , Chappey, C. , et al. (2011). Nature Genetics 43, 487 - 489.

51. Holder, K. K. , and Bull, J. J. (2001). Genetics 159, 1393 - 1404.

52. Holland, J. , Spindler, K. , Horodyski, F. , et al. (1982). Science 215, 1577 - 1585.

53. Holmes, E. C. (2009). Oxford University Press.

54. Holt, R. D. , and Gomulkiewicz, R. (1997). The American Naturalist 149, 563 - 572.

55. Holt, R. D. , Gomulkiewicz, R. , and Barfield, M. (2003). Proceedings of the Royal Society B 270, 215 - 224.

56. Holt, R. D. , Knight, T. M. , and Barfield, M. (2004). The American Naturalist 163, 253 - 262.

57. Kim, Y. , and Orr, H. A. (2005). Genetics 171, 1377 - 1386.

58. Kimura, M. (1983). Cambridge University Press.

59. Kondrashov, A. S. (1988). Nature 336, 435 - 440.

60. Kondrashov, A. S. (1993). Journal of Heredity 84, 372 - 387.

61. Kouyos, R. D. , Leventhal, G. E. , Hinkley, et al. (2012). Exploring the Complexity of the HIV-1 Fitness Landscape. PLoS Genet.

62. Lenormand, T. (2002). Trends in Ecology and Evolution 17, 183 - 189.

63. Lively, C. (1999). Migration, Virulence and the Geographic Mosaic of Adaptation by Parasites. The American Naturalist 153.

64. Maynard-Smith, J. (1976). Cambridge University Press.

65. Mayr, E. (1963). Harvard University Press.

66. Miralles, R. , Gerrish, P. J. , Moya, A. , et al. (1999a). Science 285, 1745 - 1747.

67. Miralles, R. , Moya, A. , and Elena, S. F. (1999b). J. Virol. 80, 2051 - 2059.

68. Miralles, R. , Moya, A. , and Elena, S. F. (2000). J. Virol. 74, 3566 - 3571.

69. Morgan, A. D. , Brockhurst, M. A. , Lopez-Pascua, et al. (2007). Differential Impact of Simultaneous Migration on Coevolving Hosts and Parasites. BMC Evolutionary Biology 7.

70. Morgan, A. D. , Gandon, S. , and Buckling, A. (2005). Nature 437, 253 - 256.

71. Muller, H. J. (1964). Mutation Research 1, 2 - 9.

72. Novella, I. S. , Duarte, E. A. , Elena, S. F. , et al. (1995a). Proceedings of the National Academy of Sciences 92, 5841 - 5844.

73. Novella, I. S., Elena, S. F., Moya, A., et al. (1995b). J. Virol. 69, 2869 – 2872.

74. Novella, I. S., Hershey, C. L., Escarmis, C., et al. (1999). Journal of Molecular Biology 287, 459 – 465.

75. Orr, H. A. (1998). Evolution; International Journal of Organic Evolution 52, 935 – 949.

76. Orr, H. A. (1999). Genetics Research 74, 207 – 214.

77. Orr, H. A. (2002). Evolution; International Journal of Organic Evolution 56, 1317 – 1330.

78. Orr, H. A., and Coyne, J. A. (1992). The American Naturalist 140, 725 – 742.

79. Otto, S. P. (2009). The American Naturalist 174, S1 – S14.

80. Otto, S. P., and Feldman, M. W. (1997). Theoretical Population Biology 51, 134 – 147.

81. Parera, M., and Martínez, M. A. (2014). Mol. Biol. Evol. 31, 1546 – 1553.

82. Pepin, K. M., and Wichman, H. A. (2007). Evolution 61, 1710 – 1724.

83. Pepin, K. M., and Wichman, H. A. (2008). Experimental Evolution and Genome sequencing Reveal Variation in Levels of Clonal Interference in Large Populations of Bacteriophage φX174. BMC Evolutionary Biology 8.

84. Poelwijk, F. J., Tanase-Nicola, S., Kiviet, D. J., et al. (2011). Journal of Theoretical Biology 272, 141 – 144.

85. Poon, A., and Chao, L. (2005). Genetics 170, 989 – 999.

86. Remold, S. (2012). Proceedings of the Royal Society B 279, 4861 – 4869.

87. Rokyta, D. R., Abdo, Z., and Wichman, H. A. (2009). Journal of Molecular Evolution 69, 229 – 239.

88. Rokyta, D. R., Beisel, C. J., Joyce, P., et al. (2008). Journal of Molecular Evolution 67, 368 – 376.

89. Rokyta, D. R., Joyce, P., Caudle, S. B., et al. (2011). Epistasis Between Beneficial Mutations and the Phenotype-to-fitness Map for a ssDNA Virus. PLoS Genet. 7.

90. Rokyta, D. R., Joyce, P., Caudle, S. B., et al. (2005). Nature Genetics 37, 441 – 444.

91. Sanjuán, R. (2010). Philos. Trans. R. Soc. Lond., B, Biol. Sci. 365, 1975 – 1982.

92. Sanjuán, R., Cuevas, J. M., Moya, A., et al. (2005). Genetics 170, 1001 – 1008.

93. Sanjuán, R., Moya, A., and Elena, S. F. (2004a). Proceedings of the National Academy of Sciences 101, 15376 – 15379.

94. Sanjuán, R., Moya, A., and Elena, S. F. (2004b). Proceedings of the National Academy of Sciences 101, 8396 – 8401.

95. Silander, O. K., Tenaillon, O., and Chao, L. (2007). PLoS Biol. 5, 922 – 931.

96. Smith, J. M. (1970). Nature 225, 563 – 564.

97. Turner, P. E., and Chao, L. (1998). Genetics 150, 523 – 532.

98. Turner, P. E., and Elena, S. F. (2000). Genetics 156, 1465 – 1470.

99. Vasilakis, N., Deardorff, E. R., Kenney, J. L., et al. (2009). Mosquitoes Put the Brake on Arbovirus Evolution: Experimental Evolution Reveals Slower Mutation Accumulation

in Mosquito than Vertebrate Cells. PLoS Pathog.

100. Wasik, B. R. , and Turner, P. E. (2013) . Annual Review of Microbiology 67, 519 – 541.

101. Weaver, S. C. , Brault, A. C. , Kang, W. , et al. (1999) . J. Virol. 73, 4316 – 4326.

102. Weinreich, D. M. , Delaney, N. F. , Depristo, M. A. , et al. (2006) . Science 312, 111 – 114.

103. Weinreich, D. M. , Watson, R. A. , and Chao, L. (2005) . Evolution 59, 1165 – 1174.

104. Wichman, H. A. , Badgett, M. R. , Scott, L. A. , et al. (1999) . Science 285, 422 – 424.

105. Wright, S. (1932a) . Proceedings of the 6th International Congress of Genetics, 356 – 366.

106. Wright, S. (1932b) . Proceedings of the 6th International Congress of Genetics 1, 356 – 366.

第九章　植物持久性病毒的进化

Marilyn J. Roossinck

宾夕法尼亚州立大学传染病动力学中心，宾夕法尼亚州 16802，美国

通讯作者：mjr25@ psu. edu

摘要

植物持久性病毒有着独特的自然史。迄今为止，科学家们已经在许多植物（包括很多农作物和观赏性植物）的体内发现了细胞质 RNA 病毒，它们都是野生植物中最常见的病毒种类。植物持久性病毒与宿主间存在非常长期的联系。它们存在于每一个细胞中，不能在植物细胞间移动，仅能垂直传输。尽管它们的演化史仍然模糊不清，但它们生活方式的多个方面都体现出它们与宿主之间的共生互惠关系。许多植物持久性病毒与真菌（包括内生真菌）病毒有关，甚至有证据表明，在某些情况下这些病毒会在植物和真菌之间发生传递关系。

概述

植物病毒是最早被认识和研究的病毒，对其的研究开创了病毒学研究领域。烟草花叶病毒是第一种被描述的病毒，它会引起烟草的一种不能被细菌精细过滤器去除的传染病，因而才被人们发现（Beijerinck，1898）。20 世纪大量的植物病毒学研究聚焦于农作物急性致病病毒，许多严重的农作物病害都是由病毒感染引起的，控制效果通常只是在短期内有效，因此急性病毒成了持续的研究热点。然而，植物也能被一些持久性病毒感染（Roossinck，2010、2012a），这些病毒不会引起明显症状，不在植物细胞间移动，但能在每个植物细胞质中被发现。持久性病毒不容易水平传播，但是可以有几乎 100% 的垂直传输率。虽然它们在农作物和观赏植物中很常见，但相关研究却十分匮乏；病毒生物多样性研究表明这类病毒是野生植物体内最常见的种类（Roossinck，2012b、2014）。一些植物持久性病毒的基因序列被植物基因组融合（Chiba 等，2011；Liu 等，2010），这成了古生物学新兴的研究领域。植物基因组中有许多类似逆转录病毒和副逆转录病毒等的古病毒因子，本书的另一章会讲述古病毒学。本章内容将介绍目前所知道的一个具有新研究潜力的病毒进化领域——植物持久性病毒的进化。

植物持久性病毒

植物持久性病毒是细胞质病毒，其特征在于缺乏细胞间交流，严格垂直传播，低滴度以及无症状感染。它们仅通过细胞分裂在植物中传播，在所有细胞（包括分生组织）中都有出现。它们分别属于被国际病毒分类委员会（ICTV）认可的三个科，即内源 RNA 病毒科（Endornaviridae）、分体病毒科（Partitiviridae）（King 等，2012）和最近被命名的混合病毒科（Amalgaviridae），以及两个尚未被确认为感染植物的病毒科：金色病毒科（Chrysoviridae）和全病毒科（Totiviridae）（Roossinck，2010）。这些病毒科的许多成员也感染真菌，包括内生真菌，如长在植物内部的菌类（Bao、Roossinck，2013）。混合病毒科、金色病毒科、分体病毒科和全病毒科具有双链 RNA 基因组；而内源 RNA 病毒科只有单链基因组，尽管它们经常以双链 RNA 病毒复制中间体的形式被发现（Roossinck 等，2011）。表 9－1 列出了五种植物持久性病毒科的代表成员，其基因组结构如图 9－1 所示。

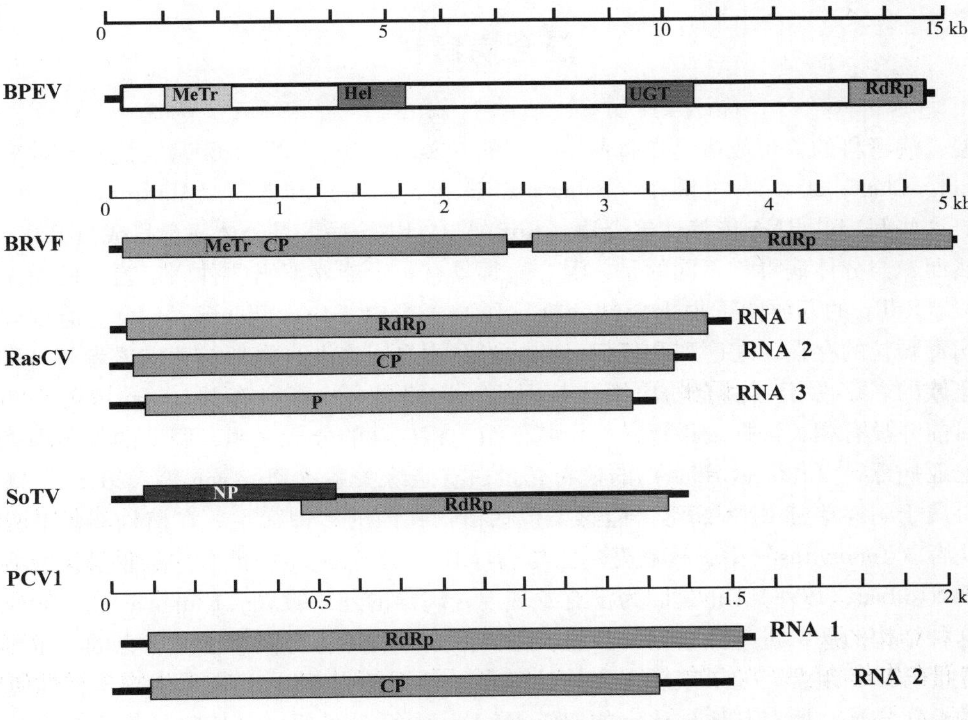

图 9－1 典型的植物持久性病毒基因组结构

BPEV，灯笼椒内源 RNA 病毒，该病毒可编码一个大型的多聚蛋白，其中四个结构域已经被识别，其余区域仍然未知。RasCV，萝卜金色病毒。BRVF，黑覆盆子病毒 F（尚未发表的一种全病毒，发现于黑覆盆子，被假定为一种真菌病毒）。SoTV，番茄病毒。PCV1，胡椒潜隐病毒 1 型。MeTr，甲基转移酶；Hel，解旋酶；UGT，糖基转移酶；RdRp，RNA 依赖性 RNA 聚合酶；CP，衣壳蛋白；P，假定蛋白酶；NP，假定核蛋白。

表 9－1　植物持久性病毒各科代表病

病毒名称	科	RNA1[a]	RNA2	RNA3
灯笼椒内源 RNA 病毒 (*Bell pepper endornavirus*)	内源 RNA 病毒科	JN019858	n. a.	n. a.
黑覆盆子病毒 F (Black raspberry virus F)	全病毒科	NC_009890	n. a.	n. a.
萝卜金色病毒 (*Raphanus sativus* chrysovirus)	金色病毒科	JQ045335	JQ045336	JQ045337
番茄病毒 (*Southern tomato virus*)	混合病毒科	EF442780	n. a.	n. a.
胡椒潜隐病毒 1 型 (*Pepper cryptic virus* 1)	分体病毒科	JN117276	JN117277	n. a.

混合病毒科

混合病毒科的首位成员是在番茄中发现的（Sabanadzovic 等，2009），之后很快又在豆类（Liu、Chen，2009）、杜鹃花（Sabanadzovic 等，2010）和蓝莓（Martin 等，2011）中发现。这些假定的 RNA 依赖性聚合酶（RdRp）的 RNA 病毒是分体病毒科成员 RdRp 的远亲。然而，与分体病毒科不同的是，混合病毒具有一个能够编码两种假定蛋白的单个基因组片段。RdRp 的开放阅读框上游部分被称作衣壳蛋白（Coat Protein，CP），但没有证据表明病毒颗粒的存在，在序列和任何已知的蛋白质之间也没有类似核苷酸或者氨基酸。该病毒家族的名字源于其拥有的单组分基因组，它们与全病毒科有关（Martin 等，2011），但是目前并没有相关证据。最近，一份基于结构相似性的分析表明，假定的外蛋白壳可能与布尼亚病毒科（Bunyaviridae）的核衣壳蛋白有亲缘关系（Krupovic 等，2015）。布尼亚病毒科属于阴性单链 RNA 病毒，能感染包括植物在内的多种宿主。在植物布尼亚病毒属的细病毒（Tenuivirus）中，核衣壳蛋白与病毒 RNA 结合成长丝状物，而非真正的病毒颗粒（Falk、Tsai，1998）。正是因为没有发现混合病毒的任何颗粒，Krupovic 等（2015）提出对这种结构的病毒进行独立划分，建议将类似分体病毒与类似布尼亚病毒的病毒种类合并成立混合病毒组合。如果该病毒家族的确是一种无外壳双链 RNA 病毒，则这将是对该类群的首次描述。所有其他被认定的双链 RNA 病毒至少需要一个依赖性聚合酶的拷贝在其基因组中进行包壳，并且在被感染细胞中不会真正脱壳，而是拉伸它们的单链 RNA 和衣壳的前基因组（Safari、Roossinck，2014）。这可能是避免双链 RNA 病毒引起一系列抗病毒反应的一种策略。

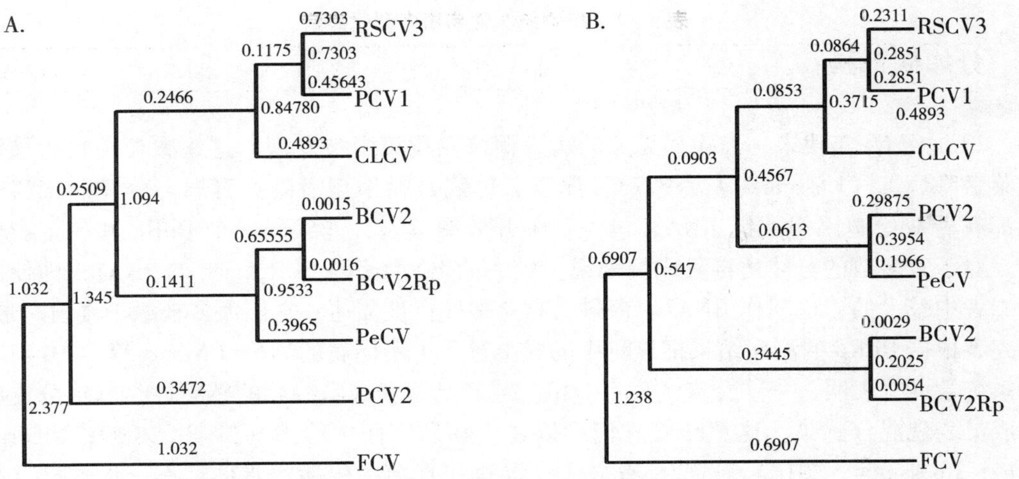

图 9－2　σ－分体病毒系统发育树比较

使用 MAFFT 比对衣壳蛋白和 RNA 依赖性聚合酶的氨基酸序列，并在 Geneious 8 中手动编辑，使用 Geneious 8 中的贝叶斯（Huelsenbeck、Ronquist，2001）插件完成分析。速率矩阵设置为具有伽马变异的泊松分布。舍弃前 100 000 的链长，总链长为 1 100 000。分支长度无约束。相对的分支长度显示在线的上方，节点上的数字为分支的支持度。无花果潜隐病毒包含在 σ－分体病毒中，但与其他病毒非常遥远，被用作外群。病毒名称、缩写和登录号见表 9－2。A. 衣壳蛋白质系统发育树；B. RNA 依赖性聚合酶系统发育树。

表 9－2　σ－分体病毒名称、缩写和蛋白质登录号

病毒名称	缩写	RNA 依赖性聚合酶	衣壳蛋白
甜菜潜隐病毒 2 型	BCV2	ADP24757	ADP24756
甜菜潜隐病毒 2 型 Rp	BCV2Rp	AGQ49482	AGQ49466
西瓜潜隐病毒	CLCV	AGH12859	AGH12860
无花果潜隐病毒	FCV	YP_004429258	CBW77437
胡椒潜隐病毒 1 型	PCV1	AEJ07890	AYJ07891
胡椒潜隐病毒 2 型	PCV2	AEJ07892	AEJ97893
柿子潜隐病毒	PeCV	YP_006390091	YP_006390090
萝卜潜隐病毒 3 型	RSCV3	YP_002364401	YP_002364402

分体病毒科

20 世纪 60 年代末，与疾病无关的病毒颗粒在甜菜中被发现。这些颗粒纯化后被称作甜菜潜隐病毒（Kassanis 等，1977），属于分体病毒科甲型潜隐病毒属。分体病毒科的病毒都有着双份基因组双链 RNA，包含一个开放阅读区，能编码一个 RdRp 和一个衣壳蛋白。对于大多数的分体病毒科成员来说，较大的 RNA 编码 RdRp，叫作 RNA1；即使它不是二者中较大的，也叫作 RNA1。该科已有众多成员被描述，它们大多来源于真菌。最近，研究者根据 RdRp 的测序结果把该科中的成员进行了不同属的划分（Nibert 等，2014）。分子系统学证据表明，一些分支的病毒对植物或者真菌表现出特异的感染性，其他分支的一些成员表现混合感染，这意味着它们可以在植物和真菌中传播（Li 等，2009；Nibert 等，2014；Roossinck，2010）。目前已有分体病毒科在真菌中传播的具体证据，尽管已有少量的报告说发现了非常接近于植物分体病毒科的真菌分体病毒科（Melnychuk 等，2005；Szegö 等，2010），但在植物中尚未发现（Nibert 等，2014）。

植物病毒的进化通常是模块化的（Roossinck，2005），重配在分体病毒科进化中扮演了重要的角色也似乎有一定的道理（Nibert 等，2014）。许多辣椒品种都能被辣椒潜隐 1 型病毒和辣椒潜隐 2 型病毒感染，给重组提供了机会。无疑，在植物中有其他混合感染的例子，也常见于真菌中。一项有关 7 种拥有完整基因组信息可用的 *Deltacryptovirus* 属植物病毒的 RdRp 和 CP 氨基酸序列的系统发育分析表明，图 9－2 所示两幅树形图之间的不一致，为它们进化史中的重组提供了支持。然而，需要更多的数据和更深入的分析来证实这一点。所有 *Deltacryptoviruses* 病毒的 RdRp 序列似乎是同源的，这对于衣壳蛋白来说更不确定。的确，衣壳蛋白质序列的多样性对于分体病毒科是极端的，而且它们似乎不太可能是单系的。

内源 RNA 病毒科

20 世纪 80 年代，科学家在豆科植物中发现了大型双链 RNA（Wakarchuk、Hamilton，1985），它们与可检测到的颗粒或者可观察到的症状没有任何关联，一开始并未被认为是病毒。之后研究者在许多植物中发现类似的双链 RNA，于是建立了内源 RNA 病毒科。内源 RNA 病毒的进化史令人困惑，因为它们的基因起源多种多样，似乎涵盖了从植物到细菌来源的基因。而在内源 RNA 病毒科中，只有 RdRp 才可以被认为是同源的（Roossinck 等，2011）。和分体病毒科的成员一样，内源 RNA 病毒也感染真菌，不能从宿主类型的系统发育分析中分离。尽管被分类为双链 RNA 病毒，但是它们的 RNA 依赖于 RNA 聚合酶，故而更加类似于单链 RNA，所以实际上它们更接近于植物长线型病毒（Roossinck 等，2011）。它们似乎被认为是复制中间体，而实际上是和隐虫壳属细菌的低毒病毒属的种类一样的双链 RNA 病毒。

亚洲水稻内源 RNA 病毒 *Oryza sativa endomavirus* 在粳稻品种中被发现，但未在籼稻品种中被发现（Horiuchi 等，2003）。一种相近的普通野生水稻内源 RNA 病毒 *Oryza rufipogen endomavirus* 在粳稻和籼稻的野生亲本中都有发现，这两种病毒的核苷酸有 76% 的相似度。这两种病毒的宿主约从 1 万年前就随着栽培稻的发展开始分化（Molina 等，2011）。这给了我们一个关于内源 RNA 病毒进化速率可能的时间轴：每个基因组每年平均发生 0.34 个突变，而它们每年可能有 3 000 ~4 000 世代（保守估计为十代/天），由此可以得出该病毒具有惊人的低突变率，明显低于急性植物病毒（Pagán、Holmes，2010）。

研究者已经从五个品种的灯笼椒中分离出内源 RNA 病毒并且测定了完整的序列，该组序列显示的差异度为 0.5% ~12.2%。很可惜，目前关于这些品种的确切育种史的信息很少，尽管美国分离株 Yolo Wonder 似乎是其他亚洲品种的祖先，但仍不清楚这些辣椒宿主是否与病毒的系统发育一致（图 9 -3A）。关于辣椒分子标记的最新研究可能有助于厘清这些辣椒之间的关系（Hill 等，2013）。仅基于对辣椒属中附加的 RdRp 内源基因的分析表明，它们与宿主的关系一致（Okada 等，2011；图 9 -3B）。当病毒和宿主之间的一致性不存在时，关于时间框架的分析将有助于确定植物被这些病毒感染时间的长短。

金色病毒科和全病毒科

对近 9 000 株植物的双链 RNA 的深度测序分析显示，许多序列与金色病毒科和全病毒科的病毒相关（Roossinck，2012b）。这两种病毒科成员也常见于真菌，它们似乎也具有持久的生活方式，因为没有证据表明存在任何运动蛋白。最近有报告提到了一种萝卜中的三联式金色病毒，同时，一种来自夏威夷的观赏植物——红掌的相关病毒的序列也被报道。这两种植物金色病毒在片段数量（3∶4）、保守的 3’-非翻译区和病毒大小三方面不同于它们在真菌中的同类，但是三个编码蛋白的序列与真菌金色病毒的相似度使得它们最终被归于同一科。

表 9 -3　内源 RNA 病毒名称、宿主、品种和登录号

病毒名称	宿主	品种	登录号
灯笼椒内源 RNA 病毒	辣椒	Kyosuzu	AB597230
灯笼椒内源 RNA 病毒	辣椒	Yolo Wonder	JN019858
灯笼椒内源 RNA 病毒	辣椒	Atir	JQ951943
灯笼椒内源 RNA 病毒	辣椒	“China”	KF709944
灯笼椒内源 RNA 病毒	辣椒	Maor	KP455654
鳄梨内源 RNA 病毒	美洲鳄梨	n. a.	JQ951943

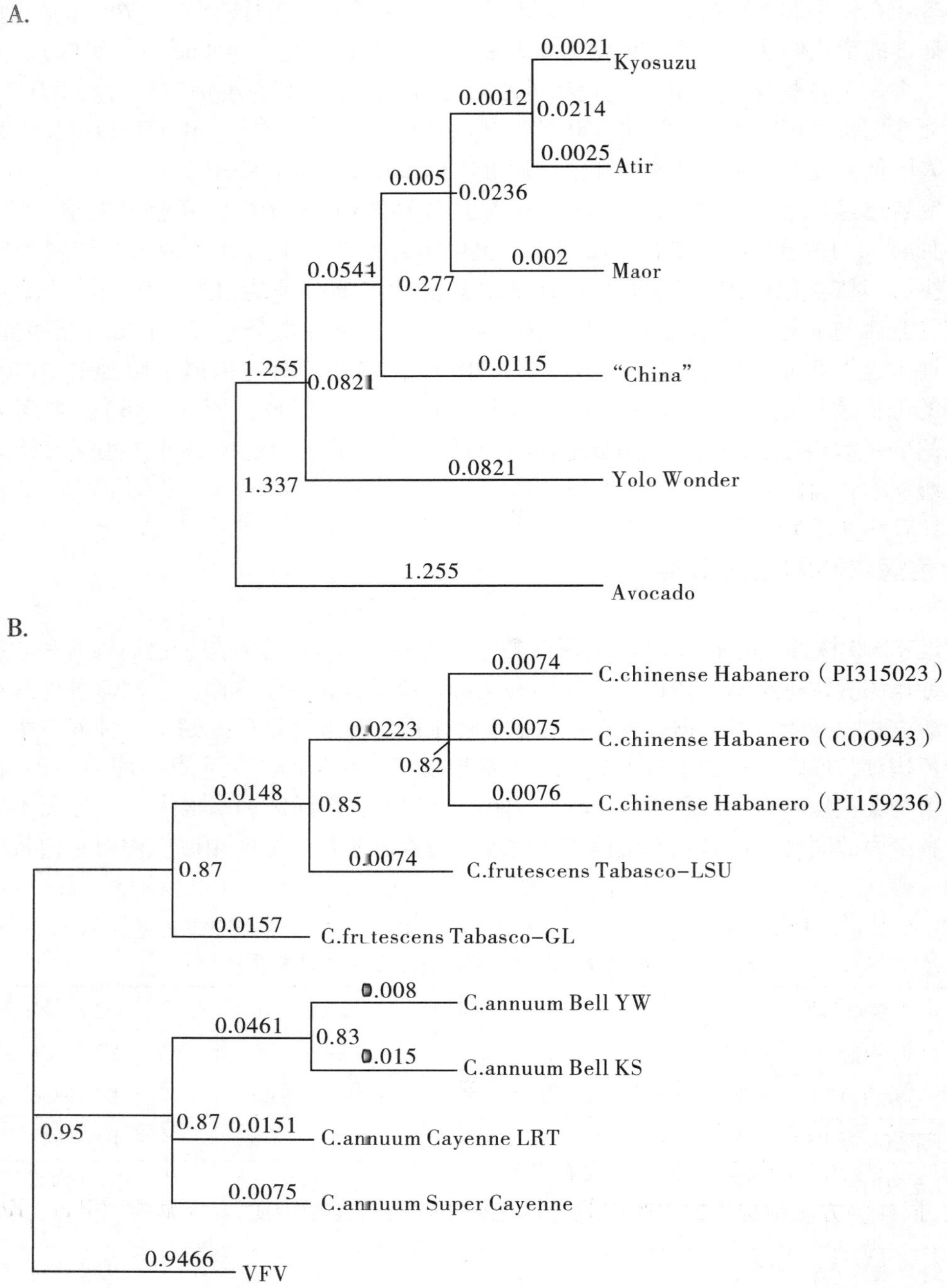

图 9-3 灯笼椒内源 RNA 病毒的系统发育分析

A. 灯笼椒各品种分离株之间的关系。使用 MAFFT 比对全基因组（核苷酸序列），并在 Geneious 8 中手动编辑分析。在 Geneious 8 中使用贝叶斯插入法完成贝叶斯统计（Huelsenbeck、Ronquist，2001）。速率矩阵被设置为具有伽马速率变化的泊松分布。舍弃前 100 000 的链长，总链长为 1 100 000。分支长度无约束。以鳄梨内源 RNA 病毒作为外群。B. 不同辣椒物种和品种的内源 RNA 病毒的系统发育分析。（许可转载自 Okada 等，2011）。病毒名称、宿主、品种和登录号见表 9-3。

植物持久性病毒对宿主进化的影响

寄生生物非常高的垂直传播率表明了一种共生关系。持久性病毒有接近100%的传播率，显然它们与寄主具有非常密切的关联。尽管在白三叶草中持久性病毒在宿主植物中起了重要作用，但是大多数情况下病毒没有发挥任何作用。豆科植物中宿主与细菌的共生形成的根瘤能够固定大气中的氮，这使得豆科植物能够在低氮环境下正常生长，但是当这些植物有足够的氮源时，它们并不会生长出这些高代价的根瘤。同样在白三叶草中，白三叶草潜隐病毒的衣壳蛋白基因在高氮条件下能抑制植株形成根瘤。衣壳蛋白可以在其他的豆类和莲花中表达，并且以相同的方式起作用（Nakatsukasa-Akune 等，2005）。因此，很明显这种植物增选病毒衣壳蛋白作为其新的功能。因为病毒有着极端的多样性，植物和病毒共有的具附加性质的共生关系也就不奇怪了，实际存在的共生关系比以往预想的要普遍得多（Roossinck，2011）。

在豆类（蚕豆）中，一种内源RNA病毒与细胞质雄性不育有关（Pfeiffer，1999）。细胞质雄性不育对于植物来说可能是一个负面的特征，但是在某些情况下是有利的，如远缘杂交，该特征被广泛应用于作物育种业以培育杂交品种。总体来说，持久性病毒的细胞生物学感染研究仍是不足的，但最近有关于同一种菜豆（*Phaseolis vulgaris*）可以同时感染两种不同的内源RNA病毒的报道显示，这两种病毒在细胞内占据不同位置（Okada 等，2013）。

对于大多数植物持久性病毒来说，几乎没有证据表明宿主产生免疫反应。在植物适应性免疫多种病毒感染中，一些病毒基因组学研究已经采用siRNAs以检测新型植物病毒（Roossinck 等，2015），但迄今为止只报道过一次使用siRNA序列重组完整的内源RNA病毒基因组（Sela 等，2012）。这可能与内源RNA病毒的性质有关，似乎没有包裹其RNA，因此使得复制的双链RNA暴露于细胞外。大多数持久性病毒也可能被植物认定为“自我”，并通过其他方法在免疫反应中得到保护。

持久性病毒与宿主效应的实验证据非常复杂。大多数情况下，相同栽培种中没有未被感染的宿主与已被感染的宿主做对比。然而，垂直传输的比例并不是100%，在同一批种子里筛选出的50株墨西哥辣椒中没有观察到辣椒潜隐病毒1型（Valverde 、Gutierrez，2008）；同样的方法筛选出的100株脱毒灯笼椒中没有灯笼椒内源RNA病毒（Pita、Roossinck，2013）。这给未来的研究提供了一个研究体系，但也有必要在单一脱毒种子中通过几条独立的观察路径得出可信结果。

结论

植物持久性病毒在植物中广泛分布，但是迄今为止，有关它的研究仍然匮乏。它们的演变有许多奇妙的地方，比如：为什么宿主植物将它们保留数千年？当没有任何明显的外部表现形式时，它们为什么包装？如果它们的确避开了宿主的免疫反应，那么这是如何实现的？它们其中一些是如何并入宿主基因组的？在这个序列深度分析的时代，越来越多的此类病毒正在被发现，这些发现有希望引发更深入的描述，并且可能回答其中一些重要的问题。

（主译：周岚　校译：岳巧云）

参考文献

1. Bao，X.，and Roossinck，M. J.（2013）. In Ghabrial，S.，ed. Elsevier，37－57.

2. Beijerinck，M. W.（1898）. In Johnson，J.，ed. American Phytopathological Society，33－52.

3. Chiba，S.，Kondo，H.，Tani，A.，et al.（2011）. PLoS Pathog. 7，e1002146.

4. Falk，B. W.，and Tsai，J. H.（1998）. Phytopathology 36，139－163.

5. Hill，T. A.，Ashrafi，H.，Reyes-Chin-Wo，S.，et al.（2013）. PLoS One 8，e56200.

6. Horiuchi，H.，Moriyama，H.，and Fukuhara，T.（2003）. I Genes and Genetics Systems 78，229－234.

7. Huelsenbeck，J. P.，and Ronquist，F.（2001）. BMC Bioinformatics 17，754－755.

8. Kassanis，B.，White，R. F.，and Woods，R. D.（1977）. Phytopathology Z90，350－360.

9. King，A. M. Q.，Adams，M. J.，Carstens，E. B.，et al.（2012）. Elsevier Academic Press.

10. Krupovic，M.，Dolja，V. V.，and Koonin，E. V.（2015）. Biology Direct 10：12.

11. Li，L.，Liu，J.，Xu，A.，et al.（2013）. Virus Res. 176，169－178.

12. Li，L.，Tiam，Q.，Du，Z.，et al.（2009）. Arch. Virol. 154，565－572.

13. Liu，H.，Fu，Y.，Jiang，D.，et al.（2010）. J. Virol. 84，11879－11887.

14. Liu，W.，and Chen，J.（2009）. Virus Genes 39，126－131.

15. Martin，R. R.，Zhou，J.，and Tzanetakis，I. E.（2011）Virus Res. 155，175－180.

16. Melnychuk，M. D.，Sotrtdibiv，V. G.，and Oleksienko，I. P.（2005）. Mikrobio Z67，52－58.

17. Molina，J.，Sikora，M.，Garud，N.，et al.（2011）. Proc. Natl. Acad. Sci. USA 108，8351－8356.

18. Nakatsukasa-Akune，M.，Yamashita，K.，Shimoda，Y.，et al.（2005）. Mol. Plant-Microbe Inteact 18，1069－1080.

19. Nibert，M. L.，Ghabrial，S. A.，Maiss，E.，et al.（2014）. Virus Res. 188，128－141.

20. Okada，R.，Kiyota，E.，Sabanadzovic，S.，et al.（2011）. J. Gen. Virol. 92，2664－2673.

21. Okada, R., Yong, C. K., Valverde, R. A., et al. (2013). J. Gen. Virol. 94, 220 - 229.

22. Pagán, I., and Holmes, E. C. (2010). J. Virol. 84, 6177 - 6187.

23. Pfeiffer, P. (1999). In Clément, C., Pacini, E., and Audran, J. -C, eds. Springer-Verlag, 101 - 112.

24. Pita, J. S., and Roossinck, M. J. (2013). J. Virol. 87, 790 - 797.

25. Roossinck, M. J. (2005). Nature Rev. Microbiol. 3, 917 - 924.

26. Roossinck, M. J. (2010). Philos. Trans. R. Soc. Lond., B, Biol. Sci. 365, 1899 - 1905.

27. Roossinck, M. J. (2011). Nature Rev. Microbiol. 9, 99 - 108.

28. Roossinck, M. J. (2012a). In Witzany, G., ed. Springer, 177 - 186.

29. Roossinck, M. J. (2012b). Annu. Rev. of Genet. 46, 357 - 367.

30. Roossinck, M. J. (2014). Frontiers in Microbiol. 5, 767.

31. Roossinck, M. J., Martin, D. P., and Roumagnac, P. (2015). Phytopathology 105, 716 - 727.

32. Roossinck, M. J., Sabanadzovic, S., Okada, R., et al. (2011). J. Gen. Virol. 92, 2674 - 2678.

33. Sabanadzovic, S., Ghanem-Sabanadzovic, N. A., and Valverde, R. A. (2010). Arch. Virol. 155, 1859 - 1863.

34. Sabanadzovic, S., Valverde, R., Brown, J. K., et al. (2009). Virus Res. 140, 130 - 137.

35. Sabanadzovic, S., and Valverde, R. A. (2011). Virus Genes 43, 307 - 312.

36. Safari, M., and Roossinck, M. J. (2014). Curr. Op. Virol. 9, 39 - 44.

37. Sela, N., Luria, N., and Dombrovsky, A. (2012). J. Virol. 86, 7721.

38. Szegö, A., Enünlü, N., Deshmukh, S. D., et al. (2010). Virus Genes 40, 267 - 276.

39. Valverde, R. A., and Gutierrez, D. L. (2008). Rev. Mex. Fitopat. 26, 1 - 6.

40. Wakarchuk, D. A., and Hamilton, R. I. (1985). Plant Mol. Biol. 5, 55 - 63.

第十章　古病毒学：内源性病毒元件研究

Amr Aswad　Aris Katzourakis*

牛津大学动物学系，南方公园路，牛津 OX1 3PS，英国

*通讯作者：aris. katzourakis@ zoo. ox. ac. uk

摘要

病毒有时候会可遗传地整合到宿主的基因组中，形成被称为内源性病毒元件（EVE）的基因组特征。通过对 EVE 的应用，古病毒学能够研究病毒的长期演变及其对宿主的影响。全基因组数据的广泛应用，是高通量基因组学的多个成果之一，为大规模研究 EVE 提供了前所未有的机会。在本章中，我们回顾了急剧增多的古病毒学研究，这些研究可追溯到半个多世纪前进行的一些具有里程碑意义的研究工作。我们描述了 EVE 生物学的一般原理和研究它们的主要技术方法。我们指出了为何 EVE 只能在进化框架内被理解，并概述了进行古病毒学研究的一般工作流程。我们回顾了每个主要病毒群组的典型古病毒学发现，强调了一系列古病毒学研究方法。我们还讨论了古病毒学的某些发现和见解，这可能对我们关于病毒和基因组进化的理解产生重要影响。最后，我们基于对古病毒学目前的局限性和潜在的问题的考虑，预测了这一激动人心和快速发展的领域未来可能的发展方向。

概述

近十年来，古病毒学这一术语被越来越多地用于表述古代病毒的研究，反映了独特的进化病毒学专业的建立。精确的定义从它出现伊始就持续扩大，但主要涉及宿主基因组中病毒残留的分析。EVE 泛指这些“病毒化石”是种系感染的结果，导致病毒（或其部分）可遗传的基因组的整合（Katzourakis、Gifford，2010）。或者可以用古代病毒来研究它们在对抗病毒基因进化方面的持续作用　相对于直接研究 EVE，这种方法被称为间接古病毒学（Patel 等，2011）。

20 世纪 60 年代末 70 年代初，在逆转录病毒被正式命名之前，第一个 EVE 内源性逆转录病毒在鸡和小鼠中被发现（Weiss　2006）。由于其复制周期中的强制性基因组整合步骤，内源性逆转录病毒（ERV）成为迄今为止最丰富的一组 EVE。逆转录病毒具有负责将其 RNA 基因组转化为 cDNA 的逆转录酶，通过整合酶，逆转录酶被插入宿主基因组中。这与其他内源化途径不明显的 EVE 相反；许多病毒通常不会整合进宿主基因组，甚至不会在复制期

间进入细胞核。此外，其他RNA病毒并不具备产生cDNA或整合病毒基因组的酶，而大部分的DNA病毒也缺乏整合机制。然而，最近的研究显示，七种主要基因组类型的病毒中均有具有代表性的内源性病毒，研究也揭示了它们的复制策略（Katzourakis、Gifford，2010）。这一发现是古病毒学确立后的一个重要里程碑，随后迅速出现了一系列综合评述，把新的古代病毒学框架下的许多不同领域的研究综合起来。其中包括几十年来ERV研究的建立、基因组学和病毒学的进展、非逆转录病毒EVE的发现和病毒—宿主相互作用的演变的相关研究（Aswad、Katzourakis，2012；Feschotte、Gilbert，2012；Holmes，2011；Patel等，2011）。

本章将提供关于古病毒学研究的综合分析，重点关注最新的非逆转录病毒EVE研究。我们将介绍一套包含古病毒学研究的最新方式的技术，这些方式与数据的性质和结果的解释密切相关。病毒的分类是根据国际病毒学分类委员会（ICTV）的指导方针进行的，其分类结构类似于动物分类学。另外，在巴尔的摩分类系统中，根据病毒的mRNA合成方法，病毒可以分成七种不同的病毒组（Baltimore，1971）。

EVE生物学

古代病毒整合成EVE并不能被观察到，而且没有明确的证据来源显示它是如何发生的（Holmes，2011）。然而，我们可以从我们对病毒学、细胞生物学和基因组学的认识中推测整合的可能机制。理解病毒种系整合形成EVE，需要我们在宿主群体遗传背景下考虑其对后代的影响。尽管众多病毒采用了截然不同的复制策略，但是它们仍然具有共同的基本生命周期：病毒颗粒或病毒粒子感染宿主细胞，以获得寄生繁殖所需要的分子机制。通常，病毒寄生的宿主物种（或密切相关的物种）具有特异性，而且通常适应性地靶向特定的细胞类型，这种现象称为宿主/细胞取向性。有趣的是，已经被描述的EVE并不一定与具有种系特异性取向的病毒相关。目前，尚不清楚种系入侵最有可能发生在何处，可能的目标包括两个配子中的一个，或其前体细胞、受精卵或早期胚胎。一旦进入细胞，病毒整合前的步骤数将根据他们的基因组类型的变化而变化。虽然dsDNA病毒已经处于能够整合进宿主基因组的状态，但是单链DNA病毒首先需要的是互补链的合成。对于RNA病毒，产生互补dsDNA基因组的唯一方法，就是借助逆转录酶的催化作用。

一旦EVE成为内源性的，当它向宿主提供有益的功能时，它将可以快速地在群体中达到固定。已有文献记载了几种选择性EVE的例子，它们在如何使宿主受益以及这一机制如何实现方面，有巨大的差异。对ERV来说，大多数基因座的基因无法编码蛋白质的无活性遗留物，而且实际上，它们中的许多会通过长末端重复序列（LTR）的重组被去除，只留下“独立LTR”。然而，全长ERV和独立LTR都可以通过引入启动子和替代剪接位点来影响基因组的转录调控。虽然这可能对宿主造成不利影响，但在某些情况下也是有益的。例如，某LTR主导小鼠胞苷转录脱氨酶APOBEC3的升高，这种升高是有益的（Sanville等，2010）。EVE可以使宿主受益的另一种机制是利用遗传基因，如哺乳动物中逆转录病毒来源的合胞素基因。已经在哺乳动物中发现了多种合胞素，它们负责胎盘形成过程中所需的细胞与细胞融合（Lavialle等，2013）。EVE衍生的免疫基因（EDI）也已经在许多哺乳动物中被发现，其中 EVE 已被选择用来对抗其对应的外源性病毒（Aswad、Katzourakis，2012）。

识别和验证内源性病毒

识别 EVE 涉及序列相似性搜索和进化分析的综合判断。与已知病毒序列相似的宿主基因组区域可能是 EVE，起源于宿主基因捕获的病毒基因除外。为了鉴定新的 EVE，使用序列相似性搜索算法，如 BLAST（Camacho 等，2009），将从现存外源性病毒收集的序列数据与宿主基因组进行比对。

第一步：病毒宿主序列比对

大部分 EVE 是不再受到纯化选择的序列保存效应影响的灭活遗留物。这意味着 EVE 序列可能仅与现存病毒的查询序列轻度相似，特别是在核苷酸水平上。然而，由于遗传密码的冗余，蛋白质序列需要更长的时间分化，因此氨基酸比较是识别 EVE 的更为敏感的手段（图 10 - 1A）。选择一组查询序列的策略，取决于所寻求的 EVE、候选宿主基因组，以及可获得的处理能力的大小。最简单和最迅速的方法是使用单一病毒蛋白质序列来查询单个宿主基因组的六帧翻译，使用的是 tBLASTn（图 10 - 1A）。与所选病毒类型相关的 EVE 的相同基因组的更全面搜索，将使用来自多种病毒种类的蛋白质序列。

这里最好的策略，是通过选择现存病毒树的代表，或者更好地利用所有可用的蛋白质，来实现多样性的最大化。

与其搜索单个基因组，不如在单个搜索中定位多个宿主，或者定位多组病毒来查询。利用无限的计算资源，人们可以令人信服地使用每个已知的病毒蛋白搜索每个可用的宿主基因组。尽管如此，BLAST 和类似的程序能够达到的程度是有上限的，因为由遗传漂移引起的序列分歧最终会导致 EVE 无法被识别（Kuchibhatla 等，2013）。这限制了 EVE 被发现的时间，那些内生至少一段时间后被宿主选择的除外（Aswad、Katzourakis，2012）。在这些情况下，EVE 中的功能序列通过纯化选择得以维持，因此能够在基因组化石记录中保存更长时间。用病毒蛋白直接与宿主的基因组比对的替代方案是使用一致性序列或序列谱，它们可以在单次查询中捕获大量病毒多样性（图 10 - 1A）。例如，HMMER 程序（Finn 等，2011）使用隐藏的马尔科夫模型将个体序列与序列谱进行比较，在捕获序列本身的同时捕捉到了每个位点的变异。这也包含了一系列序列如何演变的信息，例如常见插入或缺失的位点，或给定相邻位点的氨基酸的概率。这允许我们检测到病毒序列相似性的模糊的模式，并搜索到超出 BLAST 假定的年龄/趋异限制的 EVE。病毒基因组的注释已经证实了这些工具的有效性，其中也发现了一些明显基因独特的远距离同源物（Kuchibhatla 等，2013）。

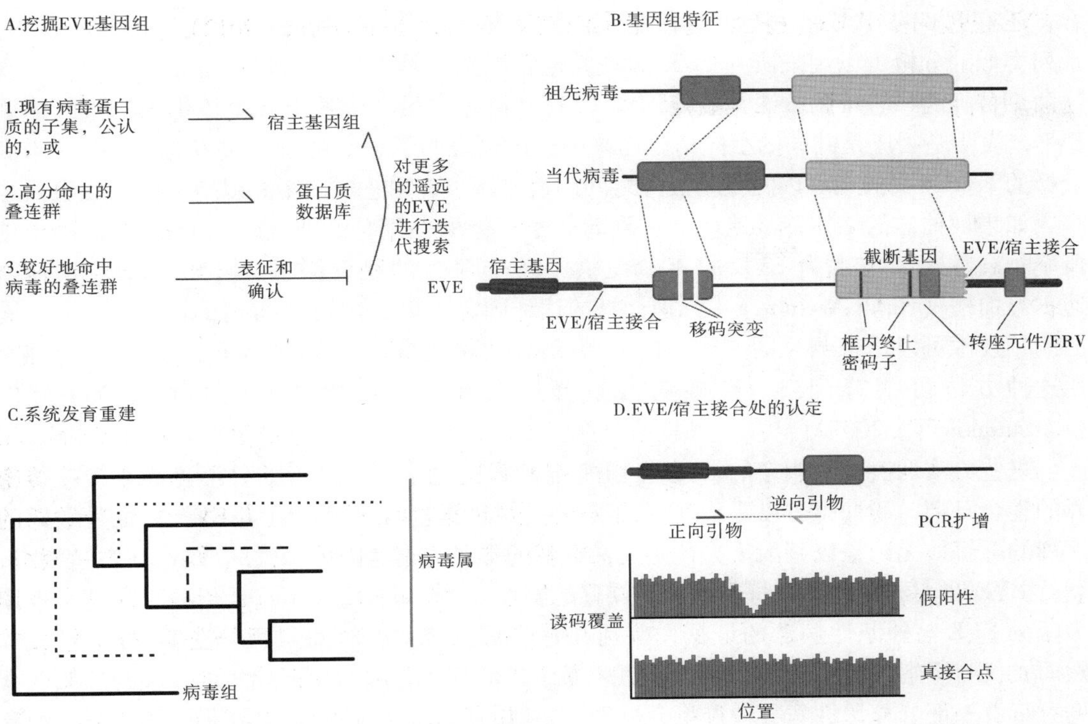

图 10-1　寻找和鉴定 EVE 涉及复杂的生物信息学策略，这种策略通常由数据的性质得来

图 A：现有病毒蛋白的重要的子集被用来查询一个或多个宿主的基因组数据库，使用 tBLASTn 算法来搜索目标基因组的 6 帧翻译。在得到的命中列表中，从所述基因组中获得核苷酸序列的相关 BLASTx，针对一般蛋白质数据库进行鉴定并大致上注释每个重叠群。从这种搜索包括命中病毒得到的叠连群中脱颖而出者，被列入候选 EVE 并进行进一步分析。图 B：现在用的从宿主基因组找到 EVE 的检索病毒，可能与后来成为 EVE 的祖先病毒不同。例如，在这个假设的例子中，与相对应的当代病毒相比，祖先病毒中的某一个基因明显更短。我们希望能够从任何含有 EVE 的叠连群中观察到一些基因组特征。中性遗传漂移通常会导致一些帧内终止密码子和帧位移突变。在整合点发生的重组或错误，可能会导致病毒被截断，若长期存在于宿主基因组中，通常会导致转座元件如 SINES 或 LINE 插入到 EVE 中。在最理想的情况下，EVE/宿主连接处清晰可辨，两边的宿主和病毒基因都很明确。图 C：EVE 的系统发育重建是相关病毒自然史的进化分析的重要组成部分。EVE 在病毒亲属树中的各种可能的位置是用虚线显示的。生成的拓扑结构，最容易解释的部分显示为长虚线，意味着 EVE 可以由现有病毒组来深入解析。然而，在有些情况下，长枝吸引可能会导致 EVE 的错误放置（以点线显示）。短虚线显示了古病毒学的另一个常见结果，即 EVE 不能用已知的病毒组解释，这可能意味着它属于之前未被识别的群组，或者这一结果也可以作为扩展现有群组的依据，以包含由 EVE 引入的新的多样性。图 D：EVE/宿主接合点的确认，可以通过确认性 PCR，以及对针对接合点两侧设计的引物扩增的片段进行测序来实现。或者，另外，我们可以参考该基因座原始序列的数据，这将告诉我们候选 EVE 是否真正插入到基因组中，或者接合点仅仅只是一个装配工件。

第二步：辨别真正的 EVE 和假阳性，并确定已在人群中达到固定

一旦被宿主垂直遗传给可生育后代，这个病毒便被认为是 EVE。然而，从这个定义来

看，还有更多的EVE将只是短暂存在，它们没有在人群中达到固定并维持和被发现。一系列类似的分析可以用来研究EVE的真实性，以及它是否已经固定在宿主人群中。实现这两个目标的最直接的方法是鉴定同源EVE基因座。另一个种类或个体出现的直系同源EVE，表明基因座是共同的祖先衍生出来的，这也表明了它们是垂直遗传的。对于尚未被选择的EVE，我们也可以测量基因座之间的遗传距离，用它的一半除以宿主的中性进化速率。如果被抽样的个体不是地理上被隔离的子群体的一部分，那么较老的EVE被固定的概率较高。这种技术为EVE的年龄提供了一个保守的最低限制，可以用来与根据哈迪—温伯格（Hardy-Weinberg）原理计算的达到固定需要的预期时间相比较。另外，相同的测年技术可以用来测算同一个体的同源EVE的重复事件，这是EVE的保守最低年龄。用这种方法可测算到，一种慢病毒整合进欧洲兔基因组的时间超过1 000万年（Katzourakis等，2007）。

这些方法取决于从假定的EVE年龄来推断真实性或固定性。如果不可能直接获得估算的整合日期，我们也可以寻找EVE年龄的间接证据。大多数EVE的独有特征是它们的序列的降解，无论是以基因丢失还是无义突变的形式，这是因为中性的或者对宿主轻微不利的EVE在人群中的概率将受到遗传漂移的管控（Aswad、Katzourakis，2012）。这可以作为区分EVE与外源性病毒的证据，特别在它非常古老并有时间累积中性突变的情况下。然而，仅有降解的证据还不能完全证明病毒序列是EVE，因为大部分病毒聚合酶的低保真度意味着一部分外源性病毒种群将会呈现出相似的模式。此外，宿主限制因子也被称为高度外源性病毒（Zhang等，2003），假定的EVE的编码能力只能用来补充其他来源的证据。例如，认证过程中的一个重要步骤是识别和表征EVE/宿主的结合，其中可以通过识别宿主区域和明确的病毒序列之间的差异来区分接合位点（图10－1B）。这可以通过接头的靶向扩增和测序来验证，并通过查询基因组装配证明在接合处的高覆盖率来进一步验证（图10－1D）。这是因为病毒通常具有重复序列，可以通过自动叠连群组装软件错误地连接到宿主基因组的重复区域。例如，将猴的内源性疱疹病毒整合入重复性端粒区域，并且使用高组装覆盖率和靶向测序的组合来确认整合位点（Aswad、Katzourakis，2014）。

第三步：系统发育重建和进化分析

除了表征基因组位点之外，EVE的真实性的论证，可以作为涉及系统发育重建的进化分析的一部分来实现。虽然具有遥远相似性的EVE仍然可以在基因组水平进行表征，但系统发育分析是确定EVE真实性的关键步骤，也是了解其自然史的关键。广义来讲，BLAST无法检测出的EVE也不太可能产生稳健的系统发育结果，因为难以将其与其他病毒序列的置信度视为一致。在用于查询EVE的病毒序列，以及一些更遥远的相关病毒组成的系统发育中，真正的EVE应该显示出比其他病毒更多的序列相似性（图10－1C），虽然不总是这样（特别是对于较新的插入）。中性遗传漂移导致的EVE中突变的积累，可能导致EVE具有与病毒序列相比更长的终端系统发育树分支，这有时候会产生误导性的结果。因为这么长的分支可能在树中不能正确地分解（使用一些方法，长分支倾向于收敛），以至于难以精确地确定EVE与现存病毒的关系。在某些情况下，EVE的分解与已知的病毒组差别很大，而不是包含其中，这可能意味着病毒组的系统发育范围需要扩大，或者可以解释为新的、已经灭绝的或者尚未被采样的病毒组的证据（图 10－1C）。

来自所有已知基因组类型病毒的 EVE

我们已经知道，很多 EVE 与巴尔的摩系统分类的七个主要病毒组中的每一组都相关。来自每一组的 EVE 的实例已经揭示了病毒进化史的面貌，以及它们的宿主分布和丰度。例如，ERV 是类型最丰富的 EVE，这一事实揭示了病毒复制策略与其内生倾向之间可能存在因果关系。对于七个组中的每一组，我们都将突出介绍 EVE 的实例，以此讨论在古病毒学中已经获得的见解范围，以及特定群组通常特有的方法学挑战。

第一组：双链 DNA 病毒

双链 DNA 病毒是我们知道的拥有 dsDNA 基因组的最大病毒，可能是由于 dsDNA 与其他核酸相比具备生物化学稳定性。目前，ICTV 已经认可了三十三个 dsDNA 病毒家族（King 等，2012），但只有少数的 EVE 被认可。它们的大小可能是内源化的障碍，插入更可能对宿主造成危害/致命性，原因是同时引入了许多基因，调节元件和潜在的重组位点。与 dsDNA 病毒相关的 EVE 的稀缺，也因为与寻找它们相关的生物信息学的挑战而加剧。例如，虽然公共数据库中的宿主基因组数量不断增加，但大部分是在汇编状态草案中，意味着大的 EVE 将被分割成多个短序列。此外，已知 dsDNA 病毒频繁地选择宿主基因，这使 EVE 的鉴定进一步复杂化。

多 DNA 病毒科（PDV）是一个 dsDNA 病毒 EVE 家族，是与姬蜂科或茧蜂科中的黄蜂相关的，因此分类为姬蜂属或茧蜂属（Espagne 等，2004；Herniou 等，2013）。在这些黄蜂的进化史中，PDV 进入黄蜂基因组的内源性发生了多次，导致功能性的、垂直遗传的 EVE 能够生产和包装病毒基因。这些黄蜂通过将它们的卵子与感染性 PDV 颗粒一起射入的方式，寄生于鳞翅目幼虫，从而保护它们免受毛毛虫免疫系统的攻击（Herniou 等，2013）。这些 PDV 可能曾经是在黄蜂基因组中被驯化的病毒，但它们不再独立地复制。PDV 的“宏观轨迹”纵横分布在黄蜂基因组上，并被有差异地包装成不能单独构成完整多病毒基因组的颗粒。有趣的是，PDV 经历了多次重复事件，这些事件导致了基因家族的出现，并且黄蜂基因插入 PDV 基因座显示这发生在 8 600 万年前（Herniou 等，2013）。这些特征突出了 PDV 经历的古代宿主特异性的适应性，它们将其表征为基因组成分，由宿主而不是病毒的选择性压力驱动。

一组经过充分研究的 dsDNA 病毒组具有疱疹病毒序列，有着广泛的宿主范围，其中特定的宿主群能被病毒组的三个组成家族中的每一个感染。异源蝇科感染两栖动物和鱼类，而哺乳动物、鸟类和爬行动物易于被疱疹病毒科的成员感染。第三个家族——软体动物疱疹病毒科由牡蛎疱疹病毒构成（Davison 等，2009），但是部分被描述的软体动物疱疹病毒样序列在文昌鱼（*Branchiostoma lanceolatum*）的基因组数据中被发现。这可能是疱疹病毒 EVE 在文昌鱼中存在的证据，或者意味着外源性病毒污染了测序样本（Savin 等，2010）。类似地，在眼镜猴的基因组中发现了与玫瑰状病毒有关的疱疹病毒，这种眼镜猴是菲律宾、马来西亚、印度尼西亚和文莱的基本灵长目动物（Aswad、Katzourakis，

2014)。这项研究使用实验数据证实了宿主—EVE 联结，而显示无义突变的序列，是典型的古代整合的 EVE。与人类密切相关的玫瑰疹病毒，虽然不太古老，但是已被证明融入种系，并在约 1% 的人群中遗传（Arbuckle 等，2010）。

一组极有吸引力的 dsDNA 病毒是巨病毒目（待 ICTV 批准）或核质大 DNA 病毒（NCLDV）（Colson 等，2013）。巨病毒是目前已知的最大的病毒，已经超过最小细胞的大小，其中潘多拉病毒的基因组达到 2.5 MB（Colson 等，2013）。巨病毒被发现后不久，人们发现一些巨病毒（被称为病毒噬菌体）本身易受病毒感染，它们特异性地寄生于宿主的复制机制中，这种复制机制被称为“病毒工厂”的巨细胞利用。与卫星病毒需要与辅助病毒共同感染细胞不同，病毒噬菌体对约 80% 的巨病毒颗粒的产生不起作用（Campos、Boratto，2014)，不合常规的 EVE 在巨病毒的宿主阿米巴的基因组中被描述，可能源于重复整合的病毒噬菌体（Fischer、Suttle，2011；Katzourakis、Aswad，2014)。有趣的是，用病毒噬菌体感染被巨病毒感染的阿米巴，导致了阿米巴的部分恢复（Campos、Boratto，2014)。这能够解释为什么阿米巴基因组中病毒噬菌体的重复内源化，可以使它们抵御巨细胞的感染（Fischer、Suttle，2011；Katzourakis、Aswad，2014)。

第二组：单链 DNA 病毒

与第二组病毒相关的 EVE 是动物基因组中最丰富的，能广泛代表非逆转录病毒 EVE，特别是那些与细小病毒科相关的 EVE。在胎盘和非胎盘哺乳动物，以及鱼类、鸟类、被囊类、甲壳类动物、昆虫和扁虫中已经有一百多种不同的细小病毒亚科和浓核病毒亚科（两个子家族）被发现（Belyi 等，2010a；Katzourakis、Gifford，2010；Liu 等，2011a；Thézé 等 2014)。小鼠和大鼠的直系同源异型细小病毒 EVE 表明，整合事件至少发生在 3 000 万年前，首次为病毒组提供了最低年龄（Katzourakis、Gifford，2010)。虽然几乎所有的脊椎动物 EVE 都表现出退化的迹象，但在大象中的类依赖病毒属 EVE（Katzourakis、Gifford，2010；Liu 等，2011a)，以及许多不同的无脊椎动物细小病毒科 EVE 中，鉴定了 NS1 基因的完整的开放阅读框架。

许多其他 ssDNA 病毒家族也有关于 EVE 的描述。圆环病毒家族中的外源性病毒宿主范围仅限于脊椎动物。除了在之前并不知道是圆环病毒宿主的物种中找到了与圆环病毒相关的 EVE 之外，多种非脊椎动物基因组也显示携带了圆环病毒相似性的 EVE，包括螨虫、线虫、腹足类动物、水蛭属和贾第鞭毛虫（Belyi 等，2010b；Liu 等，2011b)。另外，在几种烟草属植物中也发现了与植物感染的双子叶病毒有关的 EVE，包括许多烟草栽培品种（如 *Nicotiana tabacum*)、黑三叶杨（*Populus trichocarpa*）和绿色藻类（*Ashby* 等，1997；Bejarano 等，1996；Liu 等，2011b)。

第三组：双链 RNA 病毒

第三组病毒中的呼肠孤病毒，具有 1 ~ 4 个或 10 ~ 12 个片段的线性 dsRNA 基因组。在蚊媒疾病的媒介——埃及伊蚊的基因组中发现的第一个 dsRNA 的 EVE，几乎与从另一个伊蚊属中（Katzourakis、Gifford，2010）分离的外源性辽宁病毒的第五段相同。宿主侧翼序列和大缺失的存在排除了该元件是污染物的可能性，但是与当前循环病毒的极高的相似性表明了整合是最近发生的。事实上，也许并不是所有的埃及伊蚊基因组中都含有 EVE，增加了这是一种尚未固定的基因组入侵的可能性。

自从发现内源性辽宁病毒以来，一些研究表明，与 dsRNA 相关的 EVE 广泛存在，特别是那些与真菌和植物感染的全病毒科和分裂病毒科有关的 EVE（Chu 等，2014）。除了在四种植物和四种真菌中发现的元件之外，在不是分体病毒/全病毒的自然宿主的基因组中也发现了 EVE。我们在腹足动物的基因组中发现了一种分裂病毒 EVE，在线虫和原生动物中发现了许多类病毒的 EVE（Liu 等，2010）。

第四组：阳性单链 RNA 病毒

与有意义的、单链基因组的 RNA 病毒相关的 EVE，在动物和植物中都已经被发现（Belyi 等，2010c；Chiba 等，2011；Crochu 等，2004；Katzourakis、Gifford，2010；Roiz 等，2009；Tanne、Sela，2005）。第四组病毒的多样性部分分布在感染植物的病毒中，但是已知有 8 个主要是人类和非人类脊椎动物病毒的家族。在植物中，在普通的酿酒葡萄（*Vitis vinifera*）的基因组中，人们发现了与植物特异性马铃薯 γ 病毒组相似的 EVE（Tanne、Sela，2005）。在西方蜜蜂（*Apis melifera*）基因组中，与二顺反子病毒科相似的 EVE 被发现，并被命名为以色列急性麻痹病毒（IAPV）（Maori 等，2007）。有趣的是，IAPV 是极其罕见的可论证的病毒内源化例子，并且是已在群体中达到定值的例证之一，仅在 30% 的蜜蜂群体中有发现（Maori 等，2007）。除了已知的约 1% 的人类携带了可遗传整合的人疱疹病毒 6 型（Arbuckle 等，2010、2013），我们也知道在一些考拉种群中显示有 ERV（Tarlinton 等，2006），其侵入基因组的时间不到 5 万年，而且在不断扩增（Ishida 等，2014）。类似地，仍然能够进行基因组内增殖的逆转录病毒能够在宿主群体中产生新的多态的 EVE 的旁系同源物，例如人类 ERV 家族中的 HERV-K（人类内源性逆转录病毒 K，HML2）（Belshaw 等，2005）。

黄病毒科包含了大量的以节肢动物为媒介进行传播的人类致病病毒，而研究者在两种不同的蚊种（埃及伊蚊和白纹伊蚊）中，发现了与伊蚊黄病毒细胞融合剂在系统发育上相似的 EVE 和 Kamiti 河病毒（Crochu 等，2004；Katzourakis、Gifford，2010；Roiz 等，2009）。同时还发现，在青鳉基因组中，存在与玉名蝙蝠病毒相似的假定的黄病毒 EVE，尽管作者不能排除污染的可能性（Belyi 等人，2010c）。

第五组：阴性单链 RNA 病毒

第五组病毒是单分子负链 RNA 病毒目，它由五个主要感染人类和其他脊椎动物的家族组成，但是其中一个已被记录在病毒化石中。类风湿病毒的 EVE 特别丰富，发现于许多不同的宿主中，包括哺乳动物、有袋类动物、爬行动物、昆虫、鱼和蜘蛛（Belyi 等，2010c；Horie 等，2010、2013；Katzourakis、Gifford，2010）。这些 EVE 中的许多只是博尔纳核蛋白基因代表，被称为内源性类博尔纳 N（EBLN）。虽然博尔纳病毒 EVE 已有多次独立插入，但是不同物种的直系同源基因座使我们能够从宿主物种形成日期的估算中获得其整合日期的最小限度。例如，根据宿主的分化日期，一组在非洲人中的直系同源 EBLN 可以追溯到至少 6 500 年以前（Horie 等，2013）。在灵长类动物中发现的直系同源 EBLN

表明，特定的 EBLN 整合发生在超过 5 400 万年以前，并且在所有现存宿主谱系中选择性地维持一段时间，编码能力在狒狒和除猩猩以外的所有大猿中维持（Horie 等，2013；Katzourakis、Gifford，2010）。尽管特定的功能尚未被归因于任何这些潜在的功能性 ORF，但最近在十三条纹地松鼠中进行的一项研究表明，EBLN 可以作为博尔纳病毒属复制的限制因子起作用（Fujino，2014）。这项开创性的工作为博尔纳病毒的直接研究铺平了道路。博尔纳病是一种已知的可以感染人类的人畜共患病。

在哺乳动物范围内发现了与脊髓灰质炎病毒相关的 EVE（Katzourakis、Gifford，2010；Taylor 等，2010、2011），令人惊讶的是，外源性的脊髓灰质炎病毒仅来自非洲中部的灵长类动物和蝙蝠（Holmes，2011）。外源性和内源性的脊髓灰质炎病毒的系统地理模式，被认为是外源性脊髓灰质炎病毒采样缺口大的证据，相对于有胎盘类动物的内源性脊髓灰质炎病毒，已知的外源性病毒与有袋类动物的关系更为密切。最初在黑腿蜱（肩突硬蜱）和蚊子（埃及伊蚊）（Katzourakis、Gifford，2010）的基因组中发现了类蛇纹病毒样的 EVE，并且有一些证据表明在其他节肢动物中存在棒状病毒 EVE（Fort 等，2011）。除了单分子负链 RNA 病毒目，还有许多与 ssRNA 阴性链病毒相关的 EVE 未被指定病毒序列。黑颈蜱基因组中类似于夸兰菲尔属的病毒的短序列是迄今描述的唯一正黏病毒样 EVE（Katzourakis、Gifford，2010）。这种 EVE 尤其令人感兴趣的是，因为流感病毒也包含在正黏病毒科内，所以对其长期进化的了解将为流感干预策略提供信息。

第六组：逆转录 RNA 病毒

逆转录病毒代表绝大多数的基因组化石记录。例如，虽然约 3% 的人类基因组由蛋白质编码基因组成，但估计 ERV 最高可占 8%（Tristem，2000）。这种丰度部分可以通过涉及基因组整合步骤的复制循环来解释。另外，在最初的内源化事件之后，逆转录病毒可以在基因组中继续增殖。因此，基因组中 ERV 随后的进化动力学，与其他病毒组的内源化所导致的不同。哺乳动物基因组中 ERV 的谱系被构建成“家族”源于单次插入。

ERV 可以通过再感染种系细胞增殖，但如果由于损失/损伤一些基因而不能产生病毒粒子，那么也可以在基因组内增殖（Jern、Coffin，2008）。后一种情况意味着我们可以追踪只在基因组范围内存在的逆转录病毒谱系的自然史。有趣的是，不同哺乳动物基因组中的 ERV 的数量有很大差异，这种不均匀性背后的机制尚未得到完全了解。基因组内增殖能力在某些物种中的增强可以解释在某些情况下观察到的差异。已经有研究表明，鼠 ERV 中 IAP 家族的包膜基因（env）的缺失，尽管导致了无法再感染的结果，但是也引起了增殖速率的加快（Magiorkinis 等，2012）。

事实上，env 损失已经独立发生多次，这表明该过程可能是适应性的（Magiorkinis 等，2012）。由于 env 的表达对宿主细胞产生有害影响，以及通常病毒感染宿主随后产生有害影响（Magiorkinis 等，2012），进化为基因组内复制可能有利于 ERV。类似地，对 ERV 的丰度和分布的另一发现可以解释为对 ERV 的有害影响的适应性反应。在哺乳动物中，一个物种的 ERV 数量与较大的体型负相关（Katzourakis 等，2014），这可以解释为较大体型的宿主的适应性反应在控制 ERV 的诱变作用方面具有较高的选择压力。因为较大的哺乳动物寿命更长，因此会有更多数量的细胞经历更大数量的细胞分裂，相关的风险增加

（Katzourakis 等，2014）。

第七组：逆转录双链 DNA 病毒

第七组病毒中的两个家族分别是感染植物的花椰菜花叶病毒科和感染脊椎动物的肝DNA 病毒科，两者均具有通过 RNA 中间体复制的 dsDNA 基因组。复制周期中的这一步骤也使它们被称为“反转录病毒”，但与逆转录病毒不同，它们不需要基因组整合步骤。

在黑腿蜱的基因组中发现了一种肝炎病毒 EVE（Katzourakis、Gifford，2010），但事实上，肝炎病毒并不能感染昆虫。这个 EVE 可能属于一种未知的脊椎动物的肝炎病毒谱系，通过蜱的寄生性质促进物种的交叉。另一组肝炎病毒 EVE 还将之前已知的肝炎病毒的宿主范围扩展至爬行动物。在斑点响尾蛇（*Crotalus mitchellii* 复合种）的基因组中也发现了两种肝炎病毒样 EVE 的独立插入物，其中一种国王眼镜蛇（*Ophiophagus hannah*）也具有。

与鸭乙肝病毒（DHBV）相比，与禽类肝炎病毒相关的 EVE 被认定为斑马雀的基因组。EVE 分布在多条染色体上，但总共代表了几乎 80% 的假想祖先病毒（Gilbert、Feschotte，2010a；Katzourakis、Gifford，2010）。内源性的斑胸草雀 HBV（eZHBV）分布在四条不同的染色体上，这意味着祖先插入可能已经被重新排列打碎。此外，所描述的片段之一被证明具有重复插入，这允许我们估计最小的整合日期。通过将重复片段的分子散度除以主体中性进化速率，我们可以估计 3.8 万和 7.5 万年前重复的最小日期（Gilbert、Feschotte，2010a）。

肝炎病毒基因组入侵的时间估计在 1 900 到 4 000 万年前，这是利用在黑眼碛鸟（*Junco hyemalis*）的远亲中发现的 eZHBV 的直系同源物，再根据鸟类物种形成的日期来推算的（Gilbert、Feschotte，2010a）。除了黑眼碛鸟，在黑喉雀科（*Poephila cincta*）、胸鳞鹑（*Lonchura punctulata*）、胡锦雀（*Chloebia gouldiae*）的基因组中也发现了内源性禽类肝炎病毒片段，代表了两种不同的 eZHBV 整合的其他直系同源物（Gilbert、Feschotte，2010a）。虽然这些 EVE 都是碎片化的，但在鹦哥（*Melopsittacus undulatus*）中发现了两种全长的禽类肝炎病毒 EVE，其中一种也经历了部分重复，其长度增加了约 30%（Liu 等，2012）。当被发现的 eZHBV 数量累积时，这些 EVE 的自然史的进一步细节就出现了。新基因座的联合抽样策略和对其整合日期的分析显示，最古老的 eZHBV 必须在鸟类新亚种分化出来之前进行内源化，这表明肝炎病毒至少已经有 74 万 ~94 万年历史了（Liu 等，2012）。

研究者还在植物基因组中发现了花椰菜花叶病毒科 7 个属中的 4 个（Staginnus、Richert-Pöggeler，2006）。在香蕉（*Musa sp.*）的基因组中发现了与香蕉条纹病毒（*Badnavirus*）有关的多个 EVE（Iskra-Caruana 等，2014）；在水稻（*Oryza sp.*）中，发现了东格鲁病毒 EVE；在矮牵牛（*Petunia hybrida*）和三叶橙（*Poncirus trifoliata*）的基因组中发现了碧冬茄病毒样 EVE（Iskra-Caruana 等，2014），其中三叶橙与柑橘密切相关（Kunii 等，2004；Richert-Pöggeler 等，2003）；在几种烟草（*Nicotiana sp.*）、马铃薯（*Solanum sp.*）和番茄（*Lycopersicon sp.*）中发现了木薯脉花叶病毒样 EVE（Hansen 等，2005；Jakowitsch 等，1999；Lockhart 等，2000）。

古病毒学：技术现状和未来方向

EVE 的来龙去脉

在和古病毒学相同的进化框架下研究非逆转录病毒 EVE 已经有好几年，古病毒学也将它们与大量内源性逆转录病毒的研究联系起来。ERV 在宿主基因组中的出现是相对较好理解的，因为我们知道其整合和整合后进行基因组内扩增的生物学机制。EVE 的形成包括两个步骤：先整合到种系中，然后垂直传给后代。对有些 EVE，我们已经能够从相关的外源性病毒的已知特性，或者是能表明是合理的整合机制的一些发现推断出其种系整合的机制。例如，我们知道，已经证明一些疱疹病毒可以在体内整合到基因组中，包括人类玫瑰状病毒（Morissette、Flamand，2010）。鉴于玫瑰状病毒与内源性眼镜猴疱疹病毒之间密切的基因组和系统发育的相似性，我们可以推断其整合涉及与宿主端粒重复序列的同源重组，这些重复序列已在眼镜猴疱疹病毒 EVE 中被发现（Aswad、Katzourakis，2014）。至于与 RNA 病毒相关的 EVE，由于存在 ERV 和其他逆转录因子，宿主基因组中有着丰富的逆转录酶，它们能够借此转化为 dsDNA（这是整合的先决条件）（Holmes，2011）。已确证，能够在被感染的细胞中检测到博尔纳病毒的 cDNA，内源性博尔纳病毒 EVE 表现出了诸如 Poly-A 尾和靶向重复的现象，这意味着 LINE 介导的逆转录和整合（Horie 等，2010）。

疱疹病毒和博尔纳病毒是我们通过观察到的结果推断有整合事件的例子，但是整合本身也已经被实验证实。细胞培养实验表明，尽管大多数可检测到的博尔纳病毒存在于细胞质中，但感染后 30 天可以检测到一定比例的整合元件（Horie 等，2010）。第五组淋巴细胞性脉络丛脑膜炎病毒也可以在与小鼠 ERV 逆转录和重组后，整合到基因组中（Geuking 等，2009）。有趣的是，这种情况下的 ERV 属于 IAP 家族中缺少包膜基因的 ERV，这种 ERV 在小鼠基因组中特别多产（Magiorkinis 等，2012），这可能会对重组的概率产生积极的影响。我们还观察到了被整合的病毒的垂直传播过程，这是形成 EVE 的第二步。人类疱疹病毒 6 型和考拉逆转录病毒 EVE KoRV 在宿主群体中都不固定，并且在家系研究中已经证实了同一 EVE 基因座从亲代到后代的遗传（Arbuckle 等，2010；Ishida 等，2014）。虽然这些例子都没有论证体内整合遵循垂直遗传，但是综合在内生化过程中的两个步骤的证据，我们能够支持有关 EVE 形成的假设。

对逆转录病毒和非逆转录病毒 EVE 来说，EVE 整合产生的破坏基因和重要调控区域的副作用是一样的。由于病毒本身的致病性以及基因组中新的整合的潜在危害，活性 ERV 对宿主施加了额外的适应成本。此外，灭活的 ERV 家族有助于非同源重组，这种重组能够导致重要的基因组重排。另外，我们也知道 ERV 对宿主有益的多个实例。同步素是哺乳动物基因组中的一组相关基因，源自 ERV 的 env 基因，是胎盘发育的关键组成部分。一些 ERV 衍生的免疫基因（EDI），以及有助于宿主基因组功能的选择性 ERV 调控序列，也有文献记载（Aswad、Katzourakis，2012）。迄今为止，仅有一种非逆转录病毒 EVE 被证明是对宿主有益的，但是一旦具有大量完整的开放阅读框架的 EVE 表达，这必定会改变。在最初的发现中，EBLN 纯化选择的证据表明，它们可能会为宿主提供有益的功能，也许是作为 EDI（Aswad、Katzourakis，2012；Horie 等，2013；Katzourakis、Gifford，2010）。后来证明，在体外，十三条纹地松鼠（*Ictidomys tridecemlineatus*）基因组中的 EBLN 能够减少博尔纳病毒的复制，以及抑制新的感染（Fujino 等，2014）。其他 EVE 也有相似的路径，可能引起新的功能基因的表征。例如，在八齿鼠（*Octodon degus*）的基因组中发现的依赖性病毒的差异表达，表明了其潜在的组织特异性功能（Arriagada、Gifford，2014）。

古病毒学当前和未来可预见的挑战

尽管在早期，古病毒学的确切定义和范围一直在不断调整，但是其核心是在虑及 EVE 深远历史的框架内研究病毒进化。在所有不同的病毒组中，一个重复的发现是病毒组的年龄比从当代序列外推得到的要大很多。病毒的短期和长期进化率之间的差异是一个不寻常的现象，这是现在正在研究的领域（Aiewsakun、Katzourakis，2015）。尽管古 EVE 的前缀意味着对其范围的限制，但是与研究最近整合的病毒的方法和目的大体上是重合的。除了 ERV 之外，许多非逆转录病毒 EVE 在被认为是更广泛的基因组化石记录的一部分之前就已经被描述，但是直到出现便宜又快速的基因组测序技术，它们才被系统地研究。高效的数据管理是古病毒学家目前面临的主要困难之一，并且，伴随着基因组数据迅速和大量地生成，这一挑战将会加大。

新学科的另一个问题是 EVE 研究的几个方面普遍缺乏标准化。在最基本的层面上，命名常常不一致，各种不同研究提到内源性病毒的表述也不同。虽然“EVE”这个名字自问世以来，已经在一些有着高影响力的出版物中出现，但是 EVE 子群体被命名的称谓有时候也有部分相同，例如“非逆转录病毒整合 RNA 病毒”（NIRV）（Chiba 等，2011）、“非逆转录病毒 RNA 病毒序列（NRVS）”（Chiba 等，2011）或“内源植物超逆转录病毒”（EPRV）（Staginnus、Richert-Pöggeler，2006）。此外，ICTV 内的分类则要求病毒种具有与其他病毒不同的多个可区分的特征或表型（King 等，2012），如果 EVE 仅由一个序列表示，那么这种分类可能是有困难的。类似地，病毒更高阶的分类（例如属）通常是根据一套具有区分性的表型的标准来确定的，例如形态学和致病性。这意味着即使系统发育的证据强烈支持将一种 EVE 纳入一个已建立的组内，也不能用定义该组的规则来评估这种 EVE。

更为重要的是，鉴定和描述 EVE 的标准和规则也有很多变化。用于支持病毒序列真实内源性的鉴定证据，其范围小至未经进一步审查的序列相似性，大到具有强大的系统发育重建和附加测序的充分表征的基因组基因座。此外，当单个的整合分布在不同基因位点上时，如 PDV（Herniou 等，2013）或肝炎病毒，作为单个 EVE，这些变化是成问题的。

基因组数据库的规模已经达到了这样一个点，针对所有基因组的六帧翻译进行的对所有已知病毒蛋白质的常规和有效的搜索，在标准台式计算机上是不可行的，需要计算机集群或超级计算机来进行。即使是使用高性能工作站，EVE 的搜索在范围上也是受到限制的，要么减少查询序列的数量，要么减少目标宿主的数量，或者两者都减少。这意味着我们对宿主基因组的 EVE 谱系，以及对与特定病毒组相关的 EVE 的全分布和丰度的了解通常是不完整的。除了分类学和系统命名法的不一致性，以及方法学严谨性的变化之外，基因组化石记录的这种不完整性阻碍了实证研究线索的获得，而实证研究将有助于我们了解病毒进化的和宿主相互作用的历史方面的内容。例如类细小病毒科 EVE 已经有超过一百个已经被描述的基因座，其中的绝大多数是在撰写本章之前近五年确定的（Katzourakis、Gifford，2010；Liu 等，2011a）。从那以后，公众可用的宿主基因组的数量翻了一倍以上，这表明相当数量的新的细小病毒科 EVE 已经被描述，这意味着研究它们在宿主种群中分布的影响因素将成为可能。与 ERV 不同，EVE 不扩增的这一事实，使我们第一次能够将内源化对宿主基因组学、生态学和进化学的影响从随后的基因组内扩增中分离出来。这些问题以及新的问题的答案，将从古病毒学的研究中获得，因为它建立了规范和标准化操作，以及整合了社区资源，比如引导式的、能公开获得的非冗余数据库。

（主译：何晶晶　校译：刘靖）

参考文献

1. Aiewsakun，P.，and Katzourakis，A.（2015）. Endogenous Viruses：Connecting Recent and Ancient Viral Evolution. Virology.

2. Arbuckle，J. H.，Medveczky，M. M.，Luka，J.，et al.（2010）. PNAS 107，5563 – 5568.

3. Arbuckle，J. H.，Pantry，S. N.，Medveczky，M. M.，et al.（2013）. Virology 442，3 – 11.

4. Arriagada，G.，and Gifford，R. J.（2014）. Virology 88，12158 – 12162.

5. Ashby，M. K.，Warry，A.，Bejarano，E. R.，et al.（1997）. Plant Mol. Biol. 35，313 – 321.

6. Aswad，A.，and Katzourakis，A.（2012）. Trends in Ecology and Evolution 27，627 – 636.

7. Aswad，A.，and Katzourakis，A.（2014）. PLoS Genet. 10，e1004332.

8. Baltimore，D.（1971）. Rev. 35，235 – 241.

9. Bejarano，E. R.，Khashoggi，A.，Witty，M.，et al.（1996）. PNAS 93，759 – 764.

10. Belshaw，R.，Dawson，A. L. A.，Woolven-Allen，J.，et al.（2005）. J. Virol. 79，12507 – 12514.

11. Belyi，V. A.，Levine，A. J.，and Skalka，A. M.（2010a）. J. Virol. 84，12458 – 12462.

12. Belyi，V. A.，Levine，A. J.，and Skalka，A. M.（2010b）. J. Virol. 84，12458 – 12462.

13. Belyi，V. A.，Levine，A. J.，and Skalka，A. M.（2010c）. PLoS Pathog. 6，e1001030.

14. Camacho，C.，Coulouris，G.，Avagyan，V.，et al.（2009）. BMC Bioinformatics 10，421.

15. Campos, R., and Boratto, P. (2014). Samba Virus: a Novel Mimivirus from a Giant Rain Forest, the Brazilian Amazon. J. Virol.

16. Chiba, S., Kondo, H., Tani, A., et al. (2011). PLoS Pathog. 7, e1002146.

17. Chu, H., Jo, Y., and Cho, W. K. (2014). Plant Biol.

18. Colson, P., De Lamballerie, X., Yutin, N., et al. (2013). Virology 158, 2517 - 2521.

19. Crochu, S., Cook, S., Attoui, H., et al. (2004). J. Gen. Virol. 85, 1971 - 1980.

20. Davison, A. J., Eberle, R., Ehlers, B., et al. (2009). Arch. Virol. 154, 171 - 177.

21. Espagne, E., Dupuy, C., Huguet, E., et al. (2004). Science 306, 286 - 289.

22. Feschotte, C., and Gilbert, C. (2012). Nat. Rev. Genet. 13, 283 - 296.

23. Finn, R. D., Clements, J., and Eddy, S. R. (2011). Nucleic Acids Research 39, W29 - W37.

24. Fischer, M., and Suttle, C. (2011). Science (80 -.) 332, 231 - 234.

25. Fort, P., Albertini, A., Van-Hua, A., et al. (2011). Mol. Biol. Evol. 29, 381 - 390.

26. Fujino, K., Horie, M., Honda, T., et al. (2014). PNAS 111, 13175 - 13180.

27. Geuking, M. B., Weber, J., Dewannieux, M., et al. (2009). Science 323, 393 - 396.

28. Gilbert, C., and Feschotte, C. (2010a). PLoS Biol. 8, 12.

29. Gilbert, C., and Feschotte, C. (2010b). Genomic Fossils Calibrate the Long-term Evolution of Hepadnaviruses. PLoS Biol.

30. Hansen, C. N., Harper, G., and Heslop-Harrison, J. S. (2005). Genome Research 110, 559 - 565.

31. Herniou, E. A., Huguet,, E., Thézé, J., et al. (2013). Philos. Trans. R. Soc. Lond., B, Biol. Sci. 368, 20130051.

32. Holmes, E. C. (2011). Cell Host Microbe 10, 368 - 377.

33. Horie, M., Honda, T., Suzuki, Y., et al. (2010). Nature 463, 84 - 87.

34. Horie, M., Kobayashi, Y., Suzuki, Y., et al. (2013). Philos. Trans. R. Soc. Lond., B, Biol. Sci. 368, 20120499.

35. Ishida, Y., Zhao, K., Greenwood, A. D., et al. (2014). Biol. Evol. msu275 - .

36. Iskra-Caruana, M. -L., Duroy, P. -O., Chabannes, M., et al. (2014). Genet. Evol. 21, 83 - 89.

37. Jakowitsch, J., Mette, M. F., van Der Winden, J., et al. (1999). PNAS 96, 13241 - 13246.

38. Jern, P., and Coffin, J. M. (2008). Annu. Rev. of Genet. 42, 709 - 732.

39. Katzourakis, A., and Aswad, A. (2014). BMC Biology 12, 51.

40. Katzourakis, A., and Gifford, R. R. J. (2010). PLoS Genet. 6, e1001191.

41. Katzourakis, A., Tristem, M., Pybus, O. G., et al. (2007). PNAS 104, 6261 - 6265.

42. Katzourakis, A., Magiorkinis, G., Lim, A. G., et al. (2014). PLoS Pathog. 10, e1004214.

43. King, A. M. Q., Adams, M. J., Carstens, E. B. et al. (2012). Elsevier.
44. Kuchibhatla, D. B., Sherman, W. A., Chung, B. Y. W., et al. (2013). J. Virol. 88, 10 - 20.
45. Kunii, M., Kanda, M., Nagano, H., et al. (2004). BMC Genomics 5, 80.
46. Lavialle, C., Cornelis, G., Dupressoir, A., et al. (2013). Philos. Trans. R. Soc. Lond., B, Biol. Sci. 368, 20120507.
47. Liu, H., Fu, Y., Jiang, D., et al. (2010). J. Virol. 84, 11876 - 11887.
48. Liu, H., Fu, Y., Xie, J., et al. (2011a). J. Virol. 85, 9863 - 9876.
49. Liu, H., Fu, Y., Li, B., et al. (2011b). BMC Evolutionary Biology 11, 276.
50. Liu, W., Pan, S., Yang, H., et al. (2012). Virology 86, 9510 - 9513.
51. Lockhart, B. E., Menke, J., Dahal, G., et al. (2000). J. Gen. Virol. 81, 1579 - 1585.
52. Magiorkinis, G., Gifford, R. J., Katzourakis, A., et al. (2012). PNAS 109, 7385 - 7390.
53. Maori, E., Tanne, E., and Sela, I. (2007). Virology 362, 342 - 349.
54. Morissette, G., and Flamand, L. (2010). Virology 84, 12100 - 12109.
55. Patel, M. R., Emerman, M., and Malik, H. S. (2011). Curr. Op. Virol. 1, 304 - 309.
56. Philippe, N., Legendre, M., Doutre, G., et al. (2013). Science (80 -.).
57. Richert-Pöggeler, K. R., Noreen, F., Schwarzacher, T., et al. (2003). EMBO J. 22, 4836 - 4845.
58. Roiz, D., Vázquez, A., Seco, M. P. S., et al. (2009). J. Virol. 6, 93.
59. Sanville, B., Dolan, M. A., Wollenberg, K., et al. (2010). PLoS Pathog. 6, e1000974.
60. Savin, K. W., Cocks, B. G., Wong, F., et al. (2010). J. Virol. 7, 308.
61. La Scola, B., Desnues, C., Pagnier, I., et al. (2008). Nature 455, 100 - 104.
62. Staginnus, C., and Richert-Pöggeler, K. R. (2006). Trends Plant Sci. 11, 485 - 491.
63. Suh, A., Brosius, J., Schmitz, J., et al. (2013). Nat. Commun. 4, 1791.
64. Tanne, E., and Sela, I. (2005). Virology 332, 614 - 622.
65. Tarlinton, R. E., Meers, J., and Young, P. R. (2006). Nature 442, 79 - 81.
66. Taylor, D., Leach, R., and Bruenn, J. (2010). BMC Evolutionary Biology 10, 193.
67. Taylor, D. J., Dittmar, K., Ballinger, M. J., et al. (2011). BMC Evolutionary Biology 11, 336.
68. Thézé, J., Leclercq, S., Moumen, B., et al. (2014). Evol. 6, 2129 - 2140.
69. Tristem, M. (2000). Virology 74, 3715 - 3730.
70. Weiss, R. A. (2006). Retrovirology 3, 67.
71. Zhang, H., Yang, B., Pomerantz, R. J., et al. (2003). Nature 424, 94 - 98.

第十一章　病毒种群遗传学建模

Jayna Raghwani[①] *　Oliver G. Pybus[①]　Christopher J. R. Illingworth[②]

①牛津大学动物学系，南方公园路，牛津 OX1 3PS，英国

②剑桥大学遗传学系，唐宁街，剑桥 CB2 3EH，英国

*通讯作者：jayna. raghwani@ zoo. ox. ac. uk

摘要

种群遗传学模型为病毒的进化动力学研究提供了强而有力的方法。近年来，种群遗传学方法在病毒学研究中的应用越来越广泛，测序技术的进步促进了这一方法的发展，通过测序技术，我们能够获得进化的病毒种群随着时间推移的多重“遗传”快照。病毒种群常常通过高突变率、强选择性、庞大的种群规模以及反复出现的瓶颈效应等的综合作用形成，因此它们占据了与细胞生物体不同的种群遗传“参数空间”领域。在本章，我们会讨论传统的和新的种群遗传学模型如何加深对病毒进化过程以及对抗致病性病毒的潜在方法的认识。本章重点是，我们阐明了如何利用种群遗传学来理解病毒的适应性进化，并回顾了最近关于病毒的进化预测可行性探索的工作。

引言

种群遗传学本身关心的是自然种群遗传变异的性质和动力学。虽然仅通过考察某物种一个或数个有代表性个体的遗传就能充分解决许多生物学问题［例如单一的“人类基因组”计划（Lander 等，2001；Venter 等，2001）］，但是自然种群具有典型的遗传多样性。种群遗传学旨在理解种群内遗传变异产生、消亡和修改的自然过程，而且自其创立以来，就试图用数学模型来描述进化过程（Fisher，1930）。

病毒生物学的几个特点使其成为种群遗传学研究的热点。第一，大多数致病性病毒的基因组相对较小而且结构简单。因此，可用于分析的病毒基因和基因组序列的数量就非常大（有足够多的病毒基因和基因组序列可用于分析），如 A 型流感病毒的完整基因组超过 19 500 个。此外，病毒蛋白的功能、结构以及相互作用通常可以很好地在分子水平上进行表征，使得人们能更加容易理解病毒突变对一些重要特性（如传播和毒力等）的影响。第二，许多病毒，特别是 RNA 病毒，进化异常迅速，其突变率比在多细胞生物体中观测到的要快上好几个数量级。这意味着，病毒种群在短至数周或数月的时间内就会积累出显著的进化变化，这种快速进化的能力对病毒病原体的治疗和控制有着重要的影响。

在本章中，我们概述了种群遗传学模型在病毒种群中日益增多的应用，并阐明该模型如何加深我们对病毒进化过程以及对抗致病性病毒的潜在方法的认识。我们首先简要介绍了种群遗传学理论的基本构成及其在病毒种群中的应用。其次，我们描述了怎样使用种群遗传学来理解和测量病毒种群的适应性进化。最后，我们回顾了关于病毒的进化预测可行性探索这一重要问题的最新进展。A 型流感病毒在本章中反复出现，它在病毒种群遗传学中受到了特别的关注，部分缘于它对全球人类健康的重要性以及可用于研究的丰富的流感病毒基因组数据。

种群遗传过程

种群遗传学理论建立在进化过程的数学模型基础之上，这些数学模型最早由二十世纪三四十年代（Fisher，1930；Wright，1931；Dobzhansky，1937；Huxley，1942）的进化生物学的“现代综合论”发展而来。这些模型被用来解释诸如突变、自然选择和随机遗传漂变等过程如何在自然种群中产生已观测到的遗传变异。在本节中，我们介绍了主要的种群遗传学进程，并简要概述了每种进程在病毒种群中的作用。

自然选择

自然选择通过种群个体的繁殖或者繁殖不足来发挥作用。某给定个体的繁殖可能性以及后代的数量取决于诸多因素。如果基因突变的存在与否（或其他类型的遗传变异）是其中一个因素，那么随着时间的推移，种群中的基因突变频率将发生变化。种群中的自然选择过程是通过将一个选择系数（表示为 σ）分配给每个遗传变异来进行模拟的。对携带它的宿主来说，这个选择系数表示突变有利（$\sigma>0$）或有害（$\sigma<0$）的程度。种群遗传学模型可以通过简化假设来预测自然选择的结果。例如，我们假设在一个无限大的种群中，只考虑单一的一个遗传位点，在这个位点有两个变异体（或等位基因），表示为 A 和 a。在没有其他任何进化作用的情况下，由自然选择引起的等位基因 A 的频率变化可以体现为下列公式：

$$dx_A/dt = \sigma x_A (1 - x_A) \quad \text{[方程式 1]}$$

其中 x_A 是种群中等位基因 A 的频率。在正向选择（$\sigma>0$）作用下，A 的频率会提高，而在负向选择（$\sigma<0$）作用下，其频率就会降低。如果 x_A 提高到 1.0，那么这个等位基因就会在该种群内被固定或替代。这种在病毒种群中固定累积的速率被称为病毒替代率、固定率或进化率。运用在不同时间点取样的病毒基因组可以很容易地估算出这个速率（Drummond 等，2003）。“选择性清除”一词被用于描述在强选择作用下的突变在群体中迅速固定的过程。Duffy 等人对病毒替代率的决定因素和模式进行了详细的综述（Duffy 等，2008）。

确定自然选择的作用是种群遗传学中一个重要的问题。病毒基因中选择的存在性通常是通过 *dN/dS* 的测量来进行研究的，它指抽样个体的非同义固定速率与同义固定速率的比值（Yang、Bielawski，2000）。这种方法基于一种假设，即同义替换（不改变基因中相应的氨基酸）都是选择中性（也就是说，既无利也无害），因此才能提供一个固定率基线。如果非同义突变大多是有害的，那么非同义突变的平均固定速率将比中性突变的要慢，因此 $dN/dS<1$。相反地，如果一个基因或一组密码子经历了强烈的正向选择，那么非同义固定速率可能会超过同义固定速率，使 $dN/dS>1$。因此，给定一组不同的基因序列，可以用 *dN/dS* 方法来推断这些序列选择压力的性质。*dN/dS* 方法已被多次应用于病毒种群研究（如 Bennett 等，2003；Gaschen 等，2002），而且其似乎很适合用来识别病毒蛋白中被重复免疫选择的位点。此外，当蛋白质结构数据被明确地纳入估计 *dN/dS* 比值时，它可以显著地提高检测选择的能力（Tusche 等，2012；Meyer、Wilke，2012）。

当 *dN/dS* 被应用于病毒种群时存在一些限制。例如，精确的测定需要有足够的固定数才能实现。那么在很短的时间内，由于可能与一些病毒研究相关，对 *dN/dS* 的估计可能更难解释（Mugal 等，2013）。此外，同义突变都是选择中性的假设，这点值得商榷。在 HIV-1型病毒 env 基因的 C2-V5 区域的同义突变就被推断为轻度有害（Zanini、Neher，2013），流感病毒种群证明了其对密码子选择的适应（Kryazhimskiy 等，2008a）。对脊髓灰质炎病毒进行的实验表明，同义突变可以表现出一个突变效应谱，包含了从致命的有害效应到有利的效应（Acevedo 等，2014）。对于 RNA 病毒物种来说，RNA 存在二级结构（Simmonds 等，2004）是同义位点不具有选择中性的一个原因。

从快速进化的种群中的不同时间点采样获得序列时，可以使用更直接测量选择的方法。具体来说，方程式 1 可以直接用于拟合观察到的等位基因频率，并且可以拟合出一个用于描述给定突变的起始时间和选择强度的参数。这一方法被 Ganusov 等人（2011）用来测量不同细胞毒性 T 淋巴细胞（CTL）对 HIV-1 的逃跑反应的适应度。这些方法可以直接用于大种群，在大种群中，等位基因频率彼此之间独立进化，而且进一步适用于未知大小的种群（Bollback 等，2008）和选定的等位基因在无性繁殖进化过程中相互作用的情况（Illingworth、Mustonen，2011）。

种群回应自然选择的行为通常会被用适应度地形的概念来描述（图 11-1）。地形表面上的每一个点代表不同的基因型（一个基因组序列），每个点的地形高度代表该基因型的相对适应度大小。适应度地形有助于从定性的角度描述适应动力学。例如，正向选择可以让种群沿着地表“爬”向“适应度最高峰”，或使其在局部最大值处被卡住，需要跨过一个“适应度低谷”而达到进一步的适应。适应度地形的概念已经被用来概括解释时间依赖性适应度效应，从而总结出“适应度海景”（Mustonen、Lössig，2009）的概念，在此基础上，种群正在进化爬向一个连续迁移的适应度高峰。由于存在不同组织水平上同时进行但独立的自然选择行为，病毒种群的进化变得更加复杂［所谓的多层次选择（Belshaw 等，2011）］。对病毒来说，在一个层面上（例如在患者服用抗病毒药物期间）是有利的突变，可能在另外一个层面上（例如减少宿主间的传播）是有害的。

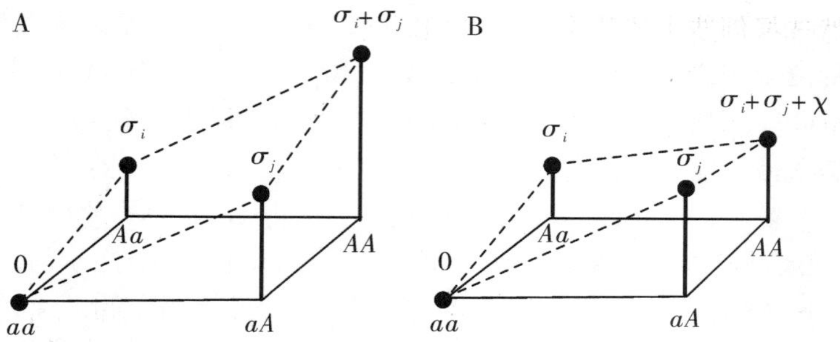

图 11－1　假设的适应度地形图（适应度景观）

增加高度的区域对应于增加相对适应度大小的基因型。虚线表示到达 A 局部适应度最大值的适应路径。它本身与 B 的整体适应度最大值分离；从 A 到 B 需要适应度去跨越一个更低的适应度基因型山谷。

上位效应/异位显性

到目前为止，我们只考虑了种群中单个遗传变异的进化。然而，新突变的适应效应还取决于它们产生的基因组背景，上位效应描述了在不同基因位点上的选择效应之间的相互作用。在没有上位效应存在的情况下，选择效应会以一种相加的方式组合；如等位基因 A_i 在位点 i 处的选择系数为 σ_i，而等位基因 A_j 在位点 j 处的选择系数为 σ_j，那么个体的这两个等位基因的选择系数就是（$\sigma_i+\sigma_j$）。在存在上位效应的情况下，两个等位基因的综合效应就不等于它们的总和。当两个等位基因的综合效应大于它们的总和时，就发生正上位效应；反之，当两个等位基因的综合效应小于它们的总和时，就发生负上位效应。在符合上位效应的情况下，一个等位基因改变了另一个等位基因的作用方向，产生有益突变变成有害突变，反之亦然。在真实的种群中，上位效应是理解自然选择如何调整基因型频率和产生适应的一个重要因素。

病毒种群提供了一些上位效应作用最明显的例子。例如，Bonhoeffer 等人（2004）从接受抗病毒药物治疗的 HIV 患者身上获得序列，证明正上位效应在 HIV 逆转录酶和蛋白酶基因中很普遍。同样地，在其他病毒病原体（如 A 型流感病毒和丙型肝炎病毒）中也观察到了上位效应的相互作用，表明它在病毒进化中起着普遍作用（Gong 等，2013；Kryazhimskiy 等，2011a；Parera、Martínez，2014；Shapiro 等，2006）。此外，越来越多的证据表明，在很大程度上可以用蛋白结构来解释其上位效应，这常常导致代偿性变化，从而恢复蛋白稳定性（Gong 等，2013）。最近对 A 型流感病毒核蛋白进化路径的分析显示，不稳定突变通常与稳定突变一起发生，并且突变产生的时间接近（Gong 等，2013）。其他病毒表型也可能影响基因组中的上位效应，例如那些通过蛋白相互作用或 RNA 二级结构产生的表型（Sanjuán；2006；Wilke 等，2003）。

突变

突变是核苷酸序列发生变化的随机过程，结果是产生新的等位基因。突变对适应至关重要，它为自然选择创造出遗传多样性基础。病毒的突变率对其生物学具有重要的影响。例如，具有高突变率的病毒可能更容易进化出对某一特定药物的抗性或者更容易适应一个新的宿主物种（Russell 等，2012）。在种群遗传学文献中，尽管基因序列的插入和缺失变化也可以被建模，但“突变”这个词最常用来描述一个在基因位点上存在的等位基因（或核苷酸）的变化。

有些病毒，特别是那些小基因组病毒和 RNA 基因组病毒，会表现出异常高的基因突变率。Sanjuán 等人对一系列病毒的突变率进行了测量（Sanjuán 等，2010）。DNA 病毒（每个细胞感染的每个核苷酸有 10^{-8} 到 10^{-6} 个突变）和 RNA 病毒（每个细胞感染的每个核苷酸有 10^{-6} 到 10^{-4} 个突变）之间估计的突变率相差很大，这些突变率符合基因组大小和突变率之间明显的负相关关系（Drake，1991；Linz 等，2014）。

尽管突变可能有广泛的适应性作用，但大多数新突变是有害的。统计学分析表明，大多数 RNA 病毒物种存在着大量的有害多态性（Pybus 等，2007）。流感病毒的高突变率可能是病毒存活率低的原因，尽管一个感染细胞可能产生超过 1 万个病毒（Sidorenko、Reichl，2004），但这些病毒的大部分都不能在其他细胞中引发感染（Marcus 等，2009）。

种群遗传学模型有助于解释在没有自然选择情况下发生突变的进化结果。再次考虑一个无限种群，其特征是一个基因位点上有两个等位基因。仅因突变引起的等位基因 A 频率的变化可由下列方程式表示：

[方程式 2]

$$dxA/dt = \mu\ (1-2xA)$$

其中 μ 是突变率，并且任何一个等位基因突变为另外一个等位基因的可能性相等，在没有任何其他进化影响的情况下，突变体 A 的频率最终会趋向于 1/2。然而，这个过程非常缓慢（因为 μ 很小），以至于仅因突变不太可能引起等位基因频率快速或实质性的变化，而且突变作为一个过程，只有在涉及非常罕见的遗传变异时才具有显著意义（见下文）。

随机遗传漂变

前面描述的自然选择和突变的方程式都是基于无限大种群的假设，这个确定性的近似法为进化机制提供了一种非常有价值的理解途径，而且，对于在强选择作用下的大种群短时间内的进化而言，它可以提供对现实的充分描述（Illingworth 等，2012）。然而，对于小种群和长时间的进化而言，随机效应对于进化来说变得更加重要。在一个有限的种群中，任何个体产生的后代的数量服从随机事件。因此，即使是一个多态性的等位基因，如果不经历突变或者选择，它的频率也会因为这些事件的发生而在世代间发生变化，这个过程被称为随机遗传漂变。种群中遗传漂变的重要性取决于种群的大小 N。在一个随机交配的恒定大小的种群中，一个多态性的等位基因的频率为 x，如果 $x<1/N\sigma$，那么漂变就比选择更重要，其中 σ 指等位基因的选择作用的大小。第二个等位基因频率阈值出现 $x<1/N\mu$，在此基础上，遗传漂变比突变更重要。Rouzine 等人对病毒种群的随机进化效应进行了更加深入全面的综述（Rouzine 等，2001）。

在更复杂的进化情境下，用有效群体大小 N_e 来描述种群受到随机遗传漂变影响的程度（Wright，1931）。病毒种群的 N_e 可以与种群普查的个体数量非常不同。例如一群被感染了反转录病毒的细胞，每个细胞可能会释放大量的病毒，但是病毒种群的变化由在感染细胞的较小群体上发生的情况所推动（图 11－2）。

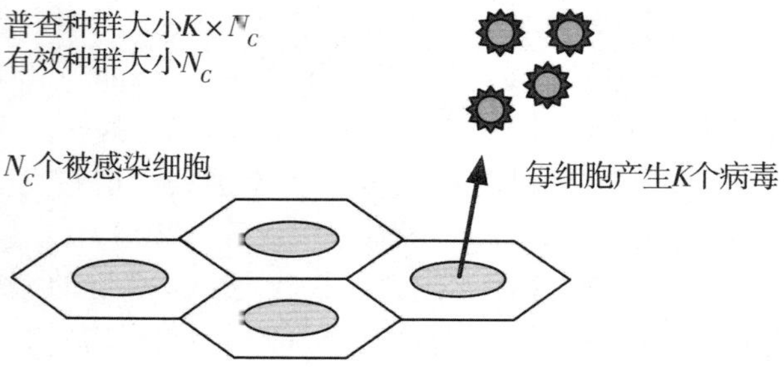

图 11－2　种群普查与有效群体大小

此图展示了一种逆转录病毒感染的简单模型。在一个宿主体内，有恒定数量 N_C 个细胞，每个细胞都被单一逆转录病毒基因型感染。每个被感染的细胞将病毒释放到血液中，以维持血液中每个病毒基因型恒定的 K 个拷贝数。在这种情况下，普查种群等于血液中病毒的总数，即等于 KN_C。然而，病毒种群的动力学取决于新细胞的感染和感染细胞的死亡，这就使得病毒种群的有效大小为 N_C。

对于感染者体内的 HIV－1 群体而言，选择和遗传漂变哪个更重要一直是一个具有争议性的问题。对 env 基因序列进行的一系列种群基因测试，初步表明该病毒的有效种群很小，接近 10^3（Brown，1997；Shriner 等，2004），这意味着需要随机模型来模拟 HIV 的进化。然而，最近被这些测试所确定的低遗传多样性已经由种群中多重选择性清除的发生进行解释，而且更深入的分析表明 N_e 值要大得多，意味着感染个体内的 HIV 进化的一个重要动力是选择而不是漂变。鉴于 HIV-1 抗病毒药物耐药性的快速且可被预测的进化，HIV－1的高 N_e 值看起来是合理的。

重组

重组是指遗传信息在 DNA 或 RNA 分子间交换或者组合的过程。重组不同于重排，重组是指带有分段基因组的病毒表现出的一个单独的基因片段交换过程，在这个过程中，不同病毒通过共同感染同一宿主来交换遗传物质片段。发生重组和重排的一个必要条件是两个不同的病毒同时感染同一个宿主细胞。不同病毒的重组能力有很大的差异，其在很大程度上是由病毒基因组结构决定的。例如，在负链 RNA 病毒，如流感病毒中，重组似乎非常罕见，很可能是由于病毒基因组在宿主细胞内被核糖核蛋白包被。由于病毒 RNA 的脱壳对其复制来说不是必要的，所以核蛋白—基因组复合物可能会阻碍 RNA 聚合酶的模板置换（Chare 等，2003；Conzelmann，1998；Elena、Sanjuán，2007；Worobey、Holmes，1999）。

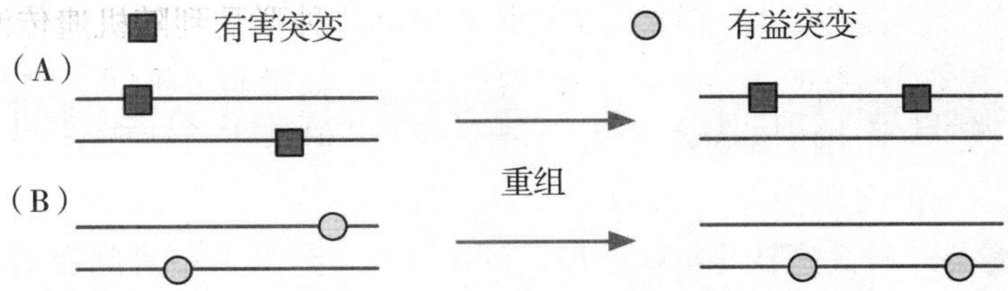

图 11－3　重组对于进化的重要性

(A) 重组可以移除种群基因型中的有害突变。尽管在这种情况下，具有双重有害突变基因组的个体可能无法存活，但不携带任何有害突变的个体将存活到下一代。(B) 重组能促进更快的适应。在没有重组的情况下，携带有益突变的基因型会相互竞争以获得成功。重组可以使更健康的双重突变体的产生速度比仅通过突变产生的要快。

从进化的角度来看，重组和重排都很重要，这至少有两个原因（图 11－3）。首先，他们能防止有害突变的积累。在没有重组的情况下，通过个体遗传到个体的单个基因会获得越来越多的突变。由于大多数的突变都是有害的，随着时间的推移，这可能会导致个体的适应性下降，这个过程被称为“穆勒的棘轮”（Felsenstein，1974），其在病毒种群中的存在已被实验证实（Chao，1990）。重组通过将缺乏有害突变的基因组区域连接起来而将有害突变从群体中移除。其次，重组有可能提高种群适应率。试想象这样一个场景：为了获得某适应度优势，两种不同的遗传变异体需要组合在一起。在无性繁殖群体中，只有当两个变体是被连续地固定，或者它们在单个基因组上独立发生突变时，才会产生更适应的基因型。相比之下，当存在重组或重排时，可以由两种突变体中任一种的个体来产生双重突变体，从而更迅速地创造出更适应的基因型。

重组在适应过程中的重要性引起了人们对 HIV 重组率测定的兴趣。虽然其他生物的重组率可以通过对特定的减数分裂事件的观察来估计（Illingworth 等，2013；Mancera 等，2008），但是推断病毒的重组率需要一种更间接的种群遗传学方法。在 HIV 病毒种群中，一种推断方法是获得双位点突变体（Neher、Leitner，2010）。该研究对从患者体内采集的 HIV 病毒 env 序列上的位点进行了检测。研究人员首次注意到了一对位点，在这对位点上观察到了不同的等位基因，尽管它们不是在同一时间出现在同一序列上。随后继续观察病毒种群时，能看到一个双重变体序列。双重变体序列的出现可以由三个过程来解释：①双重变体最开始就存在，只是未被采样；②在干预期间，双重变体通过突变产生；③通过两个单突变序列的重组产生。在前两种情况下，双重变体序列被观察到的概率与两个体位点间的基因组距离无关。然而两位点之间的重组事件的概率进一步增加这两位点间的距离。在可能观察到双重变体的情况下，通过寻找对距离的依赖性，可以估算出重组率为每代每个位点 1.4×10^{-5} 个。

在本节我们简要概述了种群遗传过程在病毒种群内的作用。在接下来的两个部分，我们将用序列数据来讨论如何用种群遗传方法研究病毒的进化。具体来说，我们要解决两个重要的经验性问题：①病毒适应的潜在因素是什么？②对于快速的病毒进化，可预测的是什么？研究者利用流感病毒，特别是人类流感病毒，已经对这些问题进行了很详细的研究，我们将在下面进一步详细描述这一工作。

病毒适应性进化：以 A 型流感病毒作为案例研究

A 型流感病毒是一种高度变化的病原体，源于鸟类，经常在宿种间变动。在人类中传播的流感病毒仅仅反映了其自然宿主（野生水禽，其他生态相关物种如家禽和猪）多样性中的小部分（Kida 等，1994；Scholtissek；1987；Webster 等，1992）。在人类中的流感病毒的特点是有快速的适应进化过程，这使其能够逃避群体免疫（Grenfell 等，2004）。能引起大流行的流感病毒通常是通过重组出现的，然而季节性流感病毒却与抗原漂移密切相关。尽管其名字叫作抗原漂移，但它是一个选择的过程，通过在参与免疫识别（通常被称为抗原位点或病毒抗原表位）的关键位点上发生突变而在种群中产生新的抗原突变。流感病毒不断重现的能力和控制流感病毒传播的难度，使该病毒的传播成为一个突出的全球卫生问题。

A 型流感病毒基因组由八个基因片段组成。其中两个片段编码表面抗原，即血凝素（HA）和神经氨酸酶（NA），而其余六个片段编码对病毒的复制、转录、入胞和组装非常重要的蛋白。A 型流感病毒的特点是具有巨大的抗原多样性，因此人们根据它的两种抗原的特定亚型对病毒进行分类，如 HxNy，x 和 y 的范围分别为 1 ~ 18 和 1 ~ 11。虽然流感病毒具有丰富的多样性，但是只有受限制的几种抗原亚型（H1N1、H2N2 和 H3N2）在人群中出现（Palese，2004；Webster 等，1992）。尽管这可能只是反映了有限的观察窗口，但在 1918 年大流行之前的血清阳性数据表明，流行的毒株是 H3 和 H1 亚型（Dowdle，1999；Palese，2004；Worobey 等，2014），这暗示了流感病毒亚型出现的一种模式和由一些数学模型预测的再循环形式（Recker 等，2007）。最近的一次大流行是由 2009 年的猪源 H1N1 病毒引起的，该病毒迅速传播至世界各地，首次出现在墨西哥就感染了数百万人。

在人群中传播的 A 型流感毒株源于能引起大流行的病毒谱系（Webster 等，1992）。截至 2009 年，在人群中引起 A 型流感病毒感染的两个主要的病毒亚型是 H3N2 和季节性 H1N1，后者已被 2009 年的猪源 H1N1 大流行病毒取代（Palese、Wang，2011）。流感病毒在热带和温带地区的传播动态变化不同，分别作为病毒的源种群和汇种群（Bahl 等，2011；Bedford 等，2010；Nelson 等，2007、2006；Rambaut 等，2008；Russell 等，2008）。人类的迁徙，特别是航空旅行，维持着这种全球传播模式，并通过热带种群或者紧密联系的种群输出病毒，很大程度上促进了温带地区的季节性病毒多样性（Bahl 等，2011；Lemey 等，2014）。

季节性 A 型流感病毒进化的一个显著特征是出现任何时间都出现在人群中的病毒（属于同一亚型），其遗传多样性极低，尤其是抗原基因。鉴于病毒庞大的抗原谱系，这个观察是不直观的。然而，种群遗传学和模拟研究都提供了令人信服的证据，证明这种观察模式是由对免疫逃避突变的频率依赖性选择驱动的，这种罕见的抗原变体由于具有逃避宿主免疫系统的能力而被积极选择（Bush，1999；Cobey、Koelle，2008；Ferguson 等，2003；Koelle 等，2006；Recker 等，2007；Shih 等，2007；Wolf 等，2006）。“遗传搭车效应”（由于基因连锁而产生的过程，即一个基因位点上的等位基因频率受到另一基因位点选择作用的影响）和“奠基者效应”（一个新的种群由种群中的小部分个体建立）很可能可以补充这些进化动力学，以进一步降低基因组的整体遗传多样性（Rambaut 等，2008）。下面，我们将讨论一些关于季节性流感病毒适应性进化过程的主要发现。

适应性进化的决定因素

人们普遍认为，流感病毒的分子适应与抗原的进化密切相关，也就是说，病毒表面抗原上免疫原性部分上的位点在不断地进行免疫选择，因此在病毒适应中起着重要的作用（Bush，1999；Cobey、Koelle，2008；Ferguson 等，2003；Koelle 等，2006；Shih 等，2007；Wolf 等，2006）。尽管神经氨酸酶（NA）在病毒生命周期中有着重要的功能，但主要的抗体（体液）抗原表位位于血凝素（HA）上，特别是在 HA1 区。因此，大多数对 A 型流感病毒适应进化的研究都集中在这个基因区域。此外，相比 H1N1，人们对 H3N2 进行了更好的研究，这表明了 H3N2 毒株在过去占流行病学的主导地位以及可用的与地理和时间相关的巨大的基因序列数据集。

针对流感病毒抗原基因，上面描述的进化过程和生态学过程产生了一个独特的阶梯状系统发育结构（图 11－4）（Bush，1999；Ferguson 等，2003；Fitch 等，1991、1997）。这个拓扑结构表明，只有一个病毒谱系位于“树”的“树干”上，并持续存在。

尽管有全基因组选择性清除存在的证据，但除了 HA 和 NA 以外的其他基因片段的遗传多样性较少受到限制，因此多个病毒谱系可能会在几年内共存（Rambaut 等，2008）。因此，季节性流感病毒的进化动力学是突变、选择、重排和基因流之间复杂的相互作用的结果。

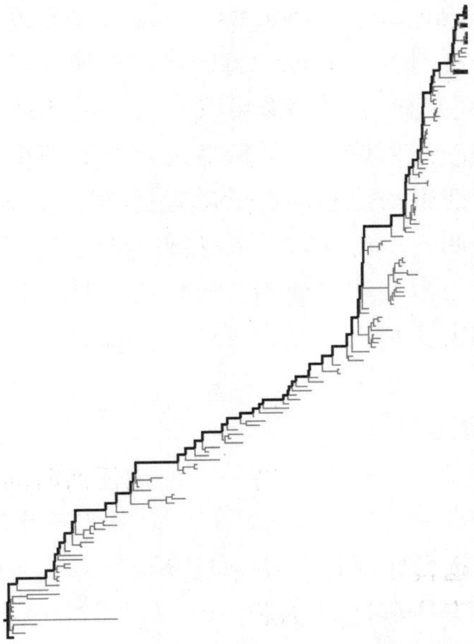

图 11－4　1968 年至 2008 年的季节性 A 型/H3N2 型流感病毒的 HA 的时间系统发育结构

典型的阶梯状模式反映了免疫选择导致病毒谱系不断流失。因此，只有一个病毒谱系随着时间的推移而持续存在，由“树”的“树干”（黑线）表示。尽管所有其他病毒（浅灰色）从幸存的病毒谱系遗传下来，但注定会消亡。

早期对流感病毒适应性进化的研究，在很大程度上是由季节性流感疫苗的短期疗效推动的，每当病毒种群中出现新的病毒抗原突变体时，季节性流感病毒疫苗就需要定期升级。为了了解病毒适应的机制，一种常见的方法（通常是使用 *dN/dS* 比值法）被用来鉴定主干谱系上持续存在的病毒和系统发育树侧分枝上的不幸的共循环病毒之间的分子差异。这些分析证实，在 HA 抗原表位区域中非同义替换的驱动下，主干谱系的确在进行强烈的正向选择进化（Bush，1999；Fitch 等，1991、1997；Wolf 等，2006）。相反地，非主干谱系似乎更具有纯化选择的特征（Wolf 等，2006）。

研究者使用 *dN/dS* 方法时，发现只有少数的位点进行了选择，这意味着季节性流感病毒的适应性进化是通过偶然选择进行的（Koelle 等，2006；Wolf 等，2006）。当选择作用非常强烈并且有益突变的产生率低时，就会出现这种类型的自然选择，这样的适应性突变通过顺序选择性清除在群体中固定（Sniegowski、Gerrish，2010）。关于季节性流感发生偶然性选择的主要证据来源于 Wolf 等人（2006）的研究，这项基于 *dN/dS* 的研究表明，病毒快速的适应仅限于短时间内发生，在此期间，会出现新的抗原变异。相比之下，在长期的干预下，则只有很少的进化变化，这表明纯化选择和中性进化起着主导作用（Wolf 等，2006）。抗原集群转换（新的抗原突变体取代目前的抗原优势株）与抗原位点上的多重替换有关，这表明很可能出现正上位效应。

然而，这些结果应该用 *dN/dS* 方法检测选择时的已知局限性来解释。众所周知，对于选择，*dN/dS* 方法是一种保守的测量方法，它只对特定的选择模式特别敏感，即在相同位点上的适应性突变重复固定的选择模式。因此，那些没有进行强烈的、多样性选择（例如具有小选择优势或者只涉及单一选择性清除的适应性替换）的位点可能不能通过这种常见的方法来鉴定（Yang、Nielsen，2000；Pybus、Shapiro，2009）。

Shih 等人随后进行了一项研究，通过检测假定的适应性突变频率的变化发现了更多进行正向选择的位点（63 比 15）（Shih 等，2007）。鼓舞人心的是，由 *dN/dS* 比值法鉴定的许多位点也属于他们鉴定的一系列位点。研究者还观察到多个固定位点在抗原表位同时出现，这支持了一个观点，即在推动流感病毒的适应过程中，上位效应的相互作用是很重要的。更重要的是，该研究表明，基于 *dN/dS* 比值法的分析很可能会提供一个不完整的流感病毒进化图，并且还提供强有力的证据证明适应性进化是一个持续的过程，包括那些能带来大大小小的适应性影响的突变。

适应性进化的模式和速度

在随时间连续采样的病毒群体中，Bhatt 等人（2011）开发了一种用于检测和量化适应性进化的替代方法。该方法是建立在 McDonald-Kreitman（MK）测试（McDonald、Kreitman，1991）与其后续扩展（Smith、Eyre-Walker，2002；Williamson，2003）基础上的，可以直接从基因序列数据中测量分子适应率（每年每个密码子的适应固定）。MK 测试是一种简单而强大的种群遗传测试，它可测试选择是否作用于种群或物种。它依赖于对不同类型的突变进行比较，这些突变能导致种群内的多样性和种群间的差异（图 11－5）。标准 MK 测试用密切相关的物种序列来区别固定突变（研究种群的所有个体均携带与姐妹物种截然不同的突变，见图 11 －5 中的深灰色）与多态性突变（研究群体中的部分个体携带的突变，见图 11 －5 中的浅灰色）。与姐妹物种分化之后出现的突变通常被称作“衍生”变化。该突变被进一步划分为非同义突变（图 11 －5 中的菱形）和同义突变（图11 －5中的圆形）。

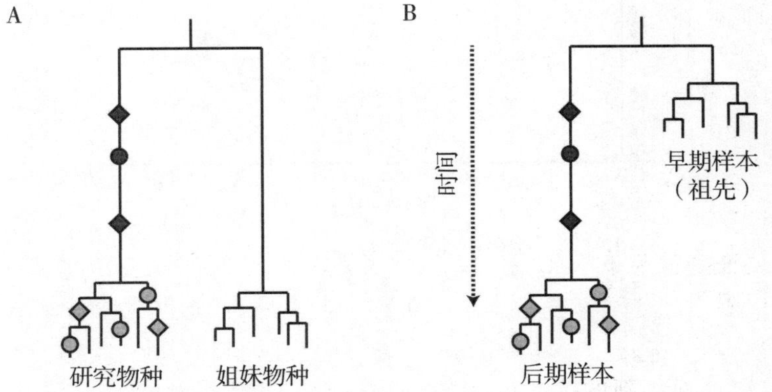

图 11 －5　病毒种群的适应性固定的估计

A. 在标准的 MK 测试中，研究者通过将研究物种与亲缘关系更疏远的姐妹物种或种群进行比较，推断出了研究物种中不同类型的突变。研究物种的内部分支发生的任何突变，都代表着种群中所有个体所共有的固定突变（深灰色），然而其他所有的突变都对应多态性突变（浅灰色）。对于推断适应性替换的一般概念，我们期望分别在固定位点和多态位点上观察到的非同义突变（菱形）和同义突变（圆形）的比例应该相等（详细信息参见正文）。因此，任何多余的非同义固定都可以直接转换成适应替换的数量。B. 对于随时间采样的病毒种群，用最早采样的序列可以推断后续样本中的突变。随着时间的推移，考虑到多个时间点产生适应性替代的数量的量度，可以使用回归拟合的方法估计分子适应率。

在中性进化下，物种间的差异率和物种内观察到的多态性水平之间是个简单的突变率函数。因此，如果将同义变化假定为非选择性的，那么，下面的等式应该成立：

$$N_{fixed}/S_{fixed} = N_{polymorphic}/S_{polymorphic} \qquad [方程式 3]$$

其中 N_{fixed}和 S_{fixed}分别代表种群中固定的非同义突变和同义突变，$N_{polymorphic}$和 $S_{polymorphic}$分别代表种群中频率低于 1.0 而分离的非同义和同义突变。当 $N_{fixed}/S_{fixed} > N_{polymorphic}/S_{polymorphic}$时，可以推断是正向选择，这表明在中性进化下，检测到比预期多得多的已固定非同义突变。

Bhatt 等人（2011、2012）已经对标准的 MK 测试进行了一些重要的扩展，以便使该框架可以应用于时间抽样的病毒种群。他们不是依据姐妹物种或种群来对固定位点和多样性位点进行分类，而是依据早期从种群中采样的序列（见图 11 －5B）。他们用来自较早时间点的序列代表祖先病毒，用于鉴定后续样品中衍生突变的数量。

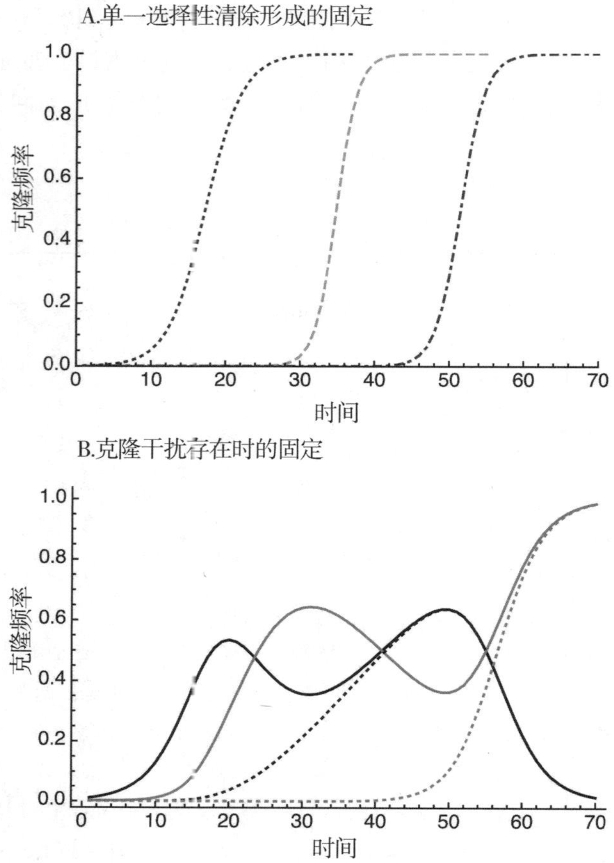

图 11－6　在有或无克隆干扰下的适应性固定

A. 适应性固定标准视图。有益突变能够克服遗传漂变（通过达到一个显著大于 $1/N$ 的频率），通过顺序选择清除在种群中固定下来。有益突变固定的速度与赋予的选择强度成正比。在这种情况下，人们认为有益突变率 μb 较低，这样的 $N\mu b<1$。如果 μb 或群体大小 N 都较低，则会出现这种情况。B. 由于突变率高，重组率低，种群数量大，因而在群体中产生了克隆干扰。因此，多个有益突变在群体中同时进入和清除。这就导致了一个复杂的动态过程，在其他背景下，后续的有益突变的出现会帮助或阻碍正在进行的清除（这描述了两个遗传背景：灰色和黑色）。随后出现的更强烈的有益突变谱系（灰色实线）能在一开始就胜过早期的有益突变谱系（黑色实线）。随后在黑色谱系（黑色虚线）上出现的有益突变在这个谱系中被彻底固定，并超越灰色谱系。然而，在灰色谱系上（灰色虚线）的另一个有益突变将导致该谱系最终达到固定。当一个有益突变谱系最终固定时，它会如同同时出现了多个突变一样。

因为最初 MK 测试是用来检测进化率低的物种的选择作用（并且通常是小种群），所以标准 MK 测试的许多假设可能与病毒序列数据相违背。尤其是 MK 测试假设序列中的每个位点最多只经历一个突变（这在种群遗传学文献中叫作“无限位点模型”）。对于病毒序列而言，这个假设是存在问题的，因为种群的高突变率和庞大的种群规模，通常会导致在相同的核苷酸位点出现多种变化。因此，在许多病毒数据集中，观察到特定位点上有两个以上不同核苷酸的情况是很常见的。忽略这一现象会降低发现正向选择的统计学能力，即多态性位点的突变数量，特别是那些涉及非同义突变的突变，将会被低估。为了解决这个问题，Bhatt 等人（2011）提出了一种比例计数法，部分解释了多重突变的可能性。

标准 MK 测试的另外一个不适用于快速进化病毒的假设是所有的多态性都是选择中性。庞大的种群规模和非常高的突变率的综合效应意味着，在病毒种群中以低频率存在着大量的有害多态性突变（Pybus 等，2007）。图 11 - 6 显示了理想种群的突变频率的分布。利用病毒突变率和病毒选择系数的实际值，Bhatt 等人（2011）研究了突变、选择和遗传漂变三种力量之间的平衡。他们发现，以低频率观察到的突变很可能是有害的，然而在正向选择下的突变很可能以高频率被观察到。在多态性中占主导地位的选择中性（或接近中性）突变以中等频率被观察到。该模型的一个重要假设是，选择足够强烈以推动选择位点在种群中达到高频率或低频率，而且忽略由遗传连锁导致的复杂的相互作用。在这些假设下，我们可以用下列方程式来估计研究群体中的适应替代的数量：

$$\alpha = N_{high}\ (1 - \ (S_{high}/N_{high})\ (N_{mid}/S_{mid})) \qquad [方程式 4]$$

N_{high}和 S_{high}分别对应高频率范围内的非同义突变和同义突变的数量，N_{mid}和 S_{mid}分别对应中等频率范围内的非同义突变和同义突变的数量。方程式 4 是史密斯、艾尔—沃克（2002）和威廉姆森（2003）的相关方法的概括。此外，通过估计第一次采样后的每个时间点积累的适应突变的数量，就可以产生一个时间序列。然后对这个时间序列进行拟合回归，就可以获得每年的分子适应率。

利用这个框架，Bhatt 等人（2011）估计了人类 A 型流感病毒整个基因组的适应进化率（Bhatt 等，2011）。正如预期的那样，他们发现病毒适应进化的主要基因组区域是抗原基因，特别是 HA 和 HN 基因的表面残留物，这些基因以每年每个编码子 0.002 5 ~ 0.004 个适应替换的速度进行适应进化。此外，他们估计在抗原基因和其他基因组片段的内部残留物上存在非零（尽管非常低）适应进化率。有趣的是，该方法还揭示了季节性 H1N1 比 H3N2 病毒经历了更少的适应性进化，这与证明季节性 H1N1 比 H3N2 病毒经历更强的遗传漂变的流行病学和血清学证据一致（Bedford 等，2014；Hay 等，2001；Rambaut 等，2008）。Bhatt 等人的方法的一个优势在于对适应性进化的估计更易于理解和容易比较，从而可以直接估计在不同基因、不同种群甚至不同物种间的适应率。相反，解释不同数据之间的 *dN/dS* 比值是很困难的（Kryazhimskiy 等，2008b；Mugal 等，2013；Rocha 等，2006；Sheridan 等，2004）。

病毒适应性的连锁效应

对流感 HA 和 NA 基因估计的高适应率，以及内片段重组的明显缺乏，表明流感病毒种群中的有益突变可能是为了固定而相互发生竞争引起的（Neher、Hallatschek，2013；Strelkowa、Lässig，2012）。从中产生的新的有益突变可能会干扰正在进行的选择性清除，如果这些突变具有更大的选择性优势，则可能会超过早期的有益突变（图 11 - 6）。因此，即使在上升到中频之后，一些有益的突变也可能从种群中消失（图 11 - 6）。这种进化模式在种群遗传学中被称为克隆干扰，是大型无性繁殖种群快速进化的特征。当弱选择位点之间存在弱重组时，类似的选择性干扰过程（称为 Hill-Robertson 效应）也发生在有性种群中。克隆干扰和遗传连锁一般会引起以下重要后果：选择不是对每个突变起独立作用，而是对整个基因组或基因组区域的基因型起作用（Neher、Shraiman，2009）。还有人提出克隆干扰的存在可以使自适应固定之间的时间更加具有规律性（Gerrish，2001）。这也许解释了为什么 A 型流感病毒 HA 序列以明显的“钟状”的方式演变。此外在克隆干扰下，与自由重组基因组区域相比，有两种不同的预期情况：①自适应固定率降低，②固定平均选择系数较高。

如果采用标准种群遗传学，用采样序列数据检测克隆干扰的存在是困难的，这由连锁和干扰导致观测到的多态性间固有的非独立性造成。然而，最近的两项研究使用新的种群遗传方法和病毒序列时间连续采样研究了克隆干扰在季节性 A 型流感病毒适应中的作用（Illingworth、Mustonen，2012；Strelkowa、Lässig，2012）。有趣的是，这两项研究为流感 HA 基因的分子进化中的克隆干扰和背景选择提供了有力的证据。

在第一项研究中，研究者注意到 HA 基因中的固定事件彼此非独立地发生并且在时间上形成聚集（Strelkowa、Lässig，2012）。固定事件伴随着序列多样性的频繁下降，强烈地表明固定是通过选择性清除发生的。这些观察结果与以前的研究报告相一致，报告了 HA 抗原决定簇中的多个并发固定（Kryazhimskiy 等，2011b；Plotkin 等，2002；Shih 等，2007；Wolf 等，2006）。这种模式在 HA 中的非同义和同义突变中都被观察到，表明搭便车效应和上位效应是重要的。因此，那些不是正向选择却是遗传相关的突变会与选择的突变在频率上一起提高。突变修复发生的次数进一步支持这一理论，因为它们也被类似地分配用于非同义和同义突变。如果突变之间没有连锁，那么在更强正向选择之下前发突变应该比后续突变更快地固定。

有研究者采用精巧的模型深入探索了克隆干扰，该模型考虑了非同义和同义突变达到一定阈值频率的概率（Strelkowa、Lässig，2012）。研究者引入了传播比例 $g(x)$，它是衡量非同义突变与达到某给定频率 x 的同义突变的比例。而另一个变量 $h(x)$ 被称为丢失传播比例，用于描述最终从种群中丢失之前非同义突变与达到频率 x 的同义突变的比例。从根本上说，这种方法与 MK 测试有关，测试过程中如果观察到在群体中某个频率的非同义突变的可能性增加，则可推断为正向选择，即 $g(x)>1$ 或 $h(x)>1$。类似地，负向选择通过 $g(x)<1$ 或 $h(x)<1$ 进行推断。

Strelkowa 和 Lässig（2012）使用传播比例 $g(x)$ 和丢失传播比例 $h(x)$ 来研究在甲型流感病毒 H3N2 亚型 HA 基因的抗原决定簇和非抗原决定簇区域产生的突变。非同义突变约为 HA 抗原决定簇中的同义突变固定的两倍（$g(1)=2.3$）；Bhatt 等人报告了类似的结果（2011）。经过对 HA 抗原决定簇长达 39 年的观测，在其上观测到的 80 个氨基酸替代中，有 45 个固定被推断具有适应性。由于平均固定时间大约为 3 年，由此我们可以推断流感病毒种群在任意给定时间内至少平均会存在三个有利突变，这个结论支持了克隆干扰的假设。研究者还推断最终从病毒群体中丢失的那些等位基因中有更多的有益突变，这进一步肯定克隆干扰在 HA 分子进化中的作用。与基于 dN/dS 的分析结果相似，非抗原决定簇区域中的非同义突变被发现处于负向选择（Strelkowa、Lässig，2012）。流感病毒克隆干扰的第二项研究（Illingworth、Mustonen，2012）考察了连锁效应对 HA 自适应进化的重要性。通过使用从40多年来采样的甲型流感病毒H3N2亚型的HA序列中获得的时间分辨等位基因频率数据，研究者拟合两个简单的群体遗传模型估计了作用于突变体等位基因的选择水平，其排除或包括了由位点间的连锁引起的选择效应。尽管使用了非常简单的附加选择模型，后一个模型仍捕捉到了复杂的进化动力学（Illingworth、Mustonen，2012）。该模型代表了作用于特定位点的选择为该突变的固有的有益或不利之处与作用于和第一个位点连锁不平衡的其他位点的选择的影响的总和。叠加这些全部位点的连锁效应，将得到一个作用于所关注位点的完全时间依赖性的“有效选择”压力。此外，Illingworth和Mustonen（2012）能够将总的“有效选择”分解为作用于突变的固有选择以及来自其他位点干扰的影响。这两种选择来源的相对贡献，可用于考察最终被固定的流感病毒突变，以及病毒种群所丢失的流感病毒突变。内在选择和连锁效应都被发现具有重要性，被固定的突变通常表现出更多的内在正向选择，产生于更有利的遗传背景，并避免了来自其他等位基因负面干扰的最坏影响。然而，研究者推断在突变的最终命运中，遗传连锁（克隆干扰）所引起的选择比该突变的内在选择性优势具有更加重要的作用（Illingworth、Mustonen，2012）。这些结果补充了Strelkowa和Lässig（2012）的研究结果，显示HA抗原决定簇的许多突变尚未被固定，但仍处于强烈的正向选择之中。

尽管这里的讨论主要集中在HA基因上，但是观察干扰效应和上位相互作用在其他流感病毒基因的适应性进化中是否重要将会非常有趣。最近研究者在NA和NP基因中观察到正上位性，表明它在季节性流感中普遍存在（Gong等，2013；Kryazhimskiy等，2011b；Shapiro等，2006）。正上位性是快速演化病毒的分子进化中的一个普遍特征，是一个未来研究持续关注的问题。例如，已经有在丙型肝炎病毒（HCV）中有强的上位相互作用的报告，阴性和阳性相互作用在HCV蛋白酶基因NS3中都已被发现（Parera、Martínez，2014）。

基因重排对季节性流感的适应性演变的确定也可能很重要。有一些证据表明，基因重排可以通过从适合度较低的遗传背景恢复低频新型抗原变体或产生全新的抗原组合来促进抗原进化（Holmes等，2005；Nelson等，2008；Rambaut等，2008）。此外，最近的一项研究提供了这样的证据，即重排也能够形成HA以外的甲型流感A基因的适应性进化（Neverov等，2014）。若能了解重排在流感病毒适应和新生中的确切作用，并且借助进化过程的量化方法，该领域将受益匪浅。

“抗原基因中的适应性进化是一个复杂而持续的过程”是季节性甲型流感病毒适应性进化的新兴观点。至少在HA中，这种现象已被证明是受参与固定竞争的多种适应性突变驱动的，这些突变由强遗传连锁、高突变率和大种群规模这几点因素联合产生。与遗传水平上的这种持续变化相反，抗原表型的演变被加强（Smith等，2004；Wolf等，2006），单个氨基酸替代可以作为抗原簇转变的基础（Koel等，2013）。显然同时具有小和大适应性效应的突变有助于HA基因的分子适应。基因型和表型变化之间的差异已经成为进化生物学家长期以来关注的话题（Waddington，1942），这种差异强烈暗示着即使是在抗原基因中，适应性进化也一点都不受限于病毒抗原决定簇的改变。提高复制效率和蛋白质稳定性或蛋白质—蛋白质相互作用的维持也被预计对病毒适应性起着至关重要的作用。

病毒进化预测

进化生物学家长久以来着迷于一个问题，即进化是否为具有可重复性并因而具有可预测性的自然过程（Gould，1990）。因为自然选择能够通过时间放大稀有、随机事件（历史偶然现象）的结果，能够被预测的未来进化并不是那么立竿见影。

尽管预测未来不是件容易的事，但是有理由相信，对于病毒种群来说，做出有帮助的预测结论是可能的。首先，病毒种群具有极大的个体数量。正如先前所解释的，随机遗传漂变效应在种群数量巨大时将被大幅削弱，并且种群的进化行为在短期内更有可能接近于某种确定性。其次，对病毒种群的多样性的了解相对容易获取。病毒具有小基因组，尤其是 RNA 病毒，这也就是说可得的种群序列数量可能会超过 10^4 或 10^5。再次，病毒比起其他生物体具有简单得多的基因组以及生命周期。最后，这些病毒进化得如此之快，以至于他们的演化轨迹能在实验室中重复（Meyer 等，2012）。因此对于预测未来进化研究来说，病毒成了非常有吸引力的目标，并且种群遗传学技术正在被用以预测病毒种群的进化。我们将在本节概述这部分工作，其中很多工作是关于筛选现代流感病毒列入未来流感疫苗的问题。

预测模型

我们在这里根据适用范围将预测进化的方法粗略分为两大类。第一，我们描述了“基于适应度”类预测方法。种群的进化可通过不同的个体或是组成种群的个体分组相对适应度值的描述特征进行预测。随着时间的推移，选择作用使得更具适应性的个体和群体将在频率上得到提高。进一步地，在大多数情况下，后几代出现的子孙将会是当前具有更高适应性个体子集的后代。尽管种群中未来出现突变的效应可能还不清楚，然而能够根据当前适应度的估计值对未来种群的遗传组成情况进行推测。

“基于适应度”类预测方法存在的一个缺陷是该方法不能直接将特异性的潜在突变彼此区分开。预测的第二种形式，即“基于适应度景观”类预测方法，就能解决这样的问题。在这种情况下，估计值将基于种群进化所依赖的适应度景观而得出（见图 11－1）。鉴于这一点，以及某种群当前遗传状态已知信息，可以估计未来某时间点上出现某特异性突变的概率，因为新的变体将会自我建立的概率不仅仅是其自身适应度（景观高度）的函数，而且也是其发生所基于的遗传背景（景观位置）的函数。

基于适应度的预测：季节性流感病毒

正如先前所讨论的，季节性流感病毒进化的一个关键驱动因素为该病毒的抗原表型，这通常在实验室中通过测定由某一种毒株诱发的免疫应答影响第二种毒株生长的方式来定义（Hirst，1943）。每对毒株之间的抗原分歧程度能够用统计方法投影到二维平面或者抗原空间上去，从而在视觉上描述流感病毒抗原进化的历史路径（Smith 等，2004）。这种被称为抗原绘图的方法，已被用于评估未来病毒进化是否能够被预测。通过在抗原空间中建立病毒进化模型，Bedford 等人（2012）展示了人类种群对病毒种群多样性的限制作用。宿主获得了对先前毒株的免疫力，并且该免疫力引导了未来在抗原表型上的改变，这样就使得病毒的进化可能在一年或者两年的时间尺度上是可预测的。

其他的方法已经采用更明确的群体遗传方法，并已经根据观察到的流感病毒适应度估计来对未来病毒种群进行预测。由于序列不仅编码病毒的抗原性质（Steinbrück、McHardy，2012），还编码其他表型，如蛋白质结构稳定性（Gong 等，2013；Wylie、Shakhnovich，2011）以及蛋白质静电性（Arinaminpathy、Grenfell，2010），因此通过核酸序列而不是抗原表型来表征病毒将可能提供与病毒相关的更完整的描述。事实上，影响病毒适应度的已知或未知的任何表型的选择性效应应该随着时间的推移在病毒群体的遗传结构中被观察到。

最早的一项基于适应度预测的研究由 Bush 等人（1999）开展。研究者估计了 H3N2 亚型的 HA 基因的系统发生学，并比较了同义和非同义替代的比例，以确定正向选择 HA 的 18 个密码子位置的分组（Bush，1999）。随着时间的推移，对调查病毒种群的研究指出，在这些密码子中具有较高数目的替代的序列，平均来说在未来几年流感病毒与分离株更为相关。最近，Steinbrück 和 McHardy（2011）调查了流感病毒等位基因频率，并且指出最初频繁增加的变体更有可能在全体种群中达到固定值。

Luksza 和 Lässig（2014）最近亦引入了一个更为复杂的基于适应度预测的尝试，他们开发和起用了一个关于病毒适应度的显性参数模型。根据某已评估的系统发育，他们首先将病毒序列分配到具有共同祖先的株系分支中。接下来，他们将适应度模型应用于每个进化分枝内的病毒。病毒抗原决定簇中的非同义突变被赋予正向适应度效应，然后根据每种病毒突变先前在全体种群中流传的程度来减少。这种减少旨在模拟宿主免疫对每种毒株传播的影响。病毒抗原决定簇之外的突变被认为是有害的，因为这些突变可能会破坏蛋白质结构的稳定性，或赋予其他一些负面影响。最后，他们伴随着各种系分支在相互竞争中发生的进化，以及根据其复合毒株的适应度频率上的每个变化，预测了种群的进化前景。为了提前一年做出预测，他们将该模型应用于历史数据，通过病毒抗原决定簇位点的序列距离的测定，比实际使用的疫苗更好地预测了最佳疫苗株（Luksza、Lässig，2014）。在种群遗传学方面的许多努力已经趋向于理解持续适应种群的动力学，该种群能够获得有益突变的持续供应（Desai、Fisher，2007；Gerrish、Lenski，1998；Good 等，2012；Rouzine 等，2003；Wilke，2004）。这样的种群根据“行进波”模型演化，也就是说，存在稳定分配的个体适应度值，其在适应度不断提高的方向上连续移动（图 11 – 8）。最近的研究已经把从这些种群抽样的序列的系统发育形态纳入考虑，波浪前沿的个体可能在随后的种群中有多个后代，在种系发展中提供独特的模式，由此相关的多个序列在进化时间范围内的短暂空间内发生融合（Neher、Hallatschek，2013），这些想法也被用来预测病毒进化的结果（Neher 等，2014）。Neher 等人（2014）根据流感病毒序列构建了系统发育树，并使用树的形状来推断其内部节点的适应度，然后使用这些适应度估计值来预测当前种群中与未来某日种群序列群最相似的某条序列。

基于适应度景观的预测：抗药性

预测病毒进化需要理解病原体进化所处的适应度景观，以便能够评估病毒群体当前以及未来的状态。对病原体抗药性进化问题的持续研究表明有这种可能性（de Visser、Krug，2014）。这一领域的进展得到了以下事实的帮助：抗药性进化通常是相对受限的，有限数量的突变轨迹将得到探索。例如，对恶性疟原虫二氢叶酸还原酶基因中四个氨基酸置换的研究表征了可获得这些突变的不同途径（Lozovsky 等，2009），以及可用于跟踪和预测抗疟药抗药性的演变和出现的信息。

适应度景观研究也加深了对抗病毒联合疗法治疗艾滋病毒感染的优化过程的了解（Lengauer、Sing，2006）。Beerenwinkel 等人（2005）通过表征获得抗药性前后的艾滋病毒群体的遗传组成，推导出了可以描述病毒为了产生对特定药物的抗性所必经的突变途径的网络。该信息随后可以被用于评估特定组合疗法的价值。如果第二种药物降低了第一种药物抗药途径中的病毒突变的适应度优势，那么当一起给药时，抗药性可能会出现得更加缓慢，并且可以确定增加抗药进化障碍的药物组合。

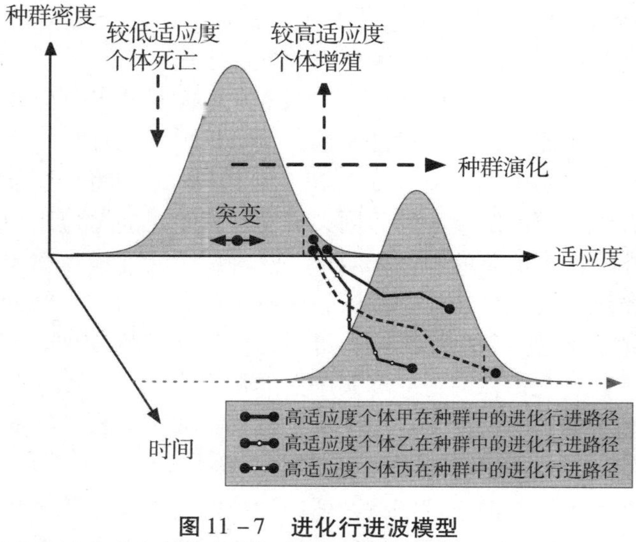

图 11－7　进化行进波模型

由个体组成的具有某种适应度分布的种群持续提供的有益突变，在分布的引导（右边）边缘创造出具有持续适应度值的个体。具有新增适应度个体在种群内的相对频率得到了提高，而适应度较弱的个体（钟形曲线的左手边缘）则消亡。居于分布中高适应度尾部的个体在其后的种群中持续繁衍了大多数个体。图片改自 Neher、Hallatschek，2013。

在 Beerenwinkel 等人（2005）对药物治疗效果的评价中，他们对适应度景观进行了间接推断：突变短时间内在群体中的出现是突变赋予适应度提高的代表。为了设计最佳疫苗，研究者已经实现了对 HIV 的 gag 基因适应度景观的更直接的测量（Ferguson 等，2013）。研究者将 gag 序列的多重序列比对减少到二元序列，代表每个位置的共有和非共有氨基酸，再从中估计病毒适应度景观。这种方法可以识别 HIV 基因组易受免疫攻击的区域。引导免疫系统定靶于这些区域可能是更有效的治疗途径。

基于适应度景观的预测：跨物种传播

虽然种群遗传学已很有成效地被应用于对已建立和新出现的病毒性疾病研究，预测尚未出现的大流行病的性质和行为却是一项更艰巨的任务。生成具有预测价值的适应度景观需要足够的数据来评估种群的现状及其可能发展的多个方向。具有跨越物种屏障潜力并引发人类传播的病毒数量非常巨大，许多属和家族的病毒库已经在蝙蝠和其他物种中被发现（Luis 等，2013；Wynne、Wang，2013）。收集完有关这一切的足够数据虽并不是不可思议（Anthony 等，2013），但仍将是一项艰巨的任务。宿主的适应过程又带来了进一步挑战。在从一个宿主切换到另一个宿主的过程中，病毒呈现进化变化（Campitelli 等，2004；Mehle、Doudna，2009；Taubenberger、Kash，2010；Wain 等，2007），意味着不同的适应度景观适用于不同的物种；即使某病毒在其本地宿主中被广泛地表征，这对于预测其在种群中的行为也可能没有什么价值。通过研究 H5N1 型甲型流感病毒是否能在人间发展空气传播性的问题，已经可以深入了解到新生病毒适应度景观的重要性（Russell 等，2012）。可传播性是 H5N1 和最近鉴定的 H7N9 病毒的重要问题（Gao 等，2013；Zhu 等，2013）。这两种毒株都有高度致病性，已经完成跨物种传播的第一步，跨越了物种屏障而造成人间散发性感染（Wolfe 等，2007）。然而，要引起大流行，病毒还需要完成更进一步的进化，提高人间传播能力。通过一系列有争议的实验，H5N1 和 H7N9 病毒被人工构建或改造，具备了在实验室条件下在雪貂之间传播的能力，从而对赋予空气传播能力的突变进行识别（Herfst 等，2012；Imai 等，2012；Richard 等，2013）。在 HA 蛋白结构中，每种情况下演化出的一组不同的突变都产生了相似的构象变化以及相同的空气传播表型，这些事实说明，从序列数据预测表型变化是非常具有挑战性的。此外，新宿主的适应性较有可能发生在整个基因组，而不仅仅是抗原基因中（Bhatt 等，2013；Herfst 等，2012）。即使序列数据足够，对流感病毒在宿主体内进化中选择所扮演的角色进行评估仍然是一个理论挑战。鉴于流感病毒片段内（Boni 等，2010；Lam 等，2013）的同源重组率较低，突变之间的克隆干扰和“搭便车”效应可能是普遍的，这使得有关选择的轻易推断可能会产生误导人的结果（Illingworth、Mustonen，2011）。最近的一项研究使用分层多位点适应度模型来量化选择在个别流感病毒感染宿主中的作用，这可在实验感染猪流感期间观察到（Lloyd 等，2011；Murcia 等，2012）。在 16 种可以获得时间分辨数据的感染中，有 6 种在 HA 基因中确定了选择存在的证据，其中包括不止一个位点同时选择的案例，以及潜在地由针对特定病毒分支的某种免疫反应引起的时间依赖性选择的案例。

从病毒在宿主内进化的研究中推断适应度效应的能力代表着测定适应度景观的第一步，该适应度景观能够预测病毒大流行的潜力。然而，在每个进化实验中观察到的进化仅仅代表了穿过可能非常复杂的进化景观的某单一路径，相比于耐药性进化研究中观察到的可能的进化轨迹数量，也许限制会少得多（见上一小节：基于适应度景观的预测：抗药性）。此外，对于流感病毒，上位适应度效应是普遍的（Gong 等，2013；Kryazhimskiy 等，2011b；Lipsitch、Galvani，2014）。在实验室的实验中未观测到的单个突变可能会显著改变适应度景观的拓扑结构。最后，尽管雪貂和人类有许多相似之处（Belser 等，2011），但雪貂的适应度效应测定并不意味着在不同年龄结构和免疫学史的人群中具有相同的效果。

预测病毒爆发的严重程度

对抗大区域流行病毒的传播涉及全球一级的科学与政治活动的协调，例如灭绝天花的工作（Breman、Arita，1980；Morse 等，2012）。种群遗传模型已经开始为监测、理解和控制近期或者正在进行的流行病做出贡献。如下文所述，结合“溯祖理论”（Lemey 等，2009）的种群遗传模型的系统发育分析可用于调查和量化病毒爆发的流行病学扩散。

将用于基因组测序的技术与用于系统发育分析的新工具相结合，可以快速表征病毒爆发，并可用于调查新出现的病毒病原体的起源、传播速率和流行病潜力。例如，中东呼吸综合征（MERS）冠状病毒在 2012 年首次被鉴定和分离（Zaki 等，2012），迄今感染了 700 多人。在 MERS 被确定的一年内，病毒种群的系统发育分析确定了其病毒序列的多样性，并观察到两个不同的分支。透过这些结果，我们发现病毒的爆发需要多个时机而不是单次侵入人群，并且随之而来的是广泛的人间传播（Cotton 等，2013）。

这一结论对预测和控制 MERS 传播的重要性在一些流行病学理论的背景下将得到最好的理解。流行病学家使用参数 R_0 来表征疫情的潜在大小和传播性，这代表着单个受感染个体将该疾病传播给一个免疫原性种群中的预期个体数量。如果 R_0 小于 1，则感染单个人畜共患事件的人数将服从从分支过程理论推导的统计分布（图 11－8）。也就是说，病毒对人类的每一次新的侵入将导致有限大小的爆发，总感染人数将取决于被侵入的次数。然而，如果 R_0 大于 1，则预测疫情将呈指数扩张。因此，已观测的 MERS 案例是由多个独立跨物种传播事件引起的结论，意味着病毒的流行潜力可能很小。对每个人畜共患事件感染人数的更加正式的分析支持了这一发现，并估计 R_0 在 0.5 到 0.92（Breban 等，2013）。

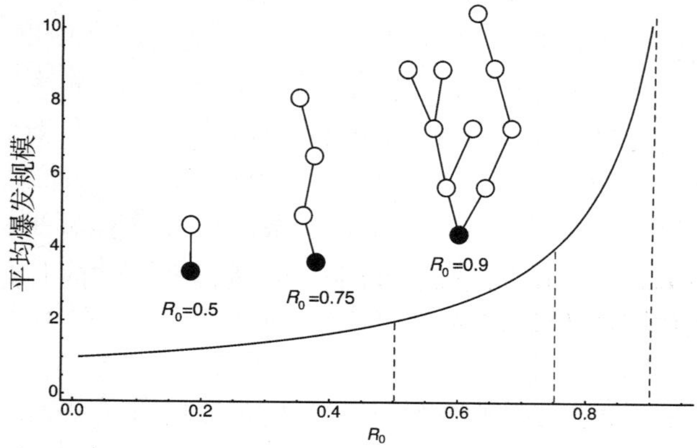

图 11－8　根据 R_0 变化的平均爆发规模

例子显示了 R_0 = 0.5，R_0 = 0.75 和 R_0 = 0.9 的典型爆发图形。在每种情况下，被感染的第一个个体呈黑色，随后感染的个体呈白色。

以受感染人数计算，MERS 爆发与 2009 年的 H1N1 甲型流感病毒流行大相径庭，后者全球首年估计死亡人数超过 20 万（Dawood 等，2012）。H1N1 病毒被首次报道后不久，病毒研究证实它源自单一来源，最初从墨西哥通过航空路径传播，随后是人间持续传播（Fraser 等，2009）。2009 年 H1N1 大流行研究值得注意的地方是首次使用群体遗传方法和传统方法一起对新发病毒的大流行潜力进行估计。具体来说，就是将“溯祖模型”应用于在大流行期间早期采样的 H1N1 病毒序列，并用于估计病毒爆发的增长率。A 型 H1N1 流感 R_0 的群体遗传估计与使用监测流行病学（~1.6）获得的估计相似，这意味着与以前的流感爆发类似，该病毒可能在全球蔓延（Fraser 等，2009）。有关“溯祖模型”应用于病毒性流行病的进一步解释由别处提供（Pybus、Rambaut，2009）。

2009 年 H1N1 病毒起源的系统发育学分析表明，这是由多次重排事件引起的，其中来自不同来源的流感病毒基因组片段重组而产生新的毒株（Smith 等，2009）。2009 年 H1N1 株系的一个显著特征是 HA 基因来源于猪流感病毒，早期起源于人流感病毒，并与直到 1957 年仍在人间传播的 1918 年大流行性流感病毒的 HA 基因有关（Taubenberger、Kash，2010）。因此，以前暴露于 H1 相关病毒的老年人对新发流行疫情表现出一定程度的免疫力（Medina 等，2010；Xu 等，2010）。

上述分析对于预测疫情造成的潜在危险具有很大的价值，但从种群遗传学的角度来看，将病毒视为同质群体仍有局限性，R_0 的单一值并不能分辨病毒遗传变体。然而，在许多情况下，遗传学可能是病毒之间的实质性差异的基础，例如毒力、传播性或对特定治疗的反应。识别这些差异及其原因是确定具体干预措施的重要任务，尽管在针对病毒采取所需的应对措施的时间内，病毒本身可能会发生改变。

总结

种群遗传学为理解病毒种群的演化过程做出了宝贵贡献。得益于计算或理论研究人员对第三方收集的数据集进行的分析，这方面工作取得了大量进展。从这个意义上来看，共享病原体序列数据的增加，可以帮助我们加深对病毒性疾病的了解。

数据公开的原则是使已发表的研究相关的数据公开可用，这已经有很长的历史了。存储艾滋病毒和流感病毒基因组序列的在线数据库对进化和种群遗传研究界具有重要价值（Bao 等，2008；Rhee，2003）。然而，对第一线收集数据的研究者的工作给予充分承认和认可亦十分重要。例如，GISAID 流感病毒项目允许发展中国家的研究人员分享数据，他们不用担心自己的工作不被认可（Bogner 等，2006）。

我们预计未来的病毒种群遗传学研究将朝着分析更大范围病毒的更多数据的方向进展，从而创建一个日益完善的全球病毒进化的图景。在历史上，种群遗传研究已经偏向于少数几种病原体，如甲型流感病毒和 HIV-1。这部分地反映了这些病毒造成的突发公共卫生威胁，这些病毒又与死亡率、治疗和疫苗开发方面的重大成本相关联。有时在数据收集量较少的地方，对这些病毒进行研究的紧迫性导致了序列数据的更多积累，这样可以对病毒进化进行更复杂的分析。随着测序技术变得更快、更便宜、更易于获取，病毒研究范围已经扩大，种群遗传方法也相应被应用于 HCV、登革病毒、疱疹病毒和许多其他病毒。然而，许多资源贫乏的国家在数据收集上还存在巨大差距。例如，纯粹因为缺乏可获取数据的原因，2010 年流感的全球性迁移研究完全忽视了非洲地区的病毒流传（Bedford 等，2010）。完成一个全球图景将是未来工作的重要目标。

研究病毒多样性的一个常用工具是贝叶斯系统发育包 BEAST（Bouckaert 等，2014）。当用于随时间推移连续采样的病毒序列分析时，这个工具尤其流行。该包提供了基于溯祖的推理进化参数的方法，如替代率和有效种群大小。系统发育方法对于分析新型病毒爆发特别有效，其中样品通常是有限的。最近对 2014 年爆发的埃博拉病毒的分析显示，这种西非病毒在中非的老年人中的爆发（Gire 等，2014）。

然而，贝叶斯系统发育方法在计算上要求很高，难以适用于数千或数万种病毒序列。随着序列数据库的扩大，这些数据集越来越普遍，并且正在通过超深度测序方法持续生产。因此，应考虑用于考察病毒种群进化的替代技术。在病毒种群中随时间推移而检查等位基因和突变频率的分布和变化的群体遗传技术是一个有吸引力的选择。如果积累了足够的变异，那么这些种群遗传方法也可能适用于慢速进化的 DNA 病毒。例如，最近对引发水痘的带状疱疹病毒（VZV）进化的调查，是使用病毒基因组的深度测序进行的。活疫苗株系具有异种性，偶尔也会导致接种患者患上皮疹。研究者分别检查了来自于疫苗和皮肤病变的病毒种群。疫苗接种后的症状被鉴定为由作用于已存在于疫苗种群中等位基因的选择作用导致，而非新产生的突变（Depledge 等，2014）。有了越来越多病毒序列提炼数据以及一大批新型群体遗传技术做保证，预示着理解、预测以及治疗传染疾病将迎来光明的未来。

（主译：夏赟、李浪　校译：Jeffrey Ho-Ching Hung）

参考文献

1. Acevedo，A.，Brodsky，L.，and Andino，R.（2014）. Nature 505，686－690.

2. Anthony，S. J.，Epstein，J. H.，Murray，K. A.，et al.（2013）. mBio 4，e00598－13.

3. Arinaminpathy，N.，and Grenfell，B.（2010）. PLoS One 5，e15674.

4. Bahl，J.，Nelson，M. I.，Chan，K. H.，et al.（2011）. Proceedings of the National Academy of Sciences 108，19359－19364.

5. Bao，Y.，Bolotov，P.，Dernovoy，D.，et al.（2008）. J. Virol. 82，596－601.

6. Bedford，T.，Cobey，S.，Beerli，P.，et al.（2010）. PLoS Pathog. 6，e1000918.

7. Bedford，T.，Rambaut，A.，and Pascual，M.（2012）. BMC Biology 10，38.

8. Bedford，T.，Suchard，M. A.，Lemey，P.，et al.（2014）. eLife 3，e01914.

9. Beerenwinkel，N.，Sing，T. Lengauer，T.，et al.（2005）. Bioinformatics 21，3943－3950.

10. Belser，J. A.，Katz，J. M.，and Tumpey，T. M.（2011）. Disease Models and

Mechanisms 4, 575 – 579.

11. Belshaw, R., Sanjuán, R., and Pybus, O. G. (2011). Curr. Op. Virol. 1, 430 – 435.

12. Bennett, S. N., Holmes, E. C., Chirivella, M., et al. (2003). Mol. Biol. Evol. 20, 1650 – 1658.

13. Bhatt, S., Holmes, E. C., and Pybus, O. G. (2011). Mol. Biol. Evol. 28, 2443 – 2451.

14. Bhatt, S., Lam, T. T., Lycett, S. J., et al. (2013). Philos. Trans. R. Soc. Lond., B, Biol. Sci. 368, 20120382 – 20120382.

15. Bhatt, S., Katzourakis, A., and Pybus, O. G. (2010). Infect. Genet. Evol. 10, 421 – 430.

16. Bogner, P., Capua, I., Lipman, D. J., et al. (2006). Nature 442, 981 – 981.

17. Bollback, J. P., York, T. L., and Nielsen, R. (2008). Genetics 179, 497 – 502.

18. Bonhoeffer, S., Chappey, C., Parkin, N. T., et al. (2004). Science 306, 1547 – 1550.

19. Boni, M. F., de Jong, M. D., van Doorn, H. R., et al. (2010). PLoS One 5, e10434.

20. Bouckaert, R., Heled, J., Kühnert, D., et al. (2014). PLoS Comput. Biol. 10, e1003537.

21. Breban R, Riou J, and Fontante, A. (2013). The Lancet 382, 694 – 699.

22. Breman, J. G., and Arita, I. (1980). New England Journal of Medicine 303, 1263 – 1273.

23. Brown, A. J. (1997). Proceedings of the National Academy of Sciences 94, 1862 – 1865.

24. Bush, R. M. (1999). Science 286, 1921 – 1925.

25. Campitelli, L., Mogavero, E., De Marco, M. A., et al. (2004). Virology 323, 24 – 36.

26. Chao, L. (1990). Nature 348, 454 – 455.

27. Chare, E. R., Gould, E. A., and Holmes, E. C. (2003). J. Gen. Virol. 84, 2691 – 2703.

28. Cobey, S., and Koelle, K. (2008). Trends in Ecology and Evolution 23, 572 – 577.

29. Conzelmann, K. K. (1998). Annu. Rev. of Genet. 32, 123 – 162.

30. Cotten, M., Watson, S. J., Kellam, P., et al. (2013). The Lancet 382, 1993 – 2002.

31. Dawood, F. S., Iuliano, A. D., Reed, C., et al. (2012). The Lancet Infectious Diseases 12, 687 – 695.

32. de Visser, J. A. G. M., and Krug, J. (2014). Nat. Rev. Genet. 15, 480 – 490.

33. Depledge, D. P., Kundu, S., Jensen, N. J., et al. (2014). Mol. Biol. Evol. 31, 397 – 409.

34. Desai, M. M., and Fisher, D. S. (2007). Genetics 176, 1759 – 1798.

35. Dobzhansky, T. (1937). Columbia University Press.

36. Dowdle, W. R. (1999). Bulletin World Health Organisation 77, 820 – 828.

37. Drake, J. W. (1991). Proceedings of the National Academy of Sciences 88, 7160 – 7164.

38. Drummond, A., Pybus, O. G., and Rambaut, A. (2003). Advances in Parasitology. 54, 331 – 358.

39. Duffy, S., Shackelton, L. A., and Holmes, E. C. (2008). Nat. Rev. Genet. 9, 267 – 276.

40. Elena, S. F., and Sanjuán, R. (2007). Annual Review of Ecology, Evolution, and Systematics 38, 27 – 52.

41. Felsenstein, J. (1974). Genetics 78, 737 – 756.

42. Ferguson, A. L., Mann, J. K., Omarjee, S., et al. (2013). Immunity 38, 606 – 617.

43. Ferguson, N. M., Galvani, A. P., and Bush, R. M. (2003). Nature 422, 428 – 433.

44. Fisher, R. A. (1930). Clarendon Press.

45. Fitch, W. M., Leiter, J. M., Li, X. Q., et al. (1991). Proceedings of the National Academy of Sciences 88, 4270 – 4274.

46. Fitch, W. M., Bush, R. M., Bender, C. A., et al. (1997). Proceedings of the National Academy of Sciences 94, 7712 – 7718.

47. Fraser, C., Donnelly, C. A., Cauchemez, S., et al. (2009). Science 324, 1557 – 1561.

48. Ganusov, V. V., Goonetilleke, N., Liu, M. K. P., et al. (2011). J. Virol. 85, 10518 – 10528.

49. Gao, R., Cao, B., Hu, Y., et al. (2013). New England Journal of Medicine 368, 1888 – 1897.

50. Gaschen, B., Taylor, J., Yusim, K., et al. (2002). Science 296, 2354 – 2360.

51. Gerrish, P. (2001). Nature 413, 299 – 302.

52. Gerrish, P. J., and Lenski, R. E. (1998). Genetica 102 – 103, 127 – 144.

53. Gire, S. K., Goba, A., Andersen, K. G., et al. (2014). Science 345, 1369 – 1372.

54. Gong, L. I., Suchard, M. A., and Bloom, J. D. (2013). eLife 2, e00631.

55. Good, B. H., Rouzine, I. M., Balick, D. J., et al. (2012). Proceedings of the National Academy of Sciences 109, 4950 – 4955.

56. Gould S. (1990). W. W. Norton and Company.

57. Grenfell, B. T., Pybus, O. G., Gog, J. R., et al. (2004). Science 303, 327 – 332.

58. Hay, A. J., Gregory, V., Douglas, A. R., et al. (2001). Philos. Trans. R. Soc. Lond., B, Biol. Sci. 356, 1861 – 1870.

59. Herfst, S., Schrauwen, E. J. A., Linster, M., et al. (2012). Science 336, 1534 – 1541.

60. Hill, W. G., and Robertson, A. (1966). Genetical Research 8, 269 – 294.

61. Hirst, G. K. (1943). Journal of Experimental Medicine 78, 407 – 423.

62. Holmes, E. C., Ghedin, E., Miller, N., et al. (2005). PLoS Biology 3, e300.

63. Huxley, Julian S. (1942). John Wiley and Sons.

64. Illingworth, C. J., and Mustonen, V. (2011). Genetics 189, 989 – 1000.

65. Illingworth, C. J., and Mustonen, V. (2012). PLoS Pathog. 8, e1003091.

66. Illingworth, C. J., Fischer, A., and Mustonen, V. (2014) PLoS Comput. Biol. 10, e1003755.

67. Illingworth, C. J., Parts, L., Schiffels, S., et al. (2012). Mol. Biol. Evol. 29, 1187 - 1197.

68. Illingworth, C. J., Parts, L., Bergström, A., et al. (2013). PLoS One 8, e62266.

69. Imai, M., Watanabe, T., Hatta, M., et al. (2012). Nature 486, 420 - 428.

70. Kida, H., Ito, T., Yasuda, J., et al. (1994). J. Virol. 75, 2183 - 2188.

71. Koel, B. F., Burke, D. F., Bestebroer, T. M., et al. (2013). Science 342, 976 - 979.

72. Koelle, K., Cobey, S., Grenfell, B., et al. (2006). Science 314, 1898 - 1903.

73. Kryazhimskiy, S., Bazykin, G. A., and Dushoff, J. (2008a). J. Virol. 82, 4938 - 4945.

74. Kryazhimskiy, S., Bazykin, G. A., Plotkin, J., et al. (2008b). Proceedings of the Royal Society B: Biological Sciences 275, 2455 - 2464.

75. Kryazhimskiy, S., Draghi, J. A., and Plotkin, J. B. (2011a). Science 332, 1160 - 1161.

76. Kryazhimskiy, S., Dushoff, J., Bazykin, G. A., et al. (2011b). PLoS Genet. 7, e1001301.

77. Lam, T. T. -Y., Chong, Y. L., Shi, M., et al. (2013). Infect. Genet. Evol. 18, 367 - 378.

78. Lander, E. S., Linton, L. M., Birren, B., et al. (2001). Nature 409, 860 - 921.

79. Lemey, P., Salemi, M., and Vandamme, A. (2009). Cambridge University Press.

80. Lemey, P., Rambaut, A., Bedford, T., et al. (2014). PLoS Pathog. 10, e1003932.

81. Lengauer, T., and Sing, T. (2006). Nature 4, 790 - 797.

82. Linz, B., Windsor, H. M., McGraw, J. J., et al. (2014). Nature Communications 5, 4165.

83. Lipsitch, M., and Galvani, A. P. (2014). PLoS Medicine 11, e1001646.

84. Lloyd, L. E., Jonczyk, M., Jervis, C. M., et al. (2011). Influenza and Other Respiratory Viruses 5, 357 - 364.

85. Lozovsky, E. R., Chookajorn, T., Brown, K. M., et al. (2009). Proceedings of National Academy of Sciences 106, 12025 - 12030.

86. Luis, A. D., Hayman, D. T. S., O'Shea, T. J., et al. (2013). Proceedings of the Royal Society B: Biological Sciences 280, 20122753 - 20122753.

87. Luksza, M., and Lässig, M. (2014). Nature 507, 57 - 61.

88. Mancera, E., Bourgon, R., Brozzi, A., et al. (2008). Nature 454, 479 - 485.

89. Marcus, P. I., Ngunjiri, J. M., and Sekellick, M. J. (2009). J. Virol. 83, 8122 - 8130.

90. McDonald, J. H., and Kreitman, M. (1991). Nature 351, 652 - 654.

91. Medina, R. A., Manicassamy, B., Stertz, S., et al. (2010). Nature Communications 1, 1 - 6.

92. Mehle, A. , and Doudna, J. A. (2009) . Proceedings of the National Academy of Sciences 106, 21312 - 21316.

93. Meyer, A. G. , and Wilke, C. O. (2012) . Mol. Biol. Evol. 30, 36 - 44.

94. Meyer, J. R. , Dobias, D. T. , Weitz, J. S. , et al. (2012) . Science 335, 428 - 432.

95. Mugal, C. F. , Wolf, J. B. W. , and Kaj, I. (2013) . Mol. Biol. Evol. 31, 212 - 231.

96. Murcia, P. R. , Hughes, J. , Battista, P. , et al. (2012) . PLoS Pathog. 8, e1002730.

97. Mustonen, V. , and Lässig, M. (2009) . Trends in Genetics 25, 111 - 119.

98. Neher, R. A. , and Hallatschek, O. (2013) . Proceedings of the National Academy of Sciences 110, 437 - 442.

99. Neher, R. A. , and Leitner, T. (2010) . PLoS Comput. Biol. 6, e1000660.

100. Neher, R. A. , and Shraiman, B. I. (2009) . Proceedings of the National Academy of Sciences 106, 6866 - 6871.

101. Neher, R. A. , Russell, C. A. , and Shraiman, B. I. (2014) . eLife 3, e03568.

102. Nelson, M. I. , Edelman, L. , Spiro, D. J. , et al. (2008) . PLoS Pathog. 4, e1000133.

103. Nelson, M. I. , Simonsen, L. , Viboud, C. , et al. (2007) . PLoS Pathog. 3, e131.

104. Nelson, M. I. , Simonsen, L. , Viboud, C. , et al. (2006) . PLoS Pathog. 2, e125.

105. Neverov, A. D. , Lezhnina, K. V. , Kondrashov, A. S. , et al. (2014) . PLoS Genet. 10, e1004037.

106. Palese, P. (2004) . Nature Medicine 10, S82 - S87.

107. Palese, P. , and Wang, T. T. (2011) . mBio 2, e00150 - 11.

108. Parera, M. , and Martínez, M. A. (2014) . Mol. Biol. Evol. 31, 1546 - 1553.

109. Pennings, P. S. , Kryazhimskiy, S. , and Wakeley, J. (2014) . PLoS Genet. 10, e1004000.

110. Plotkin, J. B. , Dushoff, J. , and Levin, S. A. (2002) . Proceedings of the National Academy of Sciences 99, 6263 - 6268.

111. Pybus, O. G. , and Rambaut, A. (2009) . Nat. Rev. Genet. 10, 540 - 550.

112. Pybus, O. G. , Rambaut, A. , Belshaw, R. , et al. (2007) . Mol. Biol. Evol. 24, 845 - 852.

113. Pybus, O. G. , and Shapiro, B. (2009) . Natural Selection and Adaptation of Molecular Sequences. In Lemey, P. , Salemi, M. , Vandamme, A. , eds. Cambridge University Press, 407 - 418.

114. Rambaut, A. , Pybus, O. G. , Nelson, M. I. , et al. (2008) . Nature 453, 615 - 619.

115. Recker, M. , Pybus, O. G. , Nee, S. , et al. (2007) . Proceedings of the National Academy of Sciences 104, 7711 - 7716.

116. Rhee, S. Y. (2003) . Nucleic Acids Research 31, 298 - 303.

117. Richard, M. , Schrauwen, E. J. A. , de Graaf, M. , et al. (2013) . Nature 501, 560 - 563.

118. Rocha, E. P. C., Smith, J. M., Hurst, L. D., et al. (2006). Journal of Theoretical Biology 239, 226 – 235.

119. Rouzine, I. M., Rodrigo, A., and Coffin, J. M. (2001). Microbiology and Molecular Biology Reviews 65, 151 – 185.

120. Rouzine, I. M., Wakeley, J., and Coffin, J. M. (2003). Proceedings of the National Academy of Sciences 100, 587 – 592.

121. Russell, C. A., Jones, T. C., Barr, I. G., et al. (2008). Science 320, 340 – 346.

122. Russell, C. A., Fonville, J. M., Brown, A. E. X., et al. (2012). Science 336, 1541 – 1547.

123. Sanjuán, R., Nebot, M. R., Chirico, N., et al. (2010). J. Virol. 84, 9733 – 9748.

124. Sanjuán, R. (2006). J. Virol. 87, 1595 – 1602.

125. Scholtissek, C. (1987). Experientia 43, 1197 – 1201.

126. Shapiro, B., Rambaut, A., Pybus, O. G., et al. (2006). Mol. Biol. Evol. 23, 1724 – 1730.

127. Sheridan, I., Pybus, O. G., Holmes, E. C., et al. (2004). J. Virol. 78, 3447 – 3454.

128. Shih, A. C.-C., Hsiao, T.-C., Ho, M.-S., et al. (2007). Proceedings of the National Academy of Sciences 104, 6283 – 6288.

129. Shriner, D., Shankarappa, R., Jensen, M. A., et al. (2004). Genetics 166, 1155 – 1164.

130. Sidorenko, Y., and Reichl, U. (2004). Biotechnology and Bioengineering 88, 1 – 14.

131. Simmonds, P., Tuplin, A., and Evans, D. J. (2004). RNA 10, 1337 – 1351.

132. Smith, D. J., Lapedes, A. S., de Jong, J. C., et al. (2004). Science 305, 371 – 376.

133. Smith, G. J. D., Vijaykrishna, D., Bahl, J., et al. (2009). Nature 459, 1122 – 1125.

134. Smith, N. G. C., and Eyre-Walker, A. (2002). Nature 415, 1022 – 1024.

135. Sniegowski, P. D., and Gerrish, P. J. (2010). Philos. Trans. R. Soc. Lond., B, Biol. Sci. 365, 1255 – 1263.

136. Steinbruck, L., and McHardy, A. C. (2011). Nucleic Acids Research 39, e4 – e4.

137. Steinbrück, L., and McHardy, A. C. (2012). PLoS Comput. Biol. 8, e1002492.

138. Strelkowa, N., and Lässig, M. (2012). Genetics 192, 671 – 682.

139. Taubenberger, J. K., and Kash, J. C. (2010). Cell Host and Microbe 7, 440 – 451.

140. Tusche, C., Steinbruck, L., and McHardy, A. C. (2012). Mol. Biol. Evol. 29, 2063 – 2071.

141. Venter, J. C., Adams, M. D., Myers, E. W., et al. (2001). Science 291, 1304 – 1351.

142. Waddington, C. H. (1942). Nature 150, 563 – 565.

143. Wain, L. V., Bailes, E., Bibollet-Ruche, F., et al. (2007). Mol. Biol. Evol.

24, 1853 - 1860.

144. Webster, R. G., Bean, W. J., Gorman, O. T., et al. (1992). Microbiology Reviews 56, 152 - 179.

145. Wilke, C. O. (2004). Genetics 167, 2045 - 2053.

146. Wilke, C. O., Lenski, R. E., and Adami, C. (2003). BMC Evolutionary Biology 3, 3.

147. Williamson, S. (2003). Mol. Biol. Evol. 20, 1318 - 1325.

148. Wolf, Y. I., Viboud, C., Holmes, E. C., et al. (2006). Biology Direct 1, 34.

149. Wolfe, N. D., Dunavan, C. P., and Diamond, J. (2007). Nature 447, 279 - 283.

150. Worobey, M., and Holmes, E. C. (1999). J. Virol. 80, 2535 - 2543.

151. Worobey, M., Han, G. Z., and Rambaut, A. (2014). Proceedings of the National Academy of Sciences 111, 8107 - 8112.

152. Wright, S. (1931). Genetics 16, 97 - 159.

153. Wylie, C. S., and Shakhnovich, E. I. (2011). Proceedings of the National Academy of Sciences 108, 9916 - 9921.

154. Wynne, J. W., and Wang, L. -F. (2013). PLoS Pathog. 9, e1003651.

155. Xu, R., Ekiert, D. C., Krause, J. C., et al. (2010). Science 328, 357 - 360.

156. Yang, Z., and Bielawski, J. (2000). Trends in Ecology and Evolution 15, 496 - 503.

157. Yang Z., and Nielsen, R. (2000). Mol. Biol. Evol. 17, 32 - 43.

158. Zaki, A. M., van Boheemen, S., Bestebroer, T. M., et al. (2012). New England Journal of Medicine 367, 1814 - 1820.

159. Zanini, F., and Neher, R. A. (2013). J. Virol. 87, 11843 - 11850.

160. Zhu, H., Wang, D., Kelvin, D. J., et al. (2013). Science 341, 183 - 186.

第十二章　新发传染病

Michelle M. Becker　Everett Clinton Smith　Mark R. Denison*

范德比尔特大学医学院儿童传染病学部，纳什维尔，田纳西州 37232－2581，美国

*通讯作者：mark. denison@ vanderbilt. edu

摘要

病毒是一类由外壳蛋白包裹线性核酸分子组成的微生物，其中一些还具有脂质外膜。这种微小生物可以对人类以及地球上其他生物造成致命影响。由于种群数量大、复制周期短，病毒较那些生命周期长的大生物来说，有更快的进化速度。这种持续变化的状态允许他们不断检测序列空间，产生具有传播和适应新宿主能力的多样化病毒种群。一旦这种情况发生，病毒将感染新的物种并引起疾病，我们将这种情况称之为新发传染病。新发传染病（EIDs）增多可能是由于人类入侵有病原存在的生态环境、病原宿主分布改变、气候模式改变以及其他的一些因素。我们在本章将重点介绍几种动物或植物的新发传染病，回顾病毒利用以上种种因素变化所创造的机会，引起新发传染病的相关特征。我们首先关注目前正在流行的埃博拉病毒和冠状病毒，随后讨论不断扩展媒介宿主和感染宿主的基孔肯雅病毒，最后分别介绍感染家禽的细小病毒和感染重要经济农作物的咖啡黄斑病毒。

简介

自 21 世纪开始，新发传染病对人类健康、社会和经济带来了灾难性的影响。病毒是很多新发传染病的病原，如严重急性呼吸综合征冠状病毒（SARS－CoV）、流感病毒（新型 H1N1、H5N1 和其他的高致病性禽流感病毒）、基孔肯雅病毒以及最近的中东呼吸综合征冠状病毒（MERS－CoV）和埃博拉病毒。这些引人注目的感染性疾病均具有高致病性和高致死率，在多个国家和地区流行，对社会和经济造成显著破坏。这些病毒以及他们导致的疾病符合 2001 年对新发传染病的界定：新发传染病是指一种感染性疾病在其首次感染新宿主后引致发病率逐渐升高，或由于自身流行病学特征的长时间改变，导致在现有宿主中发病率显著升高（Woolhouse、Dye，2001）

影响新发或再发传染病的因素很多，包括微生物适应性、人类生态学和行为学改变，以及广泛的国际旅行等。人为因素，例如破坏栖息地，被认为是近些年新发传染病出现的主要推动力（Morse，1995；Woolhouse 等，2005，Jones 等，2013）。随着时间的推移，人类推动的改变很可能只会更多。新发传染病有不断出现的可能，我们有必要明确适应性改变对于病毒在人类、动物以及植物内部或之间传播的重要性。现代生物技术，特别是高通量测序技术，大大提高了我们在疫情暴发时对数据的收集能力。这些数据可以被用于理解病毒引起新发传染病之前、之中以及之后所出现的改变，也能更好地预测未来病毒引起疾病的能力。

对新发传染病的研究发现，引起动物疾病或人畜共患病的病毒实际引起新发传染病的发病率远远高于病毒进化可能导致的预期发病率（Taylor 等，2001；Woolhouse、Gowtage-Sequeria，2005；Jones 等，2008）。WHO 对人畜共患病进行了定义，1959 年再次修订后至今仍然使用，这个定义为：在人类和脊椎动物之间自然传播的疾病（WHO/FAO，1959）。2004 年，新发人畜共患病被定义为：一种新发现、新进化、已存在但近期发病率升高，或传播的地理范围/宿主/传播媒介扩大的疾病（WHO，2004）。高突变率使得 RNA 病毒在宿主间传播或感染新的宿主的能力更强，因此也被认为是引起未来新发传染病的主要病原体（Johes 等，2008）。病毒数量大、复制周期短，也使得他们成为实验室研究进化的理想对象。病毒持续进化，尝试所有可能的位点，并且适应选择。因此，这篇综述将从以病毒为中心的角度着重讲述病毒进化在新发传染病中的作用。

新发或复发传染病可通过多种途径发生，包括：① 现有病毒进化后导致其自身可以在新宿主内适应和传播，比如 SARS-CoV、MERS-CoV 和细小病毒；②已知病原体在新的地区和人群中引起暴发流行，例如基孔肯雅病毒；③由于生态改变，某些地区出现先前没有的病毒，例如埃博拉病毒和咖啡环斑病毒；④在已有宿主内病毒产生抗药性或者公共卫生措施故障导致已知病毒新发，这一因素也适用于埃博拉病毒。

埃博拉病毒

简介

埃博拉病毒（丝状病毒科，单股负链 RNA 病毒目）是单股负链、不分节段、有囊膜的 RNA 病毒，包括埃博拉病毒属、马尔堡病毒属和 *Cuevavirus* 属。马尔堡病毒属和 *Cuevavirus* 属均只有一型病毒，分别是马尔堡病毒（MARV）和 *Lioviu* 病毒（LLOV）。埃博拉病毒属有五型，分为扎伊尔型（EBOV）、苏丹型（SUDV）、本迪布焦型（RESTV）、塔伊森林型（TAFV）和莱斯顿型（BDBV）（Kuhn 等，2010；Feldmann、Geisbert，2011）。埃博拉病毒属五种病毒型都可以感染人类，但只有四种可引起致命性疾病。本迪布焦型主要在非人灵长类动物和猪中引起疾病（Jahrling 等，1990；Miranda 等，1999；Barrette 等，2009）。埃博拉病毒呈线性，内包裹 19kb 的基因组（见图 12－1），编码七种蛋白。五种病毒型编码的蛋白顺序完全一致，从 3' 蛋白到 5' 蛋白分别为核蛋白（NP）、病毒蛋白 35

(VP35)、VP40、糖蛋白（GP)、VP30、VP24，以及RNA依赖的RNA多聚酶（L)（Kuhn等，2010；Feldmann等，2013)。

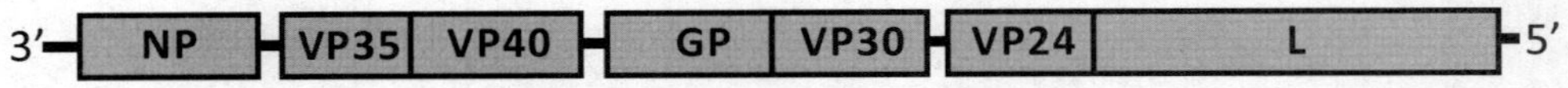

图12－1　单股负链埃博拉病毒基因组示意图

基因组大约19kb大小，包括了核蛋白（NP)、病毒蛋白35（VP35)、VP40、糖蛋白（GP)、VP30、VP24，以及RNA依赖的RNA多聚酶（L)。

疾病暴发史

首例被记录的丝状病毒引起病毒性出血热发生在1967年德国法兰克福和马尔堡以及前南斯拉夫贝尔格兰德。实验室工作人员在处理来自乌干达的非洲绿猴时被感染，这个病毒被命名为马尔堡病毒（Siegert等，1967；Feldmann等，2013)。大约10年以后，两起时间上有交叉的疫情发生在现在的刚果民主共和国（DRC）扎依尔和苏丹（Team，1978；Commission，1978)（图12－2)。研究者一开始希望能够找到两起疫情的相关性，但事实上并未找到。用更多的现代生物技术细心分析后发现，这两起疫情分别由两种有相关性但不同型的病毒EBOV和SUDV引起（Richman等，1983)。疫情中首例病人的分析结果提示这两种病毒分别在几个月内传播给人类。此外，感染途径的不同导致了疾病致死率的不同，并且二代传染的患病率也明显下降。这些结果说明当病毒开始在人—人间传播时，就失去了引起严重疾病的能力（Team，1978；Commission，1978)。

最近在西非爆发的埃博拉疫情始于2013年底，至2015年疫情仍在持续。疾病发病快、常常导致死亡的特点，使得埃博拉病毒引起了全球的广泛关注。这起疫情的首例患者是一名2岁的男孩，已经在2013年底死亡。与他有过密切接触的亲戚也都感染了该病（Baize等，2014)。以往的研究认为西非存在埃博拉病毒（Schoepp等，2014)，但此次疫情是该地区首次确认EBOV感染人类（Dudas、Rambaut，2014)。此次疫情因其感染范围大（影响的国家多和感染人数大）和前所未有的持续时间，尤其显得不平常。更令人震惊的是在人群中持续的传播仅来源于单个动物源（Gire等，2014)。在这次疫情中，人感染EBOV已经分别在几内亚、塞拉利昂、利比里亚、尼日利亚、塞内加尔、美国、马里得到确诊（WHO，2015b)。这个大规模的疫情暴发对我们来说是一个严重的提醒：新发病毒可以快速、潜在地影响全世界。

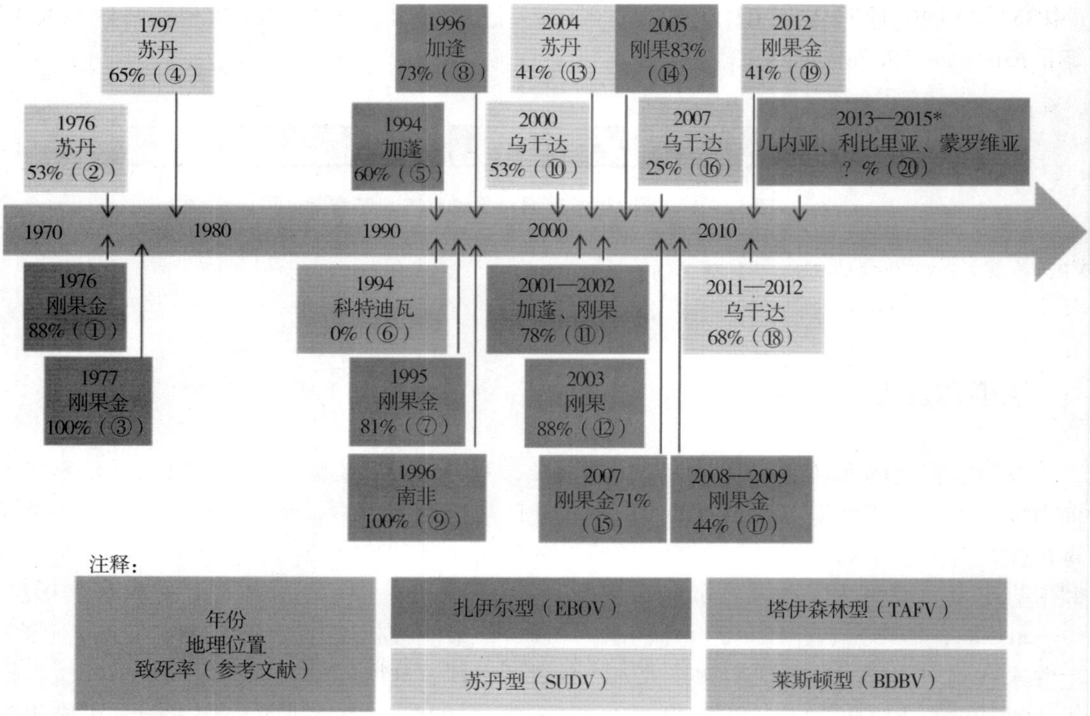

图 12－2　1976—2005 年埃博拉病毒病暴发时间表

所有有记录的埃博拉疫情都包括在图示中，并且根据引起疫情的埃博拉病毒型的不同标记上了不同的颜色（参考注释）。疫情暴发的年份和地理位置以及致死率和参考文献都显示在图中。参考文献：①Commission，1978；②Team，1978；③Heymann 等，1980；④Baron 等，1983；⑤Georges 等，1999；⑥Le Guenno 等，1995；⑦Khan 等，1999；⑧Georges 等，1999；⑨Georges 等，1999；⑩CDC，2001；⑪ Leroy 等，2002b；⑫ Formenty 等，2003；⑬WHO，2005；⑭Nkoghe 等，2011；⑮WHO，2007；⑯Towner 等，2008；⑰Muyembe Tamfum 等，2012；⑱ Shoemaker 等，2012；⑲ Albariño 等，2013；⑳ Gire 等，2014。＊疫情还在继续。

疾病描述

扎伊尔型埃博拉病毒感染潜伏期一般为 2～21 天，大部分 4～10 天发病。最初的症状不特异，通常表现为发热、头疼、肌肉疼痛和乏力，有时还伴有呕吐和腹泻。缺乏特异的早期临床表现使得快速诊断丝状病毒感染存在困难（Feldmann、Geisbert，2011；Goeijenbier 等，2014）。随着疾病的进展，典型症状常常突然出现，病人病情或者快速恶化、进展甚至死亡，或者持续发烧数天后开始缓解（Siegert 等，1967；Feldmann、Geisbert，2011；Baize 等，2014）。常常可见出血热（HF）、多器官衰竭、淋巴细胞减少症、凝血障碍、低血容量休克以及出血等并发症（Team，1978；Commission，1978；Feldmann、Geisbert，2011）。

对非人灵长类动物的研究表明，扎伊尔型埃博拉病毒首先感染单核细胞、巨噬细胞以及树突状细胞，通过淋巴结、淋巴系统进行扩散，最终导致系统性感染和病毒血症（Richman 等，1983；Geisbert 等，2003a）。然而，EBOV 感染树突状细胞并未激活专职抗原递呈细胞（Bosio 等，2003），因此延迟了获得性免疫系统的参与。随着病毒扩散，EBOV 定位于肝脏和肾上腺（Team，1978；Geisbert 等，2003a；Feldmann、Geisbert，2011），导致器官衰竭。随着肾上腺感染、坏死的发生，合成皮质激素的酶缺乏，血液动力学受到影响，病人会出现低血压和低血容量（Feldmann、Geisbert，2011）。EBOV 感染导致的低血容量休克与脓毒血症休克类似，包括引起淋巴细胞凋亡、促炎症细胞因子产生以及凝血失调（Bray、Mahanty，2003；Geisbert 等，2003b）。有趣的是，还有证据显示 EBOV 有超抗原活性（Leroy 等，2011），可以非特异性激活免疫系统导致脓毒血症休克。

病毒载量与预后没有直接相关性（Baize 等，1999；Sanchez 等，2004），但感染早期激活体液和获得性免疫系统活性是预后良好的一个指示。完全康复或者症状缓解的病人体内伴随可检测到的抗体反应，这表明获得性免疫系统就有能力控制 EBOV 感染，如果免疫系统耐受住病毒早期的攻击，则能够产生足够的防御（Rowe 等，1999；Sanchez 等，2004）。在几次暴发流行中，都存在与 EBOV 患者密切接触但未出现临床症状的个体。EBOV 导致无症状感染或轻微感染的可能性（Rowe 等，1999；Leroy 等，2000；Sanchez 等，2004；Gire 等，2012）使得丝状病毒属引起疾病暴发过程中所观察到的 30% ~90% 不等的致死率是否准确成为一个问题（Baize 等，2014）。最近对加蓬疫情的监测表明，轻微感染或无症状 EBOV 感染不仅可能，而且比之前预期的更常见（Becquart 等，2010）。鉴于目前埃博拉病毒在西非的疫情，之前的一个在利比里亚热带雨林的居民体内检测到抗 EBOV 特异性抗体的研究结果非常值得注意（Van der Waals 等，1986）。

储存宿主

EBOV 引起的疫情呈零星和急剧的特点，这种特点使得我们很疑惑在疾病暴发时病毒储存在哪里，以及是什么因素刺激启动了疾病的再次暴发。丝状病毒也可以感染非人灵长类动物，特别是大型的猿，包括大猩猩和黑猩猩，导致疾病甚至死亡。人群中多次疫情的暴发都与附近灵长动物疾病的暴发相关（Leroy 等，2004；Lahm 等，2007），这表明感染人类的病毒也同样可以感染非人灵长类动物。非人灵长类动物与人类一样对埃博拉病毒易感，这一事实表明这些物种并不是作为储存宿主长时间驻留病毒，而且这些物种一旦感染丝状病毒也会引起疾病甚至死亡。一种病原体的储存宿主被认为是一种可被该病原体短暂或持久感染，但并不引起疾病或者导致死亡的物种（Swanepoel 等，1996）。在这种情况下，病毒和宿主互相适应，病毒不断进化，在宿主体内存活，并可以在宿主间转移，持续保存下来。在平衡的另一面，宿主即使有更长的寿命，也可以逐步进化抵抗病毒所引起的疾病。一个广为接受的理论认为病毒与宿主共存的时间越久，病毒感染后引起的疾病就越少（Weiss，2001）。这个理论的必然结论就是新发病毒能引起严重的疾病，这一点在埃博拉病毒引起的感染中得到证实。

有研究对埃博拉疫情暴发的村庄及其周围的环境中可与人类接触的多个物种，包括植物、啮齿类动物以及蝙蝠体内的 EBOV 抗原和抗体进行了检测（Gonzalez 等，2007）。此外，实验性感染啮齿类动物（Swanepoel 等，1996；Gire 等，2014）或节肢动物（Turell 等，1996）均未成功，因此研究人员明确地将 EBOV 与汉坦病毒和虫媒病毒区分开。最近的一个对 EBOV 疫区周围啮齿动物、鸟类以及蝙蝠的监测发现，在三种非洲果蝠和食虫蝙蝠：锤头果蝠、无尾肩章果蝠和小项圈果蝠中存在感染 EBOV 的证据（Leroy 等，2005）。有趣的是，这些蝙蝠呈 RT - PCR 阳性或血清学阳性，但不存在二者同时呈阳性的情况，这可能说明这些蝙蝠或者正处在病毒活性感染期或清除病毒后抗体阳转期（Leroy 等，2005）。2007 年的一份研究证实不仅在埃博拉疫区附近生活的果蝠体内存在 EBOV 感染的证据，在一些没有埃博拉流行的地区生活的果蝠体内也存在 EBOV 感染的证据，这表明有 EBOV 存在的地区比以往估计的更大（Pourrut 等，2007）。加纳一个对蝙蝠的调查发现，在没有人类和非人灵长类动物埃博拉疫情暴发的西非地区的蝙蝠中也存在 EBOV 感染（Hayman 等，2012）。研究者在一种迁徙果蝠——黄毛果蝠中发现 EBOV 血清学阳性，在随后 13 个月中用无线电发射机追踪其行踪，进一步支持了在某些蝙蝠中 EBOV 感染并不致命的假说（Hayman 等，2010）。此外，丝状病毒感染蝙蝠的证据在亚洲（Olival 等，2013）和欧洲（Negredo 等，2011）地区也存在。

虽然越来越多的证据表明某些蝙蝠是 EBOV 和其他丝状病毒的储存宿主，但其实这个结论早已在过去的疫情暴发中体现（Pourrut 等，2005）。多起 MARV 疫情的首例患者是矿工（Bausch 等，2006）或是在发病前曾参观过蝙蝠栖息的洞穴的人（Smith 等，1982；Johnson 等，1996）。与 1976 年和 1979 年 SUDV 疫情暴发相关的两例病人工作的棉花厂椽中有蝙蝠栖息（Team，1978；Baron 等，1983）。最确切的证据来自于 2007 年刚果民主共和国发生的 EBOV 疫情暴发，那次疫情中首例病人曾购买被猎杀的果蝠（Leroy 等，2009）。目前西非暴发的埃博拉疫情中首例病人已知曾在有食虫无尾蝙蝠（安哥拉犬吻蝠）栖息的空心树上玩耍（Mari Saez 等，2015）。这使得蝙蝠潜在储存宿主增加了食虫蝙蝠。

病毒多样性和进化

五种埃博拉病毒基因型表现了对人类不同的致病性，EBOV 病死率高达 90%，而 RESTV 并未引起人类任何明显的疾病。EBOV 与 MARV 大约有 50% 的核酸和氨基酸存在不同，与其他四种埃博拉病毒基因型之间存在 30% ~40% 的变异（Towner 等，2008）。然而，同一基因型的病毒本身保持高度一致。比如，从 1976 年 EBOV 疫情中分离到的一株病毒糖蛋白基因与 1995 年在 EBOV 中分离到的一株几乎完全一致，而这两次疫情间隔了 20 年，发生地间隔了 1 000 公里（Sanchez 等，1996）。在一次疫情中，特别是同一个感染链中的病人分离到的病毒序列高度一致，这表明病毒在引起疫情过程中具有意想不到的稳定性（Pourrut 等，2005）。因此，对分离出的病毒进行基因型的分析可以明确疫情是由多个还是单个动物源传播给人群。从 2001 年到 2003 年，对从发生在加蓬和刚果民主共和国的五起疫情中分离到的 EBOV（Formenty 等，2003）进行测序分析糖蛋白基因发现，在人传人的传染链中，病毒没有或者只有少量的突变，而疫情中存在的八种不同的病毒谱系，每一种都分别来自一种动物传染源（Leroy 等，2004）。病毒在每次疫情中的稳定性也得到了证实（Rodriguez 等，1999；Leroy 等，2002a）。别的对 2007 年和 2008 年引起埃博拉爆发的病毒型的检测表明该病毒正在非洲大陆广泛传播（Walsh 等，2005）。然而，这些疫情中也存在身份不明的病毒谱系（Grard 等，2011），显示病毒可能借助其他未知的储存宿主进行重组和繁殖，最终感染人类。

因 EBOV 和其他丝状病毒并不长期存在于人体内，引起人类疫情暴发的病毒通常都是动物来源。这与通过虫媒传播的病毒引起的疫情非常相似。虫媒病毒的遗传学原理也适用于丝状病毒，例如病毒在更换不同种宿主的过程中，为了在新宿主内部繁殖，会发生基因变异，但在同一类宿主内传播时严格限制变异的发生（Holmes，2003）。与发生疫情时在宿主内部传播相比较，两次疫情之间出现只存在很少量可被看作低水平的非同义改变基因变异（Gire 等，2014），这说明病毒在自然宿主内有更好的适应性。

1997 年发表的一份研究报告表示，对丝状病毒系统进化分析发现 MARV 和埃博拉病毒可能来自同一个祖先，它在几千年的时间里分化出这两个病毒谱系（Suzuki、Gojobori，1997）。此外，对具有最多可用序列的糖蛋白基因中非同义替换预期发生率估计大约为每年每个位点 3.6×10^5，这个发生率位于 RNA 病毒替换预期发生率的中间水平（Sanjuán 等，2010）。对于分离株中存在的低水平突变的另一个解释就是其作为在储存宿主中的瓶颈事件存在，重新设置分子时钟（Biek 等，2006）。然而其他的研究认为 EBOV 已经存在很长时间，病毒基因片段也存在于人的序列中（Taylor 等，2010；Belyi 等，2010）。这些问题目前尚未解决，但随着获得的信息越来越完整，未来都将得到明确的答案。

冠状病毒

介绍

过去的研究认为冠状病毒（CoVs）可引起人类普通感冒和几种类型的脱髓鞘脑炎，是在动物间地方性流行的病原体。2003 年，一种新型冠状病毒，即中国内地和香港地区“严重急性呼吸综合征”（SARS）的病原体意外被发现。随后，2012 年，中东地区发现严重呼吸道疾病病例，被确认由另外一种新型冠状病毒引起。这一病毒最初被命名为 EMC2012（Zaki 等，2012），后来更名为中东呼吸综合征（MERS）—冠状病毒（de Groot 等，2013）。由 MERS－CoV 引起的疾病暴发已持续两年并仍在继续，已证实感染 1 000 多例，总致死率超过 30%（WHO，2015a）。更多的监测又确认了两种人类冠状病毒 HKU1（Woo 等，2005）和 NL63（van der Hoek 等，2004）可导致严重的人类下呼吸道疾病。这些冠状病毒的确认，显示了冠状病毒在世界范围内存在，并且可能已经在人类中传播了几十年（Vabret 等，2005；Pyrc 等，2006；Woo 等，2006；Pyrc 等，2007）。到目前为止，已确认 6 种人类冠状病毒，可能全部为自然疫源性。

冠状病毒（成套病毒目，冠状病毒科）为包膜病毒，基因组为正链 RNA，长度为 27～32 kb，是已知的最大的自我复制的 RNA 分子。冠状病毒的基因组包括 9 个开放的阅读框（ORFs），第一个阅读框编码复制酶多聚蛋白（pp），这一蛋白在被翻译并水解后可生成多达16个非结构蛋白（nsps）。下游阅读框编码结构性和辅助性蛋白，其中4个结构性蛋白通常以同一顺序出现：表面刺突糖蛋白（S）、小包膜蛋白（E）、外膜蛋白（M）、核衣壳蛋白（N）。在固定的结构蛋白中，还有一些其他蛋白（Masters、Perlman，2013）。在SARS－CoV中，在这些蛋白被删除后，病毒在细胞培养时仍保留了复制的能力（Yount等，2005），说明这些蛋白承担的功能仅在病毒复制活跃时才需要。S蛋白为病毒颗粒表面辐射出的三聚体，使得冠状病毒在电镜下呈现不同的特征，是冠状病毒不同家族的命名依据。S蛋白是Ⅰ级融合蛋白，与宿主的受体结合，是病毒细胞嗜性的主要决定因素（见Graham、Baric，2010）（图12－4）。

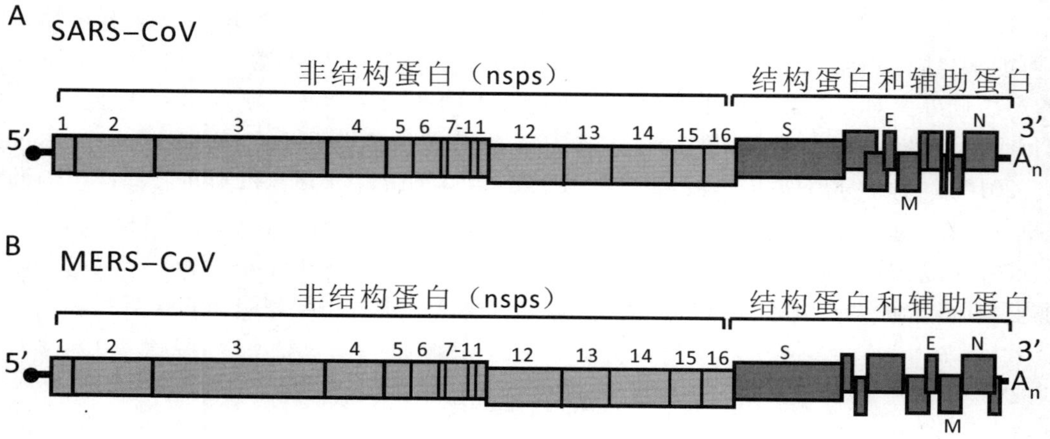

图12－3　SARS－CoV和MERS－CoV的基因结构图解

冠状病毒基因组为单链正向RNA，长度约为27kb～32kb。图中标出了5'帽端和3'尾端、SARS-CoV和MERS－CoV的非结构蛋白（nsp）和结构蛋白。用数字（1～16）标明了每个非结构蛋白，结构蛋白仅标出：表面刺突糖蛋白（S）、小包膜蛋白（E）、外膜蛋白（M）、核衣壳蛋白（N）。

冠状病毒编码的RNA依赖的RNA聚合酶（RdRp）保守性低。然而，冠状病毒还编码其他的RNA－修饰酶，这是RNA病毒特有的，包括非结构蛋白14（nsp14）中的3'－5'外切酶（ExoN），保证了病毒复制过程中的高度保守，承担了复制过程中的纠错功能（Minskaia等，2006；Gorbalenya等，2006；Eckerle等，2010；Smith、Denison，2013）。这使得冠状病毒比其他RNA病毒在复制过程中的保守性高得多（Sanjuán等，2010；Smith、Denison，2013）。因此，因RNA病毒不纠错而得出的病毒进化的结论可能不能完全适用于冠状病毒。最近新的研究已经显示冠状病毒与人类和动物的共同进化时间比之前提出的更久远（Wertheim等，2013）。对于冠状病毒而言，相较于通过基因突变产生许多病毒变异体以适应新的环境，通过复制的高保守性来维持病毒庞大的基因组更重要。

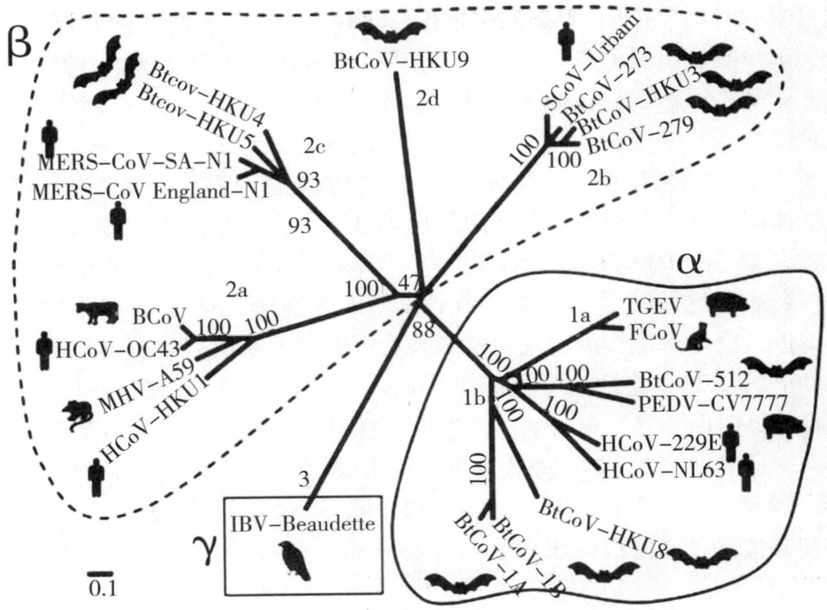

图 12-4　基于冠状病毒表面刺突糖蛋白（S）基因序列的系统发育树

从 Genbank 或 PATRIC 下载典型冠状病毒表面刺突糖蛋白基因全序列，进行多序列比对，使用 100 个引导程序进行基因系统发育最大似然比分析。显示冠状病毒可分为 3 个基因群，α、β 和 γ。这一分类命名分别代替了之前的 1、2 和 3 群。β 群冠状病毒传统的亚群为 2a－2d，α 群为 1a 和 1b。使用 PhyML 程序构建系统发育树。边界代表发生了核苷酸替换。图中只标注了由引导程序支撑的 70% 以上的节点（Dr. Eric Donaldson）。

疾病发生史

2003 年 2 月，中国香港的医院开始报道出现严重非典型肺炎病例，症状为发热伴呼吸功能受累，被定义为“严重急性呼吸综合征”（SARS）（Tsang 等，2003），确认由一种被称为 SARS－CoV 的新型冠状病毒引起（Peiris 等，2003）。追溯至 2002 年 11 月，中国的广州市出现类似病例，大多数为卫生保健人员和食品从业人员（WHO，2003a）。在中国内地，受影响最为严重的是广东省和北京市，共报告 5 327 例病例和 348 例死亡病例（WHO，2003a；Zhao，2007）。疾病蔓延至北美，给加拿大多伦多带来的疾病负担最为严重，患者仍然集中在卫生保健人员和患有其他疾病的病人（Poutanen 等，2003；Dwosh 等，2003）。检疫和隔离措施成功控制了疾病的蔓延，但是在宣布病毒停止传播后，又出现了第二次感染高峰。整个过程中，多伦多共报告 SARS 确诊病例 246 例，其中导致死亡的病例 43 例（WHO，2003a、b）。美国共报告 29 例，但是其中 28 例为输入病例，仅有 1 例怀疑为本土传播感染。病毒也传播到其他一些亚洲国家和地区，包括新加坡、中国台湾、越南、马来西亚、韩国和泰国（WHO，2003b）。欧洲也报告了一些病例，大多数为输入性的，没有出现持续的“人传人”现象（WHO，2003b）。只有有症状的病患才能造成疾病传播，因此可采取隔离检疫的措施控制疫情（Lipsitch 等，2003；Fraser 等，2004）。流行期间最后一例确诊病例出现于2003 年 7 月。2003 年末和2004 年出现过其他散发病例和严重的实验室暴露（Lim 等，2004；Cheng 等，2007）。此后，再未见到人类感染 SARS - CoV。

2012 年 6 月，沙特阿拉伯一家医院发现一名病情危重的男子，他患有严重的肺炎和肾衰竭。荷兰一团队对从患者样本中分离出的病毒进行了病毒基因组测序，发现病毒为一种新型冠状病毒，命名为 EMC/2012（Zaki 等，2012）。几个月后，2012 年 9 月，出现第二例患者，是一名病情危重的男子，被从卡塔尔转运至英国，他曾于 7 月末前往沙特阿拉伯。在对样本进行已知病毒检测出现阴性结果后，进行了新型冠状病毒检测，结果呈阳性（Bermingham 等，2012）。这两例病例感染了同一种病毒，似乎存在联系，但二者居住在不同城市，且感染时间相差几个月。随着这两例感染新型冠状病毒病例的确诊，研究者对约旦 2012 年 3 月的一次医院疾病暴发进行了回顾性分析，显示其中两例患者感染了 MERS - CoV，检测结果为阳性（Hijawi 等，2013）。该病毒在中东地区（主要是沙特阿拉伯）持续出现并传播，而流行仍在继续。

疾病描述

人冠状病毒，如 OC43 和 229E，最初于 20 世纪 60 年代被确认（Hamre、Procknow，1966；McIntosh 等，1967），它是导致人出现普通感冒症状疾病的第二大原因，仅次于鼻病毒（Myint，1994）。存在其他复杂的健康问题时，人冠状病毒常与严重的下呼吸道疾病密切相关，成为其深层原因（McIntosh 等，1974；Myint，1994）。SARS 病情进展迅速（Zhao 等，2003），在前驱期后突发高热，常出现咳嗽、肌肉疼痛和不适，偶有腹泻，因此最初被描述为"非典型性肺炎"。咳嗽通常为干咳，呼吸道症状常恶化，需进行通气治疗。WHO 对 SARS 病例的大体定义包括发热、胸部放射诊断表现为肺炎、寒战、咳嗽、肌肉疼痛、不适，或已知曾暴露于 SARS - CoV 以及实验室 SARS - CoV 检测阳性（WHO，2003a）。SARS - CoV 造成的病理改变包括肺中出现中性粒细胞和透明膜（Gu、Korteweg，2007）。MERS - CoV 的前驱症状和呼吸道症状与 SARS - CoV 类似，但会累及肾脏导致肾衰，这在 SARS - CoV 流行期间并未观察到（Assiri 等，2013a；van den Brand，2015）。

宿主类型

无症状的对照组血清中出现 SARS - CoV 的特异性抗体（Zhong，2003；WHO，2003a），说明病毒是新近传播给人类的。研究者从广东省深圳市一个活禽市场对动物采样，在多只果子狸（*Paguma larvata*）、一只貉（*Nyctereutes procyonoides*）和一只鼬獾（*Melogale moschata*）中发现病毒感染证据，并从果子狸体内分离到病毒（Guan，2003）。果子狸开始被捕杀并禁止售卖。对新源的一个活禽市场售卖的果子狸采样，全部样本都发现 SARS - CoV 类似病毒感染的证据（Kan 等，2005）。然而这些动物来源的农场中的其他动物却没有一例检测出 SARS - CoV 类似病毒或 SARS - CoV 特异性抗体（Tu 等，2004；

Kan 等，2005）。这说明果子狸及其他动物是起到扩散作用的宿主，而不是储存宿主。2005 年，储存宿主指向蝙蝠，当时在中国野生的菊头蝠（*Rhinolophus sp.*）中发现了 SARS-CoV 的类似病毒（Lau 等，2005）。此后，陆续在中国、非洲、欧洲和北美洲的蝙蝠发现冠状病毒（Drexler 等，2014）。目前，基因库中蝙蝠冠状病毒序列的数量要超过所有其他动物的冠状病毒序列数量的总和。然而，蝙蝠中 SARS－CoV 类似病毒并不被认为是发生流行病毒的直接前体，因为他们的基因亲缘关系较远，而且缺乏利用血管紧张素转化酶（ACE2）的能力，ACE2 是人体中使 SARS－CoV 进入细胞的受体。最近，两种新型的蝙蝠冠状病毒被确认，它们有超过 95% 的核苷酸序列与 SARS－CoV 相同，并且显示能够利用来自蝙蝠、果子狸和人的 ACE2，使之成为自身进入细胞的受体（Ge 等，2013）。这些资料显示蝙蝠冠状病毒是人类 SARS－CoV 的前体。

MERS－CoV 基因组序列及其在冠状病毒基因系统发育树中位置的确定，即 MERS－CoV 处于两种之前报道过的蝙蝠冠状病毒 HKU4 和 HKU5 之间（Woo 等，2007；Zaki 等，2012），这支持了冠状病毒是由蝙蝠直接传给人类或经某些种类的中间动物传给人类的这一假说。小范围的 MERS－CoV 人间传播曾有记录（Assiri 等，2013b；HPA－UK，2013），然而 MERS－CoV 在流行超过两年的时间中，仅有限地在人间传播，说明病毒还是通过动物宿主传播给人的。HKU4 和 HKU5 是在中国的蝙蝠中发现的，而 MERS－CoV 流行于中东地区，那么病毒是否经过洲际间迁移或者世界上还存在类似的病毒？这还是一个疑问。监测研究仍在继续，并在墨西哥的蝙蝠中发现了一种冠状病毒，通过对其 RdRp 部分基因序列进行分析，认为其与 MERS－CoV 亲缘关系较近。而且在沙特阿拉伯的蝙蝠中发现了与人 MERS－CoV 类似的冠状病毒（Memish 等，2013），也在圭亚那、欧洲、泰国和非洲的蝙蝠中发现了冠状病毒（Annan 等，2013；Wacharapluesadee 等，2013；Corman 等，2014a）。

对中东地区包括埃及、约旦、卡塔尔、沙特阿拉伯等地驯养的动物进行的调查显示，单峰骆驼往往 MERS－CoV 血清学检测呈阳性（Perera 等，2013；Reusken 等，2013a；Hemida 等，2013；Reusken 等，2014a）。西班牙的骆驼阳性率远高于阿曼（Reusken 等，2013b），阿拉伯联合酋长国 2003 年和 2013 年的骆驼样本均显示 MERS－CoV 或类似病毒的感染（Meyer 等，2014）。这些资料表明，MERS－CoV 及其类似病毒可能已经在单峰骆驼间流行了相当长的时间。中东的许多骆驼进口于非洲，非洲的骆驼经检测存在 MERS－CoV 特异抗体（Chu 等，2014；Corman 等，2014b；Reusken 等，2014b）。有趣的是，最近的一份关于南非的 *Neoromicia capensis* 蝙蝠体内的一种冠状病毒的全基因组序列报告表明，在这片大陆上存在与 MERS－CoV 近缘的病毒（Corman 等，2014a）。这一病毒在基因系统发育树中的位置以及其来自从非洲进口的骆驼体内（Chu 等，2014），表明 MERS－CoV 可能来自非洲蝙蝠，通过非洲骆驼传播给中东地区的骆驼和人（Corman 等，2014a）。感染了 MERS－CoV 的骆驼出现患病症状（Memish 等，2014），说明骆驼可能是中间宿主或扩增宿主。这些资料提示蝙蝠和骆驼共同构成了 MERS－CoV 的宿主体系，从而将病毒传播给人，但这一假设尚有待证实（Nishiura 等，2014）。

病毒变异和进化

在确定 SARS 的病原体为冠状病毒后，研究者很快就测定了几株分离病毒的基因组序列。2003 年最初两株病毒 Tor2（Marra 等，2003）和 Urbani（Rota 等，2003）的全基因组序列相继发布。这两株病毒的基因序列仅 8 个核苷酸不同，导致 5 个氨基酸存在差异。在那段时间又陆续分离了 HK－39（Zeng 等，2003）、Su－10 和 CUHK－W1（Tsui 等，2003）等毒株。Su－10 和 CUHK－W1 的基因序列存在差异，说明香港可能同时流行两个毒株（Tsui 等，2003）。此外还采集了流行的早、中、晚期人冠状病毒阳性样本基因组序列（He 等，2004；Zhao，2007），与从活禽市场和野外采集的动物样本（Guan 等，2003）进行了比对。中国广东深圳的活禽市场中的动物冠状病毒基因序列比流行期间其他的病毒的序列长 29 个核苷酸。值得注意的是，在流行早期，从广东省人体内分离的病毒的基因序列与此相同，而其他从人体内分离的病毒则丢失了这 29 个核苷酸，说明在流行早期，人体中发现的病毒序列与活禽市场动物的冠状病毒最为接近。在流行过程中，又发现了其他核苷酸丢失情况，主要发生在基因组 ORF8 区域，位于 M 和 N 结构蛋白的编码基因之间（He 等，2004；Zhao，2007）。在中国野外菊头蝠体内发现的病毒包含了这 29 个核苷酸，他们同样存在于疫情流行的 2002—2003 年期间，从人和果子狸体内发现的病毒中，再次提示这些动物是 SARS－CoV 前体的宿主（Lau 等，2005）。

影响病毒出现的因素有很多，阻止冠状病毒的一个很重要因素是病毒黏附蛋白、表面刺突糖蛋白和细胞同源性受体之间的相互作用。冠状病毒结合不同的细胞分子，表面刺突糖蛋白中的受体结合部位是能发生上述相互作用的最小区域，在所有冠状病毒中的位置并非一成不变（Graham、Baric，2010）。对流行早、中、晚期动物和人体内 SARS－CoV 毒株表面刺突糖蛋白进行序列检测发现，氨基酸随着时间发生了变化，并在流行过程中增加了与人的 ACE2 结合的能力（Graham、Baric，2010）。而且，对蝙蝠 ACE2 进化的研究表明，在 SARS－CoV 或与之利用同一连接 bACE2 接口的另一种病毒影响还在，bACE2 被迫发生进化，这一进化在 SARS－CoV 出现在人类之前就一直在发生（Demogines 等，2012）。这一观点在分离到一种蝙蝠的 SARS－CoV 类似病毒后得以证实，这种病毒在进入细胞时，可利用蝙蝠、果子狸和人的 ACE2 分子（Ge 等，2013）。以上这些研究证实了刺突糖蛋白和受体之间的相互作用在病毒出现于新的宿主过程中的重要性。

研究者目前正在对 MERS－CoV 的序列进行相似的研究和评估。最初关于 MERS－CoV 全基因组序列的报告显示该病毒为 β 类冠状病毒 C 亚群，而 SARS－CoV 及其类似病毒属于 B 亚群（van Boheemen 等，2012）。目前，至少已获得 65 株 MERS－CoV 的全部或部分基因组序列（van Boheemen 等，2012；Assiri 等，2013a；Drosten 等，2013；Cotten 等，2013）。对从同一地区分离的 MERS－CoV 进行基因系统发育分析，将这些病毒分为不同分支，包括 Hafir－Al－Batin、Al－Hasa、Buraida、Riyadh 和 A 分支，最初发现的两例患者中分离的病毒正属于 A 分支（Cotten 等，2014）。这些研究也表明，在 2012 年 3 月左右，MERS－CoV 起源于利雅得及其附近，具有共同的近期祖先（Cotten 等，2014）。许多关于 MERS－CoV 及其基因系统发育分析的文献主要是对从人和动物（尤其是蝙蝠和骆驼）中采集的病毒序列进行分析，重建了病毒随时间和国家的不同而发生的潜在变化。然而，仅对病毒序列进行分析并不能揭示病毒蛋白在病毒的毒力和致病性上发挥作用的机制。对病毒进化进行深入研究，对基因序列、病毒蛋白的变化及其影响疾病发生的机制的研究也是十分必要的。

基孔肯雅热

简介

基孔肯雅病毒（Chikungunya Virus，CHIKV）属于一种古老的（Old World）病毒，披膜病毒科（*Togaviridae*）甲病毒属西门利克森病毒抗原复合群（Semliki Forest Antigenic Complex），单股正链连续 RNA 病毒，基因组长约 11.8kb。5’端开放读码框（Open Reading Frame，ORF）翻译产生一个多蛋白，由蛋白酶裂解为 4 个病毒非结构蛋白 nsPs 1－4。原始 RNA 基因组上三分之一的基因即为病毒主要的结构基因翻译转化为病毒的 3 种结构蛋白，即衣壳蛋白、糖蛋白 E1 和 E2（图 12－5），组合形成直径 70nm 的二十面体病毒。CHIKV 对乙醚和洗涤剂都很敏感（Griffin，2013）。

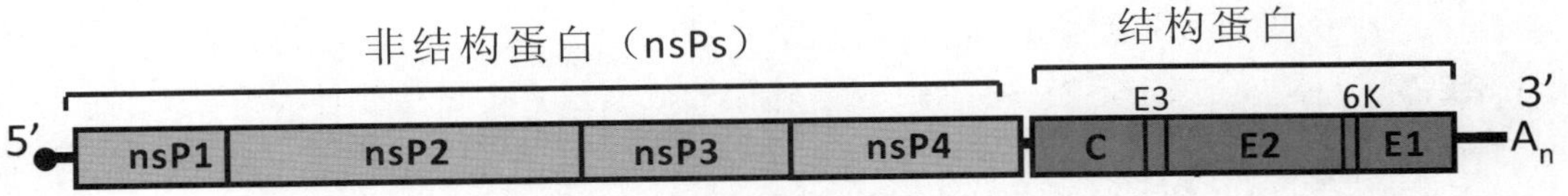

图 12－5　基孔肯雅病毒基因组的示意图

基孔肯雅病毒基因组单股、正链，长约 11.8 kb。5’端帽结构和 3’端 poly－a 尾巴。非结构蛋白和结构蛋白显示。缩写：C，衣壳蛋白；E1～E3，包膜蛋白；6K，小疏水蛋白质。

爆发历史

尽管回顾性病例报告显示 CHIKV 在过去 200 年一直在印度和东南亚流行和引发疾病（Carey，1971；Griffin，2013；Halstead，2015），但是 CHIKV 流行首发于 1952—1953 年东非的坦噶尼喀（现在的坦桑尼亚）（Robinson，1955），研究者从该次流行的基孔肯雅病毒感染患者身上首次分离获得 CHIKV，并获得该病毒的表征（Ross，1956）。自 1952 年鉴定出 CHIKV 是可引起人类疾病的新型病毒以来，非洲和亚洲就出现了零星爆发，周期在 2～20 年不等，可能与灵长类宿主在森林周期（Sylvatic Cycles）中的免疫有关（Tsetsarkin 等，2011b）。刚果民主共和国（原扎伊尔）20 年未出现 CHIKV 爆发，印度尼西亚 39 年未出现 CHIKV 爆发，但两国分别在 2000 年和 2001—2003 年间发生了 CHIKV 爆发（Burt，2012）。2004 年肯尼亚确定爆发 CHIKV 疫情，并于 2005 年 1 月扩散到科摩罗群岛（Comoros Islands）（Burt 等，2012）。然后在临近的塞舌尔群岛和毛里求斯样本中检测到病毒（Pialoux 等，2007），随后留尼汪岛（La Reunion Island）上也发现了病毒，疫情持续到 2007 年（Renault 等，2007；Burt 等，2012）。留尼汪岛的疫情比其他岛上的更为严重，最初的感染率约为 35%（Renault 等，2007）。然而对无症状感染者的血清学研究调查显示，60% 或者以上的人群在疫情期间可能存在感染（Sergon 等，2007；Nakkhara 等，2013）。此外，由于没有病毒检测记录以及缺乏血清学感染证据，CHIKV 被认为在印度和东南亚消失了超过 30 年（Lahariya、Pradhan，2006；Arankalle 等，2007），然而在 2004 年和 2006 年间，这些地区发生了 CHIKV 大流行（Tsetsarkin 等，2011b；Burt 等，2012）。有趣的是，这些新爆发的疫情属于非洲东/中/南和亚洲基因型，表明这两个进化枝可能在这些地方流行（Yergolkar 等，2006；Arankalle 等，2007）。

疾病描述

"基孔肯雅"一词来源于第一次记录疫情的马孔德高原（Makonde），马孔德语言意思为"使变得弯曲"，指疾病引起的严重关节疼痛使得感染者所采取的扭曲姿势（Robinson，1955；Lumsden，1955）。CHIKV 引起人基孔肯雅热，急性期感染的特点是发热、皮疹、肌肉酸痛和失能性关节疼痛。病毒潜伏期为 5 ~ 7 天，伴有急性症状，在某些情况下多发性关节疼痛可持续数月至数年，导致发病率升高（Sissoko 等，2009；Hoarau，2010；Schwartz、Albert，2010；Schilte 等，2013；Thiberville 等，2013）。

载体

甲病毒通过以节肢动物为载体在哺乳动物宿主之间传播，因此又叫节肢动物传播的病毒或者虫媒病毒。CHIKV 流行于非洲并且存在于森林与城市的传播循环中。CHIKV 主要通过森林栖息的不同伊蚊种［包括带叉伊蚊（*Ae. furcifer*）、泰勒伊蚊（*Ae. taylori*）、黄头伊蚊（*Ae. luteocephalus*）、非洲伊蚊（*Ae. africanus*）和新非洲伊蚊（*Ae. neoafricanus*）（Diallo 等，1999；Her 等，2009）］和非人灵长类动物传播。在人口较少的农村地区，由于地域限制，可引起小规模爆发（Her 等，2009）。CHIKV 较长时间里是通过埃及伊蚊传播的。最近亚洲地区的 CHIKV 是在埃及伊蚊中检测到的（Rao，1964），病毒在城市循环中依赖免疫力低下的人群持续存在（Her 等，2009；Tsetsarkin 等，2011b）。然而，研究者从马来西亚的非人灵长类动物中分离出 CHIKV（Apandi，2009），表明在亚洲存在与非洲相同的森林循环（Powers、Logue，2007；Tsetsarkin，2011b），但非人灵长类动物作为该地区病毒潜在宿主的作用尚不清楚。

病毒进化多样性

虫媒病毒为了完成其传播周期，必须要在不同的载体和宿主中复制。经推测，病毒经过适应和进化突破了在无脊椎动物和脊椎动物体内复制的限制，以便于在两种宿主中都具有复制能力。Ciota 和 Kramer 等认为与无宿主 RNA 病毒相比，虫媒病毒通过在一个宿主中对复制或传播的适应，及较少的遗传变异和快速进化，就能够使另一个宿主的健康产生缺陷（Ciota、Kramer，2010；Arias－Goeta 等，2014）。该理论已经在体外利用东方马脑炎病毒（Eastern Equine Encephalitis Virus）、辛德毕斯病毒（Sindbis Virus）、登革病毒（DENV）和基孔肯雅病毒（CHIKV）等虫媒病毒进行验证（Weaver 等，1999；Greene 等，2005；Vasilakis 等，2009；Coffey 等，2011）。病毒在从脊椎动物或无脊椎动物宿主，或由两种不同宿主的细胞系间交替的细胞系中依次传递。一般来说，病毒在单个细胞系中传递，易发生更多的突变和更有效率的复制，但它在另一细胞系中失去了复制能力，而在交替细胞系中传递的基因突变较少，并且在这两种细胞系中都保持或获得适应度。这些结果很难比较，因为在如何测量适应性方面存在差异，并且在这两种细胞中遗传多样性和病毒适应度之间的联系，以及这与实际宿主的病毒适应度之间的联系，仍存在疑问尚未解决。Coffey 等用委内瑞拉马脑炎病毒和圣路易脑炎病毒在活体中进行了类似的实验（Coffey 等，2008；Ciota 等，2009），病毒在脊椎动物或蚊子中传播或者在两种宿主之间交替传播结果不同，明确了细胞系和活生物体之间的区别，以及病毒与动物宿主之间的相互作用。Deardorff 等认为西尼罗河病毒的宿主蚊子的适应性限制比鸟类宿主更低，因此病毒在蚊子体内繁殖时产生了更多样化的变异（Deardorff 等，2011）。Jerzak 等在 2003 年西尼罗河病毒传播高峰期，通过对纽约长岛受感染的鸟类和蚊子进行研究来验证这一假说，发现了宿主之间基因多样性和净化选择存在的证据（Jerzak 等，2005）。Moutailler 等发现在更换宿主的时候，适应性只是其中一个重要的但不是唯一的参数。与在不同宿主之间交替传递相比，裂谷热病毒在单细胞系中传递时丢失了毒性所需的重要基因组成分（Moutailler 等，2011）。

研究者根据对 CHIKV E1 基因组的分析，将 CHIKV 分为两个遗传谱系：东中南部非洲谱系（ECSA）和西部非洲谱系（Powers 等，2000）。在亚洲分离的病毒与这两种谱系在基因组学上不同，但大多数类似于东部/中部非洲谱系，这表明 CHIKV 可能起源于非洲，在非洲大陆分化，随后传入亚洲（Powers 等，2000；Her 等，2009）。目前，CHIKV 根据系统发育分析分为亚洲、ECSA 和西部非洲三种基因型（Powers 等，2000；Schuffenecker 等，2006）。直到 2000 年这三种基因型才被认为与它们的流行地点相关，后来 CHIKV 在流行地区和新地区均有增加，人们开始根据不同的基因型来追踪这些病毒在全球范围内的传播。

自 2004 年以来，CHIKV 出现了显著的变化，传播范围不断扩大，疫情发生更加频繁，出现了更严重的疾病表现，包括神经症状和死亡（Rajapakse 等，2010；Das 等，2010）。在亚洲，埃及伊蚊长期以来一直与 CHIKV 城市传播有关，几乎所有的病毒都是从蚊子中分离出来的（Powers、Logue，2007）。类似于植物病毒，适应新载体而不是适应新宿主可能是病毒出现的关键步骤（Chen 等，2013）。过去 10 年出现的 CHIKV 感染病例中，疾病的出现与新白纹伊蚊的病毒能力增强有关。在 20 世纪前十年，有大量蚊虫但少见埃及伊蚊的地区未见 CHIKV 传播（Burt 等，2012）。对于登革病毒，当不存在埃及伊蚊的地区发生流行病时，人们认为白纹伊蚊是目前数量较多的病毒载体（Gratz，2004）。白纹伊蚊起源于东南亚、西太平洋群岛和印度洋地区，它们的分布在过去几十年里不断扩大，蔓延到非洲、中东、欧洲和美洲，在一些地区，白纹伊蚊正在取代埃及伊蚊（Gratz，2004）。虽然这两种蚊虫都比较嗜人血，与埃及伊蚊相比，白纹伊蚊更喜欢吸食人血，但它们也会从其他脊椎动物（如鸟类）身上获取血液。埃及伊蚊更多的时候是在室内（Delatte 等，2010），而白纹伊蚊则可能会接触到多个不同的物种，从而更利于传播人类和动物之间的病毒。

研究者对白纹伊蚊的适应机制进行了多项研究（Stapleford 等，2014）。在留尼汪岛疫情暴发期间，E1：A226V 在病毒分离株中的突变与病毒在白纹伊蚊和埃及伊蚊中的复制能力的相关性一直被关注（Tsetsarkin 等，2007；Vazeille 等，2007）。这些数据提出了一个问题：为什么以前没有看到这种单一的氨基酸变化？针对这个问题，另一项研究发现，E1：A226V 替代与另一个残基 E1：T98A 呈上位性关联，亚洲基因型亚型 E1：T98 的存在阻止了 E1：A226V 由于适应性替代而出现毒株缺陷。这种限制并没有出现在 2004 年流行病的源毒株 ECSA 毒株中，该毒株编码 E1 98a 替代，允许出现 E1：A226V 替代（Tsetsarkin 等，2011a）。在 ECSA 谱系中发现另一种残留物 E2：T211 在 E1：V226 存在时增强了白纹伊蚊的复制。在 2005 年之前，大多数 ECSA 毒株都有 E2：I211 的残留（Tsetsarkin 等，2009）。这些数据表明，E1：A226V 的出现对于病毒在白纹伊蚊体内有效传播的能力是很重要的，但是适应的过程是复杂的，而且不仅仅是一个残留的变化。病毒序列空间不断变化，它可能需要几个步骤才能引起媒介或宿主的变化，从而导致病毒的出现或重新出现（Antia 等，2003）。有两项关于 CHIKV 进化的研究能帮助人们更好地了解 CHIKV 对其载体和/或哺乳动物宿主的适应机制。Stapleford 等人对蚊子和小鼠体内的病毒种群进行了评估，并对自然传播周期进行了调整（Stapleford 等，2014）。他们发现了重要难题，蚊子体内包括中肠、唾液腺和唾液，后者含有特定的病毒变异，特别是在唾液中病毒变异增强（Stapleford 等，2014）。在登革病毒和委内瑞拉马脑炎病毒研究中也出现相似的问题（Ciota 等，2012；Forrester 等，2012）。与之相反的是缺少突变，深度测序研究显示，当埃及伊蚊感染时，E1：A226V 存在高频突变。白纹伊蚊感染实验中展示了这种突变发生在对白纹伊蚊的适应过程中，再现自然界中出现的事件（Stapleford 等，2014）。随后他们在多个蚊子的唾液中发现 E1（V80I 和 A129V）高频突变。为了进一步明确病毒如何获得更强的载体适应性，如何获得在哺乳动物宿主体内更大的毒性，Stapleford 等人同时也感染了埃及伊蚊和白纹伊蚊，发现了一种包含三种变化的病毒，这种三重突变病毒能够更好地在两种蚊子毒株中复制，在新生小鼠模型中毒性更强（Stapleford 等，2014）。在另一项具有类似目标的研究中，Tsetsarkin 等人研究了在不同病毒谱系中自然出现的序列变异、E1：A226V 的适应性，并将它们引入同基因病毒，研究细胞系、蚊子和新生小鼠中的病毒复制（Tsetsarkin，2011c）。Niyas 等明确了 E2：L210Q 和 E2：K252Q 替代增强了 E1：A226V 突变株的复制能力（Niyas，2010）。到目前为止，E2 的这两种替代出现在不同的地理区域，并没有发生在任何自然发生的分离株中。然而当结合实验时，由此产生的病毒比任何一种都能够更有效地复制（Tsetsarkin，2014）。这些数据提醒我们，即使采取了相应措施，这种病毒仍会继续变换序列空间和进行适应性突变，可能会有具适应性的病毒出现、传播并取代它的前身。

细小病毒

简介

细小病毒是病毒因进化导致流行的一个突出的例子。细小病毒（原生动物病毒属，细小病毒科）是非分段单链 DNA 病毒，基因组大小约为 5kb，包裹在直径约 25nm 的非包膜病毒粒子中，使其成为基因组长度和病毒粒子大小中最小的 DNA 病毒之一。细小病毒本身的耐受性很强，对许多消毒剂具有抗性，因此能够在宿主细胞外长时间持续存在。其基因组由两个 ORF 组成，第一个编码两个非结构蛋白（NS1 和 NS2），第二个编码两个衣壳蛋白（VP1 和 VP2）。细小病毒像更大的 DNA 病毒，如乳头瘤病毒一样需要通过宿主细胞来复制并有效地感染分裂细胞，尽管病毒不编码用来启动细胞 DNA 复制的蛋白质。哺乳动物中的细小病毒感染往往对快速分类的细胞（如胃肠道和淋巴系统的细胞）产生最严重的影响，常常导致腹泻和白细胞减少（Berns、Parrish，2013）。

爆发情况

1978 年，来自兽医的报告确定引起狗严重的甚至致命的感染，表现为幼犬心肌炎、小狗或大狗肠炎（Tratschin 等，1982；Parrish 等，1985）。发表在美国、英国、澳大利亚和加拿大的报告描述了这种新的病症，类似于猫泛白细胞减少症病毒（FPV）引起的症状（猫瘟症）。虽然第一次报道来自于美国，但是细小病毒似乎起源于欧洲，并迅速蔓延至全球（Parrish，1990、1995）。快速传播的原因主要是感染犬类活动和受污染的物品，例如鞋踩过感染犬类活动场所或其他污染物（Carmichael，2005；Parrish、Kawaoka，2005）。这种病毒被命名为犬细小病毒 2（CPV－2），以区别另一种也称为犬的微小病毒（MVC）的犬细小病毒 CPV－1（Carmichael，2005；Parrish、Kawaoka，2005）。随着这次疫情的进一步发展，出现了另一种抗原和遗传学上与 CPV－2 不同的病毒，即 CPV－2a，其在 1979—1981 年间在全球范围内完全取代了 CPV－2。自此之后 CPV－2a 又被 CPV－2b 取代（Parrish 等，1985、1988、1991；Parrish，1995）。最近 CPV－2c 已出现并在犬类之间传播（Parrish，1995；Truyen，2006）。不同变种出现的变化特征之一是宿主范围改变。CPV－2 能够体外感染犬科动物和猫科细胞，相比之下体内实验和天然存在的感染显示狗是 CPV－2的宿主，而不是猫（Parrish，1991；Truyen、Parrish，1992）。然而，随后的变体 CPV－2a、－2b、－2c 都具有结合和感染猫科和犬科动物的能力（Truyen 等，1996；Mochizuki 等，1996）。为了确定 CPV－2 是新出现的病毒还是新发现的病毒，研究了 1976 年以来收集的犬类血清，均没有发现 CPV－2 的特异性抗体（Schwers 等，1979；Carmichael，2005）。这证明了 CPV－2 是新出现的新型病毒，但仍然存在 CPV－2 起源和如何快速有效全球传播的确切机制问题（图 12－6）。

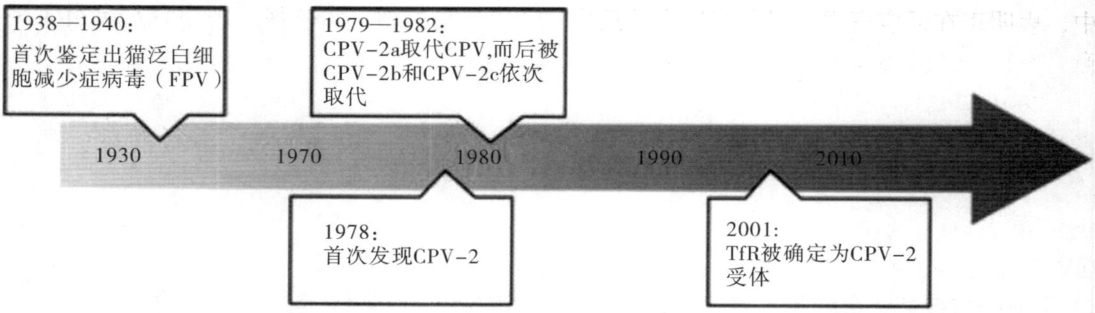

图 12-6 细小病毒鉴定和出现的时间表

时间表展示了 FPV 的鉴定及 CPV-2 和其变体出现的过程。CPV-2b 和 -2c 目前正共同流行。2001 年，FPV 和 CPV-2 受体被确定为铁转运蛋白受体。

疾病描述

在 20 世纪 30 年代初，病毒猫瘟热的病原确定（Hindle、Findlay，1932），在 20 世纪 30 年代末首次鉴定出 FPV（Hammon、Enders，1939；Lawrence 等，1940）。FPV 感染家猫和其他猫科动物后，引起腹泻、食欲不振和白细胞减少症状（Parrish，1995；Mochizuki 等，1996）。如果感染发生在幼猫阶段，也可以观察到大脑和视网膜受影响（Kilham 等，1967；Parrish，1995）。这是一种兽医很熟悉的传染病，常见于猫类展示活动或运输以及处于其他拥挤的环境中时（Hindle、Findlay，1932）。

病毒进化与多样性

在抗原和遗传学上，CPV-2 及其变种与 FPV 密切相关，并且 CPV-2 最初被认为是由 FPV 在少量突变之后形成的，突变使其能够感染不同物种的细胞（Parrish，1985；Truyen等，1996；Shackelton 等，2005；Parrish 等，2008）。此外，随着 CPV-2a 快速替代 CPV-2，人们担心这些病毒可能源于 FPV 活病毒疫苗，但这些毒株的序列分析表明没有这种观点的证据（Parrish，1995；Truyen 等，1998）。另一种可能性是 CPV-2 起源于以前未被发现的毒株，潜在地在野生动物群体中循环而未被人们监测。最近的一项监测研究发现在非驯化动物中流行的细小病毒数量多于先前已知的数量，并证明这些病毒在家畜和野生动物之间高频率地转移（Allison 等，2014）。这增加了 CPV-2 和 FPV 都是在野外流行的细小病毒的后代的证据，例如影响相关物种，如貂、浣熊、亚洲浣熊狗或狐狸（Truyen、Parrish，1995；Allison 等，2012、2013、2014）。

随着时间的推移，遗传变化的检查表明，虽然 FPV 毒株保持相当稳定，但 CPV 毒株在同一时间段内发生了显著变化（Shackelton 等，2005）。这一结果反映出一个意想不到的结论：CPV 突变率（DNA 病毒）相较于其他 DNA 病毒，与 RNA 病毒拥有相似的突变率（Shackelton 等，2005；Hoelzer 等，2008）。CPV 也正在进行正选择，特别是在衣壳基因中，表明正在适应宿主或对免疫压力的反应。FPV 没有表现出正选择，表明它与其宿主平衡，突出了这两种病毒作为新出现或地方性病原体之间的差异（Hoelzer 等，2008）。

2001 年发现了 CPV－2 的受体 1 型转铁蛋白受体（TfR）（Parker 等，2001），犬和猫 TfR 分子之间的差异有助于解释 FPV 和 CPV 的宿主范围差异（Allison 等，2014）。在犬类的 TfR 顶端的一个可与病毒结合区域有一个糖基化位点，这在猫科 TfR 中未发现，并且干扰 FPV 样病毒结合和感染狗和相关犬的能力（Allison 等，2014），但这不是猫和狗 TfR 的唯一区别，它们在氨基酸水平上具有 88% 的相似度，但是这个糖基化位点的存在是细小病毒与 TfR 结合的主要原因。最近，另一种观点认为 CPV－2 的起源和后来的变异不仅是病毒的进化过程，同时也是宿主的进化过程（Kaelber 等，2012）。很明显，病毒具有较短的复制周期和较大的群体，因此能够快速进化，这可能是由于要适应不断变化的环境，如来自宿主免疫应答的压力（Meyerson、Sawyer，2011）。还不清楚的是宿主在没有致病因子的压力情况下仍可能进化。当在不同种肉食动物和细小病毒的关系中探索这种理论时，有证据显示病毒对犬科动物的 TfR 比猫科动物的有更明显的正向选择，这令人惊讶，因为事实上 40 年来 CPV－2 只感染犬科动物。一个替代假设是，CPV 前体感染贯穿了其大部分进化史，并表现出进化压力，导致在 TfR 中选择糖基化位点突变体，这显著降低了 CPV 前体感染犬类和土狼的能力。然后细小病毒花了数百万年演变出的进化组合，可以克服这个障碍，从而再次感染狗和相关物种（Kaelber 等，2012）。

咖啡环斑病毒

简介

除了本章中描述的影响人类和动物健康的新出现的病毒之外，植物病毒的出现代表着对人类生命和健康有贡献的植物群的持续威胁（Scholthof 等，2011；Miller、Whitham，2013）。能够感染植物的病毒比能感染动物的病毒更多（King 等，2012）。许多重要的发现都是首先在植物病毒进行研究后再进一步发展到动物病毒，烟草花叶病毒即为第一种分离并显示为有感染力的病毒（Miller、Whitham，2013）。目前在南美洲特别是巴西和周边国家出现的一种植物病毒——咖啡环斑病毒（CoRSV），是一种无包膜病毒，其基因组为单链负义 RNA，分为两段，总长度约为 6kb（Ramalho 等，2014）（图 12－7）。CoRSV 最初被认定为与单股负链病毒目 *Mononegavirales* 弹状病毒科 *Rhabdoviridae* 病毒最相似，该类病毒为有薄膜单基因组病毒（Miller、Whitham，2013；Dietzgen 等，2014）。由于这些差异，CoRSV 和其他两种病毒——兰花斑点病毒（OFV）和柑橘类病毒（CiLV）已经被提出构成一个新的病毒家族 *Dichorhaviridae*。这些病毒与弹状病毒具有相似的遗传机制，但具有二段结构基因组和缺乏脂质包膜（Dietzgen 等，2014）。CoRSV 的第一个 RNA 片段具有 5 个 ORF，而 RNA2 编码一个大的 ORF，与其他 RdRps 具有序列相似性。RNA1 中的 5 个 ORF 分别被称为核蛋白、磷蛋白、运动蛋白、基质蛋白和糖蛋白（Ramalho 等，2014）。

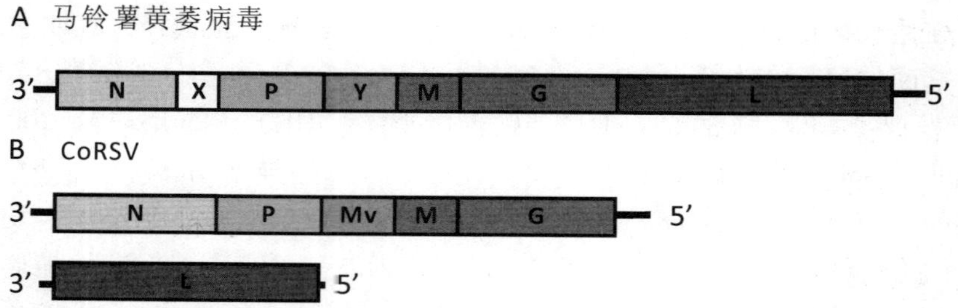

图 12－7 马铃薯黄萎病毒（PYDV），一种植物弹状病毒的基因组结构与 CoRSV 比较示意图

PYDV（A）和 CoRSV（B）的负义 RNA 基因组。PYDV 具有单链基因组，尽管 CoRSV 编码相同的蛋白质却有两部分基因组。缩写：N，核蛋白；X，蛋白质功能未知；P，磷蛋白；（PYDV）Y 或（CoRSV）Mv，运动蛋白；M，基质蛋白；G，糖蛋白；L，RNA 依赖性 RNA 聚合酶。图中未显示基因间连接序列。

流行历史

CoRSV 以前只具有较小的经济重要性，因为它只出现在巴西的一个较小区域，而小果咖啡是其已经鉴定的唯一寄主（Kitajima 等，2011）。现在其造成的损害似乎正在发生并增加。CoRSV 最早在圣保罗州被鉴定出来（Bitancourt，1938），但现在已经出现在巴西的多个地区和哥斯达黎加（Chagas 等，2003；Kitajima 等，2011；Ramalho 等，2014）。CoRSV 流行范围和可能的植物宿主的扩大可能是各种因素综合影响的结果，其中病毒本身的遗传变化可能是一个因素。使用现代分子生物学研究这种病毒还处于起步阶段，因此尚需时日（Ramalho 等，2014）。

疾病描述

植物病毒是基于首次发现它们感染的植物和其所造成损害的描述命名的（Miller、Whitham，2013）。1938 年，CoRSV 引起的病变首先被描述（Bitancourt，1938；Scholthof 等，2011），并且病斑在感染过程中不断扩大，并导致落叶。该病毒还会导致咖啡果上的病变，从而降低果实大小和质量，导致作物价值下降（Bertrand 等，2012）（图 12－8）。

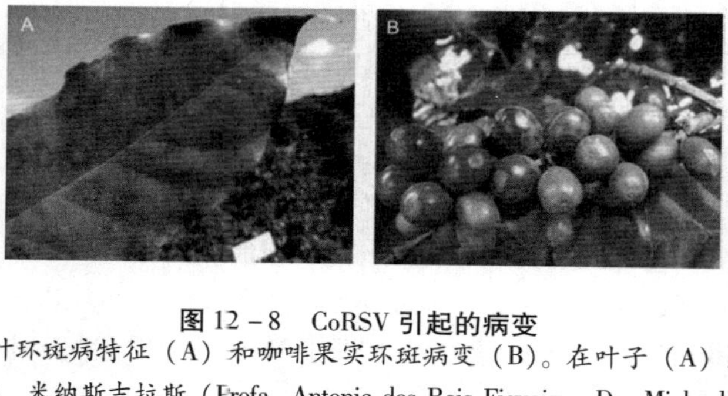

图 12－8 CoRSV 引起的病变

CoRSV 引起的咖啡叶环斑病特征（A）和咖啡果实环斑病变（B）。在叶子（A）上，可以看到环斑中心的螨类（小棕点）。巴西，米纳斯吉拉斯（Profa. Antonia dos Reis Figueira，Dr. Michael Goodin）。

传播媒介

植物是固定位置的，因此植物病毒通常依靠传播媒介（通常是昆虫）在宿主间传播（Gray、Banerjee，1999；Power，2000；Miller、Whitham，2013）。CoRSV 由紫红短须螨 *Brevipalpus phoenicis*（*Geijskes*）（*Acari*：*Tenuipalpidae*）传播（Chagas 等，2003）。虽然不知道在螨体内 CoRSV 是否进行复制，但是 CoRSV 可以在培养的昆虫细胞中繁殖，表明病毒在螨体内复制是其作为传播媒介的一部分。OFV 和 CiLV 都由同一属的螨传播，进一步支持它们的分类地位（Dietzgen 等，2014）。然而，感染 CiLV 的紫红短须螨 *B. phoenicis* 不能将 CiLV 传播到咖啡植株，感染 CoRSV 的螨不能将 CoRSV 传播到柑橘。这些数据表明病毒、宿主植物和螨种群之间的特异性尚不清楚（Chagas 等，2003）。此外，病毒和传播媒介之间的相互作用可能是病毒疾病出现的限制因素，病毒可能具有较少的传播媒介，但具有较大的宿主范围，反之亦然（Power，2000）。这就像需要传播媒介的脊椎动物病毒（参见 CHIKV 的部分）通过对病毒的限制来维持在多样性宿主中的复制。有趣的是，紫红短须螨主要以单倍体雌性种群的形式存在，在来自 *Cardinium* 属的共生细菌的雌性化作用下，通过孤雌生殖方式繁殖（Weeks 等，2001；Groot、Breeuwer，2006）。依靠不通过有性生殖的方式导致遗传学变异的昆虫来传播较依靠遗传学变异的昆虫来传播显著地限制了 CoRSV 的遗传变异性（Power，2000）。

病毒多样性和进化

影响新植物病毒出现的因素仍有待阐明，但已确定其中包括气候变化、人为干预和采收的技术形式（Chagas 等，2003）。咖啡树已被证明对气候变化非常敏感（Davis 等，2012）。此外，温度升高会导致植物更容易染病（Király 等，2008；Prasch、Sonnewald，2013），同时增加能携带病毒感染植物的昆虫种群（Melo de Almeida 等，2012），导致多次传播使植物降低生存力和减产。由于咖啡在巴西和其他国家是非常重要的出口作物，这种资源的破坏将对农民及其生计以及这些国家的经济造成破坏（McCook，2006）。CoRSV 是一种新兴的咖啡病毒，其多样性和进化研究尚处于起始阶段，但这种病毒有可能在许多环节显著地影响咖啡生产。对于许多自给自足的农民来说，植物生产与人类健康之间存在着牢固的联系。当植物减产时，必须耕种更多的土地，但有害生物控制资源较少，会导致土地管理不善。如果这种状况持续下去，将导致这些农民自给自足的能力短期或长期下降。缺乏资源也会导致营养不足和健康状况不佳，增加了病毒造成的人类健康负担，尽管只是间接影响。因此，调查研究植物病毒感染宿主的机制，主要集中在病毒随时间而出现的导致宿主病发和严重病变的改变，将会增加对这些过程的理解。这将为干预开辟渠道，包括寻找或开发对这些病毒及其引起的疾病有抵抗力的植物（Sera 等，2013）。理想情况下，由于植物与粮食生产、气候变化、贫困与健康之间有复杂的联系，这将间接地打破这些破坏性循环，但会对人类健康产生重大影响。

致谢

我们要感谢 Alison Ashbrook、Laurie Silva 和 Michael Goodin 对稿件的审阅。我们还要感谢 Eric Donaldson 构建如图 12 - 4 所示的系统发育树，Antonia dos Reis Figueira 和 Michael Goodin 提供图 12 - 8。笔者受到项目 AI108197 和 AI109680 的资助。因篇幅限制我们无法列举所有同事的重要工作，为此我们深表歉意。

（主译：史蕾　校译：Jacky Fong-Chuen Loo）

参考文献

1. Albariño, C. G. , Shoemaker, T. , Khristova, M. L. , et al. (2013) . Virology 442, 97 - 100.

2. Allison, A. B. , Harbison, C. E. , Pagán, I. , et al. (2012) . J. Virol. 86, 865 - 872.

3. Allison, A. B. , Kohler, D. J. , Fox, K. A. , et al. (2013) . J. Virol. 87, 2342 - 2347.

4. Allison, A. B. , Kohler, D. J. , Ortega, A. , et al. (2014) . PLoS Pathog. 10, e1004475.

5. Annan, A. , Baldwin, H. J. , Corman, V. M. , et al. (2013) . Emerg. Infect. Dis. 19, 456 - 459.

6. Anthony, S. J. , Ojeda-Flores, R. , Rico-Chávez, O. , et al. (2013) . J. Gen. Virol. 94, 1028 - 1038.

7. Antia, R. , Regoes, R. R. , Koella, J. C. , et al. (2003) . Nature 426, 658 - 661.

8. Arankalle, V. A. , Shrivastava, S. , Cherian, S. , et al. (2009) . JGMV 1, 35 - 39.

9. Arias-Goeta, C. , Moutailler, S. , Mousson, L. , et al. (2007) . J. Gen. Virol. 88, 1967 - 1976.

10. Assiri, A. , Al-Tawfiq, J. A. , Rabeeah, Al, et al. (2014) . Infect. Genet. Evol. 24, 116 - 126.

11. Assiri, A. , McGeer, A. , Perl, T. M. , et al. (2013a) . The Lancet Infectious Diseases 13, 752 - 761.

12. Assiri, A. , McGeer, A. , Perl, T. M. , et al. (2013b) . New England Journal of Medicine 369, 407 - 416.

13. Baize, S. , Leroy, E. M. , Georges-Courbot, M. C. , et al. (1999) . Nature Medicine 5, 423 - 426.

14. Baize, S. , Pannetier, D. , Oestereich, L. , et al. (2014) . New England Journal of Medicine 371, 1418 - 1425.

15. Baron, R. C. , McCormick, J. B. , and Zubeir, O. A. (1983) . Bulletin World

Health Organisation 61, 997 – 1003.

16. Barrette, R. W., Metwally, S. A., Rowland, J. M., et al. (2009). Science 325, 204 – 206.

17. Bausch, D. G., Nichol, S. T., Muyembe-Tamfum, J. -J., et al. (2006). New England Journal of Medicine 355, 909 – 919.

18. Becquart, P., Wauquier, N., Mahlakõiv, T., et al. (2010). PLoS One 5, e9126.

19. Belyi, V. A., Levine, A. J., and Skalka, A. M. (2010). PLoS Pathog. 6, e1001030.

20. Bermingham, A., Chand, M. A., Brown, C. S., et al. (2012). Euro Surveill. 17, 20290.

21. Berns, K. I., and Parrish, C. R. (2013). Parvoviridae. In Knipe, D. M., and Howley, P. M., eds. Wolters Kluwer Health/Lippincott Williams and Wilkins, 1768 – 1791.

22. Bertrand, B., Boulanger, R., Dussert, S., et al. (2012). Food Chem. 135, 2575 – 2583.

23. Biek, R., Walsh, P. D., Leroy, E. M., et al. (2006). PLoS Pathog. 2, e90.

24. Binn, L. N., Lazar, E. C., Eddy, G. A., et al. (1970). Infect. Immun. 1, 503 – 508.

25. Bitancourt, A. A. (1938). Biológico 4, 404 – 405.

26. Bosio, C. M., Aman, M. J., Grogan, C., et al. (2003). J. Infect. Dis. 188, 1630 – 1638.

27. Bray, M. and Mahanty, S. (2003). J. Infect. Dis. 188, 1613 – 1617.

28. Burt, F. J., Rolph, M. S., Rulli, N. E., et al. (2012). The Lancet 379, 662 – 671.

29. Carey, D. E. (1971). J. Hist. Med. Allied Sci. 26, 243 – 262.

30. Carmichael, L. E. (2005). J. Vet. Med. B Infect. Dis. Vet. Public Health 52, 303 – 311.

31. CDC (Centers for Disease Control and Prevention). (2001). Outbreak of Ebolahemorrhagic Fever Uganda, August 2000 – January 2001. Morb Mortal Wkly Rep. 50, 73 – 77.

32. Chagas, C. M., Kitajima, E. W., and Rodrigues, J. (2003). Exp. Appl. Acarol. 30, 203 – 213.

33. Chen, R., Wang, E., Tsetsarkin, K. A., et al. (2013). PLoS Pathog. 9, e1003591.

34. Cheng, V. C. C., Lau, S. K. P., Woo, P. C. Y., et al. (2007). Clin. Microbiol. Rev. 20, 660 – 694.

35. Chu, D. K. W., Poon, L. L. M., Gomaa, M. M., et al. (2014). Lancet Infectious Diseases 20, 1049 – 1053.

36. Ciota, A. T., and Kramer, L. D. (2010). Viruses 2, 2594 – 2617.

37. Ciota, A. T., Ehrbar, D. J., Van Slyke, G. A., et al. (2012). Infect. Genet. Evol. 12, 557 – 564.

38. Ciota, A. T., Jia, Y., Payne, A. F., et al. (2009). PLoS One 4, e7876.

39. Coffey, L. L., Beeharry, Y., Bordería, A. V., et al. (2011). Proc. Natl. Acad. Sci. USA 108, 16038 – 16043.

40. Coffey, L. L., Vasilakis, N., Brault, A. C., et al. (2008). Proc. Natl. Acad. Sci. USA 105, 6970 – 6975.

41. Commission, R. O. A. I. (1978). Bulletin World Health Organisation 56, 271 – 293.

42. Corman, V. M., Ithete, N. L., Richards, L. R., et al. (2014). J. Virol. 88, 11297 - 11303.

43. Corman, V. M., Jores, J., Meyer, B., et al. (2014). Emerg. Infect. Dis. 20, 1319 - 1322.

44. Cotten, M., Watson, S. J., Kellam, P., et al. (2013). The Lancet 382, 1993 - 2002.

45. Cotten, M., Watson, S. J., Zumla, A. I., et al. (2014). MBio 5 (1), e01062 - 13.

46. Das, T., Jaffar-Bandjee, M. -C., Hoarau, J. -J., et al. (2010). Prog. Neurobiol. 91, 121 - 129.

47. Davis, A. P., Gole, T. W., Baena, S., et al. (2012). PLoS One 7, e47981.

48. de Groot, R. J., Baker, S. C., Baric, R. S., et al. (2013). J. Virol. 87, 7790 - 7792.

49. Deardorff, E. R., Fitzpatrick, K. A., Jerzak, G. V. S., et al. (2011). PLoS Pathog. 7, e1002335.

50. Delatte, H., Desvars, A., Bouétard, A., et al. (2010). Vector-Borne Zoonot. 10, 249 - 258.

51. Demogines, A., Farzan, M., and Sawyer, S. L. (2012). J. Virol. 86, 6350 - 6353.

52. Diallo, M., Thonnon, J., Traore-Lamizana, M., et al. (1999). Am. J. Trop. Med. Hyg. 60, 281 - 286.

53. Dietzgen, R. G., Kuhn, J. H., Clawson, A. N., et al. (2014). Arch. Virol. 159, 607 - 619.

54. Drexler, J. F., Corman, V. M., and Drosten, C. (2014). Antiviral Res. 101, 45 - 56.

55. Drosten, C., Seilmaier, M., Corman, V. M., et al. (2013). Lancet Infectious Diseases 13, 745 - 751.

56. Dudas, G., and Rambaut, A. (2014). Phylogenetic Analysis of Guinea 2014 EBOV Ebolavirus Outbreak. PLoS Curr., doi: 10.1371/currents.outbreaks.84eefe5ce43ec9dc0bf0670f7b8b417d.

57. Dwosh, H. A., Hong, H. H. L., Austgarden, D., et al. (2003). Can. Med. Assoc. J. 168, 1415 - 1420.

58. Eckerle, L. D., Becker, M. M., Halpin, R. A., et al. (2010). PLoS Pathog. 6, e1000896.

59. Feldmann, H., and Geisbert, T. W. (2011). The Lancet 377, 849 - 862.

60. Feldmann, H., Sanchez, A., and Geisbert, T. W. (2013). Filoviridae. In Knipe D. M., and Howley, P. M., eds. Wolters Kluwer Health/Lippincott Williams and Wilkins, 923 - 956.

61. Formenty, P., Libama, F., Epelboin, A., et al. (2003). Med. Trop (Mars). 63, 291 - 295.

62. Forrester, N. L., Guerbois, M., Seymour, R. L., et al. (2012). PLoS Pathog. 8, e1002897.

63. Fraser, C., Riley, S., Anderson, R. M., et al. (2004). Proc. Natl. Acad. Sci. USA 101, 6146 - 6151.

64. Ge, X. -Y., Li, J. -L., Yang, X. -L., et al. (2013). Nature 503, 535 - 538.

65. Geisbert, T. W., Hensley, L. E., Larsen, T., et al. (2003a). Am. J. Pathol. 163, 2347 – 2370.

66. Geisbert, T. W., Young, H. A., Jahrling, P. B., et al. (2003b). J. Infect. Dis. 188, 1618 – 1629.

67. Georges, A. J., Leroy, E. M., Renaut, A. A., et al. (1999). J. Infect. Dis. 179 Suppl 1, S65 – 75.

68. Gire, S. K., Goba, A., Andersen, K. G., et al. (2014). Science 345, 1369 – 1372.

69. Gire, S. K., Stremlau, M., Andersen, K. G., et al. (2012). Science 338, 750 – 752.

70. Goeijenbier, M., van Kampen, J. J. A., Reusken, C. B. E. M., et al. (2014). Neth. J. Med. 72, 442 – 448.

71. Gonzalez, J. -P., Pourrut, X., and Leroy, E. (2007). Immunol. 315, 363 – 387.

72. Gorbalenya, A. E., Enjuanes, L., Ziebuhr, J., et al. (2006). Virus Res. 117, 17 – 37.

73. Graham, R. L., and Baric, R. S. (2010). J. Virol. 84, 3134 – 3146.

74. Grard, G., Biek, R., Muyembe Tamfum, J. J., et al. (2011). J. Infect. Dis. 204, S776 – S784.

75. Gratz, N. G. (2004). Med. Vet. Entomol. 18, 215 – 227.

76. Gray, S. M., and Banerjee, N. (1999). Microbiology and Molecular Biology Reviews 63, 128 – 148.

77. Greene, I. P., Wang, E., Deardorff, E. R., et al. (2005). J. Virol. 79,14253 – 14260.

78. Griffin, D. E. (2013). Alphaviruses. In Knipe, D. M., and Howley, P. M., eds. Wolters Kluwer Health/Lippincott Williams and Wilkins, 651 – 686.

79. Groot, T. V. M., and Breeuwer, J. A. J. (2006). Exp. Appl. Acarol. 39, 257 – 271.

80. Gu, J., and Korteweg, C. (2007). Am. J. Pathol. 170, 1136 – 1147.

81. Guan, Y., Zheng, B. J., He, Y. Q., et al. (2003). Science 302, 276 – 278.

82. Halstead, S. B. (2015). Emerg. Infect. Dis. 21 (4), 557 – 561.

83. Hammon, W. D., and Enders, J. F. (1939). Journal of Experimental Medicine 69, 327 – 352.

84. Hamre, D., and Procknow, J. J. (1966). Proc. Soc. Exp. Biol. Med. 121, 190 – 193.

85. Hayman, D. T. S., Emmerich, P., Yu, M., Wang, L. -F., et al. (2010). PLoS One 5, 1978.

86. Hayman, D. T. S., Yu, M., Crameri, G., Wang, L. -F., et al. (2012). Emerg. Infect. Dis. 18, 1207 – 1209.

87. He, J., Peng, G., Min, J., et al. (2004). Science 303, 1666 – 1669.

88. Hemida, M. G., Perera, R. A., Wang, P., et al. (2013). Euro Surveill. 18, 20659.

89. Her, Z., Kam, Y. -W., Lin, R. T. P., et al. (2009). Microbes Infect. 11, 1165 – 1176.

90. Heymann, D. L., Weisfeld, J. S., Webb, P. A., et al. (1980). J. Infect. Dis. 142, 372 – 376.

91. Hijawi, B., Abdallat, M., Sayaydeh, A., et al. (2013). East. Mediterr. Health

J. (19) Suppl 1, S12 – 8.

92. Hindle, E., and Findlay, G. M. (1932). J. Comp. Pathol. Therap. 45, 11 – 26.

93. Hoarau, J.-J., Jaffar-Bandjee, M.-C., Krejbich Trotot, P., et al. (2010). J. Immunol. 184, 5914 – 5927.

94. Hoelzer, K., Shackelton, L. A., Parrish, C. R., et al. (2008). J. Gen. Virol. 89, 2280 – 2289.

95. Holmes, E. C. (2003). J. Virol. 77, 11296 – 11298.

96. HPA-UK. (2013). Euro Surveill. 18, 20427.

97. Isakbaeva, E. T., Khetsuriani, N., Beard, R. S., et al. (2004). Emerg. Infect. Dis. 10, 225 – 231.

98. Jahrling, P. B., Geisbert, T. W., Dalgard, D. W., et al. (1990). The Lancet 335, 502 – 505.

99. Jerzak, G., Bernard, K. A., Kramer, L. D., et al. (2005). J. Gen. Virol. 86, 2175 – 2183.

100. Johnson, E. D., Johnson, B. K., Silverstein, D., et al. (1996). Arch. Virol. 11, 101 – 114.

101. Jones, B. A., Grace, D., Kock, R., et al. (2013). Proc. Natl. Acad. Sci. USA 110, 8399 – 8404.

102. Jones, K. E., Patel, N. G., Levy, M. A., et al. (2008). Nature 451, 990 – 993.

103. Kaelber, J. T., Demogines, A., Harbison, C. E., et al. (2012). PLoS Pathog. 8, e1002666.

104. Kan, B., Wang, M., Jing, H., et al. (2005). J. Virol. 79, 11892 – 11900.

105. Khan, A. S., Tshioko, F. K., Heymann, D. L., et al. (1999). J. Infect. Dis. 179 Suppl. 1, S76 – 86.

106. Kilham, L., Margolis, G., and Colby, E. D. (1967). Lab. Invest. 17, 465 – 480.

107. King, A., Adams, M. J., Lefkowitz, E. J., et al. (2012). Elsevier.

108. Király, L., Hafez, Y. M., Fodor, J., et al. (2008). J. Gen. Virol. 89, 799 – 808.

109. Kitajima, E. W., Chagas, C. M., Braghini, M. T., et al. (2011). Sci. Agric. (Piracicaba, Braz.) 68, 503 – 507.

110. Kuhn, J. H., Becker, S., Ebihara, H., et al. (2010). Arch. Virol. 155, 2083 – 2103.

111. Lahariya, C., and Pradhan, S. K. (2006). J. Vector Borne Dis. 43, 151 – 160.

112. Lahm, S. A., Kombila, M., Swanepoel, R., et al. (2007). Trans. R. Soc. Trop. Med. Hyg. 101, 64 – 78.

113. Lau, S. K. P., Woo, P. C. Y., Li, K. S. M., et al. (2005). Proc. Natl. Acad. Sci. USA 102, 14040 – 14045.

114. Lawrence, J. S., Syverton, J. T., Shaw, J. S., et al. (1940). Am. J. Pathol. 16, 333 – 354. 9.

115. Le Guenno, B., Formenty, P., Formentry, P., et al. (1995). The Lancet 345,

1271 - 1274.

116. Leroy, E. M., Baize, S., Mavoungou, E., et al. (2002a). J. Gen. Virol. 83, 67 - 73.

117. Leroy, E. M., Baize, S., Volchkov, V. E., et al. (2000). The Lancet 355, 2210 - 2215.

118. Leroy, E. M., Becquart, P., Wauquier, N., et al. (2011). J. Virol. 85, 4041 - 4042.

119. Leroy, E. M., Epelboin, A., Mondonge, V., et al. (2009). Vector-Borne Zoonot. 9, 723 - 728.

120. Leroy, E. M., Kumulungui, B., Pourrut, X., et al. (2005). Nature 438, 575 - 576.

121. Leroy, E. M., Rouquet, P., Formenty, P., et al. (2004). Science 303, 387 - 390.

122. Leroy, E. M., Souquière, S., Rouquet, P., et al. (2002b). The Lancet 359, 712.

123. Liang, G., Chen, Q., Xu, J., et al. (2004). J. Infect. Dis. 10, 1774 - 1781.

124. Lim, P. L., Kurup, A., Gopalakrishna, G., et al. (2004). New England Journal of Medicine 350, 1740 - 1745.

125. Lipsitch, M., Cohen, T., Ben Cooper, et al. (2003). Science 300, 1966 - 1970.

126. Lumsden, W. H. (1955). Trans. R. Soc. Trop. Med. Hyg. 49, 33 - 57.

127. Mari Saez, A., Weiss, S., Nowak, K., et al. (2015). EMBO Mol. Med. 7, 17 - 23.

128. Marra, M. A., Jones, S. J. M., Astell, C. R., et al. (2003). Science 300, 1399 - 1404.

129. Masters, P. S., and Perlman, S. (2013). Coronaviridae. In Knipe D. M., and Howley, P. M., eds. Wolters Kluwer Health/Lippincott Williams and Wilkins, 825 - 858.

130. McCook, S. (2006). JGH 1, 177.

131. McIntosh, K., Chao, R. K., Krause, H. E., et al. (1974). J. Infect. Dis. 130, 502 - 507.

132. McIntosh, K., Dees, J. H., Becker, W. B., et al. (1967). Proc. Natl. Acad. Sci. USA 57, 933 - 940.

133. Melo de Almeida, J. E., Mori, A. E., Pozza, E. A., et al. (2012). Pesquisa Agropecuaria Brasileira 47, 913 - 919.

134. Memish, Z. A., Cotten, M., Meyer, B., et al. (2014). Emerg. Infect. Dis. 20, 1012 - 1015.

135. Memish, Z. A., Mishra, N., Olival, K. J., et al. (2013). Emerg. Infect. Dis. 19 (11), 1819 - 1823.

136. Meyer, B., Müller, M. A., Corman, V. M., et al. (2014). Emerg. Infect. Dis. 20, 552 - 559.

137. Meyerson, N. R., and Sawyer, S. L. (2011). Trends Microbiol. 19, 286 - 294.

138. Miller, W. A., and Whitham, S. A. (2013). Plant Viruses. In Knipe D. M., and Howley, P. M., eds. Wolters Kluwer Health/Lippincott Williamsand Wilkins, 2289 - 2325.

139. Minskaia, E., Hertzig, T., Gorbalenya, A. E., et al. (2006). Proc. Natl. Acad. Sci. USA 103, 5108 - 5113.

140. Miranda, M. E., Ksiazek, T. G., Retuya, T. J., et al. (1999). J. Infect. Dis. 179

Suppl 1, S115 -9.

141. Mochizuki, M., Horiuchi, M., Hiragi, H., et al. (1996). J. Clin. Microbiol. 34: 2101 -2105.

142. Morse, S. S. (1995). J. Infect. Dis. 1, 7 -15.

143. Moutailler, S., Roche, B., Thiberge, J. -M., et al. (2011). PLoS Negl. Trop. Dis. 5, e1156.

144. Muyembe Tamfum, J. J., Mulangu, S., Masumu, J., et al. (2012). Onderstepoort J. Vet. Res. 79 (2), Art. #451, 8 p.

145. Myint, S. H. (1994). Rev. Med. Virol. 4, 35 -46.

146. Nakkhara, P., Chongsuvivatwong, V., and Thammapalo, S. (2013). Trans. R. Soc. Trop. Med. Hyg. 107, 789 -796.

147. Negredo, A., Palacios, G., Vázquez-Morón, S., et al. (2011). PLoS Pathog. 7, e1002304.

148. Nishiura, H., Ejima, K., and Mizumoto, K. (2014). Lancet Infectious Diseáses 14, 100 -100.

149. Niyas, K. P., Abraham, R., Unnikrishnan, R. N., et al. (2010). J. Virol. 7, 189.

150. Nkoghe, D., Kone, M. L., Yada, A., et al. (2011). Trans. R. Soc. Trop. Med. Hyg. 105, 466 -472.

151. Olival, K. J., Islam, A., Yu, M., et al. (2013). J. Infect. Dis. 19, 270 -273.

152. Parker, J. S., Murphy, W. J., Wang, D., et al. (2001). J. Virol. 75, 3896 -3902.

153. Parrish, C. R. (1990). Adv. Virus Res. 38, 403 -450.

154. Parrish, C. R. (1991). Virology 183, 195 -205.

155. Parrish, C. R. (1995). Haematol. 8, 57 -71.

156. Parrish, C. R., and Kawaoka, Y. (2005). Annual Review of Microbiology 59, 553 -586.

157. Parrish, C. R., Aquadro, C. F., Strassheim, M. L., et al. (1991). J. Virol. 65, 6544 -6552.

158. Parrish, C. R., Have, P., Foreyt, W. J., et al. (1988). J. Gen. Virol. 69 (Pt 5), 1111 -1116.

159. Parrish, C. R., Holmes, E. C., Morens, D. M., et al. (2008). Microbiology and Molecular Biology Reviews 72, 457 -470.

160. Parrish, C. R., O'Connell, P. H., Evermann, J. F., et al. (1985). Science 230, 1046 -1048.

161. Peiris, J. S. M., Lai, S. T., Poon, L. L. M., et al. (2003). The Lancet 361, 1319 -1325.

162. Perera, R. A., Wang, P., Gomaa, M. R., et al. (2013). Euro Surveill. 18, pii =20574.

163. Pialoux, G., Gaüzère, B. -A., Jauréguiberry, S., et al. (2007). Lancet Infec-

tious Diseases 7, 319 – 327.

164. Pourrut, X., Délicat, A., Rollin, P. E., et al. (2007). J. Infect. Dis. 196 Suppl. 2, S176 – 83.

165. Pourrut, X., Kumulungui, B., Wittmann, T., et al. (2005). Microbes Infect. 7, 1005 – 1014.

166. Poutanen, S. M., Low, D. E., Henry, B., et al. (2003). New England Journal of Medicine 348, 1995 – 2005.

167. Power, A. G. (2000). Curr. Opin. Plant Biol. 3, 336 – 340.

168. Powers, A. M., and Logue, C. H. (2007). J. Gen. Virol. 88, 2363 – 2377.

169. Powers, A. M., Brault, A. C., Tesh, R. B., et al. (2000). J. Gen. Virol. 81, 471 – 479.

170. Prasch, C. M., and Sonnewald, U. (2013). Plant Physiol. 162, 1849 – 1866.

171. Pyrc, K., Berkhout, B., and van der Hoek, L. (2007). J. Virol. 81, 3051 – 3057.

172. Pyrc, K., Dijkman, R., Deng, L., et al. (2006). J. Mol. Biol. 364, 964 – 973.

173. Rajapakse, S., Rodrigo, C., and Rajapakse, A. (2010). R. Soc. Trop. Med. Hyg. 104, 89 – 96.

174. Ramalho, T. O., Figueira, A. R., Sotero, A. J., et al. (2014). Virology 464 – 465, 385 – 396.

175. Rao, T. R. (1964). Indian J. Med. Res. 52, 719 – 726.

176. Renault, P., Solet, J.-L., Sissoko, D., et al. (2007). Am. J. Trop. Med. Hyg. 77, 727 – 731.

177. Reusken, C. B., Ababneh, M., Raj, V. S., et al. (2013). Euro Surveill. 18, 20662.

178. Reusken, C. B., Farag, E. A., Jonges, M., et al. (2014). Euro Surveill. 19.

179. Reusken, C. B. E. M., Haagmans, B. L., Müller, M. A., et al. (2013). Lancet Infectious Diseases 13, 859 – 866.

180. Reusken, C. B. E. M., Messadi, L., Feyisa, A., et al. (2014). Emerg. Infect. Dis. 20, 1370 – 1374.

181. Richman, D. D., Cleveland, P. H., McCormick, J. B., et al. (1983). J. Infect. Dis. 147, 268 – 271.

182. Robinson, M. C. (1955). Trans. R. Soc. Trop. Med. Hyg. 49, 28 – 32.

183. Rodriguez, L. L., De Roo, A., Guimard, Y., et al. (1999). J. Infect. Dis. 179 Suppl. 1, S170 – 6.

184. Ross, R. W. (1956). J. Hyg. (Lond.) 54, 177 – 191.

185. Rota, P. A., Oberste, M. S., Monroe, S. S., et al. (2003). Science 300, 1394 – 1399.

186. Rowe, A. K., Bertolli, J., Khan, A. S., et al. (1999). J. Infect. Dis. 179 Suppl. 1, S28 – 35.

187. Sanchez, A., Lukwiya, M., Bausch, D., et al. (2004). J. Virol. 78, 10370 – 10377.

188. Sanchez, A., Trappier, S. G., Mahy, B. W., et al. (1996). Proc. Natl. Acad.

Sci. USA 93, 3602 – 3607.

189. Sanjuán, R., Nebot, M. R., Chirico, N., et al. (2010). J. Virol. 84, 9733 – 9748.

190. Schilte, C., Staikowsky, F., Staikovsky, F., et al. (2013). PLoS Negl. Trop. Dis. 7, e2137.

191. Schoepp, R. J., Rossi, C. A., Khan, S. H., et al. (2014). Emerg. Infect. Dis. 20, 1176 – 1182.

192. Scholthof, K. -B. G., Adkins, S., Czosnek, H., et al. (2011). Mol. Plant Pathol. 12, 938 – 954.

193. Schuffenecker, I., Iteman, I., Michault, A., et al. (2006). PLoS Med. 3, e263.

194. Schwartz, O., and Albert, M. L. (2010). Nat. Rev. Microbiol. 8, 491 – 500.

195. Schwers, A., Pastoret, P. P., Burtonboy, G., et al. (1979). Frequence en Belgiquede l'infection a Parvovirus chez le chien, avant et apres l'observation des premierscas cliniques. Revue de Medecine Veterinaire.

196. Sera, T., Sera, G. H., Fazuoli, L. C., et al. (2013). Crop Breeding and Applied Biotechnology 13, 91 – 94.

197. Sergon, K., Yahaya, A. A., Brown, J., et al. (2007). Am. J. Trop. Med. Hyg. 76, 1189 – 1193.

198. Shackelton, L. A., Parrish, C. R., Truyen, U., et al. (2005). Proc. Natl. Acad. Sci. USA 102, 379 – 384.

199. Shoemaker, T., MacNeil, A., Balinandi, S., et al. (2012). Emerg. Infect. Dis. 18, 1480 – 1483.

200. Siegert, R., Shu, H. L., Slenczka, W., et al. (1967). Dtsch. Med. Wochenschr. 92, 2341 – 2343.

201. Sissoko, D., Malvy, D., Ezzedine, K., et al. (2009). PLoS Negl. Trop. Dis. 3, e389.

202. Smith, D. H., Johnson, B. K., Isaacson, M., et al. (1982). The Lancet 1, 816 – 820.

203. Smith, E. C., and Denison, M. R. (2013). PLoS Pathog. 9, e1003760.

204. Solignat, M., Gay, B., Higgs, S., et al. (2009). Virology 393, 183 – 197.

205. Stapleford, K. A., Coffey, L. L., Lay, S., et al. (2014). Cell Host Microbe 15, 706 – 716.

206. Suzuki, Y., and Gojobori, T. (1997). J. Mol. Biol. Evol. 14, 800 – 806.

207. Swanepoel, R., Leman, P. A., Burt, F. J., et al. (1996). Emerg. Infect. Dis. 2, 321 – 325.

208. Taylor, D. J., Leach, R. W., and Bruenn, J. (2010). BMC Evolutionary Biology 10, 193.

209. Taylor, L. H., Latham, S. M., and Woolhouse, M. E. (2001). Philos. Trans. R. Soc. Lond., B, Biol. Sci. 356, 983 – 989.

210. Team, R. O. A. W. I. S. (1978). Bulletin World Health Organisation 56, 247 – 270.

211. Thiberville, S. -D., Boisson, V., Gaudart, J., et al. (2013). PLoS Negl. Trop. Dis. 7, e2004.

212. Towner, J. S., Sealy, T. K., Khristova, M. L., et al. (2008). PLoS Pathog. 4, e1000212.

213. Tratschin, J. D., McMaster, G. K., Kronauer, G., et al. (1982). J. Gen. Virol. 61 (Pt 1), 33 – 41.

214. Truyen, U. (2006). Vet. Microbiol. 117, 9 – 13.

215. Truyen, U., and Parrish, C. R. (1992). J. Virol. 66, 5399 – 5408.

216. Truyen, U., and Parrish, C. R. (1995). Semin. Virol. 6, 311 – 317.

217. Truyen, U., Evermann, J. F., Vieler, E., et al. (1996). Virology 215, 186 – 189.

218. Truyen, U., Geissler, K., Parrish, C. R., et al. (1998). J. Gen. Virol. 79 (Pt 5), 1153 – 1158.

219. Tsang, K. W., Ho, P. L., Ooi, G. C., et al. (2003). New England Journal of Medicine 348, 1977 – 1985.

220. Tsetsarkin, K. A., Chen, R., Leal, G., et al. (2011a). Proc. Natl. Acad. Sci. USA 108, 7872 – 7877.

221. Tsetsarkin, K. A., Chen, R., Sherman, M. B., et al. (2011b). Curr. Op. Virol. 1, 310 – 317.

222. Tsetsarkin, K. A., Chen, R., Yun, R., et al. (2014). Nature Communications 5, 4084.

223. Tsetsarkin, K. A., McGee, C. E., and Higgs, S. (2011c). J. Virol. 8, 376.

224. Tsetsarkin, K. A., McGee, C. E., Volk, S. M., et al. (2009). PLoS One 4, e6835.

225. Tsetsarkin, K. A., Vanlandingham, D. L., McGee, C. E., et al. (2007). PLoS Pathog. 3, e201.

226. Tsui, S. K. W., Chim, S. S. C., and Lo, Y. M. D. (2003). New England Journal of Medicine 349, 187 – 188.

227. Tu, C., Crameri, G., Kong, X., et al. (2004). Emerg. Infect. Dis. 10, 2244 – 2248.

228. Turell, M. J., Bressler, D. S., and Rossi, C. A. (1996). Am. J. Trop. Med. Hyg. 55, 89 – 90.

229. Vabret, A., Mourez, T., Dina, J., et al. (2005). Emerg. Infect. Dis. 11, 1225 – 1229.

230. van Boheemen, S., de Graaf, M., Lauber, C., et al. (2012). Genomic Characterization of a Newly Discovered Coronavirus Associated with Acute Respiratory Distress Syndrome in Humans. MBio 3.

231. van den Brand, J. M. A., Smits, S. L., and Haagmans, B. L. (2015). J. Pathol. 235, 175 – 184.

232. van der Hoek, L., Pyrc, K., Jebbink, M. F., et al. (2004). Nat. Med. 10, 368 – 373.

233. Van der Waals, F. W., Pomeroy, K. L., Goudsmit, J., et al. (1986). Trop. Geogr. Med. 38, 209 – 214.

234. Vasilakis, N., Deardorff, E. R., Kenney, J. L., et al. (2009). PLoS Pathog. 5, e1000467.

235. Vazeille, M., Moutailler, S., Coudrier, D., et al. (2007). PLoS One 2, e1168.

236. Wacharapluesadee, S., Sintunawa, C., Kaewpom, T., et al. (2013). J. Infect. Dis. 19, 1349 – 1351.

237. Walsh, P. D., Biek, R., and Real, L. A. (2005). PLoS Biol. 3, e371.

238. Weaver, S. C., Brault, A. C., Kang, W., et al. (1999). J. Virol. 73, 4316 – 4326.

239. Weeks, A. R., Marec, F., and Breeuwer, J. (2001). Science 292, 2479 – 2482.

240. Weiss, R. A. (2001). Philos. Trans. R. Soc. Lond., B, Biol. Sci. 356, 957 – 977.

241. Wertheim, J. O., Chu, D. K. W., Peiris, J. S. M., et al. (2013). J. Virol. 87, 7039 – 7045.

242. WHO (World Health Organization). (2003a). Consensus Document on the Epidemiology of Severe Acute Respiratory Syndrome (SARS). Rep. WHO/CDS/CSR/GAR/2003. 11. Geneva, Switzerland. http://www. who. int/csr/sars/en/WHOconsensus. pdf.

243. WHO (World Health Organization). (2003b). Summary of Probable SARS Cases Withonset of Illness from 1 November 2002 to 31 July 2003. http://www. who. int/csr/sars/country/table2004_ 04_ 21/en/.

244. WHO/FAO/OIE. (2004). Report of the WHO/FAO/OIE Joint Consultation on Joint-consultation on Emerging Zoonotic Diseases. In: World Health Organization (WHO), Food and Agriculture Organization of the United Nations (FAO), World Organizationfor Animal Health (OIE), eds, 1 – 72. Geneva, Switzerland. http://apps. who. int/iris/bitstream/10665/68899/1/WHO_ CDS_ CPE_ ZFK_ 2004. 9. pdf.

245. WHO (World Health Organization). (2005). Outbreak of Ebola Haemorrhagic Fever in Yambio, South Sudan, April-June 2004. Wkly. Epidemiol. Rec. 80, 369 – 376.

246. WHO (World Health Organization). (2007). Outbreak News. Ebola Virus Haemorrhagic Fever, Democratic Republic of the Congo-update. Wkly. Epidemiol. Rec. 82, 345 – 346.

247. WHO (World Health Organization). (2015a). Middle East Respiratory Syndrome Coronavirus (MERS – CoV) – Saudi Arabia. http://www. who. int/csr/don/18 – august – 2015 – mers – saudi – arabia/en/.

248. WHO (World Health Organization). (2015b). Ebola. http://www. who. int/csr/disease/ebola/en/.

249. WHO/FAO. (1959). JOINT WHO/FAO Expert Committee on Zoonoses. In: World Health Organization (WHO) /Food and Agriculture Organization of the United Nations (FAO), eds, pp. 1 – 84. Geneva, Switzerland.

250. Woo, P. C. Y., Lau, S. K. P., Chu, C. -M., et al. (2005). J. Virol. 79, 884 – 895.

251. Woo, P. C. Y., Lau, S. K. P., Yip, C. C. Y., et al. (2006). J. Virol. 80, 7136 – 7145.

252. Woo, P. C. Y., Wang, M., Lau, S. K. P., et al. (2007). J. Virol. 81, 1574 – 1585.

253. Woolhouse, M. E. J., and Dye, C. (2001). Philos. Trans. R. Soc. Lond., B, Biol. Sci. 356, 981 – 982.

254. Woolhouse, M. E. J., and Gowtage-Sequeria, S. (2005). Emerg. Infect. Dis. 11, 1842 – 1847.

255. Woolhouse, M. E. J., Haydon, D. T., and Antia, R. (2005). Trends in Ecology and Evolution 20, 238 – 244.

256. Yergolkar, P. N., Tandale, B. V., Arankalle, V. A., et al. (2006). Emerg. Infect. Dis. 12, 1580 – 1583.

257. Yount, B., Roberts, R. S., Sims, A. C., et al. (2005). J. Virol. 79, 14909 – 14922.

258. Zaki, A. M., van Boheemen, S., Bestebroer, T. M. (2012). New England Journal of Medicine 367, 1814 – 1820.

259. Zeng, F. Y., Chan, C. W. M., Chan, M. N., et al. (2003). Exp. Biol. Med. 228, 866 – 873.

260. Zhao, G. -P. (2007). Philos. Trans. R. Soc. Lond., B, Biol. Sci. 362, 1063 – 1081.

261. Zhao, Z., Zhang, F., Xu, M., et al. (2003). J. Med. Microbiol. 52, 715 – 720.

262. Zhong, N. S., Zheng, B. J., Li, Y. M., et al. (2003). The Lancet 362, 1353 – 1358.